Korea Standard
KS
규격집
기계설계

Index Position

키홈·스플라인 p.3	키홈·스플라인 p.5	베어링용부시 p.101	베어링용부시	스프링요목표·제도 p.235	스프링요목표·제도 p.241
센터구멍 p.11	센터구멍	롤러베어링 p.115	롤러베어링	재료기호 p.259	재료기호
벨트풀리 p.17	벨트풀리	스러스트베어링 p.135	스러스트베어링		
볼트자리파너기트 p.23	볼트자리파너기트	O링 p.149	O링	제치수도기공호차 p.295	제치수도기공호차
핀 p.37	핀	오일실 p.159	오일실	일반공차·보통공차·주조품 p.307	일반공차·보통공차·주조품
널링·지그용요소 p.47	널링·지그용요소	손잡이·핸들 p.169	손잡이·핸들	유용·접공기압호기및 p.319	유용·접공기압호기및
멈춤너링트·와셔베어링 p.67	멈춤너링트·와셔베어링	핸드휠 p.177	핸드휠	설계계산식 p.359	설계계산식
나사 p.75	나사	스프로킷·로프풀리 p.185	스프로킷·로프풀리	도주면석검문토작요성령법 p.379	도주면석검문토작요성령법
끼워맞춤공차·베어링기호 p.91	끼워맞춤공차·베어링기호	기어요목제표·도 p.221	기어요목제표·도	부록 p.383	부록

JN365065

세계는 지금 디자인과의 전쟁 중입니다.

다솔유캠퍼스 또한 세계적인 도서를 만들기 위해 전쟁 중입니다. 적어도 대한민국에서 기계설계공학을 하는 우리 학생들이 세계최고 수준의 공부를 할 수 있는 책을 만들기 위해 늘 전쟁 중입니다.

과거에는 JIS규격을 토대로 많은 덕을 봤다면 이제는 거의 모든 분야에서 이웃나라와 경쟁하고 일부 기술들은 이미 앞서고 있는 상황입니다. 이제는 JIS가 아니라 ISO입니다.

세계시장에서 경쟁하기위해서는 각국마다 ISO 표준이 필수가 되고 있고, 대한민국 또한 이미 모든 규격이 ISO에 맞춰 가고 있습니다.

기술표준원의 정책도 ISO 표준을 기준으로 KS규격을 바꿔나가고 있는 시점에 매년 새로 개정된 KS규격이 공표되고 있는데, 정작 시중에 나와 있는 규격집들은 이미 오래 전에 폐지되었거나 집필자 스스로도 모르는 근거없는 데이터들과 JIS규격들을 그대로 쓰고 있는 실정입니다.

따라서 이 규격집은 기술표준원으로부터 최신 KS규격에 대한 라이센스를 부여받아 3년간 분석과 작업을 통해 모든 표를 최근 실정에 맞게 편집해서 새롭게 구성하였습니다.

■ 이 책의 특징
① 기계요소에 대한 형상을 파악할 수 있는 도면과 3D 컬러 이미지들로 구성
② 실기시험에서 출제빈도가 높은 규격을 알기 쉽게 적용예를 들어 설명
③ 좌측은 그림, 우측은 표로 구성하여 보다 활용하기 편리하도록 구성
④ 각종 재료표와 요목표들, 그리고 설계데이터들은 실무에서 곧바로 사용해도 손색이 없도록 구성

■ 함께한 다솔의 드림팀들
이 작업을 위해 잠시나마 모든 것을 포기한 다솔유캠퍼스 연구진들 수고 많이 하셨습니다.

최상의 작업환경을 제공해주신 도서출판 예문사 사장님 진심으로 감사드리며, 힘든 원고 편집작업하느라 고생하신 편집부 관계자분들 정말 수고 많으셨습니다.

대한민국 기계설계교육의 중심
다솔유캠퍼스

Contents

키홈 · 스플라인
- 01. 평행 키 ··· 2
- 02. 반달 키 ··· 4
- 03. 경사 키(머리 부착 경사 키) ························· 6
- 04. 스플라인 제도 및 표시방법 ························· 8
- 05. 원통형 축의 각형 스플라인 ························· 9

센터구멍
- 06. 센터구멍 도시방법 ···································· 10
- 07. 센터구멍(60°) ··· 11
- 08. 공구의 섕크 4조각 ···································· 12
- 09. 원통축끝 ··· 13
- 10. 수나사 부품 나사틈새 ······························· 14
- 10-A. 그리스 니플, 절삭 가공품 라운드 및 모떼기 ········· 15

벨트풀리
- 11. 주철제 V벨트 풀리(홈) ······························ 16
- 12. 가는 나비 V풀리 ······································· 18
- 12-A. 맞변거리의 치수 ··································· 19
- 13. 평벨트 풀리 ·· 20

볼트 · 너트 · 자리파기
- 14. 6각 구멍붙이 볼트 ···································· 22
- 15. 볼트 구멍지름 및 카운터 보어지름 ············ 23
- 16. 볼트 자리파기(6각 볼트 / 6각 구멍붙이 볼트) ········· 24
- 17. 6각 볼트(상) ··· 26
-     6각 볼트(중) ··· 27
- 18. 6각 너트(상) ··· 28
-     6각 너트(중) ··· 29
- 19. 홈붙이 멈춤 스크류(나사) ························· 30
- 20. 6각 구멍붙이 멈춤 나사(스크류) ················ 31
- 21. T홈 너트의 모양 및 치수 ··························· 32
- 22. T홈 볼트의 모양 및 치수 ··························· 33
- 23. 아이 볼트 ··· 34
- 24. 아이 너트 ··· 35

핀

25. 나사붙이 테이퍼 핀(암나사) ·········· 36
    나사붙이 테이퍼 핀(수나사) ·········· 37
26. 암나사붙이 평행 핀 ················· 38
27. 맞춤 핀 ··························· 39
28. 평행 핀 ··························· 40
29. 분할 핀 ··························· 41
30. 스플릿 테이퍼 핀 ··················· 42
31. 스프링식 곧은 핀-홈형(중하중용) ······· 43
32. 스프링식 곧은 핀-홈형(경하중용) ······· 44
33. 스프링식 곧은 핀-코일형(중하중용) ····· 45
34. 스프링식 곧은 핀-코일형(표준·경하중용) ··· 46

널링 · 지그용 요소

35. 널링 ······························ 47
36. 지그용 부시 및 그 부속품 ············ 48
37. 지그용 고정부시 ···················· 50
38. 지그용 삽입부시(조립 치수) ··········· 52
39. 지그용 삽입부시(둥근형) ············· 53
40. 지그용 삽입부시(노치형) ············· 54
41. 지그용 삽입부시(고정 라이너) ········· 56
42. 지그용 삽입부시(멈춤쇠, 멈춤나사) ····· 58
43. 지그 및 고정구용 6각 너트 ··········· 59
44. 지그 및 부착구용 와셔 ··············· 60
45. 지그 및 부착구용 위치 결정 핀 ········ 62
46. V블록 홈 ·························· 64
47. 더브테일 ·························· 65

멈춤링 · 베어링너트 · 와셔

48. C형 멈춤링 ························ 66
49. E형 멈춤링 ························ 68
50. C형 동심형 멈춤링 ·················· 70
51. 구름베어링용 로크너트·와셔 ·········· 72

Contents

나사
- 52. 나사 제도 및 치수기입법 ········· 74
- 53. 나사의 표시방법 ············· 76
- 54. 볼트의 조립깊이 및 탭깊이 ········· 77
- 55. 미터 보통 나사 ············· 78
- 56. 미터 가는 나사 ············· 79
- 57. 유니파이 보통 나사 ············ 84
- 58. 관용 평행 나사 ············· 85
- 59. 관용 테이퍼 나사 ············ 86
- 60. 미터 사다리꼴 나사 ············ 87

베어링기호 · 끼워맞춤 공차
- 61. 베어링 계열 기호(볼 베어링) ········ 90
- 62. 베어링 계열 기호(롤러 베어링) ······· 91
- 63. 베어링 계열 기호(롤러/스러스트 베어링) ···· 92
- 64. 베어링 안지름 번호 ············ 94
- 65. 베어링 보조기호 ············· 95
- 66. 레이디얼 베어링 공차(축) ········· 96
- 67. 레이디얼 베어링 공차(하우징 구멍) ····· 97
- 68. 스러스트 베어링 공차(축/하우징 구멍) ···· 98
- 69. 레이디얼 베어링 끼워맞춤부 축과 하우징 R 및 어깨높이 ·· 99

베어링용 부시 · 볼베어링
- 70. 미끄럼 베어링용 부시(C형) ········ 100
-     미끄럼 베어링용 부시(F형) ········ 102
- 71. 깊은 홈 볼베어링(60, 62 계열) ······· 104
- 72. 깊은 홈 볼베어링(63, 64 계열) ······· 105
- 73. 깊은 홈 볼베어링(67, 68 계열) ······· 106
- 74. 깊은 홈 볼베어링(69 계열) ········ 107
- 75. 앵귤러 볼 베어링(70, 72 계열) ······· 108
- 76. 앵귤러 볼 베어링(73, 74 계열) ······· 109
- 77. 자동 조심 볼 베어링(12, 22 계열) ······ 110
- 78. 자동 조심 볼 베어링(13, 23 계열) ······ 111
- 79. 마그네토 볼 베어링(E, EN 계열) ······ 112
- 80. 마그네토 볼 베어링의 정밀도 ········ 113

롤러 베어링

- 81. 원통 롤러 베어링(NU10, NU2 계열) ·················· 114
- 82. 원통 롤러 베어링(NU22, NU3 계열) ·················· 115
- 83. 원통 롤러 베어링(NU23, NU4 계열) ·················· 116
- 84. 원통 롤러 베어링(NN30 계열) ························· 117
- 85. 원통 롤러 베어링 L형 칼라(HJ2, HJ22 계열) ······· 118
- 86. 원통 롤러 베어링 L형 칼라(HJ3, HJ23 계열) ······· 119
- 87. 원통 롤러 베어링 L형 칼라(HJ4 계열) ··············· 120
- 88. 테이퍼 롤러 베어링(접촉각 계열 2) ················· 121
  - 테이퍼 롤러 베어링(접촉각 계열 2, 3) ············ 123
- 89. 테이퍼 롤러 베어링(접촉각 계열 3) ················· 124
- 90. 테이퍼 롤러 베어링(접촉각 계열 4) ················· 125
- 91. 테이퍼 롤러 베어링(접촉각 계열 5) ················· 127
- 92. 테이퍼 롤러 베어링(접촉각 계열 7) ················· 128
- 93. 자동 조심 롤러 베어링(230, 231 계열) ············· 129
- 94. 자동 조심 롤러 베어링(222, 232 계열) ············· 130
- 95. 자동 조심 롤러 베어링(213, 223 계열) ············· 131
- 96. 니들 롤러 베어링(NA48, RNA48 계열) ·············· 132
- 97. 니들 롤러 베어링(NA49, RNA49 계열) ·············· 133

스러스트 베어링

- 98. 평면자리 스러스트 볼 베어링(511, 512 계열) ······ 134
- 99. 평면자리 스러스트 볼 베어링(513, 514 계열) ······ 135
- 100. 평면자리 스러스트 볼 베어링(522 계열) ··········· 136
- 101. 평면자리 스러스트 볼 베어링(523 계열) ··········· 137
- 102. 평면자리 스러스트 볼 베어링(524 계열) ··········· 138
- 103. 스러스트 볼 베어링 축 및 하우징 어깨 지름 ······· 139
- 104. 스러스트 볼 베어링 조심 시트 와셔(512 계열) ···· 140
- 105. 스러스트 볼 베어링 조심 시트 와셔(513, 514 계열) · 141
- 106. 스러스트 볼 베어링 조심 시트 와셔(522 계열) ···· 142
- 107. 스러스트 볼 베어링 조심 시트 와셔(523 계열) ···· 143
- 108. 스러스트 볼 베어링 조심 시트 와셔(524 계열) ···· 144
- 109. 자동 조심 스러스트 롤러 베어링 ····················· 145
- 110. 스러스트 자동 조심 롤러 베어링 축 및
  하우징 어깨 지름 ······································ 147

Contents

O링

- 111. 운동 및 고정용(원통면) O링 홈 치수(P계열) ············ 148
- 112. 운동 및 고정용(원통면) O링 홈 치수(G계열) ············ 152
- 113. 고정용(평면) O링 홈 치수(P계열) ············ 154
- 114. 고정용(평면) O링 홈 치수(G계열) ············ 157

오일실

- 115. 오일실의 종류 ············ 158
- 116. 오일실 모양 및 치수(S, SM, SA, D, DM, DA 계열) · 160
  - 오일실 조립관계 치수(축, 하우징) ············ 161
  - 오일실 모양 및 치수(S, SM, SA, D, DM, DA 계열) · 162
  - 오일실 조립관계 치수(축, 하우징) ············ 163
- 117. 오일실 모양 및 치수(G, GM, GA 계열) ············ 164
  - 오일실 조립관계 치수(축, 하우징) ············ 165
  - 오일실 조립관계 치수(축, 하우징) ············ 166

손잡이 · 핸들

- 118. 손잡이(1호) ············ 168
- 119. 손잡이(2호) ············ 169
- 120. 손잡이(3호) ············ 170
- 121. 손잡이(4호) ············ 171
- 122. 핸들(1호) ············ 172
- 123. 핸들(2호) ············ 173
- 124. 핸들(3호) ············ 174
- 125. 핸들(4호) ············ 175

핸드 휠

- 126. 핸드 휠(1호) ············ 176
- 127. 핸드 휠(2호) ············ 178
- 128. 핸드 휠(3호) ············ 180
- 129. 핸드 휠(4호) ············ 182
- 130. 핸드 휠(5호) ············ 183
- 131. 핸드 휠(6호) ············ 184

스프로킷 · 로프 풀리

- 132. 롤러체인 스프로킷 치형 및 치수 ····· 185
- 133. 스프로킷 제도 및 요목표 ····· 186
- 134. 스프로킷 허용차 ····· 187
- 135. 스프로킷 기준치수(호칭번호 25) ····· 188
- 136. 스프로킷 기준치수(호칭번호 35) ····· 190
- 137. 스프로킷 기준치수(호칭번호 41) ····· 192
- 138. 스프로킷 기준치수(호칭번호 40) ····· 194
- 139. 스프로킷 기준치수(호칭번호 50) ····· 196
- 140. 스프로킷 기준치수(호칭번호 60) ····· 198
- 141. 스프로킷 기준치수(호칭번호 80) ····· 200
- 142. 스프로킷 기준치수(호칭번호 100) ····· 202
- 143. 스프로킷 기준치수(호칭번호 120) ····· 204
- 144. 스프로킷 기준치수(호칭번호 140) ····· 206
- 145. 스프로킷 기준치수(호칭번호 160) ····· 208
- 146. 스프로킷 기준치수(호칭번호 200) ····· 210
- 147. 스프로킷 기준치수(호칭번호 240) ····· 212
- 148. 롤러체인용 스프로킷 기준치수 계산식 ····· 214
- 149. 150. 천장 크레인용 로프 휠 ····· 216
- 149. 천장 크레인용 로프 휠(20형) ····· 217
- 150. 천장 크레인용 로프 휠(25형) ····· 218

기어 제도 · 요목표

- 151. 스퍼기어 제도 · 요목표 ····· 220
- 152. 헬리컬기어 제도 · 요목표 ····· 222
- 153. 웜과 웜휠 제도 · 요목표 ····· 224
- 154. 베벨기어 제도 · 요목표 ····· 226
- 155. 래크 및 피니언 제도 · 요목표 ····· 228
- 156. 기어등급 설정(용도에 따른 분류) ····· 230
- 157. 래칫 휠 · 제도 요목표 ····· 232

Contents

캠제도
- 158. 등속 판캠 제도 ………………………………………… 234
- 159. 단현운동 판캠 제도 …………………………………… 235
- 160. 등가속 판캠 제도 ……………………………………… 236
- 161. 원통 캠 제도 …………………………………………… 237
- 162. 문자, 눈금 각인 요목표 ……………………………… 238

스프링 제도 · 요목표
- 163. 압축코일 스프링 제도 · 요목표 …………………… 240
- 164. 각 스프링 제도 · 요목표 …………………………… 242
- 165. 이중 코일 스프링 제도 · 요목표 …………………… 243
- 166. 인장 코일 스프링 제도 · 요목표 …………………… 244
- 167. 비틀림 코일 스프링 제도 · 요목표 ………………… 245
- 168. 지지, 받침 스프링 제도 · 요목표 …………………… 246
- 169. 테이퍼 판 스프링 제도 · 요목표 …………………… 248
- 170. 겹판 스프링 제도 · 요목표 ………………………… 250
- 171. 이중 스프링 제도 ……………………………………… 252
- 172. 토션바 제도 · 요목표 ………………………………… 253
- 173. 벌류트 스프링 제도 · 요목표 ………………………… 254
- 174. 스파이럴 스프링 제도 · 요목표 ……………………… 255
- 175. S자형 스파이럴 스프링 제도 · 요목표 ……………… 256
- 176. 접시 스프링 제도 · 요목표 …………………………… 257

재료기호
- 177. 동력전달장치의 부품별 재료표 ……………………… 258
- 178. 지그 · 유공압기구 부품별 재료표 …………………… 259
- 179. 기계 재료 기호 ………………………………………… 260
- 180. 강-경도값의 인장강도값 변환 ……………………… 288
- 181. 금속 재료의 물리적 특성 …………………………… 290

치수공차 · 제도기호
- 182. 치수공차와 끼워맞춤 ………………………………… 292
- 183. 상용하는 끼워맞춤과 치수허용차 …………………… 295
- 184. 중심거리의 허용차 …………………………………… 299
- 185. 제도-모서리, 버, 언더컷, 패싱 지시 방법 ………… 300

일반공차 · 주조품 보통공차

186. 일반공차 ··· 306
187. 주조품-치수 공차 및 절삭여유 방식 ······················ 307
188. 주조품 공차(부속서 A : 참고) ··························· 311
189. 금형 주조품 · 다이캐스팅 · 알루미늄합금(참고) ········· 312
190. 주철품의 보통 치수 공차(부속서 1) ······················ 313
191. 알루미늄합금 주물의 보통 치수 공차(부속서 2) ········ 314
192. 다이캐스팅의 보통 치수 공차(부속서 3) ················· 315
193. 금속판 셰어링 보통 공차 ································· 316
194. 주강품의 보통 공차 ······································ 318

용접기호 및 유 · 공압기호

195. 용접기호 ··· 319
196. 유 · 공기압 도면 기호 ··································· 337

설계계산식

197. 단위와 단위 환산 ·· 359
198. 각종 설계 계산식 ·· 366

주석문작성법, 도면검토요령

199. 주서 작성법 ·· 378
200. 표면거칠기 표기법 및 비교표준 ························· 379
201. 도면 검토 요령 ·· 380

부록

01. 여러 가지 기계요소들 ····································· 383
02. 폐지 및 변경된 KS규격 ··································· 391
03. 기어펌프 ··· 395
04. 동력전달장치 ··· 396
05. 편심구동장치 ··· 397
06. 피벗베어링하우징 ·· 398
07. 드릴지그 ··· 399
08. 클램프 ··· 400
09. 바이스 ··· 401
10. 에어척 ··· 402

01. 평행 키

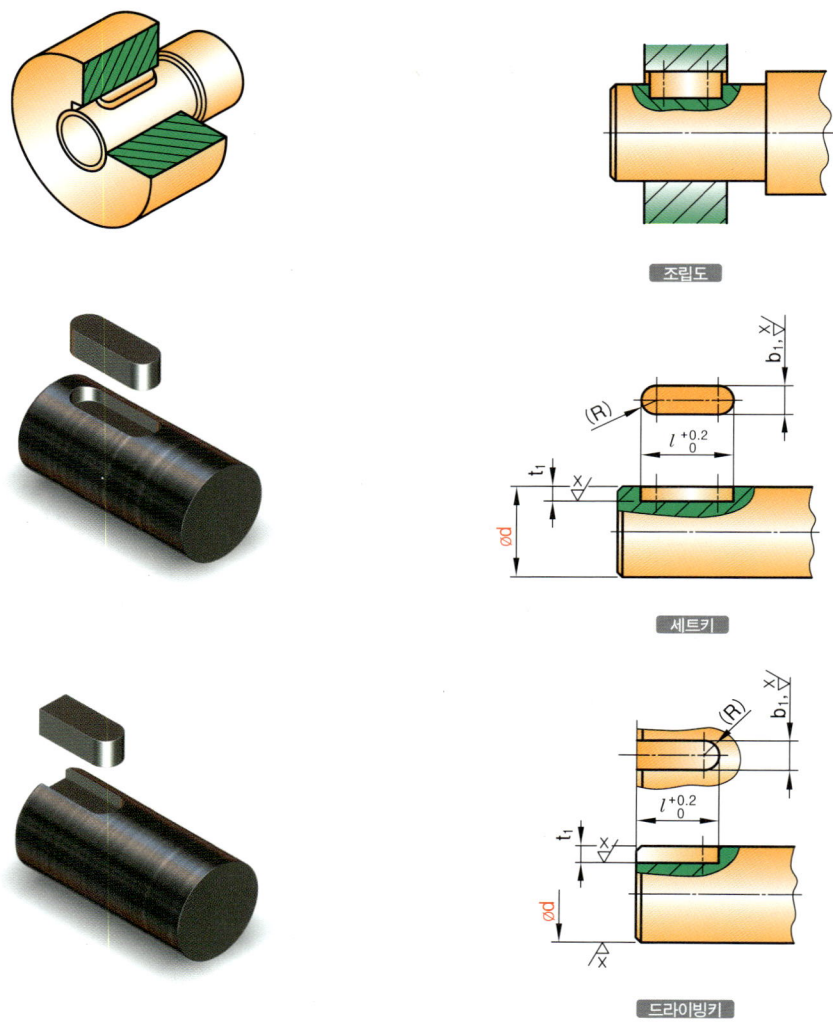

조립도

세트키

드라이빙키

> [비고]
> 1. ( )를 붙인 호칭 치수의 것은 대응 국제 규격에는 규정되어 있지 않으므로 새로운 설계에는 사용하지 않는다.
> 2. 단품 평행 키의 길이 : 6, 8, 10, 12, 14, 16, 18, 20, 22, 25, 28, 32, 36, 40, 45, 50, 56, 63, 70, 80, 90,100, 110 등
> 3. 조립되는 축의 치수를 재서 참고 축 지름(d)에 해당하는 데이터를 적용한다. 이때 축의 치수가 두 칸에 걸친 경우(예 : ∅30mm) 는 작은 쪽, 즉 22~30mm를 적용시킨다.
> 4. 치수기입의 편의를 위해 b_1, b_2의 허용차는 치수공차 대신 IT공차를 사용한다.

01. 평행 키

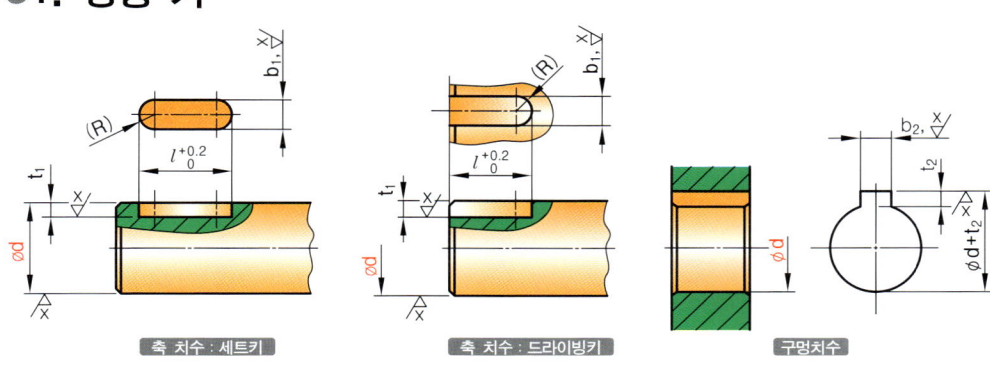

축 치수 : 세트키   축 치수 : 드라이빙키   구멍치수

단위 : mm

참고 적용하는 축지름 d (초과~이하)	키의 호칭 치수 $b \times h$	b_1, b_2 기준 치수	키홈 치수							t_1 (축) 기준 치수	t_2 (구멍) 기준 치수	t_1, t_2 허용차
			활동형		보통형		조립(임)형				
			b_1(축)	b_2(구멍)	b_1(축)	b_2(구멍)	b_1, b_2				
			허용차 (H9)	허용차 (D10)	허용차 (N9)	허용차 (Js9)	허용차 (P9)				
6~8	2×2	2	+0.025 0	+0.060 +0.020	−0.004 −0.029	±0.0125	−0.006 −0.031	1.2	1.0	+0.1 0
8~10	3×3	3						1.8	1.4	
10~12	4×4	4	+0.030 0	+0.078 +0.030	0 −0.030	±0.0150	−0.012 −0.042	2.5	1.8	
12~17	5×5	5						3.0	2.3	
17~22	6×6	6						3.5	2.8	
20~25	(7×7)	7	+0.036 0	+0.098 +0.040	0 −0.036	±0.0180	−0.015 −0.051	4.0	3.3	+0.2 0
22~30	8×7	8						4.0	3.3	
30~38	10×8	10						5.0	3.3	
38~44	12×8	12	+0.043 0	+0.120 +0.050	0 −0.043	±0.0215	−0.018 −0.061	5.0	3.3	
44~50	14×9	14						5.5	3.8	
50~55	(15×10)	15						5.0	5.3	
50~58	16×10	16						6.0	4.3	
58~65	18×11	18						7.0	4.4	
65~75	20×12	20	+0.052 0	+0.149 +0.065	0 −0.052	±0.0260	−0.022 −0.074	7.5	4.9	
75~85	22×14	22						9.0	5.4	
80~90	(24×16)	24						8.0	8.4	
85~95	25×14	25						9.0	5.4	
95~110	28×16	28						10.0	6.4	

적용

적용하는 축, 구멍 지름		키홈 깊이 치수		키홈 폭 치수		축과 구멍의 끼워맞춤 공차는 조립품의 기능에 따라 다르게 적용될 수 있다.
축(d)	구멍(d)	t_1(축)	$\dfrac{d+t_2}{(구멍)}$	b_1(축)	b_2(구멍)	
30h6	30H7	4 +0.2 0	33.3 +0.2 0	8N9	8Js9	

O2. 반달 키

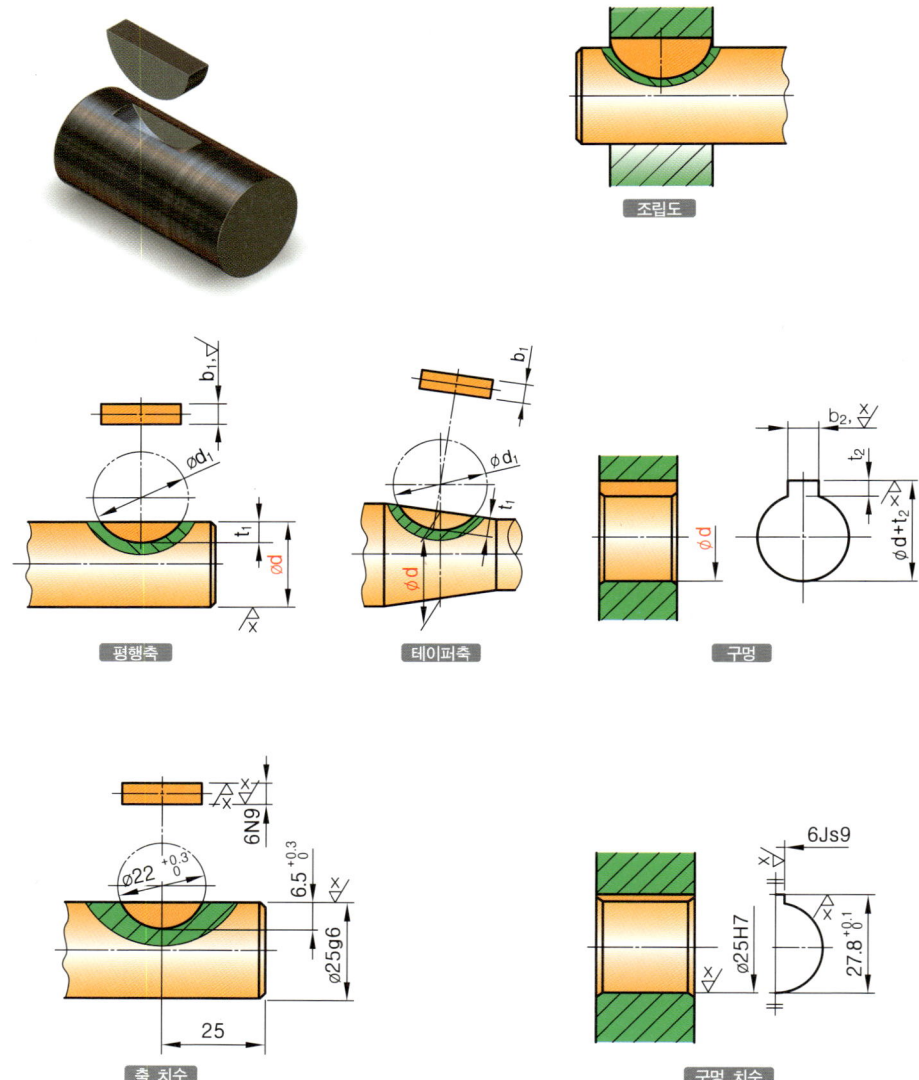

| 조립도 |
| 평행축 | 테이퍼축 | 구멍 |
| 축 치수 | 구멍 치수 |

비고

1. ( )를 붙인 호칭 치수의 것은 대응 국제 규격에는 규정되어 있지 않으므로 새로운 설계에는 사용하지 않는다.

KS B 1311 : 2009

02. 반달 키

단위 : mm

적용하는 축지름 d (초과~이하)	키의 호칭 치수 $b \times d_0$	b_1 및 b_2의 기준 치수	키홈 치수									
			보통형		조립(임)형	t_1(축)		t_2(구멍)		d_1(키홈지름)	
			b_1(축) 허용차 (N9)	b_2(구멍) 허용차 (Js9)	b_1 및 b_2 허용차 (P9)	기준 치수	허용차	기준 치수	허용차	기준 치수	허용차
7~12	2.5×10	2.5	−0.004 −0.029	±0.012	−0.006 −0.031	2.7	+0.1 0	1.2	+0.1 0	10	+0.2 0
8~14	(3×10)	3				2.5		1.4		10	
9~16	3×13					3.8	+0.2 0			13	
11~18	3×16					5.3				16	
11~18	(4×13)	4	0 −0.030	±0.015	−0.012 −0.042	3.5	+0.1 0	1.7		13	
12~20	4×16					5.0	+0.2 0	1.8		16	
14~22	4×19					6.0				19	+0.3 0
14~22	5×16	5				4.5		2.3		16	+0.2 0
15~24	5×19					5.5				19	+0.3 0
17~26	5×22					7.0	+0.3 0			22	
19~28	6×22	6				6.5		2.8		22	
20~30	6×25					7.5			+0.2 0	25	
22~32	(6×28)					8.6	+0.1 0	2.6	+0.1 0	28	
24~34	(6×32)					10.6				32	
20~29	(7×22)	7	0 −0.036	±0.018	−0.015 −0.051	6.4		2.8		22	
22~32	(7×25)					7.4				25	
24~34	(7×28)					8.4				28	
26~37	(7×32)					10.4				32	
29~41	(7×38)					12.4				38	
31~45	(7×45)					13.4				45	
24~34	(8×25)	8				7.2		3.0		25	
26~37	8×28					8.0	+0.3 0	3.3	+0.2 0	28	
28~40	(8×32)					10.2	+0.1 0	3.0	+0.1 0	32	
30~44	(8×38)					12.2				38	
31~46	10×32	10				10.0	+0.3 0	3.3	+0.2 0	32	
38~54	(10×45)					12.8	+0.1 0	3.4	+0.1 0	45	
42~60	(10×55)					13.8				55	

적용

적용하는 축, 구멍 지름		키홈 깊이 치수		키홈 폭 치수		홈의 지름	적용하는 축지름(d) 범위에서 t_1 깊이가 가장 작은 것을 선택한다.
축(d)	구멍(dZ)	t_1(축)	$d+t_2$ (구멍)	b_1(축)	b_2 (구멍)	d_1	
25g6	25H7	6.5 +0.3 0	27.8 +0.1 0	6N9	6Js9	22 +0.3 0	

03. 경사 키(머리 부착 경사 키)

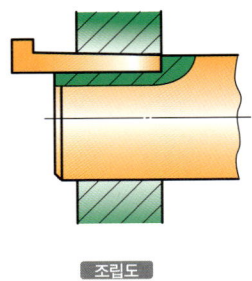

조립도

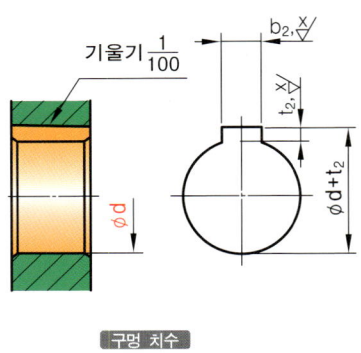

구멍 치수

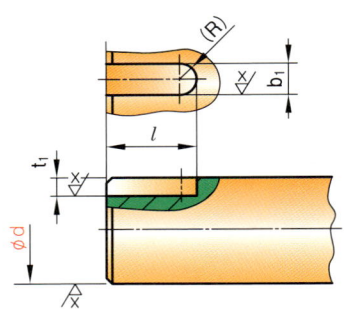

축 치수

비고
( )를 붙인 호칭 치수의 것은 대응 국제 규격에는 규정되어 있지 않으므로 새로운 설계에는 사용하지 않는다.

형식	설명	적용하는 키
활동형	축과 허브가 상대적으로 축방향으로 미끄러지며 움직일 수 있는 결합	평행 키
보통형	축에 고정된 키에 허브를 끼우는 결합	평행 키, 반달 키
조임형	축에 고정된 키에 허브를 조이는 결합 또는 조립된 축과 허브 사이에 키를 넣는 결합	평행 키, 경사 키, 반달 키

03. 경사 키 (머리 부착 경사 키)

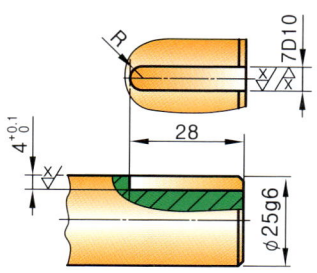

축 치수

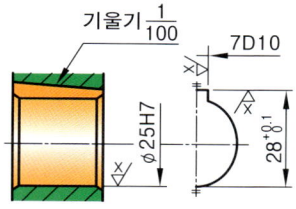

구멍 치수

단위 : mm

참고 적용하는 축지름 d (초과~이하)	키의 호칭 치수 $b \times h$	키홈 치수				
		b_1 및 b_2		t_1의 기준치수	t_2의 기준치수	t_1 및 t_2의 허용차
		기준치수	허용차 (D10)			
6~8	2×2	2	+0.060 +0.020	1.2	0.5	+0.05 0
8~10	3×3	3		1.8	0.9	
10~12	4×4	4	+0.078 +0.030	2.5	1.2	+0.1 0
12~17	5×5	5		3.0	1.7	
17~22	6×6	6		3.5	2.2	
20~25	(7×7)	7	+0.098 +0.040	4.0	3.0	
22~30	8×7	8		4.0	2.4	+0.2 0
30~38	10×8	10		5.0	2.4	
38~44	12×8	12	+0.120 +0.050	5.0	2.4	
44~50	14×9	14		5.5	2.9	
50~55	(15×10)	15		5.0	5.0	+0.1 0
50~58	16×10	16		6.0	3.4	+0.2 0
58~65	18×11	18		7.0	3.4	
65~75	20×12	20	+0.149 +0.065	7.5	3.9	
75~85	22×14	22		9.0	4.4	
80~90	(24×16)	24		8.0	8.0	+0.1 0
85~95	25×14	25		9.0	4.4	+0.2 0
95~110	28×16	28		10.0	5.4	
110~130	32×18	32	+0.180 +0.080	11.0	6.4	
125~140	(35×22)	35		11.0	11.0	+0.15 0

적용

적용하는 축, 구멍 지름		키홈 깊이 치수		키홈 폭 치수		구멍치수에서 기울기는 1/100로 한다.
축(d)	구멍(d)	t_1(축)	$d+t_2$ (구멍)	b_1(축)	b_2(구멍)	
25g6	25H7	4 +0.1 0	28 +0.1 0	7D10	7D10	

04. 스플라인 제도 및 표시방법

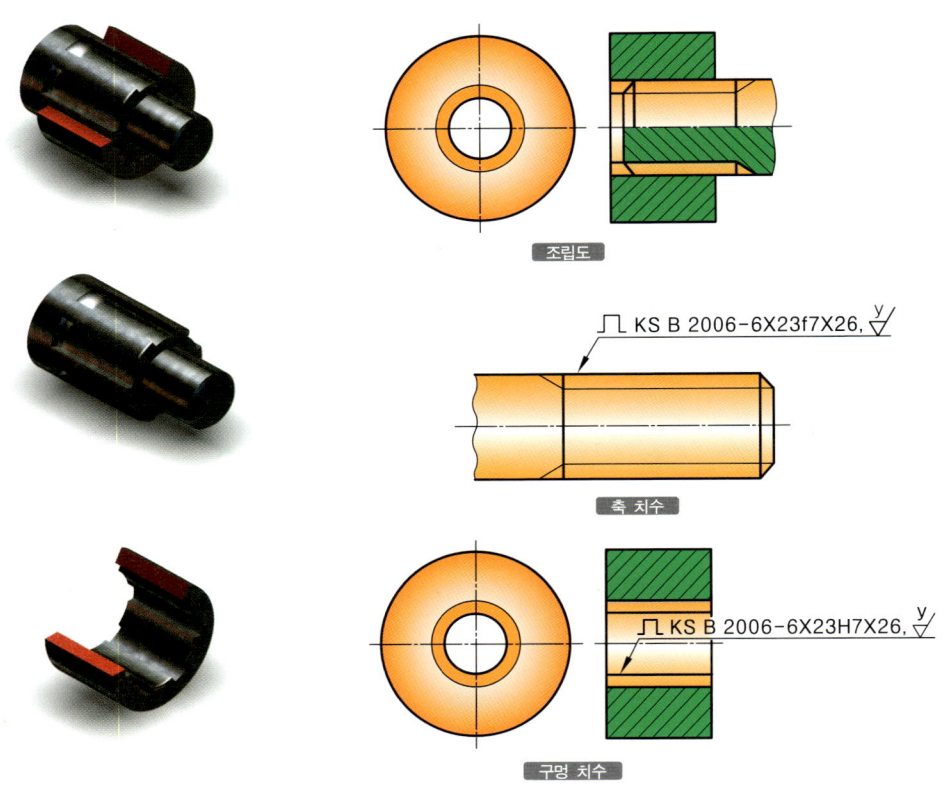

비고
1. 스플라인 이음의 완전한 도시는, 보통은 기술도면에는 필요하지 않으므로 피하는 것이 좋다.
2. 호칭방법은 형체 부근에 반드시 스플라인 이음의 윤곽에서 인출선을 끌어내어서 지시하는 것이 좋다.

호칭법
기호, 규격-잇수(N) x 호칭지름(d) x 큰지름(D)

구멍 및 축공차									
구멍공차						축공차			고정형태
브로칭 후 열처리하지 않은 것			브로칭 후 열처리한 것						
d	D	B	d	D	B	d	D	B	
H7	H10	H9	H7	H10	H11	f7	a11	d10	미끄럼형
						g7	a11	f9	근접미끄럼형
						h7	a11	h10	고정형

05. 원통형 축의 각형 스플라인

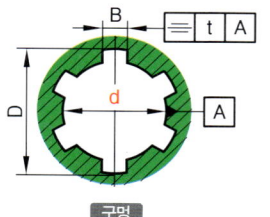
구멍

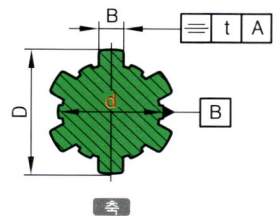
축

단위 : mm

호칭 지름 d	경하중용 치수				호칭 지름 d	중간 하중용 치수			
	잇수 N	큰지름 D	폭 B	호칭법 ($N \times d \times D$)		잇수 N	큰지름 D	폭 B	호칭법 ($N \times d \times D$)
11	-	-	-	-	11	6	14	3	6×11×14
13	-	-	-	-	13	6	16	3.5	6×13×16
16	-	-	-	-	16	6	20	4	6×16×20
18	-	-	-	-	18	6	22	5	6×18×22
21	-	-	-	-	21	6	25	5	6×21×25
23	6	26	6	6×23×26	23	6	28	6	6×23×28
26	6	30	6	6×26×30	26	6	32	6	6×26×32
28	6	32	7	6×28×32	28	6	34	7	6×28×34
32	8	36	6	8×32×36	32	8	38	6	8×32×38
36	8	40	7	8×36×40	36	8	42	7	8×36×42
42	8	46	8	8×42×46	42	8	48	8	8×42×48
46	8	50	9	8×46×50	46	8	54	9	8×46×54
52	8	58	10	8×52×58	52	8	60	10	8×52×60
56	8	62	10	8×56×62	56	8	65	10	8×56×65
62	8	68	12	8×62×68	62	8	72	12	8×62×72
72	10	78	12	10×72×78	72	10	82	12	10×72×82
82	10	88	12	10×82×88	82	10	92	12	10×82×92
92	10	98	14	10×92×98	92	10	102	14	10×92×102
102	10	108	16	10×102×108	102	10	112	16	10×102×112
112	10	120	18	10×112×120	112	10	125	18	10×112×125

대칭도				
스플라인 나비 B	3	3.5, 4, 5, 6	7, 8, 9, 10	12, 14, 16, 18
대칭도 공차 t	0.010	0.012	0.015	0.018

06. 센터구멍 도시방법

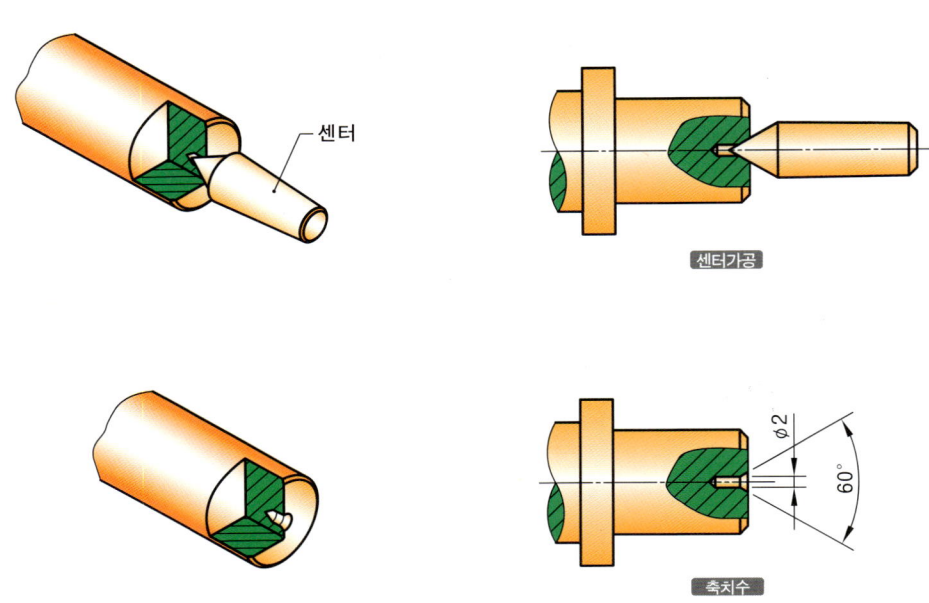

센터

센터가공

축치수

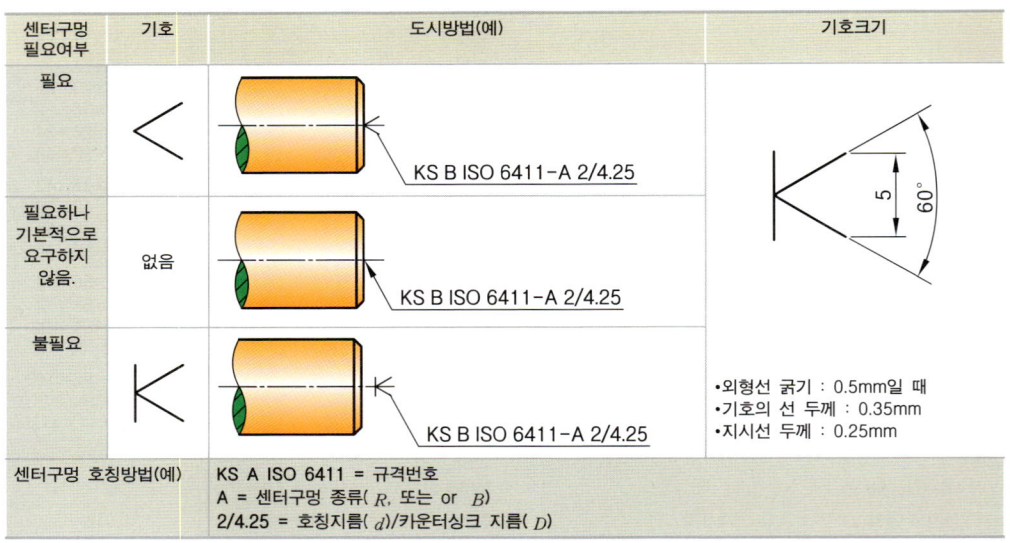

센터구멍 필요여부	기호	도시방법(예)	기호크기
필요	<	KS B ISO 6411-A 2/4.25	5, 60°
필요하나 기본적으로 요구하지 않음.	없음	KS B ISO 6411-A 2/4.25	
불필요	K	KS B ISO 6411-A 2/4.25	•외형선 굵기 : 0.5mm일 때 •기호의 선 두께 : 0.35mm •지시선 두께 : 0.25mm
센터구멍 호칭방법(예)	KS A ISO 6411 = 규격번호 A = 센터구멍 종류(R, 또는 or B) 2/4.25 = 호칭지름(d)/카운터싱크 지름(D)		

07. 센터구멍(60°)

단위 : mm

	종류		
호칭 방법 설명	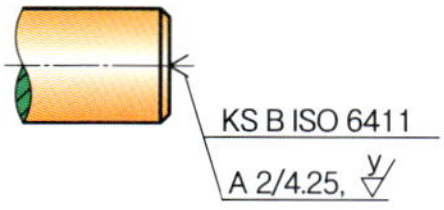KS B ISO 6411 A 2/4.25, y 두줄 표기법	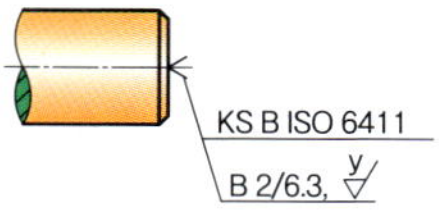KS B ISO 6411 B 2/6.3, y 두줄 표기법	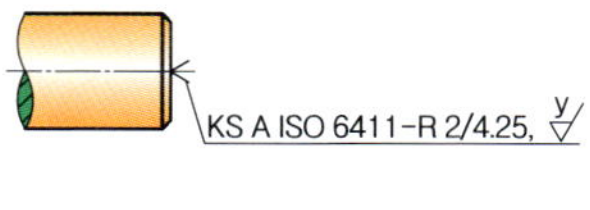KS A ISO 6411-R 2/4.25, y 한줄 표기법
	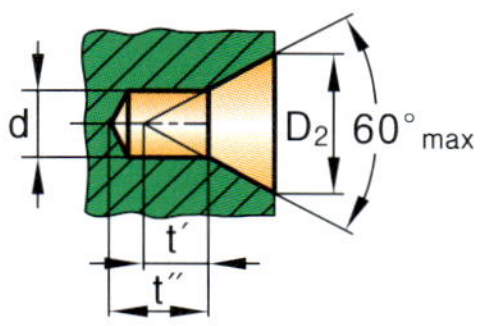d D2 60° max t′ t″ d=2 D_2=4.25	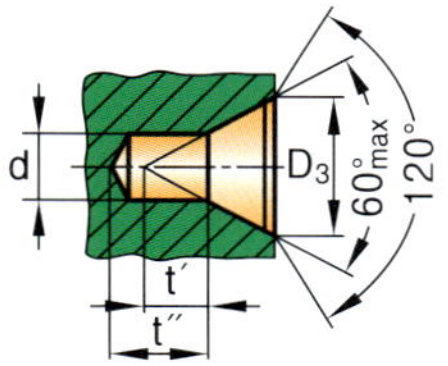d D3 60° max 120° t′ t″ d=2 D_3=6.3	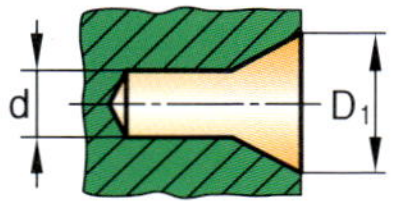d D1 d=2 D_1=4.25

60° 센터구멍 치수

d 호칭 지름	A형 KS B ISO 866에 따름		B형 KS B ISO 2540에 따름		R형 KS B ISO 2541에 따름
	D_2	t'	D_3	t'	D_1
(0.5)	1.06	0.5	–	–	–
(0.63)	1.32	0.6	–	–	–
(0.8)	1.70	0.7	–	–	–
1.0	2.12	0.9	3.15	0.9	2.12
(1.25)	2.65	1.1	4	1.1	2.65
1.6	3.35	1.4	5	1.4	3.35
2.0	4.25	1.8	6.3	1.8	4.25
2.5	5.30	2.2	8	2.2	5.30
3.15	6.70	2.8	10	2.8	6.70
4.0	8.50	3.5	12.5	3.5	8.50
(5.0)	10.60	4.4	16	4.4	10.60
6.3	13.20	5.5	18	5.5	13.20
(8.0)	17.00	7.0	22.4	7.0	17.00
10.0	21.20	8.7	28	8.7	21.20

비고

1. t''는 t'보다 작은 값이 되면 안 된다.
2. (　)를 붙인 호칭의 것은 되도록 사용하지 않는다.

08. 공구의 섕크 4조각

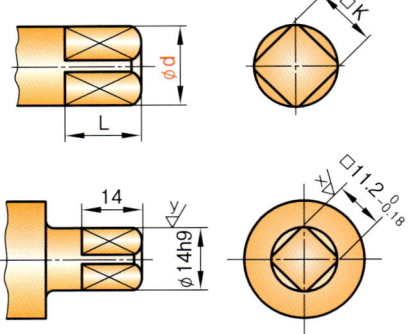

적용 예

단위 : mm

섕크 지름 d(h9)			4각부의 나비 K		4각부 길이 L	섕크 지름 d(h9)			4각부의 나비 K		4각부 길이 L
장려 치수	초과	이하	기준치수	허용차 h12	기준 치수	장려 치수	초과	이하	기준치수	허용차 h12	기준 치수
1.12	1.06	1.18	0.9	0 -0.10	4	11.2	10.6	11.8	9	0 -0.15	12
1.25	1.18	1.32	1			12.5	11.8	13.2	10		13
1.4	1.32	1.5	1.12			14	13.2	15	11.2	0 -0.18	14
1.6	1.5	1.7	1.25			16	15	17	12.5		16
1.8	1.7	1.9	1.4			18	17	19	14		18
2	1.9	2.12	1.6			20	19	21.2	16		20
2.24	2.12	2.36	1.8			22.4	21.2	23.6	18		22
2.5	2.36	2.65	2			25	23.6	26.5	20	0 -0.21	24
2.8	2.65	3	2.24		5	28	26.5	30	22.4		26
3.15	3	3.35	2.5			31.5	30	33.5	25		28
3.55	3.35	3.75	2.8			35.5	33.5	37.5	28		31
4	3.75	4.25	3.15	0 -0.12	6	40	37.5	42.5	31.5	0 -0.25	34
4.5	4.25	4.75	3.55			45	42.5	47.5	35.5		38
5	4.75	5.3	4		7	50	47.5	53	40		42
5.6	5.3	6	4.5			56	53	60	45		46
6.3	6	6.7	5		8	63	60	67	50		51
7.1	6.7	7.5	5.6			71	67	75	56	0 -0.30	56
8	7.5	8.5	6.3	0 -0.15	9	80	75	85	63		62
9	8.5	9.5	7.1		10	90	85	95	71		68
10	9.5	10.6	8		11	100	95	106	80		75

비고
1. d의 허용차는 고정밀도의 공구에서는 KS B 0401의 h9, 그 밖의 공구에서는 h11에 따른다.(구멍=H7)
2. 원형축을 깎아 평면이 된 부분은 가는 실선을 사용하여 대각선으로 표시한다.

09. 원통축끝

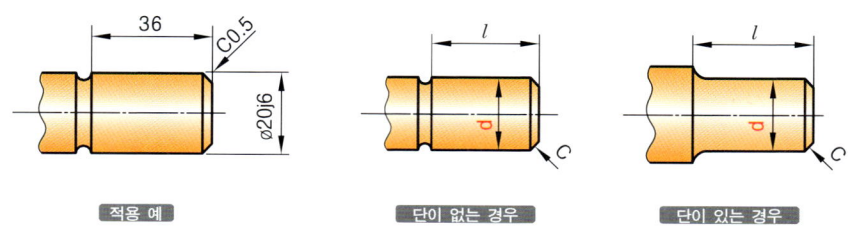

| 적용 예 | 단이 없는 경우 | 단이 있는 경우 |

단위 : mm

축끝의 지름 d	축끝의 길이 l 단축끝	축끝의 길이 l 장축끝	d의 허용차	(참고) 모떼기 c	축끝의 지름 d	축끝의 길이 l 단축끝	축끝의 길이 l 장축끝	d의 허용차	(참고) 모떼기 c
6	–	16	(j6)	0.5	50	82	110	(k6)	1
7	–	16		0.5	55	82	110	(m6)	1
8	–	20		0.5	56	82	110		1
9	–	20	(j6)	0.5	60	105	140	(m6)	1
10	20	23		0.5	63	105	140		1
11	20	23		0.5	65	105	140		1
12	25	30	(j6)	0.5	70	105	140	(m6)	1
14	25	30		0.5	71	105	140		1
16	28	40		0.5	75	105	140		1
18	28	40	(j6)	0.5	80	130	170	(m6)	1
19	28	40		0.5	85	130	170		1
20	36	50		0.5	90	130	170		1
22	36	50	(j6)	0.5	95	130	170	(m6)	1
24	36	50		0.5	100	165	210		1
25	42	60		0.5	110	165	210		2
28	42	60	(j6)	1	120	165	210	(m6)	2
30	58	89		1	125	165	210		2
32	58	80	(k6)	1	130	200	250		2
35	58	80	(k6)	1	140	200	250	(m6)	2
38	58	80		1	150	200	250		2
40	82	110		1	160	240	300		2

적용범위
1. 이 규격은 일반적으로 사용되는 전동용 회전축의 축끝 중 끼워 맞춤부가 원통형이고, 지름 6mm에서 160mm까지의 주요 치수에 대하여 규정한다.
2. 모떼기 C는 주석문에 지시할 경우 도면에 따로 기입하지 않아도 된다.

10. 수나사 부품 나사틈새

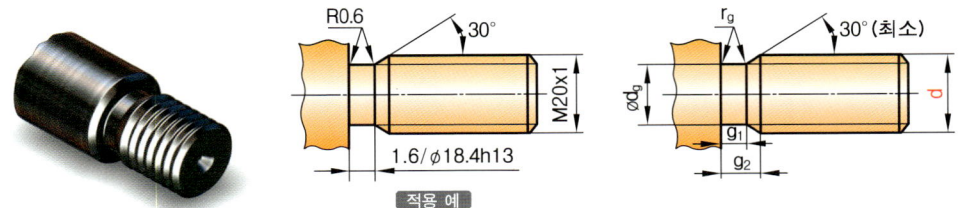

단위 : mm

나사의 피치 P	d_g		g_1 최소	g_2 최대	r_g 약
	기준치수	허용차			
0.25	d−0.4	• 3mm 이하~(h12)	0.4	0.75	0.12
0.3	d−0.5		0.5	0.9	1.06
0.35	d−0.6	• 3mm 이상~(h13)	0.6	1.05	0.16
0.4	d−0.7		0.6	1.2	0.2
0.45	d−0.7		0.7	1.35	0.2
0.5	d−0.8		0.8	1.5	0.2
0.6	d−1		0.9	1.8	0.4
0.7	d−1.1		1.1	2.1	0.4
0.75	d−1.2		1.2	2.25	0.4
0.8	d−1.3		1.3	2.4	0.4
1	d−1.6		1.6	3	0.6
1.25	d−2		2	3.75	0.6
1.5	d−2.3		2.5	4.5	0.8
1.75	d−2.6		3	5.25	1
2	d−3		3.4	6	1
2.5	d−3.6		4.4	7.5	1.2
3	d−4.4		5.2	9	1.6
3.5	d−5		6.2	10.5	1.6
4	d−5.7		7	12.	2
4.5	d−6.4		8	13.5	2.5
5	d−7		9	15	2.5
5.5	d−7.7		11	16.5	3.2
6	d−8.3		11	18	3.2

비고
1. d_g의 기준 치수는 나사 피치에 대응하는 나사의 호칭지름(d)에서 이 난에 규정하는 수치를 뺀 것으로 한다.
   (보기 : $P=1$, $d=20$에 대한 d_g의 기준 치수는 $d-1.6=20-1.6=18.4mm$)
2. 호칭치수 d는 KS B 0201(미터보통나사) 또는 KS B 0204(미터가는나사)의 호칭지름이다.

10-A. 그리스 니플, 절삭 가공품 라운드 및 모떼기

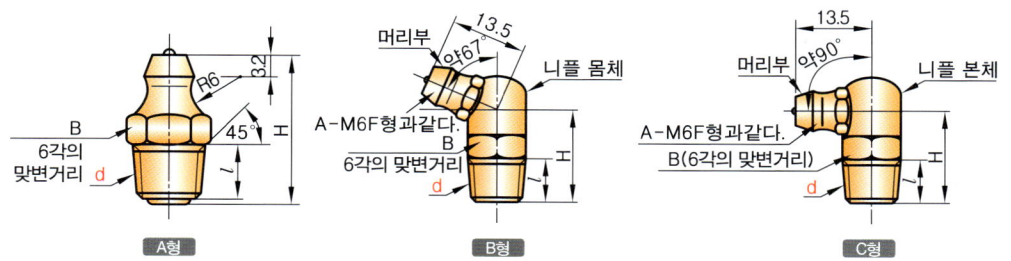

단위 : mm

그리스 니플

A형 치수		B형 치수		C형 치수	
형식	나사의 호칭지름 d	형식	나사 호칭지름 d	형식	나사 호칭지름 d
A-M6 F	M6×0.75	-	-	-	-
A-MT6×0.75	MT6×0.75	B-MT6×0.75	MT6×0.75	C-MT6×0.75	MT6×0.75
A-PT 1/8	PT 1/8	B-PT 1/8	PT 1/8	C-PT 1/8	PT 1/8
A-PT 1/4	PT 1/4	-	-	-	-

비고
1. A-M6 F형 나사는 KS B0204(미터 가는 나사)에 따르며, 정밀도는 KS B0214(미터 가는 나사의 허용한계 치수 및 공차)의 2급으로 한다.
2. PT 1/8 및 PT 1/4 형 나사는 KS B0222(관용 테이퍼 나사)에 따른다.
3. B형, C형의 머리부와 니플 몸체의 나사는 사정에 따라 변경할 수가 있다.
4. 치수의 허용차를 특히 규정하지 않는 것은 KS B ISO 2768-1(절삭가공 치수의 보통 허용차)의 중간급에 따른다.

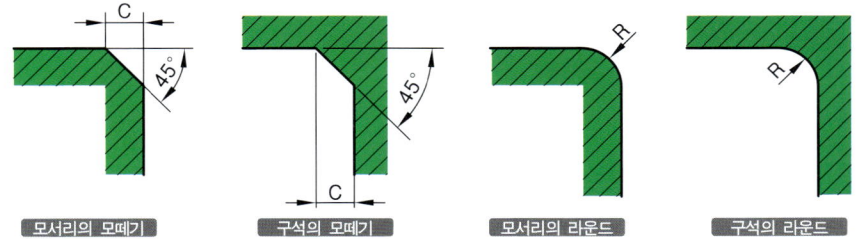

단위 : mm

절삭 가공품의 모떼기(C) 및 라운드(R) 치수

0.1	0.4	0.8	1.6	3(3.2)	6	12	25	50
0.2	0.5	1.0	2.0	4	8	16	32	-
0.3	0.6	1.2	2.5(2.4)	5	10	20	40	-

비고
(　)의 치수는 절삭공구 팁을 사용하여 구석의 라운드를 가공하는 경우에만 사용하여도 좋다.

11. 주철제 V벨트 풀리(홈)

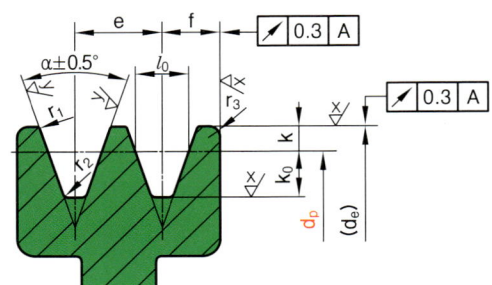

▶ d_p : 홈의 나비가 l_0 곳의 지름이다.
▶ 데이텀 A 풀리의 구멍

단위 : mm

V벨트 형별	호칭지름 (d_p)	α (±0.5°)	l_0	k	k_0	e	f	r_1	r_2	r_3	(참고) V벨트의 두께
M	50 이상 71 이하 71 초과 90 이하 90 초과	34° 36° 38°	8.0	2.7 $^{+0.2}_{0}$	6.3	−	9.5 ±1	0.2~0.5	0.5~1.0	1~2	5.5
A	71 이상 100 이하 100 초과 125 이하 125 초과	34° 36° 38°	9.2	4.5 $^{+0.2}_{0}$	8.0	15.0 ±0.4	10.0 ±1	0.2~0.5	0.5~1.0	1~2	9
B	125 이상 165 이하 165 초과 200 이하 200 초과	34° 36° 38°	12.5	5.5 $^{+0.2}_{0}$	9.5	19.0 ±0.4	12.5 ±1	0.2~0.5	0.5~1.0	1~2	11
C	200 이상 250 이하 250 초과 315 이하 315 초과	34° 36° 38°	16.9	7.0 $^{+0.3}_{0}$	12.0	25.5 ±0.5	17.0 ±1	0.2~0.5	1.0~1.6	2~3	14
D	355 이상 450 이하 450 초과	36° 38°	24.6	9.5 $^{+0.4}_{0}$	15.5	37.0 ±0.5	24.0 $^{+2}_{-1}$	0.2~0.5	1.6~2.0	3~4	19
E	500 이상 630 이하 630 초과	36° 38°	28.7	12.7 $^{+0.5}_{0}$	19.3	44.5 ±0.5	29.0 $^{+3}_{-1}$	0.2~0.5	1.6~2.0	4~5	25.5

비고
1. 풀리의 재질은 보통 회주철(GC200) 또는 이와 동등 이상의 품질인 것으로 사용한다.
2. M형은 원칙적으로 한 줄만 걸친다.
3. M형, D형, E형은 홈부분의 모양 및 수만 규정한다.

11. 주철제 V벨트 풀리(홈)

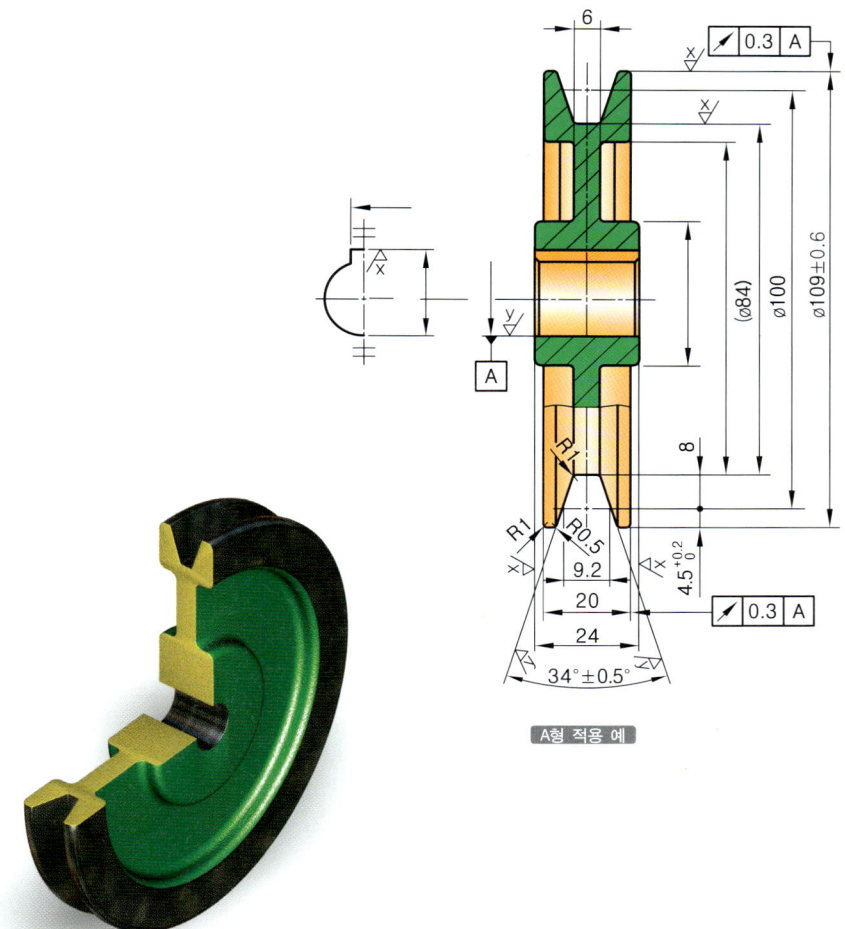

A형 적용 예

단위 : mm

바깥지름 d_e의 허용차 및 흔들림 허용차

호칭지름	바깥지름 d_e 허용차	바깥둘레 흔들림 허용값	림 측면 흔들림 허용값
75 이상 118 이하	±0.6	0.3	0.3
125 이상 300 이하	±0.8	0.4	0.4
315 이상 630 이하	±1.2	0.6	0.6
710 이상 900 이하	±1.6	0.8	0.8

12. 가는 나비 V풀리

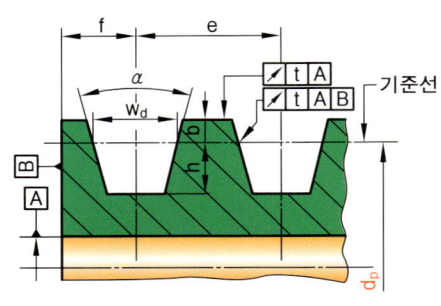

단위 : mm

형별	d_p (호칭지름)		a (홈의 각)	w_d (기준나비)	b 최소	h 최소	$e(^1)$	공차 $e(^2)$	편차의 합 $e(^3)$	f 최소
SPZ	63 이상 80 초과	80 이하 630 이하	34±0.5° 38±0.5°	8.5	2	9	12	±0.3	±0.6	7
SPA	90 이상 118 초과	118 이하 800 이하	34±0.5° 38±0.5°	11	2.75	11	15			9
SPB	140 이상 190 초과	190 이하 1120 이하	34±0.5° 38±0.5°	14	3.5	14	19	±0.4	±0.8	11.5
SPC	224 이상 315 초과	315 이하 2000 이하	34±0.5° 38±0.5°	19	4.8	19	25.5	±0.5	±1	16

주
(^{1}) 치수 e에 대하여 특별한 경우 더 높은 값을 사용하여도 좋다.
  e의 치수가 규격에 확실하게 포함되지 않을 때에는 표준화된 풀리 사용을 권한다.
(^{2}) 공차는 연속적인 홈의 두 축 사이의 거리에 적용된다.
(^{3}) 하나의 풀리에서 모든 홈에 대하여 호칭값 e로부터 발생되는 모든 편차의 합은 표의 값 이내이어야 한다.

01 흔들림 허용차

단위 : mm

d_p (호칭지름)		기준지름(d_p) 흔들림 허용차(t)	바깥둘레 흔들림 허용차(t)
63 초과	100 이하	0.2	0.2
106 초과	160 이하	0.3	0.3
170 초과	250 이하	0.4	0.4
260 초과	400 이하	0.5	0.5
425 초과	630 이하	0.6	0.6
670 초과	1000 이하	0.8	0.8
1060 초과	1600 이하	1.0	1.0
1700 초과	2500 이하	1.2	1.2

12-A. 맞변거리의 치수

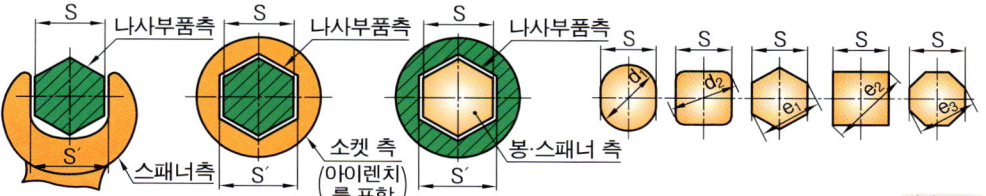

단위 : mm

맞변거리의 호칭	맞변거리 (s 및 s')		맞모거리(참고)([1])				맞변거리의 호칭	맞변거리 (s 및 s')		맞모거리(참고)([1])			
	기준 치수	허용차	d_1	d_2	e_1	e_2	e_3		기준 치수	허용차	d_1	d_2	e_1	e_2	e_3

맞변거리의 호칭	기준치수	허용차	d_1	d_2	e_1	e_2	e_3	맞변거리의 호칭	기준치수	허용차	d_1	d_2	e_1	e_2	e_3
* 0.7	0.7	–	–	–	0.81	–	–	34	34		40	45	39.3	48.1	36.8
* 0.9	0.9	–	–	–	1.04	–	–	36	36		42	48	41.6	50.9	39.0
* 1.3	1.3	–	–	–	1.50	–	–	41	41		48	54	47.3	58.0	44.4
* 1.5	1.5	–	–	–	1.73	–	–	46	46		55	60	53.1	65.1	49.8
* 2	2	–	–	–	2.31	–	–	50	50		60	65	57.7	70.7	54.1
* 2.5	2.5	–	–	–	2.89	–	–	55	55		65	71	63.5	77.8	59.6
* 3	3	–	–	–	3.46	–	–	60	60		70	80	69.3	84.9	65.0
3.2	3.2		4	4.2	3.70	4.53	–	65	65		75	85	75.0	91.5	70.3
4	4		5	5.3	4.62	5.66	–	70	70		85	92	80.8	99.0	75.7
▼4.5	4.5		5.5	6.0	5.20	6.36	–	75	75		90	98	86.5	106	81.2
5	5		6	6.5	5.77	7.07	–	80	80		95	105	92.4	113	86.6
5.5	5.5		7	7.1	6.35	7.78	–	85	85		100	112	98.1	120	92.0
* 6	6		7	8	6.93	8.49	–	90	90		105	118	104	127	97.4
7	7		8	9	8.08	9.90	–	95	95		110	125	110	134	103
8	8		9	10	9.24	11.3	–	100	100		115	132	115	141	108
10	10	([3])	12	13	11.5	14.1	–	105	105	([3])	120	138	121	148	114
11	11		13	14.5	12.7	15.6	–	110	110		130	145	127	156	119
*12	12		14	16	13.9	17.0	–	115	115		135	152	133	163	124
13	13		15	17	15.0	18.4	–	120	120		140	160	139	170	130
*14	14		16	18	16.2	19.8	–	130	130		–	–	150	–	141
15([2])	15		17	19	17.3	21.2	–	135	135		–	–	156	–	146
16	16		18	20	18.5	22.6	–	145	145		–	–	167	–	157
*17	17		19	22	19.6	24.0	–	150	150		–	–	173	–	162
18	18		20	23	20.8	25.5	–	155	155		–	–	179	–	168
*19	19		22	25	21.9	26.9	–	165	165		–	–	191	–	179
21	21		24	27	24.2	29.7	–	170	170		–	–	196	–	184
*22	22		26	29	25.4	31.1	–	180	180		–	–	208	–	195
24	24		28	32	27.7	33.9	–	185	185		–	–	214	–	200
27	27		32	36	31.2	38.2	–	200	200		–	–	231	–	216
30	30		36	40	34.6	42.4	–	210	210		–	–	242	–	227
▼32	32		38	42	37.0	45.3	34.6	220	▼220		–	–	254	–	238

주
([1]) 이 란에 나타내는 e_1, e_2 및 e_3의 값은 각각의 맞변거리 (s)가 기준 치수일 때의 계산값이다. 또한, 나사부품측의 맞변거리 (s)에 대한 맞모 거리의 최소값은 KS B 2038(나사부품의 공차 방식) 또는 나사부품의 개별규격에 따른다.
([2]) 이 맞변거리는 플랜지붙이 6각볼트 및 플랜지붙이 6각너트 이외에는 사용하지 않는다.
([3]) 나사부품측의 맞변거리(s)에 대한 허용차는 KS B 0238 또는 나사부품의 개별규격에 따른다. 또한, 스패너류측의 맞변거리(s')에 대한 허용차는 스패너류의 개별규격에 따른다.

비고
맞변거리의 호칭에 (*)표를 붙인 것 및 (▼)한 것 이외는 ISO 272에 따른 맞변거리이다. 또한, (*)표의 것은, ISO 2343 및 ISO 4762에 따르고 있고, (▼)한 것은 이들 ISO 규격에 규정되어 있지 않은 맞변거리이다.

13. 평벨트 풀리

01 평벨트 풀리의 호칭지름 및 호칭나비 허용차

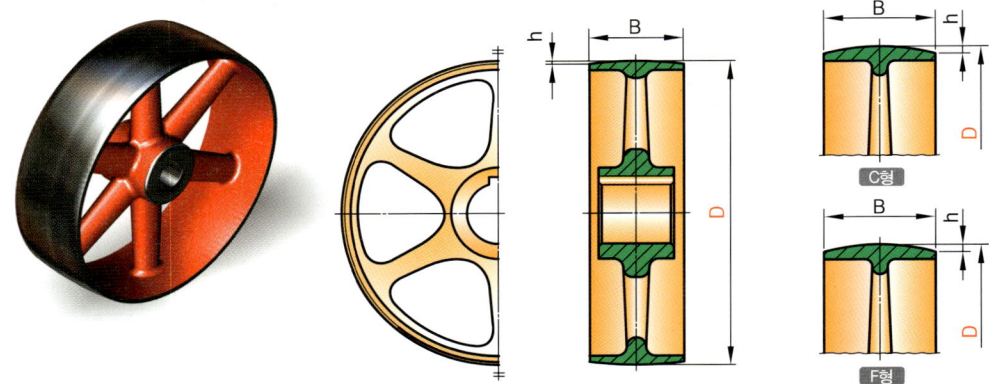

단위 : mm

호칭지름 (D)	허용차	호칭지름 (D)	허용차	호칭나비 (B)	허용차	호칭나비 (B)	허용차
40	±0.5	280	±3.2	20	±1	315	±3
45	±0.6	315		25		355	
50		355		32		400	
56	±0.8	400	±4.0	40		450	
63		450		50		500	
71	±1.0	500		63		560	
80		560	±5.0	71		630	
90	±1.2	630		80	±1.5	–	
100		710		90		–	
112		800	±6.3	100		–	
125	±1.6	900		112		–	
140		1000		125			
160	±2.0	1120	±8.0	140			
180		1250		160	±2		
200		1400		180			
224	±2.5	1600	±10.0	200			
250		1800		224			
–		2000		250			
				280			

비고
1) 표면거칠기 : Rz12.5 , 재질 : GC(주철), SC(주강)

13. 평벨트 풀리

02 평벨트 풀리의 호칭지름(40~355mm까지)

단위 : mm

호칭지름(D)	크라운(h)*	호칭지름(D)	크라운(h)*
40~112	0.3	220, 224	0.6
125, 140	0.4	250, 280	0.8
160, 180	0.5	315, 355	1.0

03 평벨트 풀리의 호칭지름(400mm 이상)

단위 : mm

호칭나비 (B)	12.5 이하	140 160	180 200	224 250	280 315	355	400 이상
호칭지름 (D)				크라운(h)*			
400	1	1.2	1.2	1.2	1.2	1.2	1.2
450	1	1.2	1.2	1.2	1.2	1.2	1.2
500	1	1.5	1.5	1.5	1.5	1.5	1.5
560	1	1.5	1.5	1.5	1.5	1.5	1.5
630	1	1.5	2	2	2	2	2
710	1	1.5	2	2	2	2	2
800	1	1.5	2	2.5	2.5	2.5	2.5
900	1	1.5	2	2.5	2.5	2.5	2.5
1000	1	1.5	2	2.5	3	3	3
1120	1.2	1.5	2	2.5	3	3	3.5
1250	1.2	1.5	2	2.5	3	3.5	4
1400	1.5	2	2.5	3	3.5	4	4
1600	1.5	2	2.5	3	3.5	4	5
1800	2	2.5	3	3.5	4	5	5
2000	2	2.5	3	3.5	4	5	6

주
(*) 수직축에 쓰이는 평벨트 풀리의 크라운은 위 표보다 크게 하는 것이 좋다.

14. 6각 구멍붙이 볼트

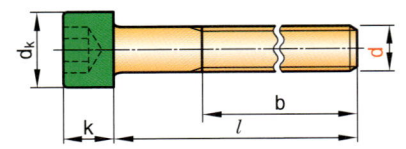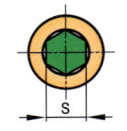

6각 구멍붙이 볼트 치수

나사의 호칭(d)		M1.6	M2	M2.5	M3	M4	M5	M6	M8	M10	M12
피치(P)		0.35	0.4	0.45	0.5	0.7	0.8	1	1.25	1.5	1.75
b	참고	15	16	17	18	20	22	24	28	32	36
d_k	최대([1])	3.00	3.80	4.50	5.50	7.00	8.50	10.00	13.00	16.00	18.00
	최대([2])	3.14	3.98	4.68	5.68	7.22	8.72	10.22	13.27	16.27	18.27
k	최대	1.60	2.00	2.50	3.00	4.00	5.00	6.00	8.00	10.00	12.00
	최소	1.46	1.86	2.36	2.86	3.82	4.82	5.7	7.64	9.64	11.57
s		1.5	1.5	2	2.5	3	4	5	6	8	10
l		2.5~16	3~20	4~25	5~30	6~40	8~50	10~60	12~80	16~100	20~120

6각 구멍붙이 볼트 치수(계속)

나사의 호칭(d)		(M14)	M16	M20	M24	M30	M36	M42	M48	M56	M64
피치(P)		2	2	2.5	3	3.5	4	4.5	5	5.5	6
b	참고	40	44	52	60	72	84	96	108	124	140
d_k	최대([1])	21.00	24.00	30.00	36.00	45.00	54.00	63.00	72.00	84.00	96.00
	최대([2])	21.33	24.33	30.33	36.39	45.39	54.46	63.46	72.46	84.54	96.54
k	최대	14.00	16.00	20.00	24.00	30.00	36.00	42.00	48.00	56.00	64.00
	최소	13.57	15.57	19.48	23.48	29.48	35.38	41.38	47.38	55.26	63.26
s	호칭	12	14	17	19	22	27	32	36	41	46
l		25~140	25~160	30~200	40~200	45~200	55~200	60~300	70~300	80~300	90~300

주
([1]) 널링되지 않은 머리부에 적용한다.
([2]) 널링된 머리부에 적용한다.
- 나사의 호칭에 ( )를 붙인 것은 되도록 사용하지 않는다.

15. 볼트 구멍지름 및 카운터 보어지름

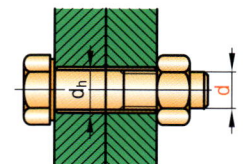
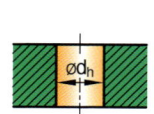
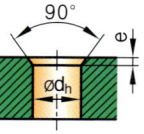
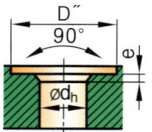

단위 : mm

나사의 호칭 (d)	볼트 구멍지름 (d_h)			모떼기 (e)	카운터 보어 지름 (D'')	나사의 호칭 (d)	볼트 구멍지름 (d_h)			모떼기 (e)	카운터 보어 지름 (D'')
	1급	2급	3급				1급	2급	3급		
1	1.1	1.2	1.3	0.2	3	36	37	39	42	1.7	72
1.2	1.3	1.4	1.5	0.2	4	39	40	42	45	1.7	76
1.4	1.5	1.6	1.8	0.2	4	42	43	45	48	1.8	82
1.6	1.7	1.8	2	0.2	5	45	46	48	52	1.8	87
1.8	2.0	2.1	2.2	0.2	5	48	50	52	56	2.3	93
2	2.2	2.4	2.6	0.3	7	52	54	56	62	2.3	100
2.5	2.7	2.9	3.1	0.3	8	56	58	62	66	3.5	110
3	3.2	3.4	3.6	0.3	9	60	62	66	70	3.5	115
3.5	3.7	3.9	4.2	0.3	10	64	66	70	74	3.5	122
4	4.3	4.5	4.8	0.4	11	68	70	74	78	3.5	127
4.5	4.8	5	5.3	0.4	13	72	74	78	82	3.5	133
5	5.3	5.5	5.8	0.4	13	76	78	82	86	3.5	143
6	6.4	6.6	7	0.4	15	80	82	86	91	3.5	148
7	7.4	7.6	8	0.4	18	85	87	91	96	–	–
8	8.4	9	10	0.6	20	90	93	96	101	–	–
10	10.5	11	12	0.6	24	95	98	101	107	–	–
12	13	13.5	14.5	1.1	28	100	104	107	112	–	–
14	15	15.5	16.5	1.1	32	105	109	112	117	–	–
16	17	17.5	18.5	1.1	35	110	114	117	122	–	–
18	19	20	21	1.1	39	115	119	122	127	–	–
20	21	22	24	1.2	43	120	124	127	132	–	–
22	23	24	26	1.2	46	125	129	132	137	–	–
24	25	26	28	1.2	50	130	134	137	144	–	–
27	28	30	32	1.7	55	140	144	147	155	–	–
30	31	33	35	1.7	62	150	155	158	165	–	–
33	34	36	38	1.7	66	d_h허용차	H12	H13	H14	–	–

비고
1. 볼트 구멍지름 : 볼트의 틈새 구멍 지름 d_h를 말한다.
2. ISO 2734에서는 fine(1급), medium(2급), coarse(3급) 의 3등급으로만 분류하고 있다.
3. 구멍의 모떼기는 필요에 따라 실시하고, 그 각도는 원칙적으로 90°로 한다.
4. 카운터 보어 깊이는 일반적으로 흑피가 없어질 정도로 한다.

16. 볼트 자리파기(6각 볼트 / 6각 구멍붙이 볼트)

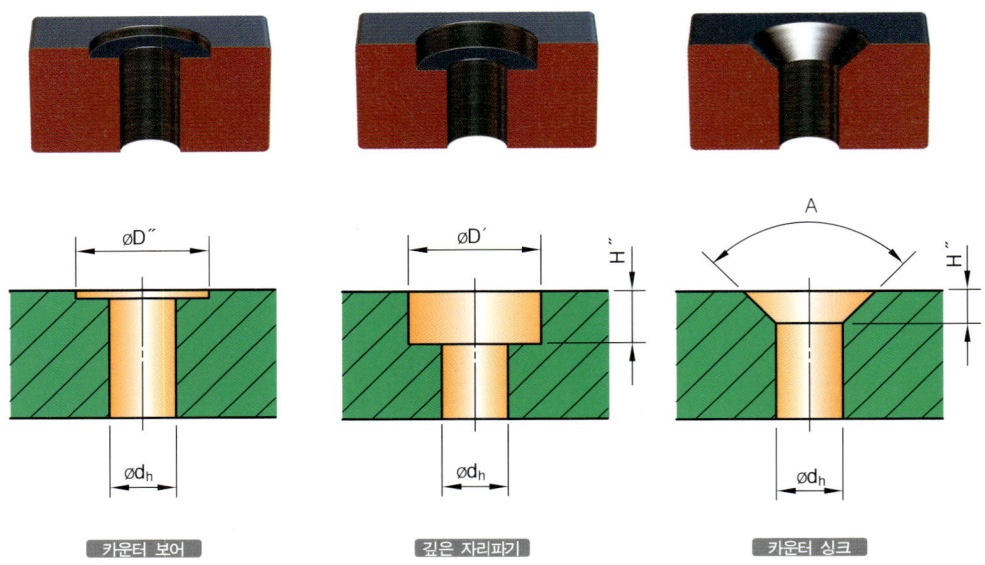

| 카운터 보어 | 깊은 자리파기 | 카운터 싱크 |

비고
1. 카운터 보어 : 주로 6각볼트(KS B 1002) 및 너트(KS B 1012) 체결시 적용되는 가공법이고, 보어깊이는 규격에 따라 규정되어 있지 않고 일반적으로 흑피가 없어질 정도로 한다.
2. 깊은 자리파기 : 주로 6각 구멍붙이 볼트(KS B 1003) 체결시 적용되는 가공법이다.

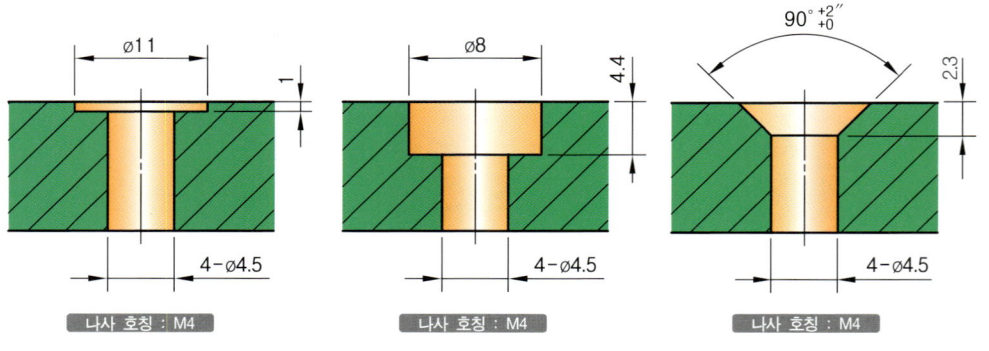

적용
호칭 M4의 볼트(나사)가 4개 조립된 카운터 보어와 깊은 자리파기 치수 적용 예이다.

16. 볼트 자리파기(6각 볼트 / 6각 구멍붙이 볼트)

단위 : mm

나사의 호칭 (d)	볼트 구멍 지름 (d_h)	카운터 보어 ($\phi D''$)	깊은 자리파기			카운터싱크	
			깊은 자리파기 ($\phi D'$)	깊이(머리묻힘) (H'')	깊이 (H'')	각도 (A)	
M3	3.4	9	6	3.3	1.75	$90°{}^{+2''}_{0}$	
M4	4.5	11	8	4.4	2.3		
M5	5.5	13	9.5	5.4	2.8		
M6	6.6	15	11	6.5	3.4		
M8	9	20	14	8.6	4.4		
M10	11	24	17.5	10.8	5.5		
M12	14	28	20	13	6.5		
(M14)	16	32	23	15.2	7	$90°{}^{+2''}_{0}$	
M16	18	35	26	17.5	7.5		
M18	20	39	–	–	8		
M20	22	43	32	21.5	8.5		
M22	24	46	–	–	13.2		
M24	26	50	39	25.5	14		
M27	30	55	–	–	–	$60°{}^{+2''}_{0}$	
M30	33	62	48	32	16.8		
M33	36	66	–	–	–		
M36	39	72	58	38	–	–	
M42	45	82	67	44	–	–	
M45	48	87	–	–	–	–	
M48	52	93	76	50	–	–	
M52	56	100	–	–	–	–	
M56	62	110	–	–	–	–	
M60	66	115	–	–	–	–	
M64	70	122	100	66	–	–	

비고
1. 볼트 구멍지름(d_h) 및 카운터 보어(D'')는 KS B 1007 2급과 해당규격에 따른다.
2. 깊은 자리파기 치수는 KS규격 미제정이고 KS B 1003 규격을 기준으로 쓰는 현장에서 상용하는 치수이다.
3. 깊은 자리파기에서 깊이(H'') 치수는 볼트머리가 묻혔을 때 치수이다.
4. 나사의 호칭에 ( )를 붙인 것은 되도록 사용하지 않는다.

17. 6각 볼트(상)

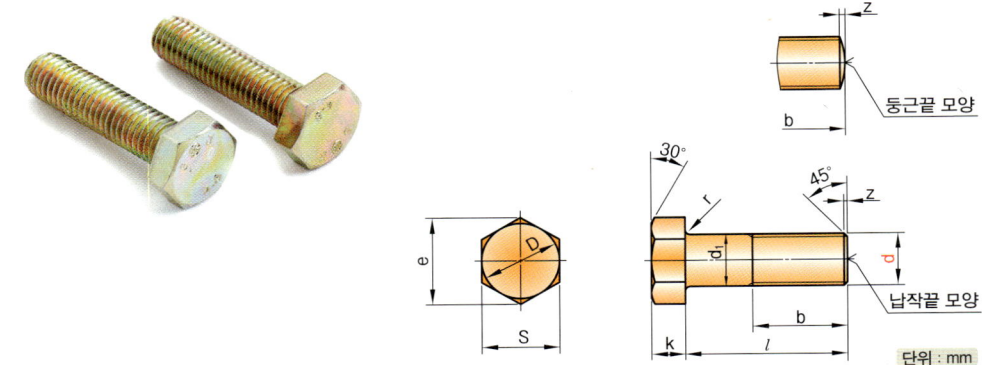

6각 볼트 · 상 치수

나사의 호칭(d)		d_1		k		S		e	D	r	z	b	l
보통나사	가는 나사	기준 나사	허용차	기준 치수	허용차	기준 치수	허용차	약	약	최소	약		
M3	–	3	0 / -0.1	2	±0.1	5.5	0 / -0.2	6.4	5.3	0.1	0.6	12	5~32
(M3.5)	–	3.5		2.4		6		6.9	5.8	0.1	0.6	14	5~32
M4	–	4		2.8		7		8.1	6.8	0.2	0.8	14	6~40
(M4.5)	–	4.5		3.2	±0.15	8		9.2	7.8	0.2	0.8	16	6~40
M5	–	5		3.5		8		9.2	7.8	0.2	0.9	16	7~50
M6	–	6		4		10		11.5	9.8	0.25	1	18	7~70
(M7)	–	7	0 / -0.15	5		11	0 / -0.25	12.7	10.7	0.25	1	20	11~100
M8	M8×1	8		5.5		13		15	12.6	0.4	1.2	22	11~100
M10	M10×1.25	10		7	±0.2	17		19.6	16.5	0.4	1.5	26	14~100
M12	M12×1.25	12	0 / -0.2	8		19	0 / -0.35	21.9	18	0.6	2	30	18~140
(M14)	(M14×1.5)	14		9		22		25.4	21	0.6	2	34	20~140
M16	M16×1.5	16		10		24		27.7	23	0.6	2	38	22~140
(M18)	(M18×1.5)	18		12		27		31.2	26	0.6	2.5	42	25~200
M20	M20×1.5	20		13		30		34.6	29	0.8	2.5	46	28~200
(M22)	(M22×1.5)	22		14		32	0 / -0.4	37	31	0.8	2.5	50	28~200
M24	M24×2	24		15		36		41.6	34	0.8	3	54	30~200
(M27)	(M27×2)	27		17		41		47.3	39	1	3	60	35~240
M30	M30×2	30		19	±0.25	46		53.1	44	1	3.5	66	40~240
(M33)	(M33×2)	33	0 / -0.25	21		50		57.7	48	1	3.5	72	45~240
M36	M36×3	36		23		55	0 / -0.45	63.5	53	1	4	78	50~240
(M39)	(M39×3)	39		25		60		69.3	57	1	4	84	50~240
M42	–	42		26		65		75	62	1.2	4.5	90	55~325
(M45)	–	45		28		70		80.8	67	1.2	4.5	96	55~325
M48	–	48		30		75		86.5	72	1.6	5	102	60~325

비고

1. 나사의 호칭에 ( )를 붙인 것은 되도록 사용하지 않는다.
2. 특별히 큰 자리면을 필요로 하는 경우에는 한 계단 큰 s 및 e 치수를 사용하여도 좋다.
3. 불완전 나사부의 길이는 약 2산으로 한다.
4. 이 규격은 ISO 4014~4018에 따르지 않는, 일반적으로 사용하는 강제 6각 볼트 규격이다.

17. 6각 볼트(중)

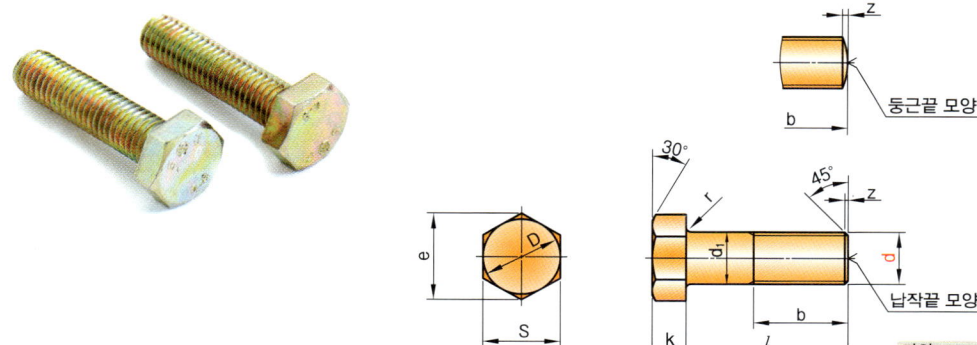

단위 : mm

6각 볼트·중 치수

나사의 호칭(d)		d_1		k		S		e	D	r	z	b	l
보통나사	가는 나사	기준나사	허용차	기준치수	허용차	기준치수	허용차	약	약	최소	약		
M6	-	6	0 -0.2	4	±0.25	10	0 -0.6	11.5	9.8	0.25	1	18	7~70
(M7)	-	7		5		11	0 -0.8	12.7	10.7	0.25	1	20	11~100
M8	M8×1	8		5.5		13		15	12.6	0.4	1.2	22	11~100
M10	M10×1.25	10		7	±0.3	17		19.6	16.5	0.4	1.5	26	14~100
M12	M12×1.25	12	0 -0.25	8		19	0 -0.8	21.9	18	0.6	2	30	18~140
(M14)	(M14×1.5)	14		9		22		25.4	21	0.6	2	34	20~140
M16	M16×1.5	16		10		24		27.7	23	0.6	2	38	22~140
(M18)	(M18×1.5)	18		12	±0.35	27		31.2	26	0.6	2.5	42	25~200
M20	M20×1.5	20	0 -0.35	13		30		34.6	29	0.8	2.5	46	28~200
(M22)	(M22×1.5)	22		14		32	0 -1	37	31	0.8	2.5	50	28~200
M24	M24×2	24		15		36		41.6	34	0.8	3	54	30~200
(M27)	(M27×2)	27		17		41		47.3	39	1	3	60	35~240
M30	M30×2	30		19	±0.4	46		53.1	44	1	3.5	66	40~240
(M33)	(M33×2)	33	0 -0.4	21		50		57.7	48	1	3.5	72	45~240
M36	M36×3	36		23		55	0 -1.2	63.5	53	1	4	78	50~240
(M39)	(M39×3)	39		25		60		69.3	57	1	4	84	50~240
M42	-	42		26		65		75	62	1.2	4.5	90	55~325
(M45)	-	45		28		70		80.8	67	1.2	4.5	96	55~325
M48	-	48		30		75		86.5	72	1.6	5	102	60~325
(M52)	-	52	0 -0.45	33	±0.5	80		92.4	77	1.6	5	116	130~400
M56	-	56		35		85	0 -1.4	98.1	82	2	5.5	124	130~400
(M60)	-	60		38		90		104	87	2	5.5	132	130~400
M64	-	64		40		95		110	92	2	6	140	130~400
(M68)	-	68		43		100		115	97	2	6	148	130~400

비고
1. 나사의 호칭에 ( )를 붙인 것은 되도록 사용하지 않는다.
2. 특별히 큰 자리면을 필요로 하는 경우에는 한 계단 큰 s 및 e 치수를 사용하여도 좋다.
3. 불완전 나사부의 길이는 약 2산으로 한다.
4. 이 규격은 ISO 4014~4018에 따르지 않는, 일반적으로 사용하는 강제 6각 볼트 규격이다.

18. 6각 너트(상)

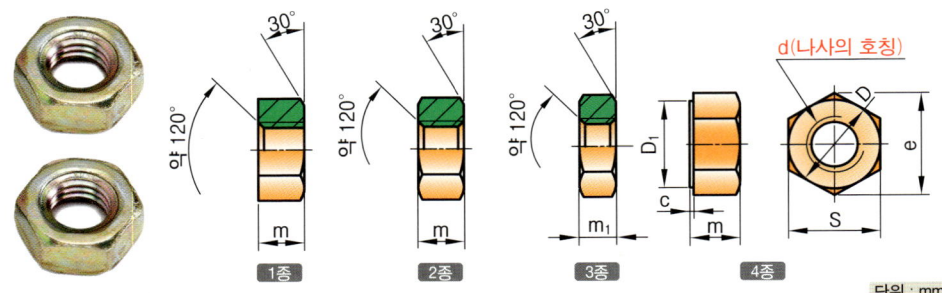

단위 : mm

6각 너트 · 상 치수

나사의 호칭(d)		m		m_1		S		e	D	D_1	c
보통나사	가는나사	기준 치수	허용차	기준 치수	허용차	기준 치수	허용차	약	약	최소	약
M2	−	1.6	0 / −0.25	1.2	0 / −0.25	4	0 / −0.2	4.6	3.8	−	−
(M22)	−	1.8		1.4		4.5		5.2	4.3		
*M2.3	−	1.8		1.4		4.5		5.2	4.3		
M2.5	−	2		1.6		5		5.8	4.7	−	−
*M2.6	−	2		1.6		5		5.8	4.7		
M3	−	2.4		1.8		5.5		6.4	5.3		
(M3.5)	−	2.8		2		6		6.9	5.8	−	−
M4	−	3.2	0 / −0.30	2.4	0 / −0.25	7	0 / −0.2	8.1	6.8	−	−
(M4.5)	−	3.6		2.8		8		9.2	7.8		
M5	−	4		3.2	0 / −0.30	8		9.2	7.8	7.2	0.4
M6	−	5		3.6		10		11.5	9.8	9	0.4
(M7)	−	5.5		4.2		11	0 / −0.25	12.7	10.8	10	0.4
M8	M8×1	6.5	0 / −0.36	5		13		15	12.5	11.7	0.4
M10	M10×1.25	8		6		17		19.6	16.5	15.8	0.4
M12	M12×1.25	10		7	0 / −0.36	19	0 / −0.35	21.9	18	17.6	0.6
(M14)	(M14×1.5)	11	0 / −0.43	8		22		25.4	21	20.4	0.6
M16	M16×1.5	13		10		24		27.7	23	22.3	0.6
(M18)	(M18×1.5)	15		11	0 / −0.43	27		31.2	26	25.6	0.6
M20	M20×1.5	16		12		30		34.6	29	28.5	0.6
(M22)	(M22×1.5)	18		13		32	0 / −0.4	37	31	30.4	0.6
M24	M24×2	19	0 / −0.52	14		36		41.6	34	34.2	0.6
(M27)	(M27×2)	22		16		41		47.3	39	−	−
M30	M30×2	24		18		46		53.1	44		
(M33)	(M33×)	26		20	0 / −0.52	50	0 / −0.45	57.7	48		
M36	M36×3	29		21		55		63.5	53	−	−
(M39)	(M39×3)	31	0 / −0.62	23		60		69.3	57		
M42	−	34		25		65		75	62		
(M45)	−	36		27		70		80.8	67		
M48	−	38		29		75		86.5	72		

비고
1. 나사의 호칭에 ( ) 및 *를 붙인 것은 되도록 사용하지 않는다.
2. 이 규격은 ISO 4032~4036에 따르지 않는, 일반적으로 사용하는 강제의 6각 너트 규격이다.

18. 6각 너트(중)

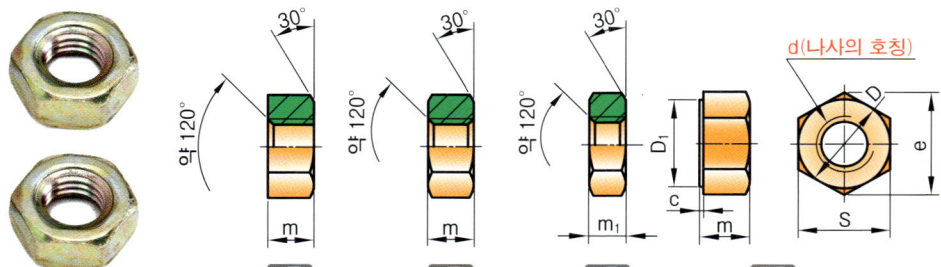

단위 : mm

6각 너트·중 치수

나사의 호칭(d)		m		m_1		S		e	D	D_1	c
보통나사	가는나사	기준 치수	허용차	기준 치수	허용차	기준 치수	허용차	약	약	최소	약
M6	-	5	0 -0.48	3.6	0 -0.48	10	0 -0.6	11.5	9.8	9	0.4
(M7)	-	5.5		4.2		11	0 -0.7	12.7	10.8	10	0.4
M8	M8×1	6.5	0 -0.58	5		13		15	12.5	11.7	0.4
M10	M10×1.25	8		6		17		19.6	16.5	15.8	0.4
M12	M12×1.25	10		7	0 -0.58	19	0 -0.8	21.9	18	17.6	0.6
(M14)	(M14×1.5)	11	0 -0.70	8		22		25.4	21	20.4	0.6
M16	M16×1.5	13		10		24		27.7	23	22.3	0.6
(M18)	(M18×1.5)	15		11	0 -0.70	27		31.2	26	25.6	0.6
M20	M20×1.5	16		12		30		34.6	29	28.5	0.6
(M22)	(M22×1.5)	18		13		32	0 -1.0	37	31	30.4	0.6
M24	M24×2	19	0 -0.84	14		36		41.6	34	34.2	0.6
(M27)	(M27×2)	22		16		41		47.3	39	-	-
M30	M30×2	24		18		46		53.1	44		
(M33)	(M33×2)	26		20	0 -0.84	50		57.7	48		
M36	M36×3	29		21		55	0 -1.2	63.5	53		
(M39)	(M39×3)	31	0 -1.0	23		60		69.5	57		
M42	-	34		25		65		75	62		
(M45)	-	36		27		70		80.8	67	-	-
M48	-	38		29		75		86.5	72		
(M52)	-	42		31	0 -1.0	80		92.4	77		
M56	-	45		34		85	0 -1.4	98.1	82	-	-
(M60)	-	48		36		90		104	87		
M64	-	51	0 -1.2	38		92		110	92		
(M68)	-	54		40		100		115	97		
-	M72×6	58		42		105		121	102		
-	(M76×6)	61		46		110		127	107		
-	M80×6	64		48		115		133	112	-	-
-	(M85×6)	68		50		120		139	116		

비고
1. 나사의 호칭에 ( )를 붙인 것은 되도록 사용하지 않는다.
2. 이 규격은 ISO 4032~4036에 따르지 않는, 일반적으로 사용하는 강제의 6각 너트 규격이다.

19. 홈붙이 멈춤 스크류(나사)

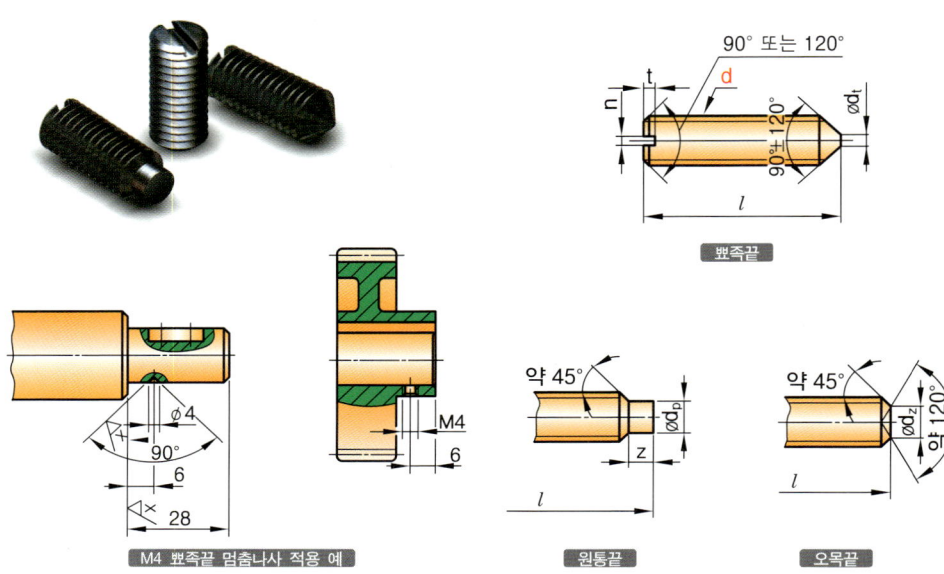

단위 : mm

나사의 호칭 d		M1.2	M1.6	M2	M2.5	M3	(M3.5)	M4	M5	M6	M8	M10	M12
피치 P		0.25	0.35	0.4	0.45	0.5	0.6	0.7	0.8	1	1.25	1.5	1.75
d_t	기준치수	0.12	0.16	0.2	0.25	0.3	0.35	0.4	0.5	1.5	2	2.5	3
n	기준치수	0.2	0.25	0.25	0.4	0.4	0.5	0.6	0.8	1	1.2	1.6	2
t	최소	0.4	0.56	0.64	0.72	0.8	0.96	1.12	1.28	1.6	2	2.4	2.8
	최대	0.52	0.74	0.84	0.95	1.05	1.21	0.42	1.63	2	2.5	3	3.6
상용하는 호칭길이(l)		2~6	2~8	3~10	3~12	4~16	5~20	6~20	8~25	8~30	10~40	12~50	14~60
원통끝 홈붙이 멈춤 스크류(KS B ISO 7435 : 2007)													
d_p	기준치수	–	0.8	1	1.5	2	2.2	2.5	3.5	4	5.5	7	8.5
z	기준치수	–	0.8	1	1.25	1.5	1.75	2	2.5	3	4	5	6
	최대	–	1.05	1.25	1.5	1.75	2	2.25	2.75	3.25	4.3	5.3	6.3
상용하는 호칭길이(l)		–	2.5~8	3~10	4~12	5~16	5~20	6~20	8~25	8~30	10~40	12~50	14~60
오목끝 홈붙이 멈춤 스크류(KS B ISO 7436 : 2007)													
d_z	기준치수	–	0.8	1	1.2	1.4	1.7	2	2.5	3	5	6	7
상용하는 호칭길이(l)		–	2~8	2.5~10	3~12	3~16	4~20	4~20	5~25	6~30	8~40	10~50	10~60

비고
1. 나사의 호칭에 ( )를 붙인 것은 되도록 사용하지 않는다.
2. 동일 규격 : KS B 1025(홈붙이 멈춤나사)

제품의 호칭방법
1. 나사의 호칭 d = M5, 호칭길이 l = 12mm, 등급 14H인 뾰족끝 홈붙이 멈춤 스크류
   - 보기 : 멈춤스크류 KS B ISO 7434–M5×12-14H

20. 6각 구멍붙이 멈춤 나사(스크류)

KS B 1028 : 1990(2005 확인)

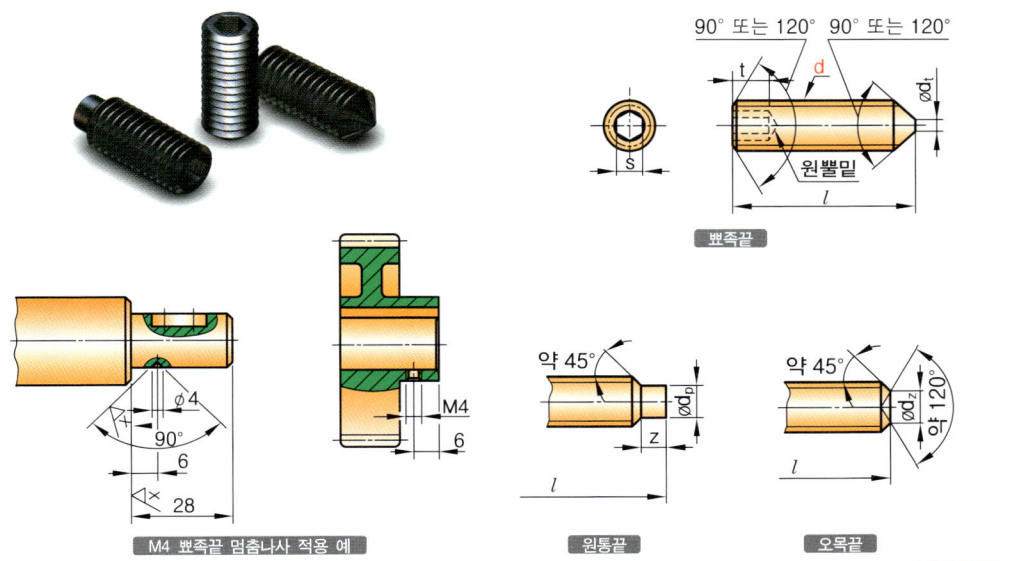

뾰족끝 / 원통끝 / 오목끝

단위 : mm

뾰족끝의 모양·치수

나사의 호칭(d)		M1.6	M2	M2.5	M3	M4	M5	M6	M8	M10	M12	M16	M20	M24
피치(P)		0.35	0.4	0.45	0.5	0.7	0.8	1.0	1.25	1.5	1.75	2.0	2.5	3.0
d_t	기준치수	0.16	0.2	0.25	0.3	0.4	0.5	1.5	2.0	2.5	3.0	4.0	5.0	6.0
e	최소	0.803	1.003	1.427	1.73	2.30	2.87	3.44	4.58	5.72	6.86	9.15	11.43	13.72
s	기준치수	0.7	0.9	1.3	1.5	2.0	2.5	3.0	4.0	5.0	6.0	8.0	10.0	12.0
t	최소 1란	0.7	0.8	1.2	1.2	1.5	2.0	2.0	3.0	4.0	4.8	6.4	8.0	10.0
	2란	1.5	1.7	2.0	2.0	2.5	3.0	3.5	5.0	6.0	8.0	10.0	12.0	15.0
상용하는 호칭길이(l)		2~8	2~10	2.5~12	2.5~16	3~20	4~25	5~30	6~40	8~50	10~60	12~60	16~60	20~60

원통끝의 모양·치수

		M1.6	M2	M2.5	M3	M4	M5	M6	M8	M10	M12	M16	M20	M24
d_P	기준치수	0.8	1.0	1.5	2.0	2.5	3.5	4.0	5.5	7.0	8.5	12.0	15.0	18.0
z	기준치수	0.8	1.0	1.25	1.5	2.0	2.5	3.0	4.0	5.0	6.0	8.0	10.0	12.0
	최대	1.05	1.25	1.5	1.75	2.25	2.75	3.25	4.3	5.3	6.3	8.36	10.36	12.43
상용하는 호칭길이(l)		2~8	2.5~10	3~12	4~16	5~20	6~25	8~30	8~40	10~50	12~60	16~60	20~60	25~60

오목끝의 모양·치수

		M1.6	M2	M2.5	M3	M4	M5	M6	M8	M10	M12	M16	M20	M24
d_z	기준치수	0.8	1.0	1.2	1.4	2.0	2.5	3.0	5.0	6.0	8.0	10.0	14.0	16.0
상용하는 호칭길이(l)		2~8	2~10	2~12	2.5~16	3~20	4~25	5~30	6~40	8~50	10~60	12~60	16~60	20~60

비고
1. 나사 끝의 모양 및 치수는 KS B 0231에 따른다.
2. 이 표의 모양 및 치수는 ISO 4027(뾰족끝), ISO 4028(원통끝), ISO 4029(오목끝)에 따른다.

제품의 호칭방법
1. 나사의 호칭 d=M6, 호칭길이 l=12mm, 등급 45H인 6각 구멍붙이 멈춤나사(뾰족끝)
   - 보기 : KS B 1028 뾰족끝 M6×12-45H

21. T홈 너트의 모양 및 치수

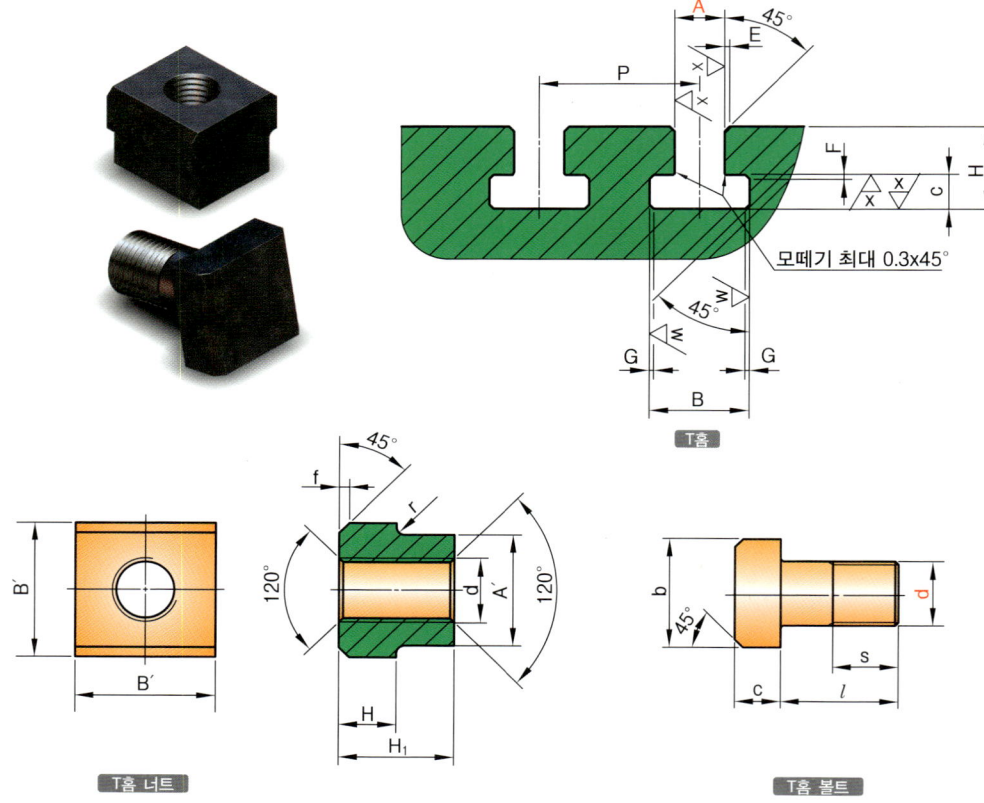

단위 : mm

T홈 너트 치수

T홈 너트 d (호칭)	A T홈 치수	A' 기준 치수	A' 허용차	B' 기준 치수	B' 허용차	H 기준 치수	H 허용차	H_1 기준 치수	H_1 허용차	f 최대값	r 최대값
M4	5	5	-0.3 / -0.5	9	±0.29	2.5	±0.2	6.5	±0.29	1	0.3
M5	6	6		10		4	±0.24	8		1.6	
M6	8	8		13	±0.35	6	±0.29	10			
M8	10	10		15		6		12	±0.35		
M10	12	12	-0.3 / -0.6	18		7		14		2.5	0.4
M12	14	14		22	±0.42	8		16			
M16	18	18		28		10		20	±0.42		
M20	22	22		34	±0.5	14	±0.35	28			0.5
M24	28	28		43		18		36	±0.5	4	
M30	36	36	-0.4 / -0.7	53	±0.6	23	±0.42	44		6	
M36	42	42		64		28		52	±0.6		0.8
M42	48	48		75		32	±0.5	60			
M48	54	54		85	±0.7	36		70			

KS B 1038 : 1978(2011 확인), KS B ISO 299 : 2003(2008 확인)

22. T홈 및 볼트의 모양 및 치수

단위 : mm

T홈 및 볼트의 치수

T홈 볼트 d (호칭)	A (기준)	B 최소	B 최대	C 최소	C 최대	H 최소	H 최대	E 최대	F 최대	G 최대	P (T홈 간격)
M4	5	10	11	3.5	4.5	8	10	1	0.6	1	20-25-32
M5	6	11	12.5	5	6	11	13	1	0.6	1	25-32-40
M6	8	14.5	16	7	8	15	18	1	0.6	1	32-40-50
M8	10	16	18	7	8	17	21	1	0.6	1	40-50-63
M10	12	19	21	8	9	20	25	1	0.6	1	(40)-50-63-80
M12	14	23	25	9	11	23	28	1.6	0.6	1.6	(50)-50-63-80
M16	18	30	32	12	14	30	36	1.6	1	1.6	(63)-80-100-125
M20	22	37	40	16	18	38	45	1.6	1	2.5	80)-100-125-160
M24	28	46	50	20	22	48	56	1.6	1	2.5	100-125-160-200
M30	36	56	60	25	28	61	71	2.5	1	2.5	125-160-200-250
M36	42	68	72	32	35	74	85	2.5	1.6	4	160-200-250-320
M42	48	80	85	36	40	84	95	2.5	2	6	200-250-320-400
M48	54	90	95	40	44	94	106	2.5	2	6	250-320-400-500

T홈 간격의 공차

T홈 간격(P)	20과 25	32에서 100	125에서 250	320에서 500
공차	±0.2	±0.3	±0.5	±0.8

비고
1. 홈 : A에 대한 공차 : 고정 홈에 대해서는 H12, 기준 홈에 대해서는 H8, P의 괄호 안의 치수는 가능한 피해야 한다.
2. 볼트 : a, b, c에 대한 공차볼트와 너트에 대한 통상적인 공차
3. 모든 T홈의 간격에 대한 공차는 누적되지 않는다.

T홈 볼트와 길이(l) 치수

T홈 볼트(d)	M4	M5	M6	M8	M10	M12	M16	M20	M24	M30	M36	M42	M48
b		9	10	13	15	18	22	28	34	43	53	64	75	85
c		3	4	6	6	7	8	10	14	18	23	28	32	36

나사부 길이(s)

길이 (l)	M4	M5	M6	M8	M10	M12	M16	M20	M24	M30	M36	M42	M48
20	10	10											
25	15	15	15	15	15								
32	15	15	15	20	20	20							
40	18	18	18	25	25	25							
50	18	18	18	25	25	25	25	25					
65			20	25	30	30	30	30	30				
80				30	30	30	30	40	40				
100					40	40	40	40	50	60			
125						45	50	50	50	60	70	80	
160						60	60	60	70	70	70	80	90

비고
1. 위 표의 l과 s는 각 볼트의 호칭에 대하여 권장하는 치수이다.
2. 불완전한 나사부의 길이는 약 2산으로 한다.
3. l 및 s는 특별히 필요한 경우에는, 지정에 의하여 위 표 이외의 것을 사용할 수 있다.

23. 아이 볼트

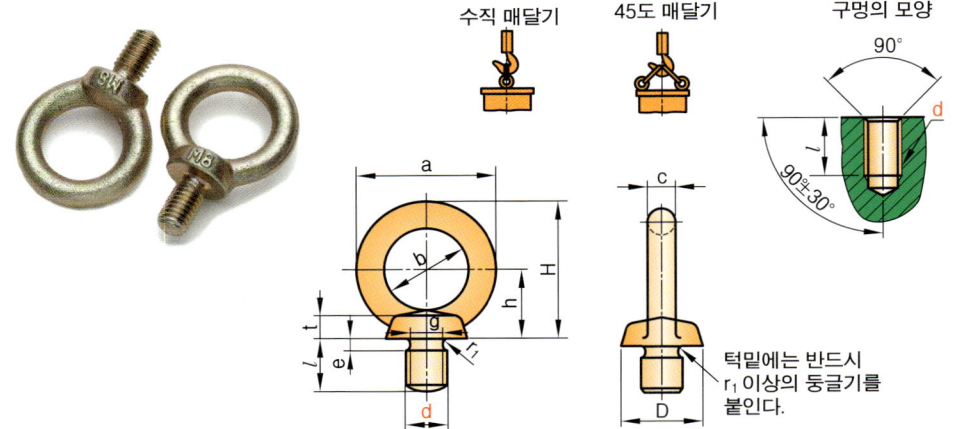

단위 : mm

아이 볼트 치수 및 사용하중

나사 호칭 (d)	a	b	c	D	t	h	H (참고)	l	e 최소	g 최소	r_1 최소	d_a 최대	r_2 (약)	k (약)	사용하중	
															수직 매달기 kN	45° 매달기([1]) (2개당) kN
M8	32.6	20	6.3	16	5	17	33.3	15	3	6	1	9.2	4	1.2	0.785	0.785
M10	41	25	8	20	7	21	41.5	18	4	7.7	1.2	11.2	4	1.5	1.47	1.47
M12	50	30	10	25	9	26	51	22	5	9.4	1.4	14.2	6	2	2.16	2.16
M16	60	35	12.5	30	11	30	60	27	5	13	1.6	18.2	6	2	4.41	4.41
M20	72	40	16	35	13	35	71	30	6	16.4	2	22.4	8	2.5	6.18	6.18
M24	90	50	20	45	18	45	90	38	8	19.6	2.5	26.4	12	3	9.32	9.32
M30	110	60	25	60	22	55	110	45	8	25	3	33.4	15	3.5	14.7	14.7
M36	133	70	31.5	70	26	65	131.5	55	10	30.7	3	39.4	18	4	22.6	22.6
M42	151	80	35.5	80	30	75	150.5	65	12	35.6	3.5	45.6	20	4.5	33.3	33.3
M48	170	90	40	90	35	85	170	70	12	41	4	52.6	22	5	44.1	44.1
M64	210	110	50	110	42	105	210	90	14	55.7	5	71	25	6	88.3	88.3
M80×6	266	140	63	130	50	130	263	105	14	71	5	87	35	6	147	147
M100×6	340	180	80	170	60	165	335	130	14	91	5	108	40	6	196	196

주

([1]) 45° 매달기의 사용하중은 볼트의 자리면이 상대와 밀착해서 2개의 볼트의 링 방향이 위 그림과 같이 동일 평면 내에 있을 경우에 적용된다.

비고

1. 이 표의 l은 아이볼트를 붙이는 암나사의 부분이 주철 또는 강으로 할 경우 적용하는 치수로 한다.
2. a, b, c, D, t 및 h의 허용차는 KS B 0426(강의 열간형 단조품 공차)의 보통급, l 및 c의 허용차는 KS B ISO 2768–1의 거친급으로 한다.

24. 아이 너트

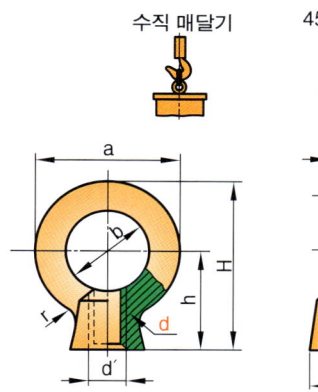

수직 매달기　　45도 매달기

단위 : mm

아이 너트 치수 및 사용하중

나사 호칭 (d)	a	b	c	D	t	h	H (참고)	r (약)	d' (약)	사용하중	
										수직 매달기 kN	45° 매달기([1]) (2개당) kN
M18	32.6	20	6.3	16	12	23	39.3	8	8.5	0.785	0.785
M10	41	25	8	20	15	28	48.5	10	10.6	1.47	1.47
M12	50	30	10	25	19	36	61	12	12.5	2.16	2.16
M16	60	35	12.5	30	23	42	72	14	17	4.41	4.41
M20	72	40	16	35	28	50	86	16	21.2	6.18	6.18
M24	90	50	20	45	38	66	111	25	25	9.32	9.32
M30	110	60	25	60	46	80	135	30	31.5	14.7	14.7
M36	133	70	31.5	70	55	95	161.5	35	37.5	22.6	22.6
M42	151	80	35.5	80	64	109	184.5	40	45	33.3	33.3
M48	170	90	40	90	73	123	208	45	50	44.1	44.1
M64	210	110	50	110	90	151	256	50	67	88.2	88.2
M80×6	266	140	63	130	108	184	317	60	85	147	147

주
([1]) 매달기의 사용하중은 볼트의 자리면이 상대와 밀착해서 2개의 너트의 링 방향이 위 그림과 같이 동일 평면 내에 있을 경우에 적용한다.

비고
a, b, c, D, t 및 h의 허용차는 KS B 0426(강의 열간형 단조품 공차)의 보통급, d'의 허용차는 KS B ISO 2768-1의 거친급으로 한다.

25. 나사붙이 테이퍼 핀(암나사)

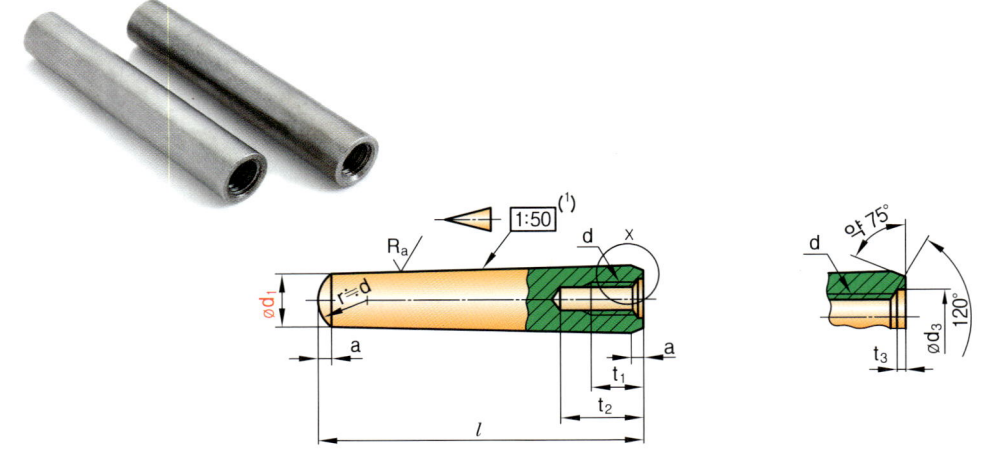

단위 : mm

나사붙이 테이퍼핀(암나사) 치수

호칭지름 d_1 (h10)([2])		6	8	10	12	16	20	25	30	40	50
		0 -0.048		0 -0.058		0 -0.070		0 -0.084			0 -0.100
나사의 호칭(d)		M4	M5	M6	M8	M10	M12	M16	M20	M20	M24
나사의 피치(P)		0.7	0.8	1	1.25	1.5	1.75	2	2.5	2.5	3
a	약	0.8	1	1.2	1.6	2	2.5	3	4	5	6.3
d_3	약	4.3	5.3	6.4	8.4	10.5	13	17	21	21	25
t_1	최소	6	8	10	12	16	18	24	30	30	36
t_2	최소	10	12	16	20	25	28	35	40	40	50
t_3	최대	1	1.2	1.2	1.2	1.5	1.5	2	2	2.5	2.5
상용하는 호칭길이(l)		16 l 60	18 l 80	22 l 100	26 l 120	32 l 160	40 l 200	50 l 200	60 l 200	80 l 200	100 l 200

주
([1]) 1 : 50은 기준 원뿔의 테이퍼 비가 1/50인 것을 표시한다.
([2]) h10에 대한 수치는 KS B 0401에 따른다.

제품의 호칭방법
1. 호칭지름 d_1 =6mm, 호칭길이 l =30mm A형, 암나사붙이 비경화강 테이퍼 핀의 호칭
   ■ 보기 : 테이퍼 핀 KS B 1308-A-6×30×St

KS B 1308 : 2000(2005 확인)

25. 나사붙이 테이퍼 핀(수나사)

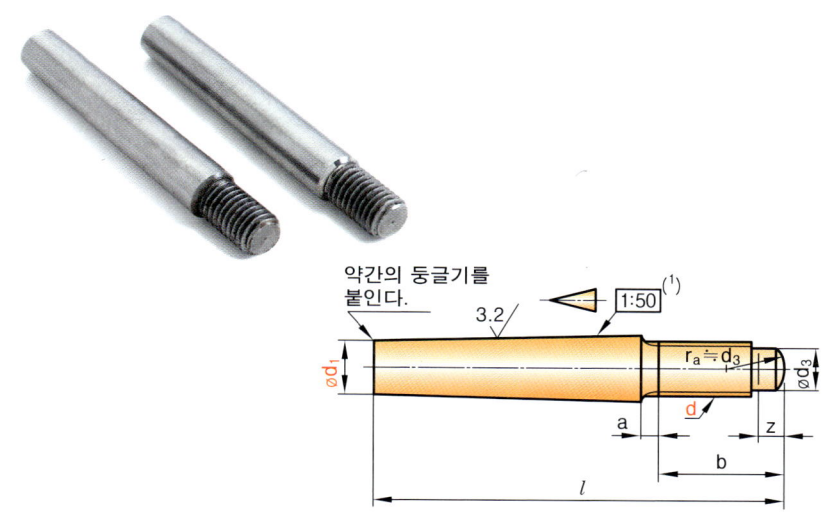

단위 : mm

나사붙이 테이퍼 핀(수나사) 치수

호칭지름 d_1 (h10)(²)		5	6	8	10	12	16	20	25	30	40	50
		$\begin{matrix}0\\-0.048\end{matrix}$		$\begin{matrix}0\\-0.058\end{matrix}$		$\begin{matrix}0\\-0.070\end{matrix}$		$\begin{matrix}0\\-0.084\end{matrix}$			$\begin{matrix}0\\-0.100\end{matrix}$	
나사의 호칭(d)		M5	M6	M8	M10	M12	M16	M16	M20	M24	M30	M36
나사의 피치(P)		0.8	1	1.25	1.5	1.75	2	2	2.5	3	3.5	4
a	최대	2.4	3	4	4.5	5.3	6	6	7.5	9	10.5	12
b	최대	15.6	20	24.5	27	30.5	39	39	45	52	65	78
	최소	14	18	22	24	27	35	35	40	46	58	70
d_3	최대	3.5	4	5.5	7	8.5	12	12	15	18	23	28
	최소	3.25	3.7	5.2	6.6	8.1	11.5	11.5	14.5	17.5	22.5	27.5
z	최대	1.5	1.75	2.25	2.75	3.25	4.3	4.3	5.3	6.3	7.5	9.4
	최소	1.25	1.5	2	2.5	3	4	4	5	6	7	9
상용하는 호칭길이(l)		40 l 50	45 l 60	55 l 75	65 l 100	85 l 120	100 l 160	120 l 190	140 l 250	160 l 280	190 l 360	220 l 400

주
(¹) 1 : 50은 기준 원뿔의 테이퍼 비가 1/50인 것을 표시한다.
(²) h10에 대한 수치는 KS B 0401에 따른다.

제품의 호칭방법
1. 호칭지름 d_1 =6mm, 호칭길이 l =30mm A형, 암나사붙이 비경화강 테이퍼 핀의 호칭
   ■ 보기 : 테이퍼 핀 KS B 1308−A−6×30×St

26. 암나사붙이 평행 핀

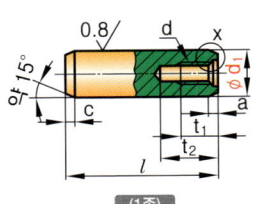
(1종)
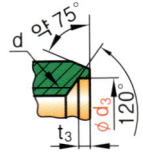
X부 확대도
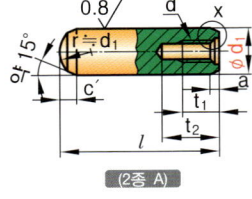
(2종 A)
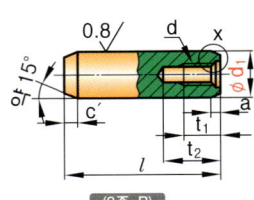
(2종 B)

단위 : mm

암나사붙이 평행 핀 치수

호칭지름 d_1 (m6)([1])		6	8	10	12	16	20	25	30	40	50
		+0.012 +0.004	+0.015 +0.006	+0.018 +0.007	+0.018 +0.007	+0.021 +0.008	+0.021 +0.008	+0.021 +0.008	+0.025 +0.009	+0.025 +0.009	+0.025 +0.009
나사의 호칭(d)		M4	M5	M6	M6	M8	M10	M16	M20	M20	M24
나사의 피치(P)		0.7	0.8	1	1	1.25	1.5	2	2.5	2.5	3
a	약	0.8	1	1.2	1.6	2	2.5	3	4	5	6.3
c	약	1.2	1.6	2	2.5	3	3.5	4	5	6.3	8
c'	약	2.1	2.6	3	3.8	4.6	6	6	7	8	10
d_3	약	4.3	5.3	6.4	6.4	8.4	10.5	17	21	21	25
t_1	최소	6	8	10	12	16	18	24	30	30	36
t_2	약	10	12	16	20	25	28	35	40	40	50
t_3	최대	1	1.2	1.2	1.2	1.5	1.5	2	2	2.5	2.5
상용하는 호칭길이(l)		16 ∼ 60	18 ∼ 80	22 ∼ 100	26 ∼ 120	32 ∼ 180	40 ∼ 200	50 ∼ 200	65 ∼ 200	80 ∼ 200	100 ∼ 100

주
([1]) m6에 대한 수치는 KS B 0401에 따른다.

제품의 호칭방법
1. 호칭지름 6mm, 호칭길이 30mm인 비경화강 암나사붙이 평행 핀
   - 보기 : 평행 핀 KS B 1309−6×30−St
2. 호칭지름 6mm, 호칭길이 30mm인 A1 등급의 비경화 오스테나이트계 스테인리스강 암나사붙이 평행 핀
   - 보기 : 평행 핀 KS B 1309−6×30−A1
3. 호칭지름 6mm, 호칭길이 30mm인 A형 경화강 암나사붙이 평행 핀
   - 보기 : 평행 핀 KS B 1309−6×30−A−St

27. 맞춤 핀

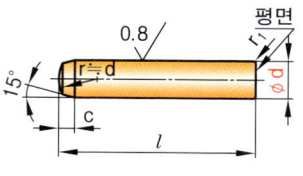

A 종

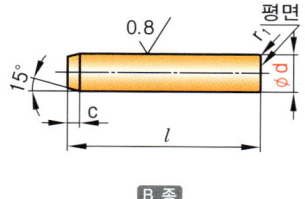
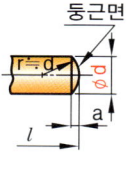

B 종

단위 : mm

맞춤 핀 치수

호칭지름 d (m6)([1])		1	1.5	2	2.5	3	4	5	6	8	10	12	16	20
				+0.008 +0.002				+0.012 +0.004		+0.015 +0.006		+0.018 +0.007		+0.021 +0.008
a	약	0.12	0.2	0.25	0.3	0.4	0.5	0.63	0.8	1	1.2	1.6	2	2.5
c	약	0.5	0.6	0.8	1	1.2	1.4	1.7	2.1	2.6	3	3.8	4.6	6
r_1	최소	-	0.2	0.2	0.3	0.3	0.4	0.4	0.4	0.5	0.6	0.6	0.8	0.8
	최대	-	0.6	0.6	0.7	0.8	0.9	1	1.1	1.3	1.4	1.6	1.8	2
상용하는 호칭길이 (l)		3 ~ 10	4 ~ 16	5 ~ 20	6 ~ 24	8 ~ 30	10 ~ 40	12 ~ 50	14 ~ 60	18 ~ 80	22 ~ 100	26 ~ 100	40 ~ 100	50 ~ 100

주
([1]) m6에 대한 수치는 KS B 0401에 따른다.

비고
1. A종 : 호칭 템퍼링을 한 것
2. B종 : 탄소 처리 호칭 템퍼링을 한 것

제품의 호칭방법
1. 호칭지름 6mm, 호칭길이 30mm, A종 경화강 맞춤 핀
 ■ 보기 : 맞춤 핀 KS B ISO 8734-6×30-A-St
2. 호칭지름 6mm, 호칭길이 30mm, C1 등급의 마텐자이트계 스테인리스강 맞춤 핀
 ■ 보기 : 맞춤 핀 KS B ISO 8734-6×30-C1

28. 평행 핀

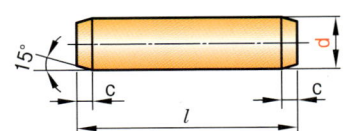
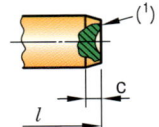

주(^{1}) 반지름 또는 딤플된 핀 끝단 허용

단위 : mm

평행 핀 치수

호칭지름 d m6/h8(^{2})	0.6	0.8	1	1.2	1.5	2	2.5	3	4	5	6	8	10	12	16	20	25	30	40	50
c 약	0.12	0.16	0.2	0.25	0.3	0.35	0.4	0.5	0.63	0.8	1.2	1.6	2	2.5	3	3.5	4	5	6.3	8
상용하는 호칭길이(l) (^{3})	2 〜 6	2 〜 8	4 〜 10	4 〜 12	4 〜 16	6 〜 20	6 〜 24	8 〜 30	8 〜 40	10 〜 50	12 〜 60	14 〜 80	18 〜 95	20 〜 140	26 〜 180	35 〜 200	50 〜 200	60 〜 200	80 〜 200	95 〜 200

주
(^{2}) 그 밖의 공차는 당사자 간의 협의에 따른다.
(^{3}) 호칭길이가 200mm를 초과하는 것은 20mm 간격으로 한다.

제품의 호칭방법
1. 비경화강 평행 핀. 호칭지름 6mm, 공차 m6, 호칭길이 30mm
   ■ 보기 : 평행 핀 KS B ISO 2338 m6×30−St
2. 오스테나이트계 스테인리스강 A1 등급인 경우
   ■ 보기 : 평행 핀 KS B ISO 2338 m6×30−A1

적용

1. 평행 핀은 축 기준식 끼워맞춤이다.
2. 구멍공차 : G6, G7(헐거운 끼워맞춤), N7(중간 끼워맞춤)

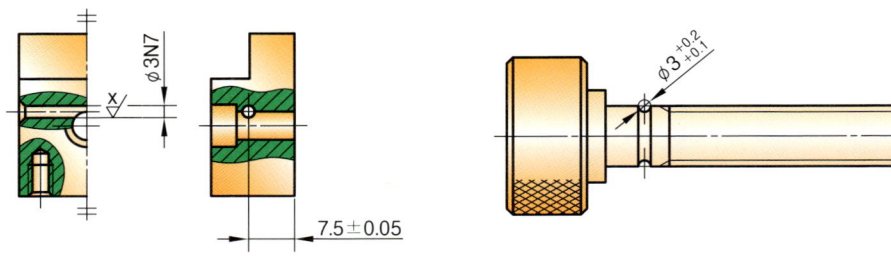

29. 분할 핀

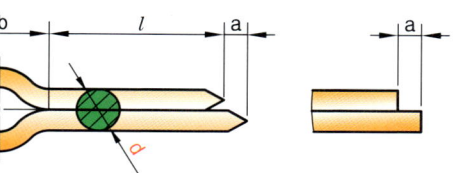

단위 : mm

분할 핀 치수

호칭지름 (구멍지름)		0.6	0.8	1	1.2	1.6	2	2.5	3.2	4	5	6.3	8	10	13	16	20
d	최대	0.5	0.7	0.9	1.0	1.4	1.8	2.3	2.9	3.7	4.6	5.9	7.5	9.5	12.4	15.4	19.3
	최소	0.4	0.6	0.8	0.9	1.3	1.7	2.1	2.7	3.5	4.4	5.7	7.3	9.3	12.1	15.1	19.0
a	최대	1.6	1.6	1.6	2.50	2.50	2.50	2.50	3.2	4	4	4	4	6.30	6.30	6.30	6.30
	최소	0.8	0.8	0.8	1.25	1.25	1.25	1.25	1.6	2	2	2	2	3.15	3.15	3.15	3.15
b	약	2	2.4	3	3	3.2	4	5	6.4	8	10	12.6	16	20	26	32	40
c	최대	1.0	1.4	1.8	2.0	2.8	3.6	4.6	5.8	7.4	9.2	11.8	15.0	19.0	24.8	30.8	38.5
	최소	0.9	1.2	1.6	1.7	2.4	3.2	4.0	5.1	6.5	8.0	10.3	13.1	16.6	21.7	27.0	33.8
상용하는 호칭길이(l)		4 ~ 12	5 ~ 16	6 ~ 20	8 ~ 25	8 ~ 32	10 ~ 40	12 ~ 50	14 ~ 56	18 ~ 80	22 ~ 100	32 ~ 125	40 ~ 160	45 ~ 200	71 ~ 250	112 ~ 280	160 ~ 280

비고

1. 호칭 크기=분할 핀 구멍의 지름에 대하여 다음과 같은 공차를 분류한다.
   H13≤1.2   H14〉1.2

제품의 호칭방법

1. 분할 핀 호칭지름 5mm, 호칭길이 50mm
   - 분할 핀 KS B ISO 1234-5 X 50-St

적용

1. 분할 핀은 축기준끼워맞춤이다.
2. 구멍공차 : G6, G7(헐거운끼워맞춤)

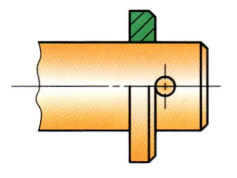
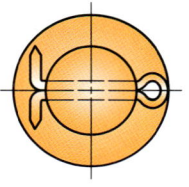
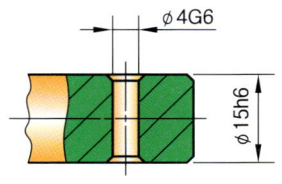

30. 스플릿 테이퍼 핀

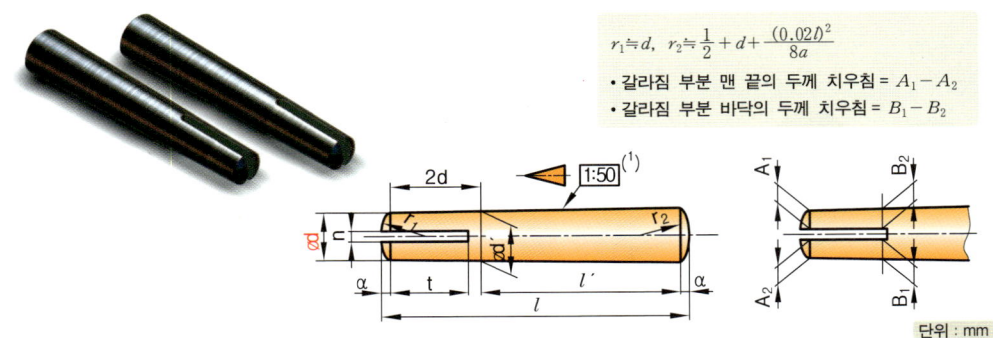

$$r_1 \fallingdotseq d, \quad r_2 \fallingdotseq \frac{1}{2} + d + \frac{(0.02l)^2}{8a}$$

- 갈라짐 부분 맨 끝의 두께 치우침 = $A_1 - A_2$
- 갈라짐 부분 바닥의 두께 치우침 = $B_1 - B_2$

단위 : mm

스플릿 테이퍼 핀 치수

d	호칭원뿔지름	2.0	2.5	3.0	4.0	5.0	6.0	8.0	10	12	16	20
d'	기준치수[2]	2.08	2.60	3.12	4.16	5.20	6.24	8.32	10.40	12.48	16.64	20.80
	허용차[3]	0 / −0.040			0 / −0.048			0 / −0.058		0 / −0.070		0 / −0.084
n	최소	0.4			0.6			0.8		1.0		1.6
t	최소	3	3.5	4.5	6	7.5	9	12	15	18	24	30
	최대	4	5	6	8	10	12	16	20	24	32	40
a	약	0.25	0.3	0.4	0.5	0.63	0.8	1.0	1.2	1.6	2.0	2.5
상용하는 호칭길이(l)		10~35	10~35	12~45	14~55	18~60	22~90	22~120	26~160	32~180	40~200	45~200

주

[1] 원뿔의 테이퍼 비가 $\frac{1}{50}$ 임을 나타낸다.

[2] d'의 기준치수는 $d + \frac{d}{25}$ 로 구한 것이다.

[3] d'의 허용차는 호칭원뿔지름(d)에 KS B0401의 h10을 준 것으로 따르고 있다.

제품의 호칭방법

1. 스플릿 테이퍼 핀 호칭지름 6mm, 호칭길이 70mm
   - 스플릿 테이퍼 핀 KS B 1323 6 × 70-St

적용

1. 테이퍼 핀의 호칭지름은 핀의 작은쪽 지름(d)이다.
2. 핀 구멍 가공은 두 부품이 가조립된 상태에서 드릴가공 후 리머로 1/50의 테이퍼 가공한다.

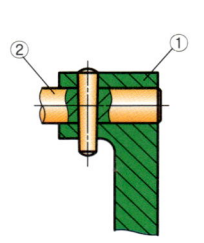

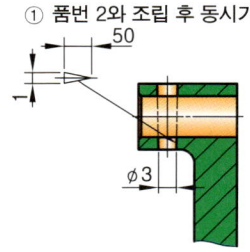

① 품번 2와 조립 후 동시가공

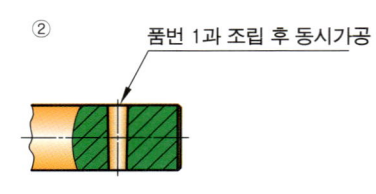

② 품번 1과 조립 후 동시가공

31. 스프링식 곧은 핀-홈형(중하중용)

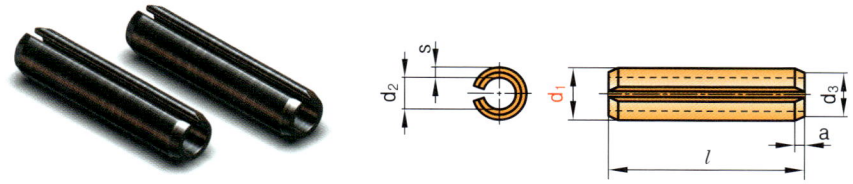

단위 : mm

스프링식 곧은 핀-홈형(중하중용)

d_1	호칭지름		1	1.5	2	2.5	3	3.5	4	4.5	5	6	8	10	12	13
	가공전	최대	1.3	1.8	2.4	2.9	3.5	4.0	4.6	5.1	5.6	6.7	8.8	10.8	12.8	13.8
		최소	1.2	1.7	2.3	2.8	3.3	3.8	4.4	4.9	5.4	6.4	8.5	10.5	12.5	13.5
s			0.2	0.3	0.4	0.5	0.6	0.75	0.8	1	1	1.2	1.5	2	2.5	2.5
이중전단강도 (kN)			0.7	1.58	2.82	4.38	6.32	9.06	11.24	15.36	17.54	26.04	42.76	70.16	104.1	115.1
상용하는 호칭길이(l)			4〜20	4〜20	4〜30	4〜30	4〜40	4〜40	4〜50	5〜50	5〜80	10〜100	10〜120	10〜160	10〜180	10〜180

스프링식 곧은 핀-홈형(중하중용 계속)

d_1	호칭지름		14	16	18	20	21	25	28	30	32	35	38	40	45	50
	가공전	최대	14.8	16.8	18.9	20.9	21.9	25.9	28.9	30.9	32.9	35.9	38.9	40.9	45.9	50.9
		최소	14.5	16.5	18.5	20.5	21.5	25.5	28.5	30.5	32.5	35.5	38.5	40.5	45.5	50.5
s			3	3	3.5	4	4	5	5.5	6	6	7	7.5	7.5	8.5	9.5
이중전단강도 (kN)			114.7	171	222.5	280.6	298.2	438.5	542.6	631.4	684	859	1003	1068	1360	1685
상용하는 호칭길이(l)			10〜200	10〜200	10〜200	10〜200	14〜200	14〜200	14〜200	14〜200	20〜200	20〜200	20〜200	20〜200	20〜200	20〜200

제품의 호칭방법
1. 호칭지름 d_1=6mm, 호칭길이 l=30mm, 중하중 강제(St)로 된 스프링 핀
   ■ 보기 : 스프링 핀 KS B 1339−6×30−St
2. 호칭지름 d_1=6mm, 호칭길이 l=30mm, 중하중 마텐자이트계 스테인리스강(C), 스프링 핀(N)
   ■ 보기 : 스프링 핀 KS B 1339−6×30−N−C

적용
스프링 핀이 끼워질 구멍의 지름은 조립되는 호칭지름 d_1과 공차 등급 H12와 같아야 한다.

32. 스프링식 곧은 핀-홈형(경하중용)

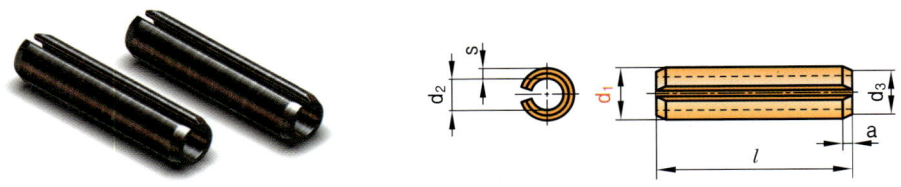

단위 : mm

스프링식 곧은 핀-홈형(경하중용)

	호칭지름		2	2.5	3	3.5	4	4.5	5	6	8	10	12	13
d_1	가공전	최대	2.4	2.9	3.5	4.0	4.6	5.1	5.6	6.7	8.8	10.8	12.8	13.8
		최소	2.3	2.8	3.3	3.8	4.4	4.9	5.4	6.4	8.5	10.5	12.5	13.5
s			0.2	0.25	0.3	0.35	0.5	0.5	0.5	0.75	0.75	1	1	1.2
이중전단강도(kN)			1.5	2.4	3.5	4.6	8	8.8	10.4	18	24	40	48	66
상용하는 호칭길이(l)			4~30	4~30	4~40	4~40	4~50	6~50	6~80	10~100	10~120	10~160	10~180	10~180

스프링식 곧은 핀-홈형(경하중용 계속)

	호칭지름		14	16	18	20	21	25	28	30	35	40	45	50
d_1	가공전	최대	14.8	16.8	18.9	20.9	21.9	25.9	28.9	30.9	35.9	40.9	45.9	50.9
		최소	14.5	16.5	18.5	20.5	21.5	25.5	28.5	30.5	25.5	40.5	45.5	50.5
s			1.5	1.5	1.7	2	2	2	2.5	2.5	3.5	4	4	5
이중전단강도(kN)			84	98	126	156	168	202	280	302	490	634	720	1000
상용하는 호칭길이(l)			9~200	9~200	9~200	9~200	14~200	14~200	14~200	14~200	20~200	20~200	20~200	20~200

제품의 호칭방법
1. 호칭지름 d_1=6mm, 호칭길이 l=30mm, 경하중 강제(St)로 된 스프링 핀
   - 보기 : 스프링 핀 KS B ISO 13337-6×30-St
2. 호칭지름 d_1=6mm, 호칭길이 l=30mm, 경하중 마텐자이트계 스테인리스강(C), 스프링 핀(N)
   - 보기 : 스프링 핀 KS B ISO 13337-6×30-N-C

적용
스프링 핀이 끼워질 구멍의 지름은 조립되는 호칭지름 d_1과 공차 등급 H12와 같아야 한다.

33. 스프링식 곧은 핀-코일형(중하중용)

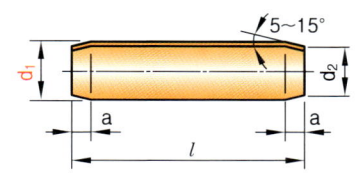
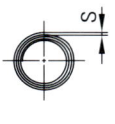

단위 : mm

스프링식 곧은 핀-코일형(중하중용)

d_1	호칭지름		1.5	2	2.5	3	3.5	4	5
	조립전	최대	1.71	2.21	2.73	3.25	3.79	4.30	5.30
		최소	1.61	2.11	2.62	3.12	3.64	4.15	5.15
	s		0.17	0.22	0.28	0.33	0.39	0.45	0.56
이중전단강도(kN)			1.9	3.5	5.5	7.6	10	13.5	20
			1.45	2.5	3.8	5.7	7.6	10	15.5
상용하는 호칭길이(l)			4~26	4~40	5~45	6~50	6~50	8~60	10~60

스프링식 곧은 핀-코일형(중하중용 계속)

d_1	호칭지름		6	8	10	12	14	16	20
	조립전	최대	6.40	8.55	10.65	12.75	14.85	16.9	21.0
		최소	6.18	8.25	10.30	12.35	13.6	15.6	19.6
	s		0.67	0.9	1.1	1.3	1.6	1.8	2.2
이중전단강도(kN)			30	53	84	120	165	210	340
			23	41	64	91	-	-	-
상용하는 호칭길이(l)			12~75	16~120	20~120	24~160	28~200	35~200	40~200

제품의 호칭방법
1. 호칭지름 d_1=6mm, 호칭길이 l=30mm, 강제(St) 코일형 중하중용 스프링 핀
   - 보기 : 스프링 핀 KS B ISO 8748-6×30-St
2. 호칭지름 d_1=6mm, 호칭길이 l=30mm, 오스테나이트계 스테인리스강(A), 스프링 핀(N)
   - 보기 : 스프링 핀 KS B ISO 8748-6×30-A

적용
스프링 핀이 끼워질 구멍의 지름은 조립되는 호칭지름 d_1과 공차 등급 H12와 같아야 하고, 호칭지름 1.2mm 이하의 핀에 대해서는 공차등급 H10을 적용한다.

34. 스프링식 곧은 핀-코일형(표준·경하중용)

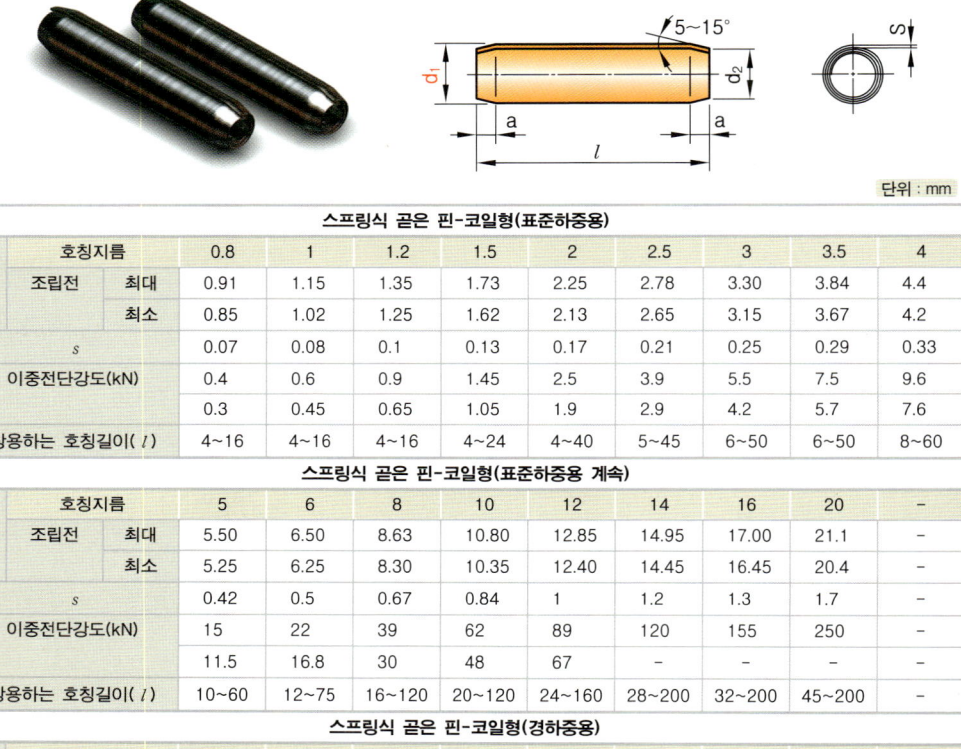

단위 : mm

스프링식 곧은 핀-코일형(표준하중용)

d_1	호칭지름		0.8	1	1.2	1.5	2	2.5	3	3.5	4
	조립전	최대	0.91	1.15	1.35	1.73	2.25	2.78	3.30	3.84	4.4
		최소	0.85	1.02	1.25	1.62	2.13	2.65	3.15	3.67	4.2
	s		0.07	0.08	0.1	0.13	0.17	0.21	0.25	0.29	0.33
	이중전단강도(kN)		0.4	0.6	0.9	1.45	2.5	3.9	5.5	7.5	9.6
			0.3	0.45	0.65	1.05	1.9	2.9	4.2	5.7	7.6
	상용하는 호칭길이(l)		4~16	4~16	4~16	4~24	4~40	5~45	6~50	6~50	8~60

스프링식 곧은 핀-코일형(표준하중용 계속)

d_1	호칭지름		5	6	8	10	12	14	16	20	-
	조립전	최대	5.50	6.50	8.63	10.80	12.85	14.95	17.00	21.1	-
		최소	5.25	6.25	8.30	10.35	12.40	14.45	16.45	20.4	-
	s		0.42	0.5	0.67	0.84	1	1.2	1.3	1.7	-
	이중전단강도(kN)		15	22	39	62	89	120	155	250	-
			11.5	16.8	30	48	67	-	-	-	-
	상용하는 호칭길이(l)		10~60	12~75	16~120	20~120	24~160	28~200	32~200	45~200	-

스프링식 곧은 핀-코일형(경하중용)

d_1	호칭지름		1.5	2	2.5	3	3.5	4	5	6	8
	조립전	최대	1.75	2.28	2.82	3.35	3.87	4.45	5.5	6.55	8.65
		최소	1.62	2.13	2.65	3.15	3.67	4.20	5.2	6.25	8.30
	s		0.08	0.11	0.14	0.17	0.19	0.22	0.28	0.33	0.45
	이중전단강도(kN)		0.8	1.5	2.3	3.3	4.5	5.7	9	13	23
			0.65	1.1	1.8	2.5	3.4	4.4	7	10	18
	상용하는 호칭길이(l)		4~24	4~40	5~45	6~50	6~50	8~60	10~60	12~75	16~120

제품의 호칭방법

1. 호칭지름 d_1=6mm, 호칭길이 l=30mm, 강제(St) 코일형 표준하중용 스프링 핀
   - 보기 : 스프링 핀 KS B ISO 8750-6×30-St
2. 호칭지름 d_1=6mm, 호칭길이 l=30mm, 오스테나이트계 스테인리스강(A), 스프링 핀(N)
   - 보기 : 스프링 핀 KS B ISO 8750-6×30-A

적용

스프링 핀이 끼워질 구멍의 지름은 조립되는 호칭지름 d_1과 공차 등급 H12와 같아야 하고, 호칭지름 1.2mm 이하의 핀에 대해서는 공차등급 H10을 적용한다.

35. 널링

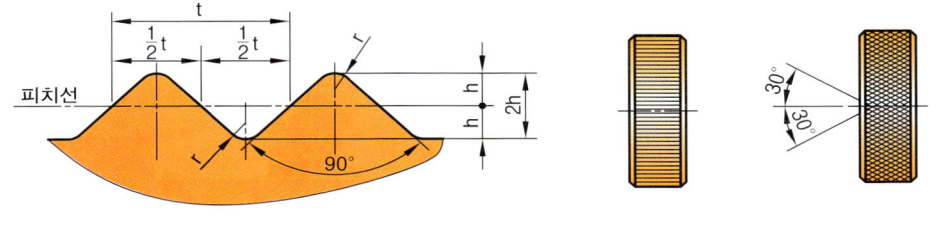

널링 치수				계산식
모듈(m)	피치(t)	r	h	$t = \pi m$
0.2	0.628	0.06	0.15	$h = 0.785m - 0.414r$
0.3	0.942	0.09	0.22	
0.5	1.571	0.16	0.37	

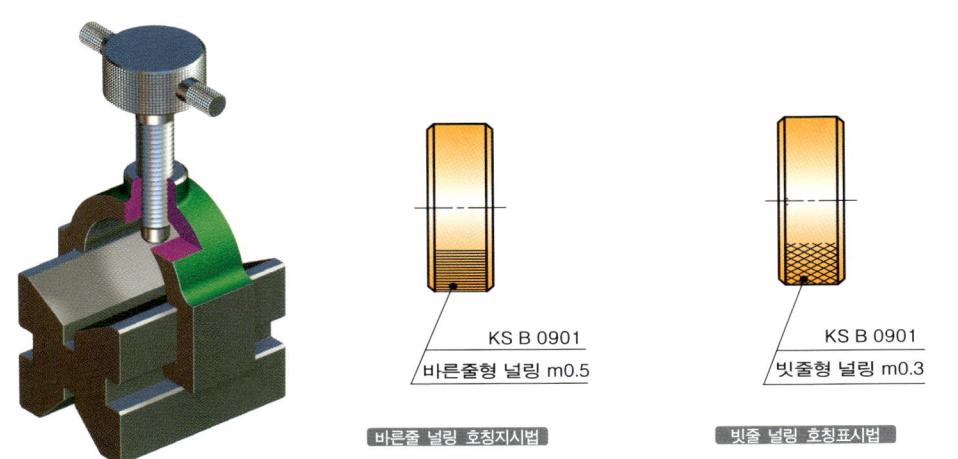

적용 예
1. 널링은 일부분만 가는실선으로 나타낸다. 2. 빗줄 널링의 교차 각도는 축선에 대해 30°로 한다.

36. 지그용 부시 및 그 부속품

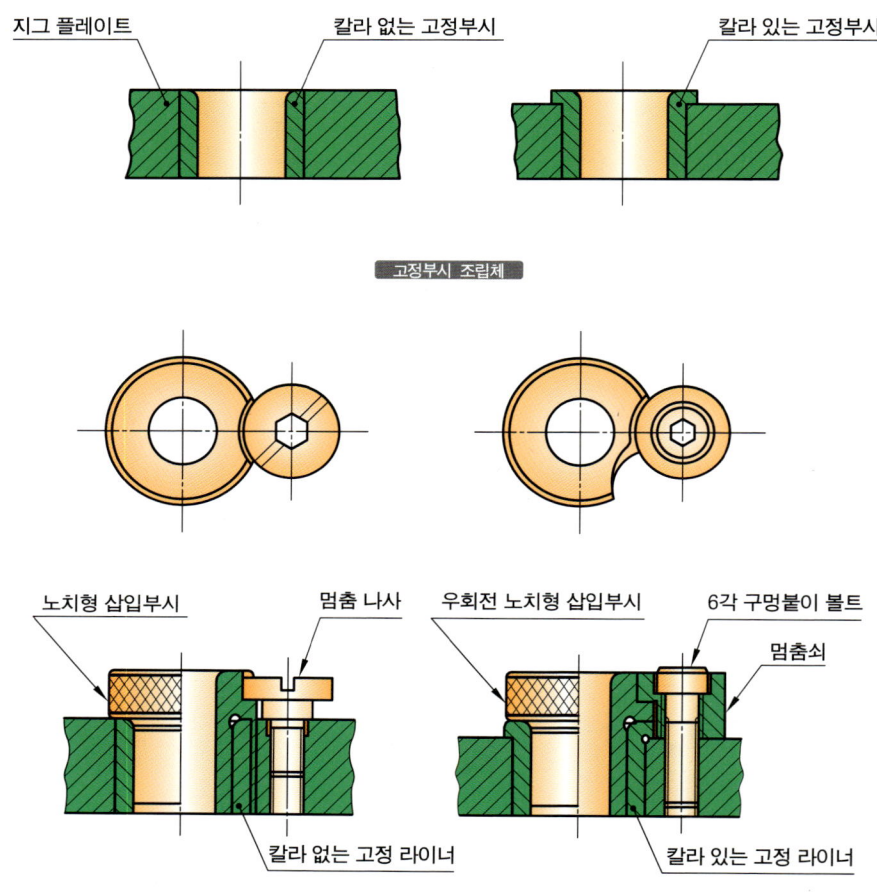

고정부시 조립체

삽입부시와 고정 라이너 조립체

종류	재료	경도
부시	KS D 3867(기계 구조용 합금강)SCM435 KS D 3751(탄소공구강) STC 105 KS D 3753(합금공구강) STS3, STD4 KS D 3525(고탄소 크롬 베어링강)STB2	HRC 60(HV 697) 이상
멈춤쇠 및 멈춤나사	KS D 3752(기계 구조용 탄소강) SM45C KS D 3867(기계 구조용 합금강) SCM435	멈춤쇠 경도 HRC 40(HV392) 이상 멈춤나사의 경도 HRC 0~38(HV302~373)

KS B 1030 : 2001

36. 지그용 부시 및 그 부속품

고정부시 조립체

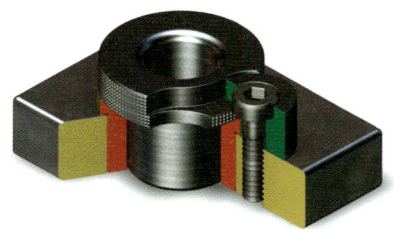

삽입부시와 고정 라이너 조립체

종류			용도	기호	제품명칭
부시	고정부시	칼라 없음	드릴용	BUFAD	지그용(칼라 없음)드릴용 고정부시
			리머용	BUFAR	지그용(칼라 없음)리머용 고정부시
		칼라 있음	드릴용	BUFBD	지그용 칼라 있는 드릴용 고정부시
			리머용	BUFBR	지그용 칼라 있는 리머용 고정부시
	삽입부시	둥근형	드릴용	BUSCD	지그용 둥근형 드릴용 꽂음 부시
			리머용	BUSCR	지그용 둥근형 리머용 꽂음 부시
		우회전형 노치형	드릴용	BUSDD	지그용 우회전용 노치 드릴링 꽂음 부시
			리머용	BUSDR	지그용 우회전용 노치 리머링 꽂음 부시
		좌회전형 노치형	드릴용	BUSED	지그용 좌회전용 노치 드릴링 꽂음 부시
			리머용	BUSFR	지그용 좌회전용 노치 리머링 꽂음 부시
		노치형	드릴용	BUSED	지그용 노치형 드릴용 꽂음 부시
			리머용	BUSFR	지그용 노치형 리머형 꽂음 부시
	고정 라이너	칼라 없음	부시용	LIFA	지그용(칼라 없음)고정 라이너
		칼라 있음		LIFB	지그용 칼라 있는 고정 라이너
멈춤쇠			부시용	BUST	지그 부시용 멈춤쇠
멈춤나사				BULS	지그 부시용 멈춤나사

비고
1. 표 중 제품에 ( )를 붙인 글자는 생략하여도 좋다.
2. 약호로서 드릴용은 D, 리머용은 R, 라이너용은 L로 한다.

37. 지그용 고정부시

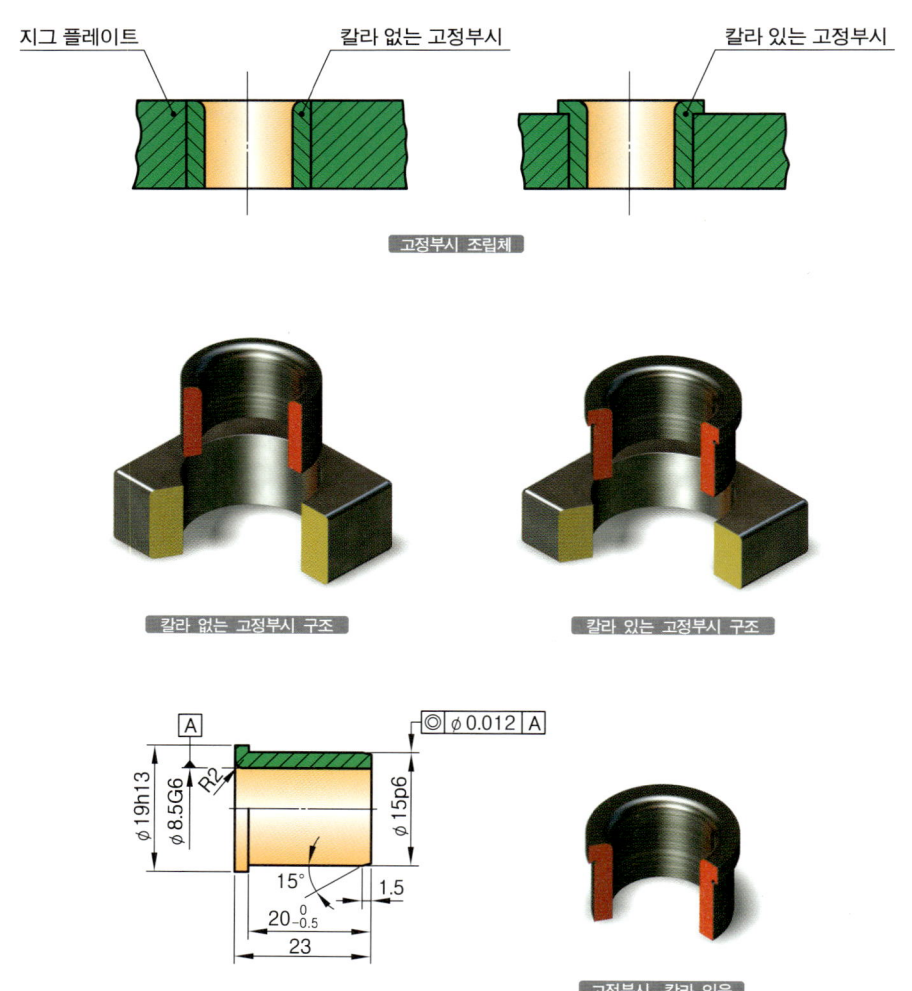

고정부시 조립체

칼라 없는 고정부시 구조

칼라 있는 고정부시 구조

고정부시-칼라 있음

적용 예

1. 칼라 있는 드릴용 부시 치수적용 예이다.
2. 전체열처리 HRC 60(HV 697) 이상
3. 부시 재질 (탄소공구강) STC 105, (합금공구강) STS3, STD4 등

37. 지그용 고정부시

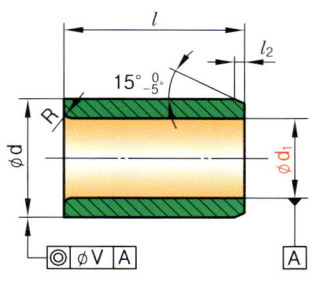

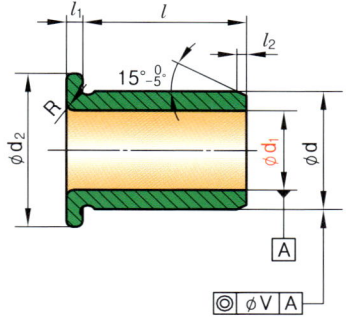

칼라 없음 · 칼라 있음 · 단위 : mm

지그용 고정부시 치수

d_1 드릴용 구멍(G6) 리머용 구멍(F7)		동축도	d 기준치수	허용차 (P6)	d_2 기준치수	허용차 (h13)	$l\left(^{\ 0}_{-0.5}\right)$	l_1	l_2	R
	1 이하	0.012	3	+0.012 / +0.006	7	0 / -0.220	6, 8	2	1.5	0.5
1 초과	1.5 이하		4	+0.020 / +0.012	8					
1.5초과	2 이하		5		9		6, 8, 10, 12			0.8
2 초과	3 이하		7	+0.024 / +0.015	11	0 / -0.270	8, 10, 12, 16	2.5		
3 초과	4 이하		8		12					1.0
4 초과	6 이하		10		14		10, 12, 16, 20	3		
6 초과	8 이하		12	+0.029 / +0.018	16					2.0
8 초과	10 이하		15		19	0 / -0.330	12, 16, 20, 25			
10 초과	12 이하		18		22			4		
12 초과	15 이하		22	+0.035 / +0.022	26		16, 20, (25), 28, 36			
15 초과	18 이하		26		30		20, 25, (30), 36, 45			
18 초과	22 이하	0.020	30		35	0 / -0.390		5		3.0
22 초과	26 이하		35	+0.042 / +0.026	40					
26 초과	30 이하		42		47		25, (30), 36, 45, 56			
30 초과	35 이하		48		53	0 / -0.460		6		4.0
35 초과	42 이하		55	+0.051 / +0.032	60		30, 35, 45, 56			
42 초과	48 이하		62		67					
48 초과	55 이하		70		75					
55 초과	63 이하	0.025	78		83	0 / -0.540	35, 45, 56, 67			
63 초과	70 이하		85	+0.059 / +0.037	90					
70 초과	78 이하		95		100		40, 56, 67, 78			
78 초과	85 이하		105		110					
85 초과	95 이하		115		120		45, 50, 67, 89			
95 초과	105 이하		125		130	0 / -0.630				

비고
1. d, d_1 및 d_2의 허용차는 KS B 0401(KS B ISO 1829)의 규정에 따른다.
2. l_1, l_2 및 R의 허용차는 KS B ISO 2768-1에 규정하는 보통급으로 한다.
3. l 치수에서 ( )를 붙인 것은 되도록 사용하지 않는다.

38. 지그용 삽입부시(조립 치수)

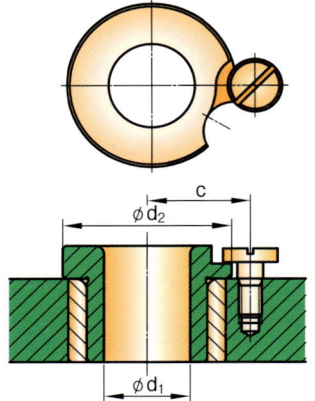
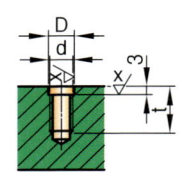

단위 : mm

지그용 삽입부시와 멈춤쇠 및 멈춤나사 중심거리 치수

삽입부시의 구멍지름 d_1	d_2	d	c 기준치수	허용차	D	t
4 이하	15	M5	11.5	±0.2	5.2	11
4 초과 6 이하	18		13			
6 초과 8 이하	22		16			
8 초과 10 이하	26		18			
10 초과 12 이하	30		20			
12 초과 15 이하	34	M6	23.5		6.2	14
15 초과 18 이하	39		26			
18 초과 22 이하	46		29.5			
22 초과 26 이하	52	M8	32.5		8.5	16
26 초과 30 이하	59		36			
30 초과 35 이하	66		41			
35 초과 42 이하	74		45			
42 초과 48 이하	82	M10	49		10.2	20
48 초과 55 이하	90		53			
55 초과 63 이하	100		58			
63 초과 70 이하	110		63			
70 초과 78 이하	120		68			
78 초과 85 이하	130		73			

39. 지그용 삽입부시(둥근형)

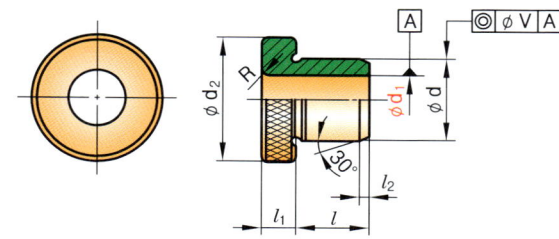

단위 : mm

지그용 삽입부시 치수(둥근형)

d_1 드릴용 구멍(G6) 리머용 구멍(F7)	동축도	d 기준치수	d 허용차 (m5)	d_2 기준치수	d_2 허용차 (h13)	$l({}^{\;\;0}_{-0.5})$	l_1	l_2	R
4 이하	0.012	12	+0.012 +0.006	16	0 −0.270	10, 12, 16	8	1.5	2
4 초과 6 이하		15		19	0 −0.330	12, 16, 20, 25			
6 초과 8 이하		18		22			10		
8 초과 10 이하		22	+0.015 +0.007	26		16, 20, (25), 28, 36			
10 초과 12 이하		26		30					
12 초과 15 이하		30		35	0 −0.390	20, 25, (30), 36, 45	12		3
15 초과 18 이하		35	+0.017 +0.008	40					
18 초과 22 이하	0.020	42		47		25, (30), 36, 45, 56			
22 초과 26 이하		48		53	0 −0.460		16		4
26 초과 30 이하		55	+0.020 +0.009	60		30, 35, 45, 56			
30 초과 35 이하		62		67					
35 초과 42 이하		70		75					
42 초과 48 이하		78		83	0 −0.540	35, 45, 56, 67			
48 초과 55 이하		85	+0.024 +0.011	90					
55 초과 63 이하	0.025	95		100		40, 56, 67, 78			
63 초과 70 이하		105		110					
70 초과 78 이하		115		120		45, 50, 67, 89			
78 초과 85 이하		125	+0.028 +0.013	130	0 −0.630				

비고
1. d, d_1 및 d_2의 허용차는 KS B 0401(KS B ISO 1829)의 규정에 따른다.
2. l_1, l_2 및 R의 허용차는 KS B ISO 2768-1에 규정하는 보통급으로 한다.
3. l 치수에서 ( )를 붙인 것은 되도록 사용하지 않는다.

KS B 1030 : 2001

40. 지그용 삽입부시(노치형)

노치형 삽입부시 조립체

우회전용 노치형 삽입부시 조립체

노치형 삽입부시

우회전용 노치형 삽입부시

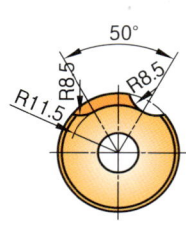
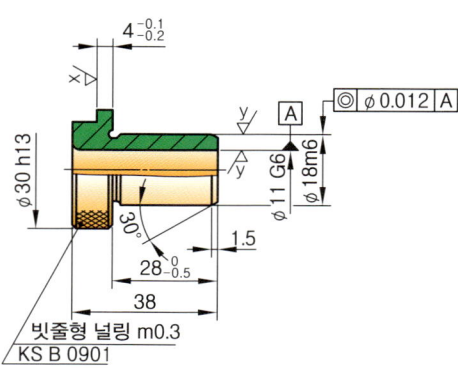

적용 예

1. 자주 교체할 때 장착이 쉽도록 만든 것이 노치형이다.
2. 전체열처리 HRC 60(HV 697) 이상
3. 부시 재질 (탄소공구강) STC 105, (합금공구강) STS3, STD4 등

KS B 1030 : 2001

40. 지그용 삽입부시(노치형)

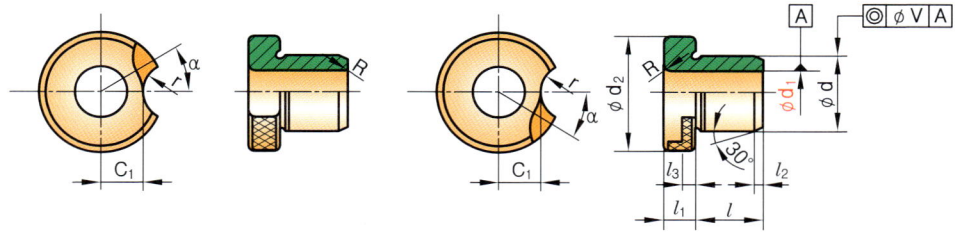

우회전용 노치형

좌회전용 노치형

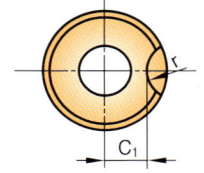
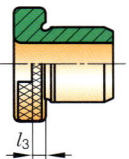

노치형

단위 : mm

지그용 삽입부시 치수(노치형)

d_1 드릴용 구멍(G6) 리머용 구멍(F7)	동축도	d 기준 치수	d 허용차 (m6)	d_2 기준 치수	d_2 허용차 (h13)	$l\binom{0}{-0.5}$	l_1	l_2	R	l_3 기준 치수	l_3 허용차	C_1	r	α (도)
4 이하	0.012	8	+0.012 +0.006	15	0 -0.270	10, 12, 16	8	1.5	1	3	-0.1 -0.2	4.5	7	65
4 초과 6 이하		10		18	0 -0.330	12, 16, 20, 25						6		
6 초과 8 이하		12	+0.015 +0.007	22			10		2	4		7.5	8.5	60
8 초과 10 이하		15		26		16, 20, (25), 28, 36						9.5		50
10 초과 12 이하		18		30								11.5		
12 초과 15 이하		22	+0.017 +0.008	34	0 -0.390	20, 25, (30), 36, 45	12			5.5		13	10.5	35
15 초과 18 이하		26		39								15.5		
18 초과 22 이하	0.020	30		46		25, (30), 36, 45, 56			3			19		30
22 초과 26 이하		35	+0.020 +0.009	52	0 -0.460		16					22		
26 초과 30 이하		42		59		30, 35, 45, 56						25.5		
30 초과 35 이하		48		66								28.5	12.5	
35 초과 42 이하		55	+0.024 +0.011	74					4	7		32.5		25
42 초과 48 이하		62		82	0 -0.540	35, 45, 56, 67						36.5		
48 초과 55 이하		70		90								40.5		
55 초과 63 이하	0.025	78		100		40, 56, 67, 78						45.5		
63 초과 70 이하		85	+0.028 +0.013	110								50.5		20
70 초과 78 이하		95		120		45, 50, 67, 89						55.5		
78 초과 85 이하		105		130	0 -0.630							60.5		

비고
1. d, d_1 및 d_2의 허용차는 KS B 0401(KS B ISO 1829)의 규정에 따른다.
2. l_1, l_2 및 R의 허용차는 KS B ISO 2768-1에 규정하는 보통급으로 한다.
3. l 치수에서 ( )를 붙인 것은 되도록 사용하지 않는다.

41. 지그용 삽입부시(고정 라이너)

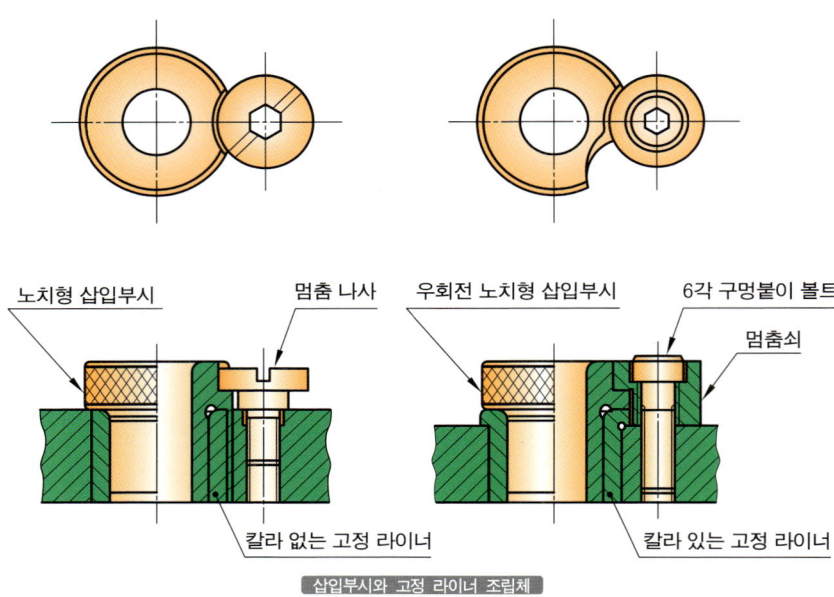

삽입부시와 고정 라이너 조립체

칼라 없는 고정 라이너 조립구조　　　칼라 있는 고정 라이너 조립구조

41. 지그용 삽입부시(고정 라이너)

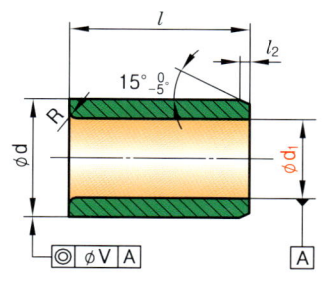
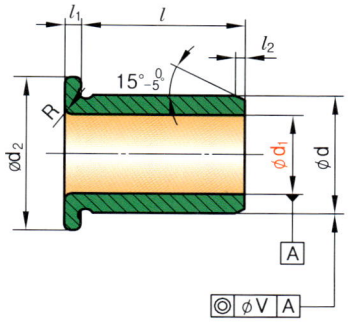

단위 : mm

지그용 삽입부시 치수(고정 라이너)

d_1 기준치수	d_1 허용차 (F7)	동축도	d 기준치수	d 허용차 (P6)	d_2 기준치수	d_2 허용차 (h13)	$l(\begin{smallmatrix}0\\-0.5\end{smallmatrix})$	l_1	l_2	R
8	+0.028 / +0.013	0.012	12	+0.029 / +0.018	16	0 / -0.270	10, 12, 16	3	1.5	2
10			15		19	0 / -0.330	12, 16, 20, 25			
12	+0.034 / +0.016		18		22			4		
15			22	+0.035 / +0.022	26		16, 20, (25), 28, 36			
18			26		30					
22	+0.041 / +0.020	0.020	30		35	0 / -0.390	20, 25, (30), 36, 45	5		3
26			35	+0.042 / +0.026	40					
30			42		47		25, (30), 36, 45, 56			
35	+0.050 / +0.025		48		53	0 / -0.460	30, 35, 45, 56	6		4
42			55	+0.051 / +0.032	60					
48			62		67					
55	+0.060 / +0.030	0.025	70		75		35, 45, 56, 67			
62			78		83	0 / -0.540				
70			85	+0.059 / +0.032	90					
78			95		100		40, 56, 67, 78			
85	+0.071 / +0.036		105		110					
95			115		120		45, 50, 67, 89			
105			125	+0.068 / +0.043	130	0 / -0.630				

비고
1. d, d_1 및 d_2의 허용차는 KS B 0401(KS B ISO 1829)의 규정에 따른다.
2. l_1, l_2 및 R의 허용차는 KS B ISO 2768-1에 규정하는 보통급으로 한다.
3. l 치수에서 ( )를 붙인 것은 되도록 사용하지 않는다.

42. 지그용 삽입부시(멈춤쇠, 멈춤나사)

 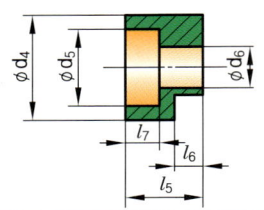 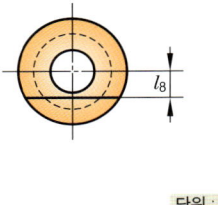

단위 : mm

멈춤쇠 치수

삽입부시의 구멍지름 d_1	l_5		l_6		허용차	l_7	d_4	d_5	d_6	l_8	6각 구멍붙이 볼트의 호칭
	칼라 없는 고정라이너 사용 시	칼라 있는 고정라이너 사용 시	칼라 없는 고정라이너 사용 시	칼라 있는 고정라이너 사용 시							
6 이하	8	11	3.5	6.5	+0.25 +0.15	2.5	12	8.5	5.2	3.3	M5
6 초과 12 이하	9	13	4	8		2.5	13	8.5	5.2	3.3	
12 초과 22 이하	12	17	5.5	10.5		3.5	16	10.5	6.3	4	M6
22 초과 30 이하	12	18	6	12		3.5	19	13.5	8.3	4.7	M8
30 초과 42 이하	15	21	7	13		5	20	13.5	8.3	5	
42 초과 85 이하	15	21	7	13		5	24	16.5	10.3	7.5	M10

비고
1. d_4, d_5, d_6, l_5, l_6 및 l_8의 허용차는 KS B ISO 2768-1에 규정하는 보통급으로 한다.
2. 멈춤쇠 경도 HRC 40(HV 392) 이상

 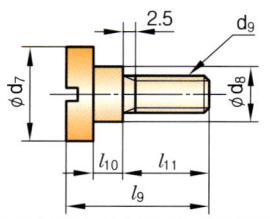

단위 : mm

멈춤나사 치수

삽입부시의 구멍지름 d_1	l_9		l_{10}		허용차	l_{11}	d_7	d_8	d_9
	칼라 없는 고정라이너 사용 시	칼라 있는 고정라이너 사용 시	칼라 없는 고정라이너 사용 시	칼라 있는 고정라이너 사용 시					
6 이하	15.5	18.5	3.5	6.5	+0.25 +0.15	9	12	6	M5
6 초과 12 이하	16	20	4	8		9	13	6.5	
12 초과 22 이하	21.5	26.5	5.5	10.5		12	16	8	M6
22 초과 30 이하	25	31	6	12		14	19	9	M8
30 초과 42 이하	26	32	7	13		14	20	10	
42 초과 85 이하	31.5	37.5	7	13		18	24	15	M10

비고
1. d_7, d_8, d_9, l_9, l_{10} 및 l_{11}의 허용차는 KS B ISO 2768-1에 규정하는 보통급으로 하고, 그 외의 치수 허용차는 거친급으로 한다.
2. 멈춤 나사의 경도는 HRC 30~38(HV 302~373)

43. 지그 및 고정구용 6각 너트

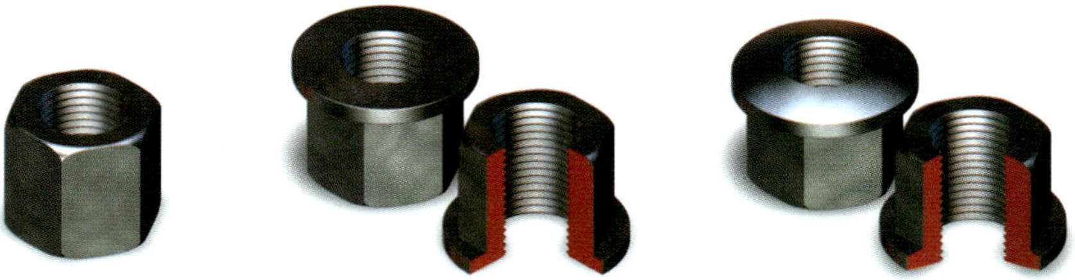

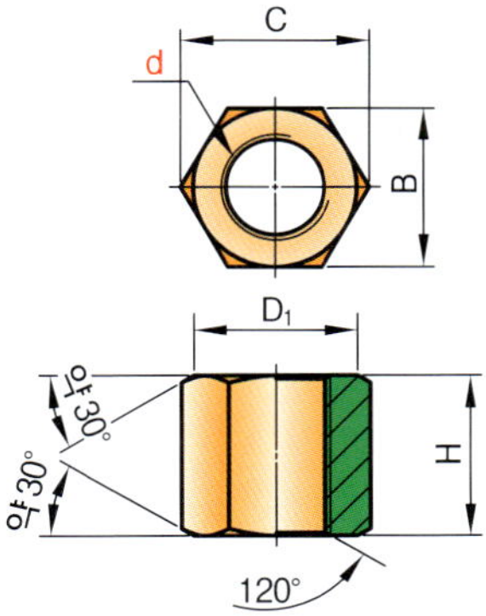

자리없음

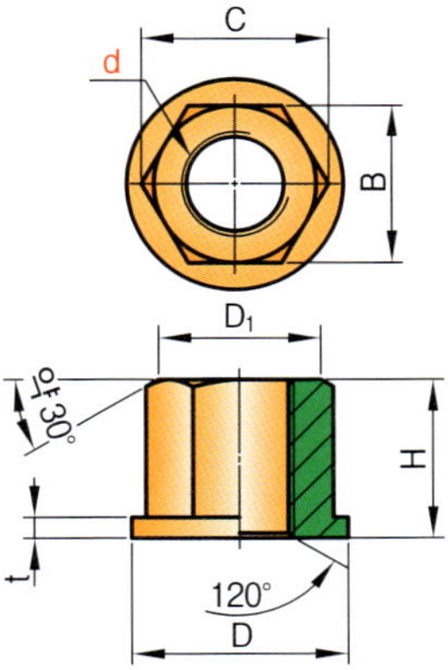

평면 자리붙이

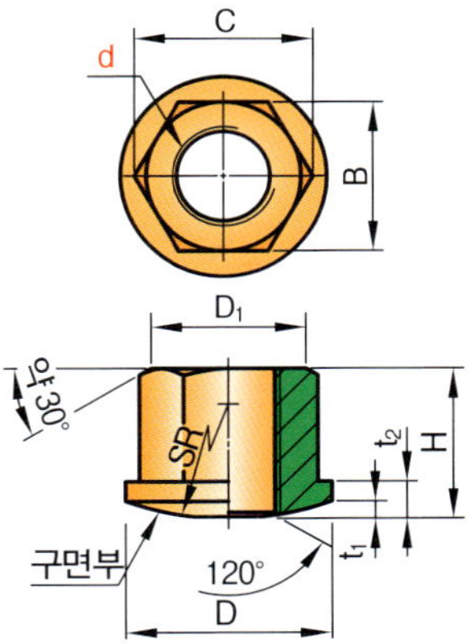

구면 자리붙이

단위 : mm

지그 및 고정구용 6각 너트 치수

호칭	*d*	*H*	*B*	*C* (약)	D_1 (약)	*D*	*t*	*SR*	t_1	t_2
6	M6	9	10	11.5	9.8	13	2	15	2.3	1.4
8	M8	12	13	15	12.5	17	2.5	20	3.1	1.9
10	M10	15	17	19.6	16.5	23	3	25	4.1	2.1
12	M12	18	19	21.9	18	25	3.5	30	4.5	2.8
16	M16	24	24	27.7	23	32	4.5	40	6	3.9
20	M20	30	30	34.2	29	40	5.5	50	7.6	4.9
24	M24	36	36	41.6	34	48	6.5	60	9.3	5.9

비고

1. H, D, t, t_1, t_2의 허용차는 KS B ISO 2768－1 거친급, 그 밖의 허용차는 KS B 1012의 B급
2. 나사는 KS B 0201에 따르고, 그 정밀도는 KS B 0211의 2급으로 한다.
3. 너트의 경도는 25~30HRC(HV267~302), 재료는 KS D 3752의 SM 45C

44. 지그 및 부착구용 와셔

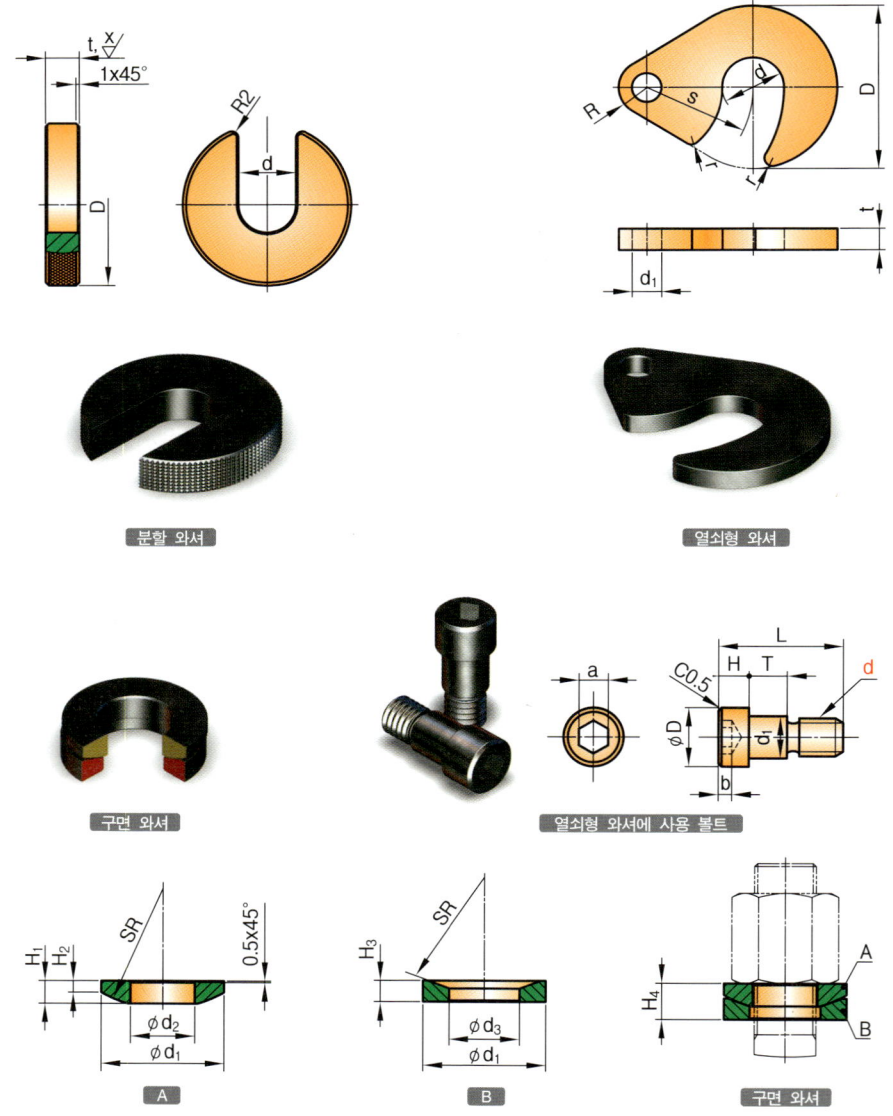

비고
1. 와셔 경도=HRC25~30(HV 267~302)
2. 와셔 재료=KS D 3752(기계 구조용 탄소 강재)의 SM45C

44. 지그 및 부착구용 와셔

단위 : mm

분할 와셔 치수(호칭 : d와 체결되는 볼트 및 핀의 외경)

호칭	d	t					$D(^1)$					
6	6.4	6	20	25	-	-	-	-	-	-	-	-
8	8.4	6	-	25	-	-	-	-	-	-	-	-
		8	-	-	30	35	40	45	-	-	-	-
10	10.5	8	-	-	30	35	40	45	-	-	-	-
		10	-	-	-	-	-	-	50	60	70	-
12	13	8	-	-	-	35	40	45	-	-	-	-
		10	-	-	-	-	-	-	50	60	70	80
16	17	10	-	-	-	-	-	-	50	60	70	80
		12	-	-	-	-	-	-	-	-	90	100
20	21	10	-	-	-	-	-	-	-	-	70	80
		12	-	-	-	-	-	-	-	-	90	100

주 (^{1}) D의 치수는 널링 가공 전의 것으로 한다.

비고
1. 널링은 생략할 수 있다.
2. d의 허용차는 KS B ISO 2768-1 보통급, 그 밖의 허용차는 거친급

열쇠형 와셔 치수(호칭 : d와 체결되는 볼트 및 핀의 외경)

호칭	d	d_1	D	r	R	S	t
6	6.6	8.5	20	2	8	18	6
8	9		26	3		21	
10	11		32			24	
12	13.5	10.5	40		10	27	8
16	18		50			33	
20	22		60			38	

비고
1. 양면 바깥 가장자리는 약 0.5mm의 모떼기를 한다.
2. d, d_1 및 S의 허용차는 KS B ISO 2768-1 보통급, 그 밖의 허용차는 거친급

열쇠형 와셔에 사용하는 볼트 치수

호칭	d	d_1	D	H	a		b	T	L
					기준치수	허용차			
6	M6	8	11	6	5	+0.105 +0.030	3	6.5	21
8	M8	10	14		6		4	8.5	26
10	M10	12	16	8	8		5	10.5	33

비고
1. d_1, D, T 및 L의 허용차는 KS B ISO 2768-1 보통급, 그 밖의 허용차는 거친급
2. 나사는 KS B 0201에 따르고, 그 정밀도는 KS B 0211의 2급으로 한다.
3. 이 볼트에 사용하는 스패너는 KS B 3013(6각봉 스패너)에 따른다.

구면 와셔 치수(호칭 : 체결되는 볼트 외경)

조임볼트의 호칭	d_1	d_2	d_3	H_1	H_2	H_3	$SR(^2)$	참고(H_4)
M6	13	6.6	7.2	2.3	1.4	2.8	15	4.2
M8	17	9	9.6	3.1	1.9	3.7	20	5.6
M10	23	11	12	4.1	2.1	4.9	25	7
M12	25	14	15	4.5	2.8	5.6	30	8.4
M16	32	18	20	6	3.9	7.3	40	11.2
M20	40	22	24	7.6	4.9	9.1	50	14

주 (^{2}) A의 SR 치수 쪽을 B의 SR 치수보다 작게 다듬질한다.

비고
1. d_2, d_3의 허용차는 KS B ISO 2768-1 보통급, 그 밖의 허용차는 거친급
2. 이 와셔를 사용하면 최대 2° 이내의 기울기에 대응할 수 있다.

45. 지그 및 부착구용 위치 결정 핀

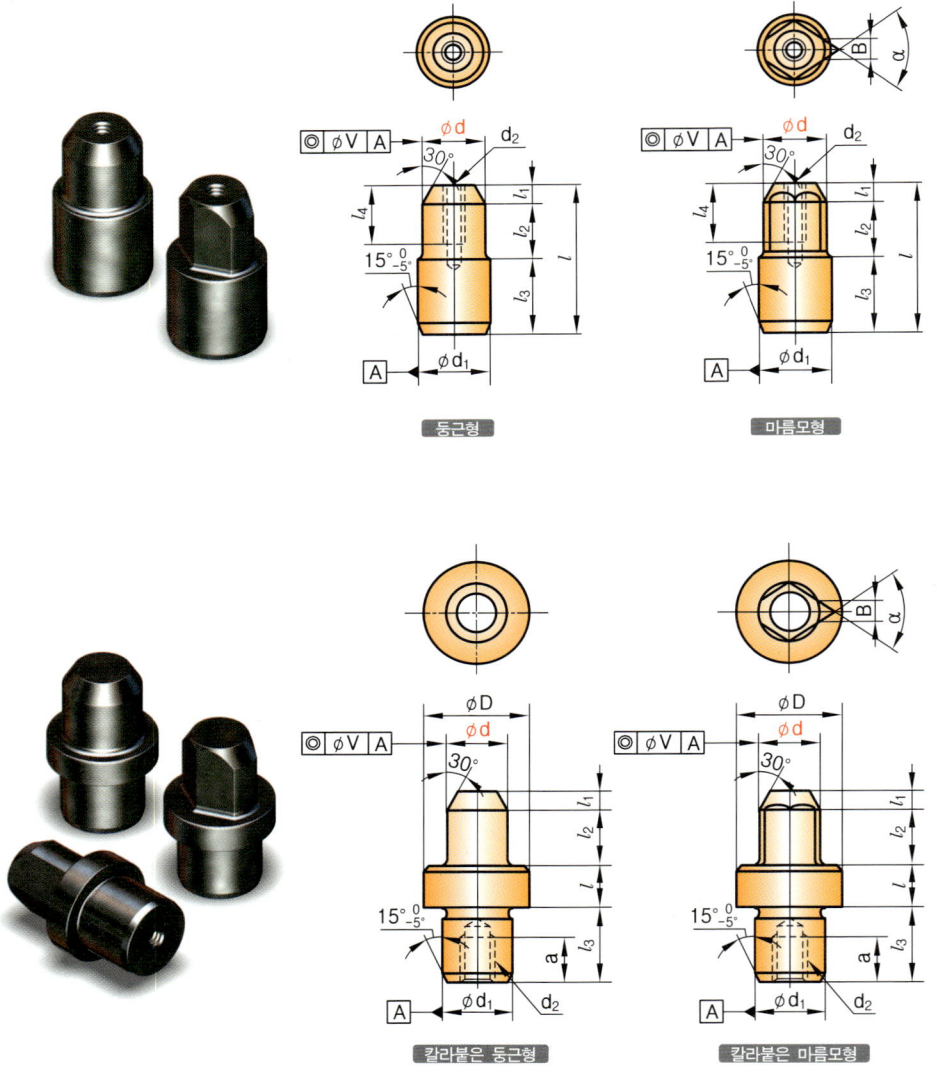

45. 지그 및 부착구용 위치 결정 핀

KS B 1319 : 2003(2008 확인)

단위 : mm

둥근형 · 마름모형 치수

치수구분	d 동축도	허용차(g6)	d_1 기준치수	허용차(p6)	l	l_1	l_2	l_3	d_2	l_4	B (약)	a (약도)
3 이상 4 이하	0.005	-0.004 / -0.012	4	+0.020 / +0.012	11 13	2	4	5 7	–	–	1.2	50
4 초과 5 이하			5		13 16		5	6 9			1.5	
5 초과 6 이하			6		16 20	3	6	7 11			1.8	
6 초과 8 이하	0.008	-0.005 / -0.014	8	+0.024 / +0.015	20 25		8	9 14			2.2	60
8 초과 10 이하			10		24		10	11 17	M4	8	3	
10 초과 12 이하		-0.006 / -0.017	12	+0.029 / +0.018	27 34	4		13 20			3.5	
12 초과 14 이하			14		30 38		11	15 23	M5	10	4	
14 초과 16 이하			16		33 42		12	17 26	M6	12	5	
16 초과 18 이하	0.010		18		36 46	5		19 29			5.5	
18 초과 20 이하		-0.007 / -0.020	20	+0.035 / +0.022	39 47			22 30			6	
20 초과 22 이하			22		41 49		14	22 30	M8	16	7	
22 초과 25 이하			25		41 49			22 30			8	
25 초과 28 이하			28		41 49			22 30			9	

칼라붙은 둥근형 · 칼라붙은 마름모형 치수

치수 구분	d 동축도	허용차 (g6)	d_1 기준치수	허용차 (h6)	D	l_1	l_2	l_3	d_2	a	B (약)	a (약도)	l					
4 이상 6 이하	0.005	-0.004 / -0.012	12	0 / -0.011	16	3	8	12	M6	8	2	50	3	4	8	10	14	18	–	–
6 초과 10 이하	0.008	-0.005 / -0.014			18	4	12.5				3									
10 초과 12 이하		-0.006 / -0.017			20		14				4	60	–	4	8	10	14	18	22	–
12 초과 16 이하			16		25		14	16	M8	10	4.5		–	–	8	10	14	18	22	28
16 초과 18 이하	0.010										6									
18 초과 20 이하		-0.007 / -0.020																		
20 초과 25 이하			20	0 / -0.013	30	5			M10	12	7.5									

비고
1. 나사는 KS B 0201에 따르고, 그 정밀도는 KS B 0211의 2급으로 한다.
2. 경도=HRC 55(HV 595) 이상으로 한다.

46. V블록 홈

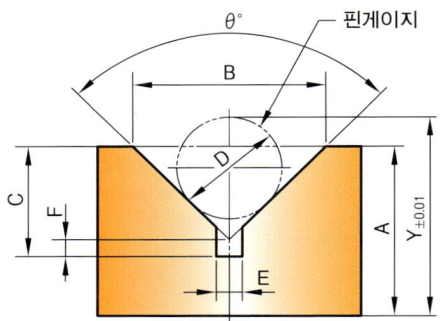

계산식

① V블록 각($\theta°$)이 90°인 경우 Y의 값

$$Y = \sqrt{2} \times \frac{D}{2} - \frac{B}{2} + A + \frac{D}{2}$$

② V블록 각($\theta°$)이 120°인 경우 Y의 값

$$Y = \frac{D}{2} \div \cos 30° - \tan 30° \times \frac{B}{2} + A + \frac{D}{2}$$

비고
1. 핀게이지 값은 도면에 주어진 것을 재서 기입하거나 임의로 정한다.
2. A, B, C, D, E, F 값은 도면의 것을 재서 기입한다.

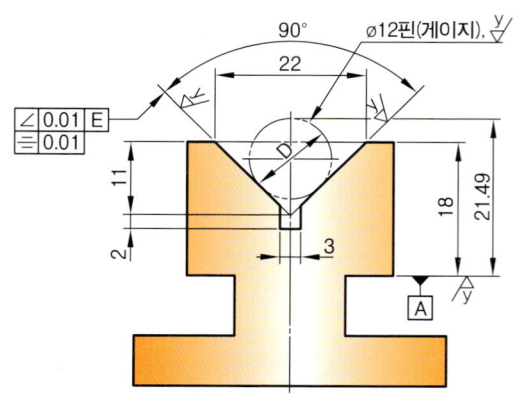

적용 예

A값 = 18, B값 = 22, D값 = 12 경우, $Y = \sqrt{2} \times \frac{D}{2} - \frac{B}{2} + A + \frac{D}{2} = \sqrt{2} \times \frac{12}{2} - \frac{22}{2} + 18 + \frac{12}{2} = 21.49$

47. 더브테일

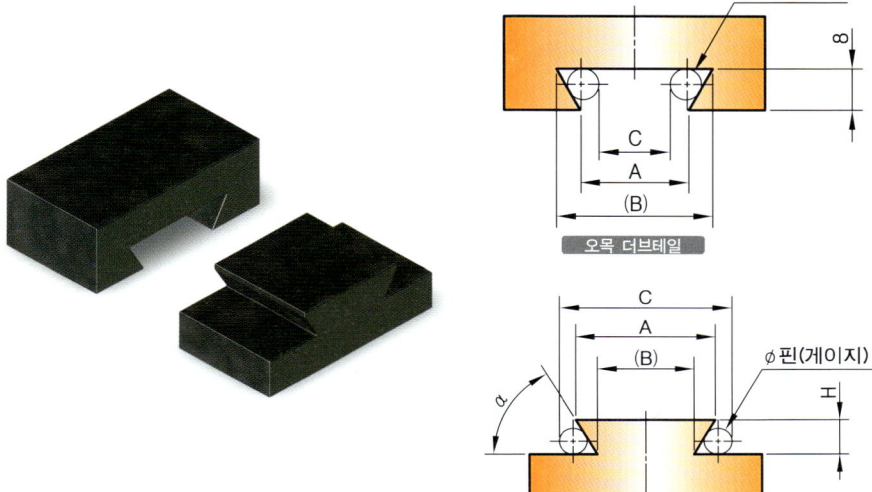

계산식	
볼록 더브테일	오목 더브테일
① A, H, ⌀d값을 잰다.(⌀d핀의 값은 아래 표를 참고) ② $B = A - 2H\cot\alpha$ ③ $C = B + d\left(1 + \cot\dfrac{\alpha}{2}\right)$	① A, H, ⌀d값을 잰다.(⌀d핀의 값은 아래 표를 참고) ② $B = A + 2H\cot\alpha$ ③ $C = B - d\left(1 + \cot\dfrac{\alpha}{2}\right)$

비고

1. $\cot\alpha = \dfrac{1}{\tan\alpha}$
2. 오버핀의 값(⌀d) : 4, 5, 6, 7, 8, 10, 12

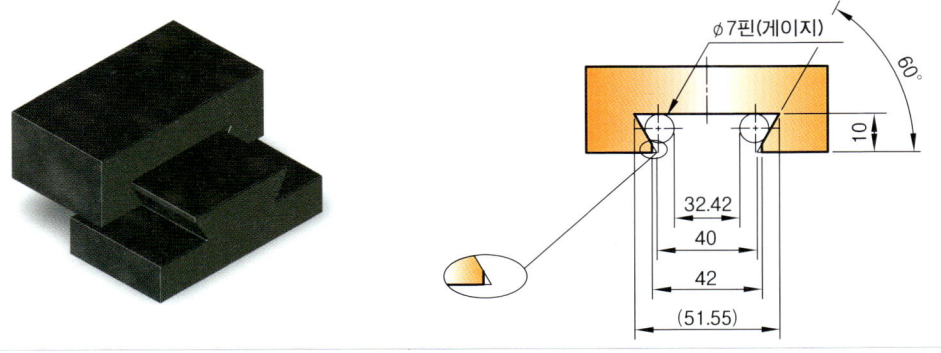

적용 예

48. C형 멈춤링

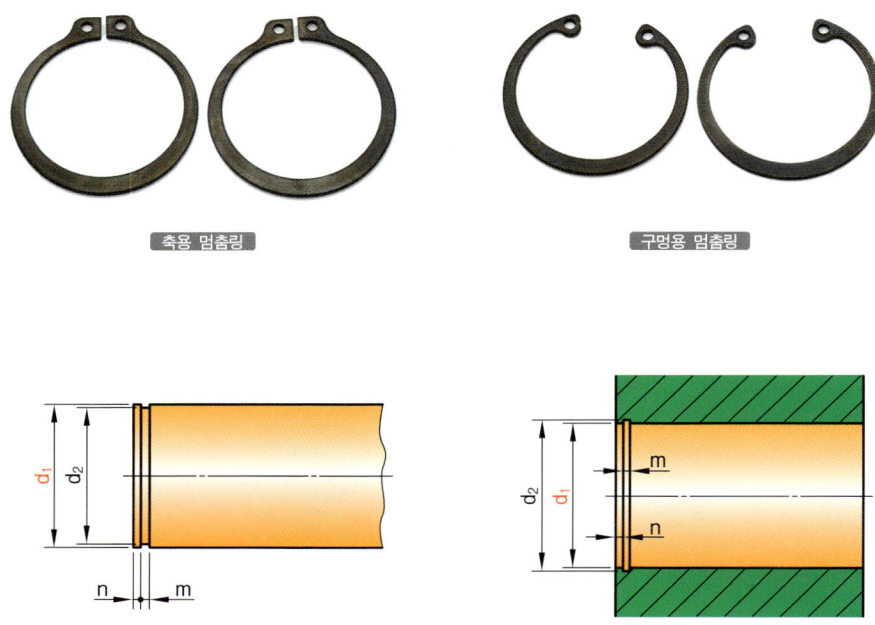

축용 멈춤링   구멍용 멈춤링

적용하는 축 치수   적용하는 구멍의 치수

주
(^{1}) 호칭은 1란의 것을 우선하며, 필요에 따라서 2란, 3란의 순으로 한다. 또한 3란은 앞으로 폐지할 예정이다.
비고
적용하는 축의 치수는 권장하는 치수를 참고로 표시한 것이다.

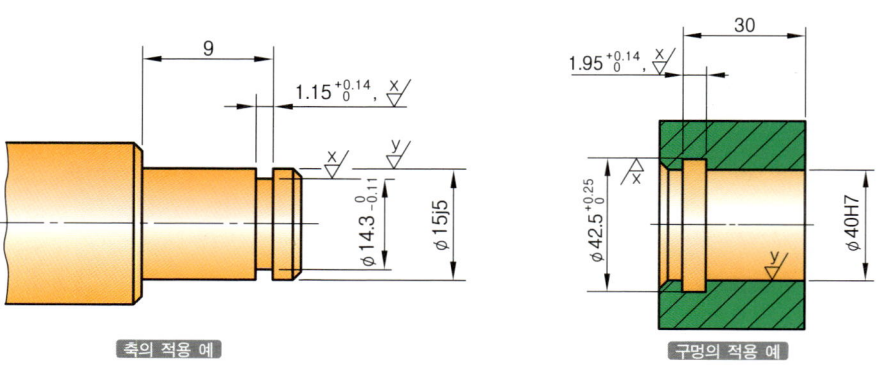

축의 적용 예   구멍의 적용 예

KS B 1336 : 1980(2005 확인)

48. C형 멈춤링

단위 : mm

C형 멈춤링 축용 치수

멈춤링 호칭 (¹)	호 칭 축지름 d_1	적용하는 축(참고)				멈춤링 호칭 (¹)	호 칭 축지름 d_1	적용하는 축(참고)			
		d_2 기준치수	허용차	m 기준치수	n 최소			d_2 기준치수	허용차	m 기준치수	n 최소
1란	10	9.6	0 -0.09	1.15	+0.14 0	1.5	1란	40	38	0 -0.25	1.95	+0.14 0	2
2란	11	10.5	0 -0.11				2란	42	39.5				
1란	12	11.5					1란	45	42.5				
3란	13	12.4					2란	48	45.5				
	14	13.4					1란	50	47		2.2		
1란	15	14.3					3란	52	49				
	16	15.2					1란	55	52	0 -0.3			
	17	16.2					2란	56	53				
	18	17		1.35			3란	58	55				
2란	19	18					1란	60	57				
1란	20	19	0 -0.21					62	59				
3란	21	20					3란	63	60				
1란	22	21					1란	65	62		2.7		2.5
2란	24	22.9					3란	68	65				
1란	25	23.9					1란	70	67				
2란	26	24.9					3란	72	69				
1란	28	26.6		1.75			1란	75	72				
3란	29	27.6					3란	78	75				
1란	30	28.6					1란	80	76.5				
	32	30.3					3란	82	78.5				
3란	34	32.3	0 -0.25				1란	85	81.5	0 -0.35	3.2	+0.18 0	3
1란	35	33					3란	88	84.5				
2란	36	34		1.95		2	1란	90	86.5				
	38	36						95	91.5				

C형 멈춤링 구멍용 치수

멈춤링 호칭 (¹)	호 칭 구멍 지름 d_1	적용하는 구멍(참고)				멈춤링 호칭 (¹)	호 칭 구멍 지름 d_1	적용하는 구멍(참고)			
		d_2 기준치수	허용차	m 기준치수	허용차	n 최소			d_2 기준치수	허용차	m 기준치수	허용차	n 최소
1란	10	10.4	+0.11 0	1.15	+0.14 0	1.5	1란	40	42.5	+0.25 0	1.95	+0.14 0	2
	11	11.4						42	44.5				
	12	12.5						45	47.5				
2란	13	13.6						47	49.5		1.9		
1란	14	14.6					2란	48	50.5	+0.3 0	1.9		
3란	15	15.7					1란	50	53		2.2		
1란	16	16.8						52	55				
2란	17	17.8						55	58				
1란	18	19	+0.21 0				2란	56	59				
	19	20					3란	58	61				
	20	21					1란	60	63				
3란	21	22						62	65				
1란	22	23					2란	63	66				
2란	24	25.2		1.35				65	68		2.7		2.5
1란	25	26.2					1란	68	71				
2란	26	27.2					2란	70	73				
1란	28	29.4						72	75				
	30	31.4	+0.25 0					75	78				
	32	33.7					3란	78	81	+0.35 0			
3란	34	35.7		1.75		2	1란	80	83.5				
	35	37					3란	82	85.5				
2란	36	38					1란	85	88.5		3.2	+0.18 0	3
1란	37	39					3란	88	91.5				
2란	38	40					1란	90	93.5				

49. E형 멈춤링

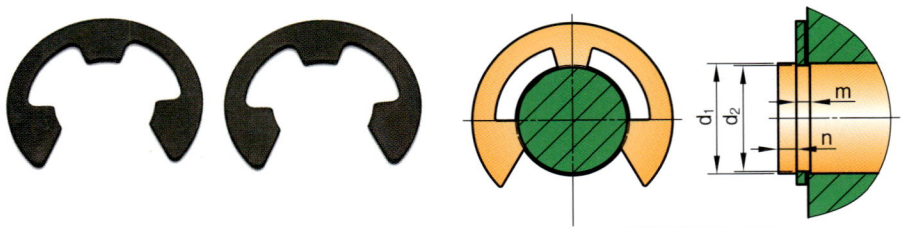

E형 멈춤링 치수

멈춤링 호칭	d_1의 구분(호칭 축지름)		적용하는 축(참고)				
			d_2		m		n
	초과	이하	기본치수	허용차	기본치수	허용차	최소
0.8	1	1.4	0.8	+0.05 / 0	0.3	+0.05 / 0	0.4
1.2	1.4	2	1.2	+0.06 / 0	0.4		0.6
1.5	2	2.5	1.5		0.5		0.8
2	2.5	3.2	2				1
2.5	3.2	4	2.5				
3	4	5	3		0.7	+0.1 / 0	
4	5	7	4	+0.075 / 0			1.2
5	6	8	5				
6	7	9	6		0.9		
7	8	11	7	+0.09 / 0			1.5
8	9	12	8				1.8
9	10	14	9				2
10	11	15	10		1.15	+0.14 / 0	
12	13	18	12	+0.11 / 0			2.5
15	16	24	15		1.75 ([5])		3
19	20	31	19	+0.13 / 0			3.5
24	25	38	24		2.2		4

비고
적용하는 축의 치수는 권장하는 치수를 참고로 표시한 것이다.

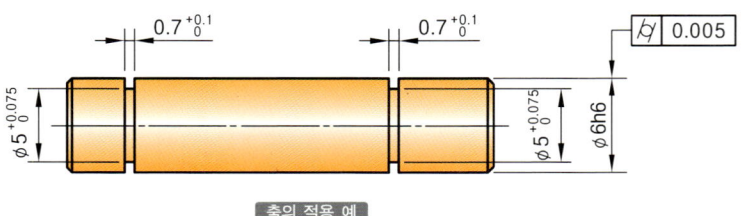

축의 적용 예

MEMO

50. C형 동심형 멈춤링

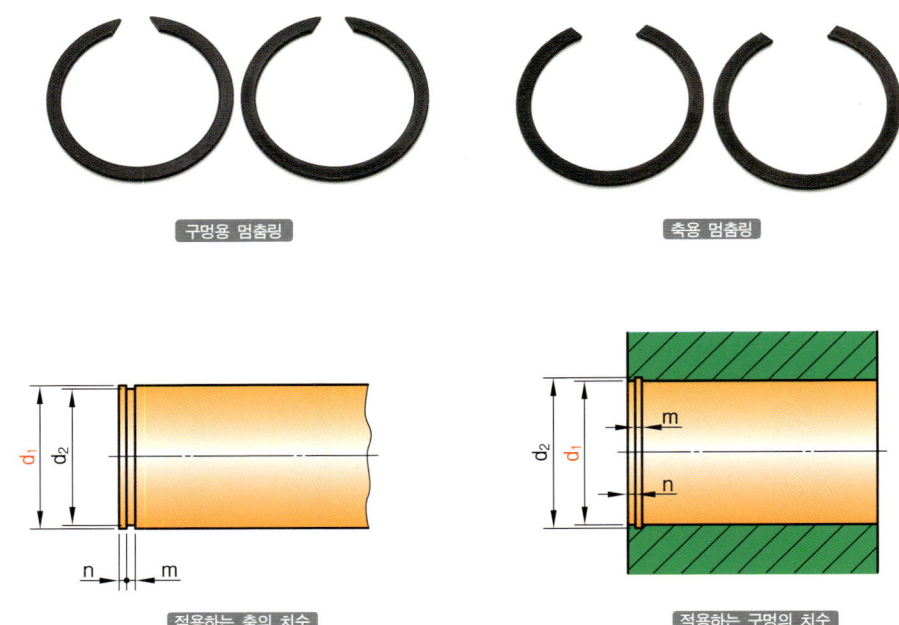

구멍용 멈춤링 　　　　　축용 멈춤링

적용하는 축의 치수 　　　　　적용하는 구멍의 치수

주
(^{1}) 호칭은 1란의 것을 우선하며, 필요에 따라서 2란, 3란의 순으로 한다. 또한 3란은 앞으로 폐지할 예정이다.

비고
적용하는 축의 치수는 권장하는 치수를 참고로 표시한 것이다 .

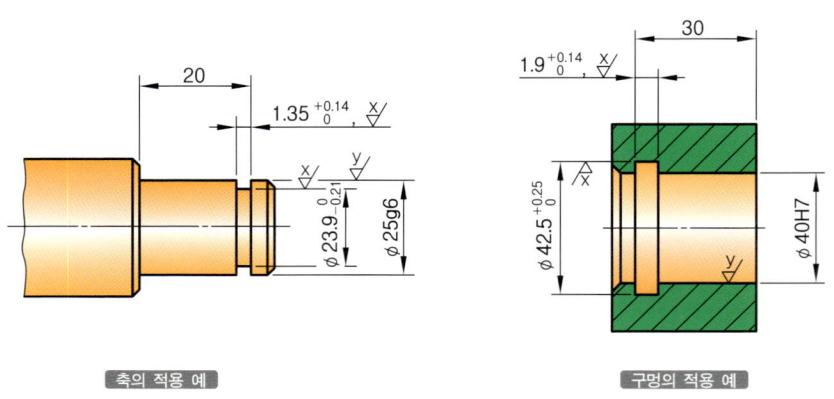

축의 적용 예 　　　　　구멍의 적용 예

50. C형 동심형 멈춤링

단위 : mm

C형 동심 멈춤링 축용 치수

멈춤링 호칭 (¹)	호칭 축지름 d_1	d_2 기준 치수	d_2 허용차	m 기준 치수	m 허용차	n 최소	멈춤링 호칭 (¹)	호칭 축지름 d_1	d_2 기준 치수	d_2 허용차	m 기준 치수	m 허용차	n 최소
1란	20	19	0 / −0.21	1.35	+0.14 / 0	1.5	3란	71	68	0 / −0.3	2.7	+0.14 / 0	2.5
	22	21					1란	75	72				
3란	22.4	21.5						80	76.5				
1란	25	23.9						85	81.5	0 / −0.35	3.2	+0.18 / 0	3
	28	26.6		1.75				90	86.5				
	30	28.6						95	91.5				
3란	31.5	29.8	0 / −0.25					100	96.5				
1란	32	30.3						105	101	0 / −0.54	4.2		4
	35	33						110	106				
3란	35.5	33.5					3란	112	108				
1란	40	38		1.9		2	1란	120	116				
2란	42	39.5					2란	125	121	0 / −0.63			
1란	45	42.5					1란	130	126				
	50	47		2.2				140	136				
	55	52	0 / −0.3					150	145				
2란	56	53						160	155				
1란	60	57						170	165				
3란	63	60						180	175				
1란	65	62		2.7		2.5		190	185	0 / −0.72			
	70	67						200	195				

C형 동심 멈춤링 구멍용 치수

멈춤링 호칭 (¹)	호칭 구멍지름 d_1	d_2 기준 치수	d_2 허용차	m 기준 치수	m 허용차	n 최소	멈춤링 호칭 (¹)	호칭 구멍지름 d_1	d_2 기준 치수	d_2 허용차	m 기준 치수	m 허용차	n 최소
1란	20	21	+0.21 / 0	1.15	+0.14 / 0	1.5	1란	75	78	+0.3 / 0	2.7	+0.14 / 0	2.5
	22	23						80	83.5				
3란	24	25.2		1.35				85	88.5	+0.35 / 0	3.2	+0.18 / 0	3
1란	25	26.2						90	93.5				
3란	26	27.2						95	98.5				
1란	28	29.4						100	103.5				
	30	31.4						105	109	+0.54 / 0	4.2		4
2란	32	33.7	+0.25 / 0					110	114				
1란	35	37		1.75		2	3란	112	116				
2란	37	39					1란	115	119				
1란	40	42.5		1.9				120	124	+0.63 / 0			
2란	42	44.5						125	129				
1란	45	47.5						130	134				
2란	47	49.5						140	144				
1란	50	53		2.2				145	149				
	52	55					3란	150	155				
	55	58	+0.3 / 0				1란	160	165				
2란	56	59					3란	165	170				
1란	62	65					3란	170	175				
2란	63	66						180	185	+0.72 / 0			
1란	68	71		2.7		2.5		190	195				
	72	75						200	205				

51. 구름베어링용 로크너트 · 와셔

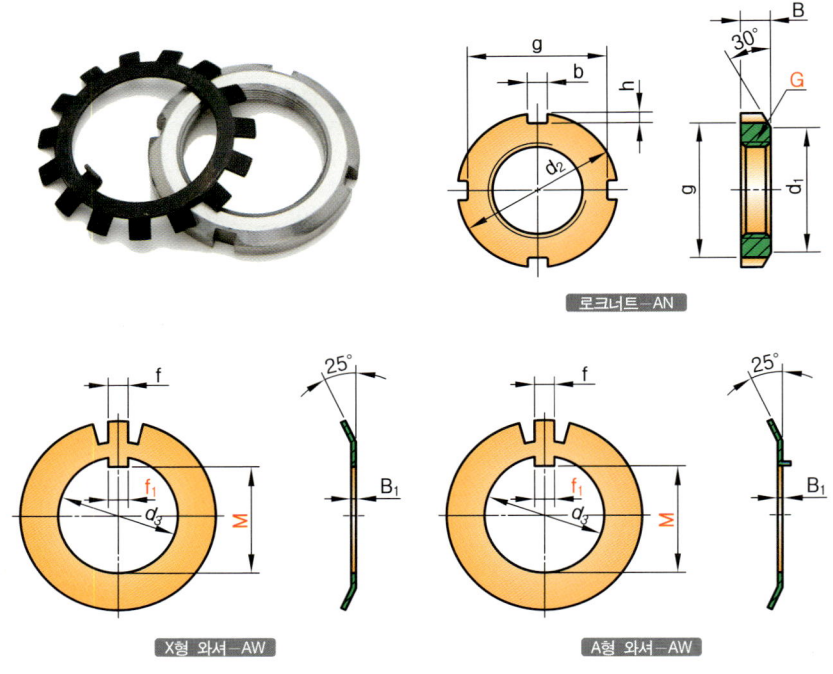

적용

1. 조립된 로크너트 나사호칭(G)을 기준으로 아래 축의 주요 홈 치수를 결정한다.
2. 축의 치수는 로크너트(AN)에서, 홈의 치수는 와셔(AW)에서 찾아 적용한다.
3. g_1의 치수는 KS B 0245(수나사 부품 나사틈새) 규격에 따른다.

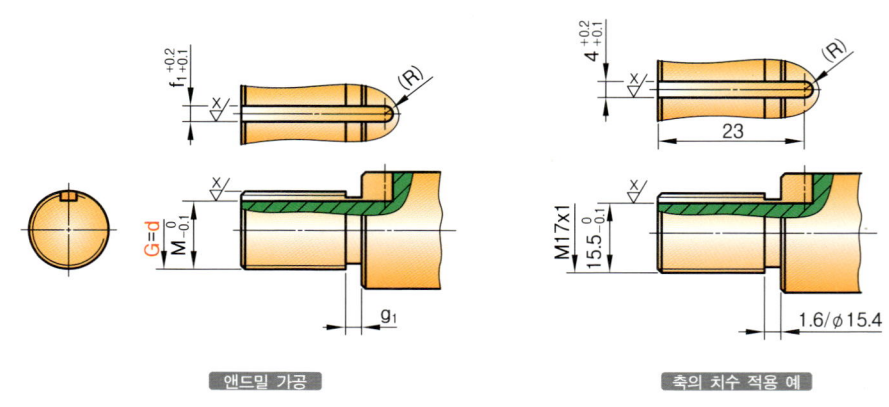

KS B 2004 : 2007

51. 구름베어링용 로크너트·와셔

단위 : mm

구름베어링용 로크너트·와셔 치수

호칭 번호	나사호칭 (G)	로크너트 치수					호칭 번호	조합하는 와셔 치수			
		d_1	d_2	B	b	h		d_3	f_1	M	f
AN00	M10×0.75	13.5	18	4	3	2	AW00	10	3	8.5	3
AN01	M12×1	17	22	4	3	2	AW01	12	3	10.5	3
AN02	M15×1	21	25	5	4	2	AW02	15	4	13.5	4
AN03	M17×1	24	28	5	4	2	AW03	17	4	15.5	4
AN04	M20×1	26	32	6	4	2	AW04	20	4	18.5	4
AN/22	M22×1	28	34	6	4	2	AW/22	22	4	20.5	4
AN05	M25×1.5	32	38	7	5	2	AW05	25	5	23	5
AN/28	M28×1.5	36	42	7	5	2	AW/28	28	5	26	5
AN06	M30×1.5	38	45	7	5	2	AW06	30	5	27.5	5
AN/32	M32×1.5	40	48	8	5	2	AW/32	32	5	29.5	5
AN07	M35×1.5	44	52	8	5	2	AW07	35	6	32.5	5
AN08	M40×1.5	50	58	9	6	2.5	AW08	40	6	37.5	6
AN09	M45×1.5	56	65	10	6	2.5	AW09	45	6	42.5	6
AN10	M50×1.5	61	70	11	6	2.5	AW10	50	6	47.5	6
AN11	M55×2	67	75	11	7	3	AW11	55	8	52.5	7
AN12	M60×2	73	80	11	7	3	AW12	60	8	57.5	7
AN13	M65×2	79	85	12	7	3	AW13	65	8	62.5	7
AN14	M70×2	85	92	12	8	3.5	AW14	70	8	66.5	8
AN15	M75×2	90	98	13	8	3.5	AW15	75	8	71.5	8
AN16	M80×2	95	105	15	8	3.5	AW16	80	10	76.5	8
AN17	M85×2	102	110	16	8	3.5	AW17	85	10	81.5	8
AN18	M90×2	108	120	16	10	4	AW18	90	10	86.5	10
AN19	M95×2	113	125	17	10	4	AW19	95	10	91.5	10
AN20	M100×2	120	130	18	10	4	AW20	100	12	96.5	10
AN21	M105×2	126	140	18	12	5	AW21	105	12	100.5	12
AN22	M110×2	133	145	19	12	5	AW22	110	12	105.5	12
AN23	M115×2	137	150	19	12	5	AW23	115	12	110.5	12
AN24	M120×2	138	155	20	12	5	AW24	120	14	115	12
AN25	M125×2	148	160	21	12	5	AW25	125	14	120	12
AN26	M130×2	149	165	21	12	5	AW26	130	14	125	12
AN27	M135×2	160	175	22	14	6	AW27	135	14	130	14
AN28	M140×2	160	180	22	14	6	AW28	140	16	135	14
AN29	M145×2	171	190	24	14	6	AW29	145	16	140	14
AN30	M150×2	171	195	24	14	6	AW30	150	16	145	14
AN31	M155×3	182	200	25	16	7	AW31	155	16	147.5	16
AN32	M160×3	182	210	25	16	7	AW32	160	18	154	16
AN33	M165×3	193	210	26	16	7	AW33	165	18	157.5	16
AN34	M170×3	193	220	26	16	7	AW34	170	18	164	16
AN36	M180×3	203	230	27	18	8	AW36	180	20	174	18
AN38	M190×3	214	240	28	18	8	AW38	190	20	184	18
AN40	M200×3	226	250	29	18	8	AW40	200	20	194	18
AN44	Tr220×4	250	280	32	20	10	AW44	220	24	213	20
AN48	Tr240×4	270	300	34	20	10	AW48	240	24	233	20
AN52	Tr260×4	300	330	36	24	12	AW52	260	28	253	24

[비고]
1. 호칭번호 AN00~AN25의 로크너트에는 X형의 와셔를 사용한다.
2. 호칭번호 AN26~AN40의 로크너트에는 A형 또는 X형의 와셔를 사용한다.
3. 호칭번호 AN44~AN52의 로크너트에는 X형의 와셔 또는 멈춤쇠를 사용한다.
4. 호칭번호 AN00~AN40의 로크너트에 대한 나사 기준치수는 KS B 0204(미터 가는나사)에 따른다.
5. 호칭번호 AN44~AN100의 로크너트에 대한 나사 기준치수는 KS B 0229(미터 사다리꼴나사)에 따른다.

52. 나사 제도 및 치수기입법

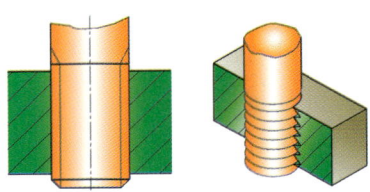
관통된 나사 조립도

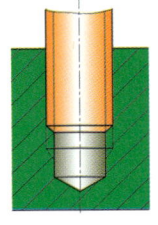
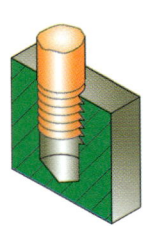
탭나사 조립도

용도에 따른 선(Line) 및 제도법

1. 굵은 선(외형선) : 수나사 바깥지름, 암나사 안지름, 완전 나사부와 불완전 나사부 경계선
2. 가는 선 : 골지름, 불완전 나사부
3. 가는 파선 : 숨겨진 나사를 표시할 때는 모두 가는파선(가는숨은선)으로 작도한다.
4. 나사부품 단면도의 해칭 : 해칭은 암나사 안지름, 수나사 바깥지름까지 긋는다.
5. 나사 끝에서 본 제도는 우측상단 1/4을 열어둔다. 이때 중심선을 기준으로 위쪽은 약간 넘게 아래쪽은 중심선을 못미치도록 작도한다.
6. 암나사에서 드릴구멍 깊이는 나사 길이에 1.2~1.5배 정도로 작도한다.

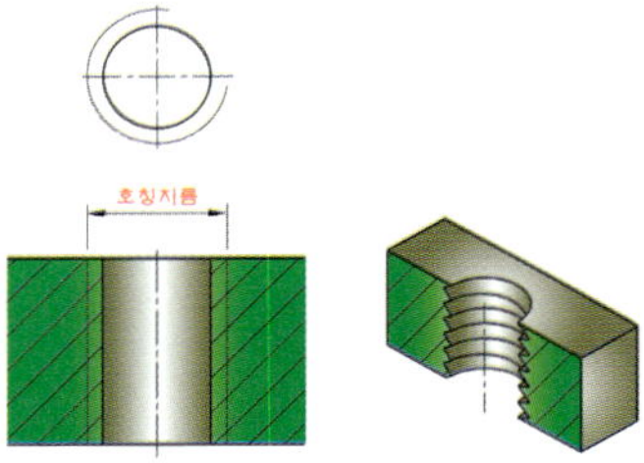

관통된 암나사 제도법

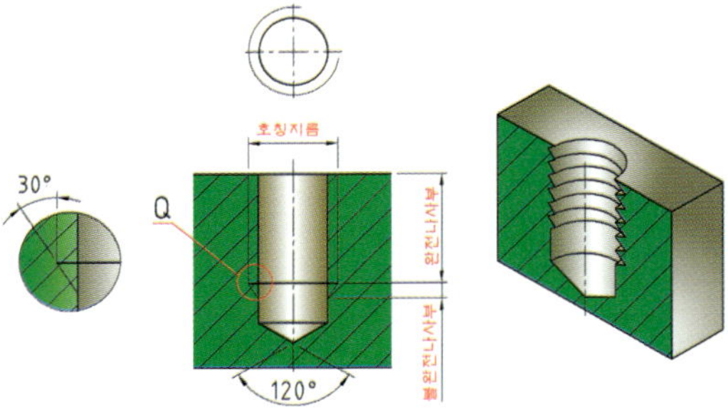

탭나사 제도법

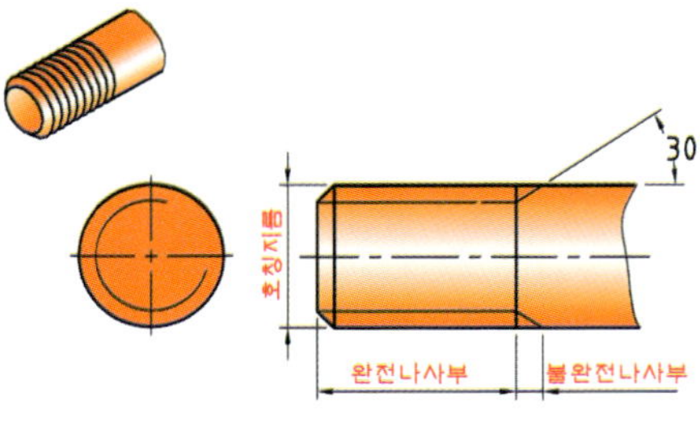

끝이 모서리진 수나사 제도법

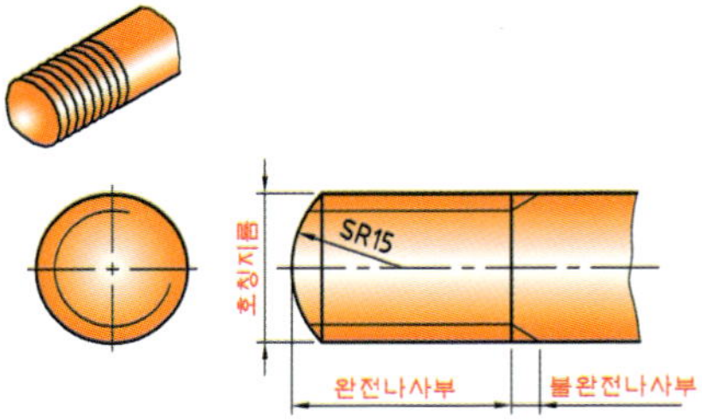

끝이 둥근 수나사 제도법

KS B ISO 6410 : 2009

52. 나사 제도 및 치수기입법

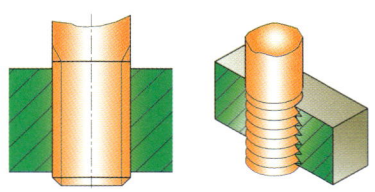

관통된 나사 조립도

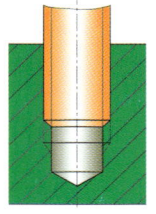 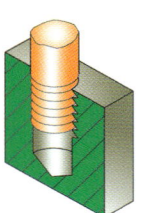

탭나사 조립도

나사 치수기입법

1. 관통나사 치수기입 : 나사의 호칭치수만 기입하고, 지시선 치수기입할 경우 60°로 뽑는다.
2. 탭나사 치수기입 : 나사 호칭치수와 깊이(완전 나사부)만 기입하고 드릴깊이는 기입하지 않는다.
3. 수나사 치수기입 : 나사 호칭치수와 완전나사부 길이만 기입한다.

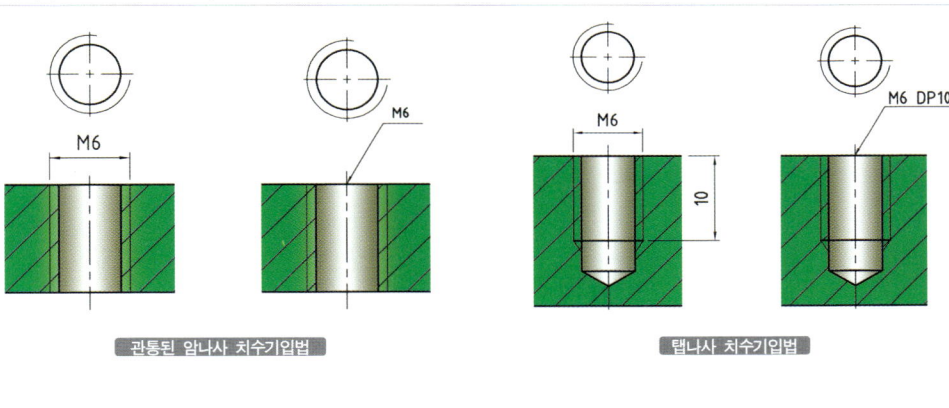

관통된 암나사 치수기입법   탭나사 치수기입법

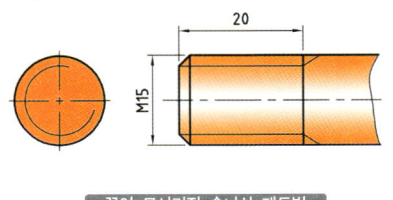

끝이 모서리진 수나사 제도법

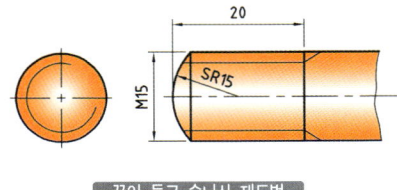

끝이 둥근 수나사 제도법

53. 나사의 표시방법

나사의 종류를 표시하는 기호 및 나사의 호칭에 대한 표시방법

구분	나사의 종류		기호	호칭 표시법의 보기	관련표준
일반용	ISO 표준에 있는 것	미터 보통 나사[1]	M	M8	KS B 0201
		미터 가는 나사[2]		M8x1	KS B 0204
		미니추어 나사	S	S0.5	KS B 0228
		유니파이 보통 나사	UNC	3/8-16UNC	KS B 0203
		유니파이 가는 나사	UNF	No.8-36UNF	KS B 0206
		미터 사다리꼴 나사	Tr	Tr10x2	KS B 0229의 본문
		관용 테이퍼 나사 — 테이퍼 수나사	R	R3/4	KS B 0222의 본문
		관용 테이퍼 나사 — 테이퍼 암나사	Rc	Rc3/4	
		관용 테이퍼 나사 — 평행 암나사[3]	Rp	Rp3/4	
	ISO 표준에 없는 것	관용 평행 나사	G	G1/2	KS B 0221의 본문
		30도 사다리꼴 나사	TM	TM18	
		29도 사다리꼴 나사	TW	TW20	KS B 0226
		관용 테이퍼 나사 — 테이퍼 나사	PT	PT7	KS B 0222의 부속서
		관용 테이퍼 나사 — 평행 암나사[4]	PS	PS7	
		관용 평행 나사	PF	PF7	KS B 0221
특수용		후강 전선관 나사	CTG	CTG16	KS B 0223
		박강 전선관 나사	CTC	CTC19	
		자전거 나사 — 일반용	BC	BC3/4	KS B 0224
		자전거 나사 — 스포크용		BC2.6	
		미싱나사	SM	SM1/4 산40	KS B 0225
		전구나사	E	E10	KS C 7702
		자동차용 타이어 밸브 나사	TV	TV8	KS R 4006의 부속서
		자전거용 타이어 밸브 나사	CTV	CTV8 산30	KS R 8004의 부속서

주
[1] 미터 보통 나사 중 **M1.7, M2.3**은 ISO 표준에 규정되어 있지 않다.
[2] 가는 나사임을 특별히 명확하게 나타낼 필요가 있을 때는 피치 다음에 "가는 나사"의 글자를 ( ) 안에 넣어서 기입할 수 있다. **보기 : M8X1(가는 나사)**
[3] 평행 암나사 **Rp**는 테이퍼 수나사 **R**에 대해서만 사용한다.
[4] 평행 암나사 **PS**는 테이퍼 수나사 **PT**에 대해서만 사용한다.

54. 볼트의 조립깊이 및 탭깊이

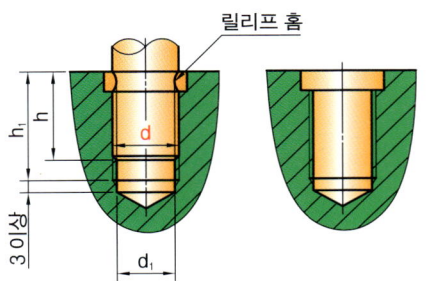

릴리프 홈이 있는 볼트의 조립

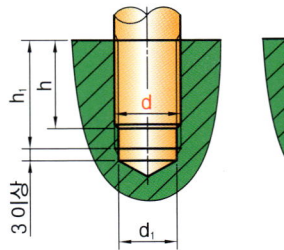

불완전 나사부가 있는 수나사의 조립

나사의 호칭 d	탭내기 구멍의 지름 d_1	강, 주강, 청동, 청동주물		주철		알루미늄과 기타의 경합금류	
		나사부 조립깊이 h	탭깊이 h_1	나사부 조립깊이 h	탭깊이 h_1	나사부 조립깊이 h	탭깊이 h_1
M3	2.4	3	6	4.5	7.5	5.5	8.5
M3.5	2.9	3.5	6.5	5.5	8.5	6.5	9.5
M4	3.25	4	7	6	9	7	10
M4.5	3.75	4.5	7.5	7	10	8	11
M5	4.1	5	8.5	8	11.5	9	12.5
M5.5	4.6	5.5	9	8	11.5	10	13.5
M6	5	6	10	9	13	11	15
M7	6	7	11	11	15	13	17
M8	6.8	8	12	12	16	14	18
M9	7.8	9	13	13	17	16	20
M10	8.5	10	14	15	19	18	22
M12	10.2	12	17	17	22	22	27
M14	12	14	19	20	25	25	30
M16	14	16	21	22	27	28	33
M18	15.5	18	24	25	31	33	39
M20	17.5	20	26	27	33	36	42
M22	19.5	22	29	30	37	40	47
M24	21	24	32	32	40	44	52
M27	24	27	36	36	45	48	57
M30	26.5	30	39	40	49	54	63
M33	29.5	33	43	43	53	60	70
M36	32	36	47	47	58	65	76
M39	35	39	51	52	64	70	82
M42	37.5	42	54	55	67	75	87
M45	40.5	45	58	58	71	80	93

참고
탭깊이는 KS규격에 없는 데이터이며 본 데이터는 실무에서 통상적으로 쓰이고 있는 실무데이터이다.

55. 미터 보통 나사

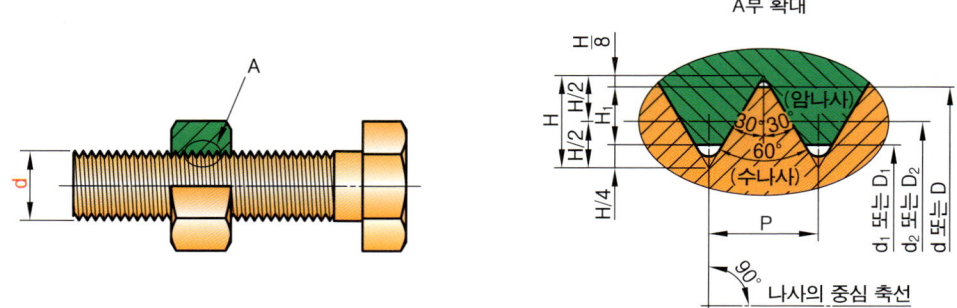

단위 : mm

미터 보통 나사의 기본 치수

나사의 호칭 d			피치 P	접촉 높이 H_1	암나사 골지름 D	암나사 유효지름 D_2	암나사 안지름 D_1	나사의 호칭 d		피치 P	접촉 높이 H_1	암나사 골지름 D	암나사 유효지름 D_2	암나사 안지름 D_1
1란	2란	3란			수나사 바깥지름 d	수나사 유효지름 d_2	수나사 골지름 d_1	1란	2란			수나사 바깥지름 d	수나사 유효지름 d_2	수나사 골지름 d_1
M 1			0.25	0.135	1.000	0.838	0.729		M 14	2	1.083	14.000	12.701	11.835
	M 1.1		0.25	0.135	1.100	0.938	0.829	M 16		2	1.083	16.000	14.701	13.835
M 1.2			0.25	0.135	1.200	1.038	0.929		M 18	2.5	0.353	18.000	16.376	15.294
	M 1.4		0.3	0.162	1.400	1.205	1.075	M 20		2.5	1.353	20.000	18.376	17.294
M 1.6			0.35	0.189	1.600	1.373	1.221		M 22	2.5	1.353	22.000	20.376	19.294
	M 1.8		0.35	0.189	1.800	1.573	1.421	M 24		3	1.624	24.000	22.051	20.752
M 2			0.4	0.217	2.000	1.740	1.567		M 27	3	1.624	27.000	25.051	23.752
	M 2.2		0.45	0.244	2.200	1.908	1.713	M 30		3.5	1.894	30.000	27.727	26.211
M 2.5			0.45	0.244	2.500	2.208	2.013		M 33	3.5	1.894	33.000	30.727	29.211
M 3			0.5	0.271	3.000	2.675	2.459	M 36		4	2.165	36.000	33.402	31.670
	M 3.5		0.6	0.325	3.500	3.110	2.850		M 39	4	2.165	39.000	36.402	34.670
M 4			0.7	0.379	4.000	3.545	3.242	M 42		4.5	2.436	42.000	39.077	37.129
	M 4.5		0.75	0.406	4.500	4.013	3.688		M 45	4.5	2.436	45.000	42.077	40.129
M 5			0.8	0.433	5.000	4.480	4.134	M 48		5	2.706	48.000	44.752	42.587
M 6			1	0.541	6.000	5.350	4.917		M 52	5	2.706	52.000	48.752	46.587
M 8		M 7	1	0.541	7.000	6.350	5.917	M 56		5.5	2.977	56.000	52.428	50.046
			1.25	0.677	8.000	7.188	6.647		M 60	5.5	2.977	60.000	56.428	54.046
		M 9	1.25	0.677	9.000	8.188	7.647	M 64		6	3.248	64.000	60.103	57.505
M 10			1.5	0.812	10.000	9.026	8.376		M 68	6	3.248	68.000	64.103	61.505
		M 11	1.5	0.812	11.000	10.026	9.376	–	–	–	–	–	–	–
M 12			1.75	0.947	12.000	10.863	10.106							

비고
1. 나사호칭은 1란을 우선적으로, 필요에 따라 2란, 3란의 순으로 선정한다.
2. 미터 나사의 호칭은 수나사의 외경(d)으로 선정한다.
3. 나사의 표시방법은 KS B 0200에 따른다.

56. 미터 가는 나사

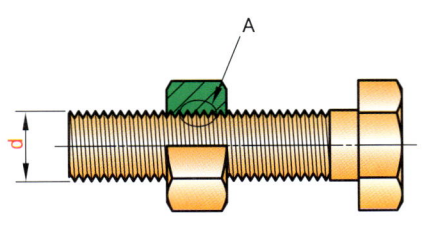
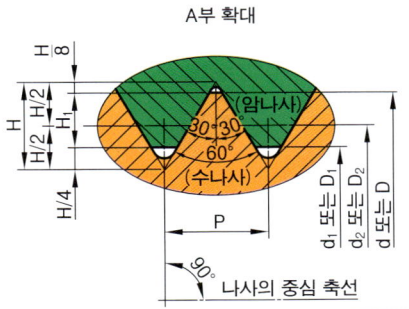

A부 확대

단위 : mm

미터 가는 나사의 기본 치수

나사의 호칭 d	피치 P	접촉 높이 H_1	암나사 골지름 D / 수나사 바깥지름 d	암나사 유효지름 D_2 / 수나사 유효지름 d_2	암나사 안지름 D_1 / 수나사 골지름 d_1	나사의 호칭 d	피치 P	접촉 높이 H_1	암나사 골지름 D / 수나사 바깥지름 d	암나사 유효지름 D_2 / 수나사 유효지름 d_2	암나사 안지름 D_1 / 수나사 골지름 d_1
M 1	0.2	0.108	1.000	0.870	0.783	M 15×1.5	1.5	0.812	15.000	14.026	13.376
M 1.1×0.2	0.2	0.108	1.100	0.970	0.883	M 15×1	1	0.541	15.000	14.350	13.917
M 1.2×0.2	0.2	0.108	1.200	1.070	0.983	M 16×1.5	1.5	0.812	16.000	15.026	14.376
M 1.4×0.2	0.2	0.108	1.400	1.270	1.183	M 16×1	1	0.541	16.000	15.350	14.917
M 1.6×0.2	0.2	0.108	1.600	1.470	1.383	M 17×1.5	1.5	0.812	17.000	16.026	15.376
M 1.8×0.2	0.2	0.108	1.800	1.670	1.583	M 17×1	1	0.541	17.000	16.350	15.917
M 2×0.25	0.25	0.135	2.000	1.838	1.729	M 18×2	2	1.083	18.000	16.701	15.835
M 2.2×0.25	0.25	0.135	2.200	2.038	1.929	M 18×1.5	1.5	0.812	18.000	17.026	16.376
M 2.5×0.35	0.35	0.189	2.500	2.273	2.121	M 18×1	1	0.541	18.000	17.350	16.917
M 3×0.35	0.35	0.189	3.000	2.273	2.621	M 20×2	2	1.083	20.000	18.701	17.835
M 3.5×0.35	0.35	0.189	3.500	3.273	3.121	M 20×1.5	1.5	0.812	20.000	19.026	18.376
M 4×0.5	0.5	0.271	4.000	3.675	3.459	M 20×1	1	0.541	20.000	19.350	18.917
M 4.5×0.5	0.5	0.271	4.500	4.175	3.959	M 22×2	2	1.083	22.000	20.701	19.835
M 5×0.5	0.5	0.271	5.000	4.675	4.459	M 22×1.5	1.5	0.812	22.000	21.026	20.376
M 5.5×0.5	0.5	0.271	5.500	5.175	4.959	M 22×1	1	0.541	22.000	21.350	20.917
M 6×0.75	0.75	0.406	6.000	5.513	5.188	M 24×2	2	1.083	24.000	22.701	21.835
M 7×0.75	0.75	0.406	7.000	6.513	6.188	M 24×1.5	1.5	0.812	24.000	23.026	22.376
M 8×1	1	0.541	8.000	7.350	6.917	M 24×1	1	0.541	24.000	23.350	22.917
M 8×0.75	0.75	0.406	8.000	7.513	7.188	M 25×2	2	1.083	25.000	23.701	22.835
M 9×1	1	0.541	9.000	8.350	7.917	M 25×1.5	1.5	0.812	25.000	24.026	23.376
M 9×0.75	0.75	0.406	9.000	8.513	8.188	M 25×1	1	0.541	25.000	24.350	23.917
M 10×1.25	1.25	0.677	10.000	9.188	8.647	M 26×1.5	1.5	0.812	26.000	25.026	24.376
M 10×1	1	0.541	10.000	9.350	8.917	M 27×2	2	1.083	27.000	25.701	24.385
M 10×0.75	0.75	0.406	10.000	9.513	9.188	M 27×1.5	1.5	0.812	27.000	26.026	25.376
M 11×1	1	0.541	11.000	10.350	9.917	M 27×1	1	0.541	27.000	26.350	25.917
M 11×0.75	0.75	1.406	11.000	10.513	10.188	M 28×2	2	1.083	28.000	26.701	25.835
M 12×1.5	1.5	0.812	12.000	11.026	10.376	M 28×1.5	1.5	0.812	28.000	27.026	26.376
M 12×1.25	1.25	0.677	12.000	11.188	10.647	M 28×1	1	0.541	28.000	27.350	26.917
M 12×1	1	0.541	12.000	11.350	10.917	M 30×3	3	1.624	30.000	28.051	26.752
M 14×1.5	1.5	0.812	14.000	13.026	12.376	M 30×2	2	1.083	30.000	28.701	27.835
M 14×1.25	1.25	0.677	14.000	13.188	12.647	M 30×1.5	1.5	0.812	30.000	29.026	28.376
M 14×1	1	0.541	14.000	13.350	12.917	M 30×1	1	0.541	30.000	29.350	28.917

비고
1. 미터 가는 나사는 반드시 피치를 표기해야 한다.(예 : M 6×0.75)
2. 나사 표시방법은 KS B 0200에 따른다.

56. 미터 가는 나사

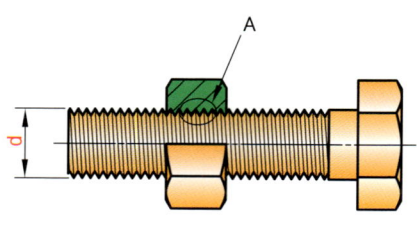
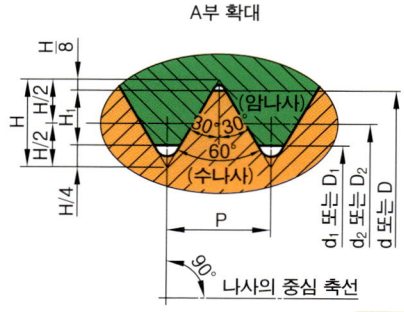

A부 확대

단위 : mm

미터 가는 나사의 기본 치수(계속)

나사의 호칭 d	피치 P	접촉 높이 H_1	암나사 골지름 D / 수나사 바깥지름 d	유효지름 D_2 / 유효지름 d_2	안지름 D_1 / 골지름 d_1	나사의 호칭 d	피치 P	접촉 높이 H_1	암나사 골지름 D / 수나사 바깥지름 d	유효지름 D_2 / 유효지름 d_2	안지름 D_1 / 골지름 d_1
M 32×2	2	1.083	32.000	30.701	29.835	M 52×4	4	2.165	52.000	49.402	47.670
M 32×1.5	1.5	0.812	32.000	31.026	30.376	M 52×3	3	1.624	52.000	50.051	48.752
M 33×3	3	1.624	33.000	31.051	29.752	M 52×2	2	1.083	52.000	50.701	49.835
M 33×2	2	1.083	33.000	31.701	30.835	M 52×1.5	1.5	0.812	52.000	51.026	50.376
M 33×1.5	1.5	0.812	33.000	32.026	31.376	M 55×4	4	2.165	55.000	52.402	50.670
M 35×1.5	1.5	0.812	35.000	34.026	33.376	M 55×3	3	1.624	55.000	53.051	51.752
M 36×3	3	1.624	36.000	34.051	32.752	M 55×2	2	1.083	55.000	53.701	52.835
M 36×2	2	1.083	36.000	34.701	33.835	M 55×1.5	1.5	0.812	55.000	54.026	53.376
M 36×1.5	1.5	0.812	36.000	34.026	34.376	M 56×4	4	2.165	56.000	53.402	51.670
M 38×1.5	1.5	0.812	38.000	37.026	36.376	M 56×3	3	1.624	56.000	54.051	52.752
M 39×3	3	1.624	39.000	37.051	35.752	M 56×2	2	1.083	56.000	54.701	53.835
M 39×2	2	1.083	39.000	37.701	36.835	M 56×1.5	1.5	0.812	56.000	55.026	54.376
M 39×1.5	1.5	0.812	39.000	38.026	37.376	M 58×4	4	2.165	58.000	55.402	53.670
M 40×3	3	1.624	40.000	38.051	36.752	M 58×3	3	1.624	58.000	56.051	54.752
M 40×2	2	1.083	40.000	38.701	37.835	M 58×2	2	1.083	58.000	56.701	55.835
M 40×1.5	1.5	0.812	40.000	39.026	38.376	M 58×1.5	1.5	0.812	58.000	57.026	56.376
M 42×4	4	2.165	42.000	39.402	37.670	M 60×4	4	2.165	60.000	57.402	55.670
M 42×3	3	1.624	42.000	40.051	38.752	M 60×3	3	1.624	60.000	58.051	56.752
M 42×2	2	1.083	42.000	40.701	39.835	M 60×2	2	1.083	60.000	58.701	57.835
M 42×1.5	1.5	0.812	42.000	41.026	40.376	M 60×1.5	1.5	0.812	60.000	59.026	58.376
M 45×4	4	2.165	45.000	42.402	40.670	M 62×4	4	2.165	62.000	59.402	57.670
M 45×3	3	1.624	45.000	43.051	41.752	M 62×3	3	1.624	62.000	60.051	58.752
M 45×2	2	1.083	45.000	43.701	42.835	M 62×2	2	1.083	62.000	60.701	59.835
M 45×1.5	1.5	0.812	45.000	44.026	43.376	M 62×1.5	1.5	0.812	62.000	61.026	60.376
M 48×4	4	2.165	48.000	45.402	43.670	M 64×4	4	2.165	64.000	61.402	59.670
M 48×3	3	1.624	48.000	46.051	44.752	M 64×3	3	1.624	64.000	62.051	60.752
M 48×2	2	1.083	48.000	46.701	45.835	M 64×2	2	1.083	64.000	62.701	61.835
M 48×1.5	1.5	0.812	48.000	47.026	46.376	M 64×1.5	1.5	0.812	64.000	63.026	62.376
M 50×3	3	1.624	50.000	48.051	46.752	M 65×4	4	2.165	65.000	62.402	60.670
M 50×2	2	1.083	50.000	48.701	47.835	M 65×3	3	1.624	65.000	63.051	61.752
M 50×1.5	1.5	0.812	50.000	49.026	48.376	M 65×2	2	1.083	65.000	63.701	62.835
						M 65×1.5	1.5	0.812	65.000	64.026	63.376
						–	–	–	–	–	–

비고
1. 미터 가는 나사는 반드시 피치를 표기해야 한다.(예 : M 6×0.75)
2. 나사 표시방법은 KS B 0200에 따른다.

KS B 0204 : 2001(2006 확인)

56. 미터 가는 나사

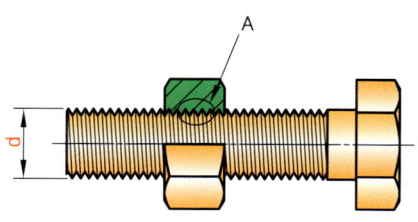
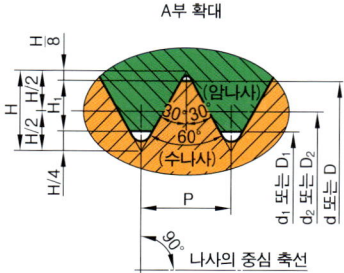

A부 확대

단위 : mm

미터 가는 나사의 기본 치수(계속)

나사의 호칭 d	피치 P	접촉 높이 H_1	암나사 골지름 D	암나사 유효지름 D_2	암나사 안지름 D_1	나사의 호칭 d	피치 P	접촉 높이 H_1	암나사 골지름 D	암나사 유효지름 D_2	암나사 안지름 D_1
			수나사 바깥지름 d	수나사 유효지름 d_2	수나사 골지름 d_1				수나사 바깥지름 d	수나사 유효지름 d_2	수나사 골지름 d_1
M 68×4	4	2.165	68.000	65.402	63.670	M 90×6	6	3.248	90.000	86.103	83.505
M 68×3	3	1.624	68.000	66.051	64.752	M 90×4	4	2.165	90.000	87.402	85.670
M 68×2	2	1.083	68.000	66.701	65.835	M 90×3	3	1.624	90.000	88.051	86.752
M 68×1.5	1.5	0.812	68.000	67.026	66.376	M 90×2	2	1.083	90.000	88.701	87.835
M 70×6	6	3.248	70.000	66.103	63.505	M 95×6	6	3.248	95.000	91.103	88.505
M 70×4	4	2.165	70.000	67.402	65.670	M 95×4	4	2.165	95.000	92.402	90.670
M 70×3	3	1.624	70.000	68.051	66.752	M 95×3	3	1.624	95.000	93.051	91.752
M 70×2	2	1.083	70.000	68.701	67.835	M 95×2	2	1.083	95.000	93.701	92.835
M 70×1.5	1.5	0.812	70.000	69.026	68.376	M 100×6	6	3.248	100.000	96.103	93.505
M 72×6	6	3.248	72.000	68.103	65.505	M 100×4	4	2.165	100.000	97.402	95.670
M 72×4	4	2.165	72.000	69.402	67.670	M 100×3	3	1.624	100.000	98.051	96.752
M 72×3	3	1.624	72.000	70.051	68.752	M 100×2	2	1.083	100.000	98.701	97.835
M 72×2	2	1.083	72.000	70.701	69.835	M 105×6	6	3.248	105.000	101.103	98.505
M 72×1.5	1.5	0.812	72.000	71.026	70.376	M 105×4	4	2.165	105.000	102.402	100.670
M 75×4	4	2.165	75.000	72.402	70.670	M 105×3	3	1.624	105.000	103.051	101.752
M 75×3	3	1.624	75.000	73.051	71.752	M 105×2	2	1.083	105.000	103.701	102.835
M 75×2	2	1.083	75.000	73.701	72.835	M 110×6	6	3.248	110.000	106.103	103.505
M 75×1.5	1.5	0.812	75.000	74.026	73.376	M 110×4	4	2.165	110.000	107.402	105.670
M 76×6	6	3.248	76.000	72.103	69.505	M 110×3	3	1.624	110.000	108.501	106.752
M 76×4	4	2.165	76.000	73.402	71.670	M 110×2	2	1.083	110.000	108.701	107.835
M 76×3	3	1.624	76.000	74.051	72.752	M 115×6	6	3.248	115.000	111.103	108.505
M 76×2	2	1.083	76.000	74.701	73.835	M 115×4	4	2.165	115.000	112.402	110.670
M 76×1.5	1.5	0.812	76.000	75.026	74.376	M 115×3	3	1.624	115.000	113.051	111.752
M 78×2	2	1.083	78.000	76.701	75.835	M 115×2	2	1.083	115.000	113.701	112.835
M 80×6	6	3.248	80.000	76.103	73.505	M 120×6	6	3.248	120.000	116.103	113.505
M 80×4	4	2.165	80.000	77.402	75.670	M 120×4	4	2.165	120.000	117.402	115.670
M 80×3	3	1.624	80.000	78.051	76.752	M 120×3	3	1.624	120.000	118.051	116.752
M 80×2	2	1.083	80.000	78.701	77.835	M 120×2	2	1.083	120.000	118.701	117.835
M 80×1.5	1.5	0.812	80.000	79.026	78.376	M 125×6	6	3.248	125.000	121.103	118.505
M 82×2	2	1.083	82.000	80.701	79.835	M 125×4	4	2.165	125.000	122.402	120.670
M 85×6	6	3.248	85.000	81.103	78.505	M 125×3	3	1.624	125.000	123.051	121.752
M 85×4	4	2.165	85.000	82.402	80.670	M 125×2	2	1.083	125.000	123.701	122.835
M 85×3	3	1.624	85.000	83.051	81.752	-	-	-	-	-	-
M 85×2	2	1.083	85.000	83.701	82.835						

비고
1. 미터 가는 나사는 반드시 피치를 표기해야 한다.(예 : M 6×0.75)
2. 나사 표시방법은 KS B 0200에 따른다.

56. 미터 가는 나사

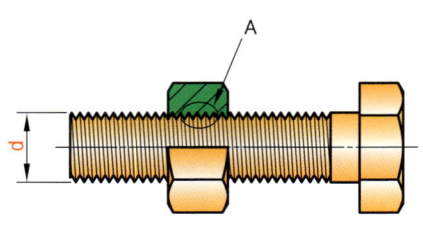
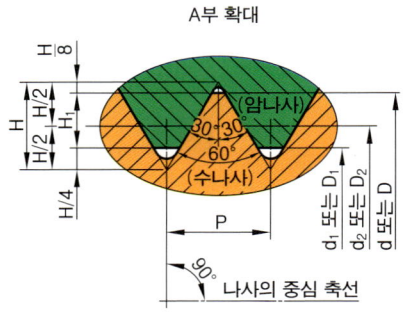

단위 : mm

미터 가는 나사의 기본 치수(계속)

나사의 호칭 d	피치 P	접촉 높이 H_1	암나사 골지름 D / 수나사 바깥지름 d	유효지름 D_2 / 유효지름 d_2	안지름 D_1 / 골지름 d_1	나사의 호칭 d	피치 P	접촉 높이 H_1	암나사 골지름 D / 수나사 바깥지름 d	유효지름 D_2 / 유효지름 d_2	안지름 D_1 / 골지름 d_1
M 130×6	6	3.248	130.000	126.103	123.505	M 175×6	6	3.248	175.000	171.103	168.505
M 130×4	4	2.165	130.000	127.402	125.670	M 175×4	4	2.165	175.000	172.402	170.670
M 130×3	3	1.624	130.000	128.051	126.752	M 175×3	3	1.624	175.000	173.051	171.752
M 130×2	2	1.083	130.000	128.701	127.835	M 180×6	6	3.248	180.000	176.103	173.505
M 135×6	6	3.248	135.000	131.103	128.505	M 180×4	4	2.165	180.000	177.402	175.670
M 135×4	4	2.165	135.000	132.402	130.670	M 180×3	3	1.624	180.000	178.051	176.752
M 135×3	3	1.624	135.000	133.051	131.752	M 185×6	6	3.248	185.000	181.103	178.505
M 135×2	2	1.083	135.000	133.701	132.835	M 185×4	4	2.165	185.000	182.402	180.670
M 140×6	6	3.248	140.000	136.103	133.505	M 185×3	3	1.624	185.000	183.051	181.752
M 140×4	4	2.165	140.000	137.402	135.670	M 190×6	6	3.248	190.000	186.103	183.505
M 140×3	3	1.624	140.000	138.051	136.752	M 190×4	4	2.165	190.000	187.402	185.670
M 140×2	2	1.083	140.000	138.701	137.835	M 190×3	3	1.624	190.000	188.051	186.752
M 145×6	6	3.248	145.000	141.103	138.505	M 195×6	6	3.248	195.000	191.103	188.505
M 145×4	4	2.165	145.000	142.402	140.670	M 195×4	4	2.165	195.000	192.402	190.670
M 145×3	3	1.624	145.000	143.051	141.752	M 195×3	3	1.624	195.000	193.051	191.752
M 145×2	2	1.083	145.000	143.701	142.835	M 200×6	6	3.248	200.000	196.103	193.505
M 150×6	6	3.248	150.000	146.103	143.505	M 200×4	4	2.165	200.000	197.402	195.670
M 150×4	4	2.165	150.000	147.402	145.670	M 200×3	3	1.624	200.000	198.051	196.752
M 150×3	3	1.624	150.000	148.051	146.752	M 205×6	6	3.248	205.000	201.103	198.505
M 150×2	2	1.083	150.000	148.701	147.835	M 205×4	4	2.165	205.000	202.402	200.670
M 155×6	6	3.248	155.000	151.103	148.505	M 205×3	3	1.624	205.000	203.051	201.752
M 155×4	4	2.165	155.000	152.402	150.670	M 210×6	6	3.248	210.000	206.103	203.505
M 155×3	3	1.624	155.000	153.051	151.752	M 210×4	4	2.165	210.000	207.402	205.670
M 160×6	6	3.248	160.000	156.103	153.505	M 210×3	3	1.624	210.000	208.051	206.752
M 160×4	4	2.165	160.000	157.402	155.670	M 215×6	6	3.248	215.000	211.103	208.505
M 160×3	3	1.624	160.000	158.051	156.752	M 215×4	4	2.165	215.000	212.402	210.670
M 165×6	6	3.248	165.000	161.103	158.505	M 210×3	3	1.624	215.000	213.051	211.752
M 165×4	4	2.165	165.000	162.402	160.670	M 220×6	6	3.248	220.000	216.103	213.505
M 165×3	3	1.624	165.000	163.051	161.752	M 220×4	4	2.165	220.000	217.402	215.670
M 170×6	6	3.248	170.000	166.103	163.505	M 220×3	3	1.624	220.000	218.051	216.752
M 170×4	4	2.165	170.000	167.402	165.670	-					
M 170×3	3	1.624	170.000	168.051	166.752						

비고
1. 미터 가는 나사는 반드시 피치를 표기해야 한다.(예 : M 6×0.75)
2. 나사 표시방법은 KS B 0200에 따른다.

56. 미터 가는 나사

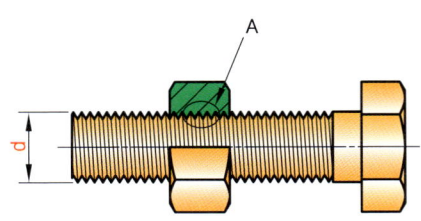

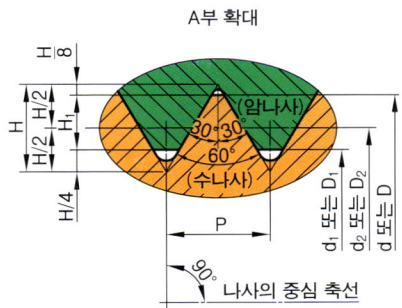

A부 확대

단위 : mm

미터 가는 나사의 기본 치수(계속)

나사의 호칭 d	피치 P	접촉높이 H_1	암나사 골지름 D / 수나사 바깥지름 d	암나사 유효지름 D_2 / 수나사 유효지름 d_2	암나사 안지름 D_1 / 수나사 골지름 d_1	나사의 호칭 d	피치 P	접촉높이 H_1	암나사 골지름 D / 수나사 바깥지름 d	암나사 유효지름 D_2 / 수나사 유효지름 d_2	암나사 안지름 D_1 / 수나사 골지름 d_1
M 225×6	6	3.248	225.000	221.103	218.505	M 285×6	6	3.248	285.000	281.103	278.505
M 225×4	4	2.165	225.000	222.402	220.670	M 285×4	4	2.165	285.000	282.402	280.670
M 225×3	3	1.624	225.000	223.051	221.752	M 260×6	6	3.248	260.000	256.103	253.505
M 230×6	6	3.248	230.000	226.103	223.505	M 260×4	4	2.165	260.000	257.402	255.670
M 230×4	4	2.165	230.000	227.402	225.670	M 265×6	6	3.248	265.000	261.103	258.505
M 230×3	3	1.624	230.000	228.051	226.752	M 265×4	4	2.165	265.000	262.402	260.670
M 235×6	6	3.248	235.000	231.103	228.505	M 270×6	6	3.248	270.000	266.103	263.505
M 235×4	4	2.165	235.000	232.402	230.670	M 270×4	4	2.165	270.000	267.402	265.670
M 235×3	3	1.624	235.000	233.051	231.752	M 275×6	6	3.248	275.000	271.103	268.505
M 240×6	6	3.248	240.000	236.103	233.505	M 275×4	4	2.165	275.000	272.402	270.670
M 240×4	4	2.165	240.000	237.402	235.670	M 280×6	6	3.248	280.000	276.103	273.505
M 240×3	3	1.624	240.000	238.051	236.752	M 280×4	4	2.165	280.000	277.402	275.670
M 245×6	6	3.248	245.000	241.103	238.505	M 290×6	6	3.248	290.000	286.103	283.505
M 245×4	4	2.165	245.000	242.402	240.670	M 290×4	4	2.165	290.000	287.402	275.670
M 245×3	3	1.624	245.000	243.051	241.752	M 295×6	6	3.248	295.000	291.103	288.505
M 250×6	6	3.248	250.000	246.103	243.505	M 295×4	4	2.165	295.000	292.402	290.670
M 250×4	4	2.165	250.000	247.402	245.670	M 300×6	6	3.248	300.000	296.103	293.505
M 250×3	3	1.624	250.000	248.051	246.752	M 300×4	4	2.165	300.000	297.402	295.670
M 255×6	6	3.248	255.000	251.103	248.505	-	-	-	-	-	-
M 255×4	4	2.165	255.000	252.402	250.670						

비고
1. 미터 가는 나사는 반드시 피치를 표기해야 한다.(예 : M 6×0.75)
2. 나사 표시방법은 KS B 0200에 따른다.

57. 유니파이 보통 나사

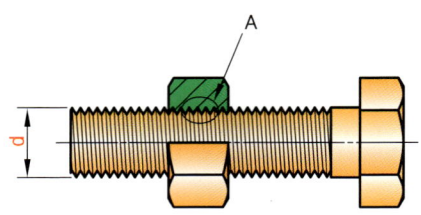
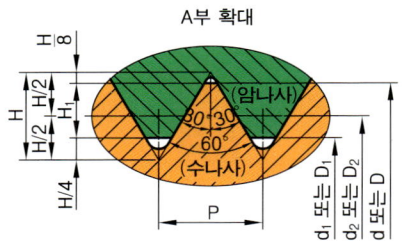

A부 확대

단위 : mm

유니파이 보통 나사의 기본 치수

나사의 호칭(¹)		나사산 수 (25.4mm 에 대한) n	피치 P (참고)	접촉 높이 H	암나사		
1	2	(참고)			골지름 D	유효지름 D_2	안지름 D_1
					수나사		
					바깥지름 d	유효지름 d_2	안지름 d_1
No.2 – 56 UNC	No.1 – 64 UNC	0.0730 – 64 UNC	64	0.3969	0.215	1.854	1.598	1.425
		0.0860 – 56 UNC	56	0.4536	0.246	2.184	1.890	1.694
	No.3 – 48 UNC	0.0990 – 48 UNC	48	0.5292	0.286	2.515	2.172	1.941
No.4 – 40 UNC		0.1120 – 40 UNC	40	0.6350	0.344	2.845	2.433	2.156
No.5 – 40 UNC		0.1250 – 40 UNC	40	0.6350	0.344	3.175	2.764	2.487
No.6 – 32 UNC		0.1380 – 32 UNC	32	0.7938	0.430	3.505	2.990	2.647
No.8 – 32 UNC		0.1640 – 32 UNC	32	0.7938	0.430	4.166	3.650	3.307
No.10 – 24 UNC		0.1900 – 24 UNC	24	1.0583	0.573	4.826	4.138	3.680
	No.12 – 24 UNC	0.2160 – 24 UNC	24	1.0583	0.573	5.486	4.798	4.341
1/4 – 20 UNC		0.2500 – 20 UNC	20	1.2700	0.687	6.350	5.524	4.976
5/16 – 18 UNC		0.3125 – 18 UNC	18	1.4111	0.764	7.938	7.021	6.411
3/8 – 16 UNC		0.3750 – 16 UNC	16	1.5875	0.859	9.525	8.494	7.805
7/16 – 14 UNC		0.4375 – 14 UNC	14	1.8143	0.982	11.112	9.934	9.149
1/2 – 13 UNC		0.5000 – 13 UNC	13	1.9538	1.058	12.700	11.430	10.584
9/16 – 12 UNC		0.5625 – 12 UNC	12	2.1167	1.146	14.288	12.913	11.996
5/8 – 11 UNC		0.6250 – 11 UNC	11	2.3091	1.250	15.875	14.376	13.376
3/4 – 10 UNC		0.7500 – 10 UNC	10	2.5400	1.375	19.050	17.399	16.299
7/8 – 9 UNC		0.8750 – 9 UNC	9	2.8222	1.528	22.225	20.391	19.169
1 – 8U NC		1.0000 – 8 UNC	8	3.1750	1.719	25.400	23.393	21.963
1 1/8 – 7 UNC		1.1250 – 7 UNC	7	3.6286	1.964	28.575	26.218	24.648
1 1/4 – 7 UNC		1.2500 – 7 UNC	7	3.6286	1.964	31.750	29.393	27.823
1 3/8 – 6 UNC		1.3750 – 6 UNC	6	4.2333	2.291	34.925	32.174	30.343
1 1/2 – 6 UNC		1.5000 – 6 UNC	6	4.2333	2.291	38.100	35.349	33.518
1 3/4 – 5 UNC		1.7500 – 5 UNC	5	5.0800	2.750	44.450	41.151	38.951
2 – 4 1/2 UNC		2.0000 – 4.5 UNC	4 1/2	5.6444	3.055	50.800	47.135	44.689
2 1/4 – 4 1/2 UNC		2.2500 – 4.5 UNC	4 1/2	5.6444	3.055	57.100	53.485	51.039
2 1/2 – 4 UNC		2.5000 – 4 UNC	4	6.3500	3.437	63.500	59.375	56.627
2 3/4 – 4 UNC		2.7500 – 4 UNC	4	6.3500	3.437	69.850	65.725	62.977
3 – 4 UNC		3.0000 – 4 UNC	4	6.3500	3.437	76.200	72.075	69.327
3 1/4 – 4 UNC		3.2500 – 4 UNC	4	6.3500	3.437	82.550	78.425	75.677

주
(¹) 1란을 우선적으로 택하고 필요에 따라 2란을 택한다. 참고란은 나사의 호칭을 10진법으로 표시한 것이다.

58. 관용 평행 나사

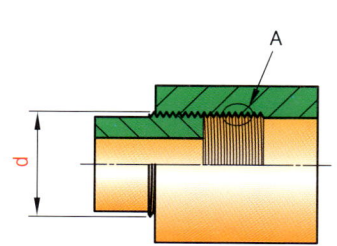
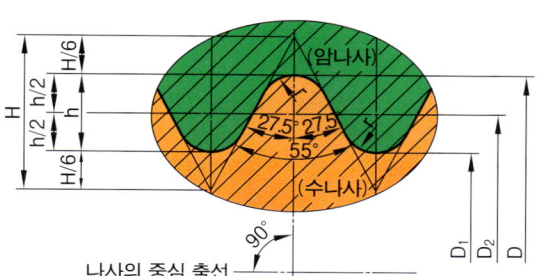

A부 확대

나사의 중심 축선

단위 : mm

관용 평행 나사의 기본 치수

나사 호칭 d	나사산 수 25.4mm 에 대하여 n	피치 P (참고)	나사산 높이 h	산의 봉우리 및 골의 둥글기 r	수나사 바깥지름 d / 암나사 골지름 D	수나사 유효지름 d_2 / 암나사 유효지름 D_2	수나사 골지름 d_1 / 암나사 안지름 D_1
G 1/16	28	0.9071	0.581	0.12	7.723	7.142	6.561
G 1/8	28	0.9071	0.581	0.12	9.728	9.147	8.566
G 1/4	19	1.3368	0.856	0.18	13.157	12.301	11.445
G 3/8	19	1.3368	0.856	0.18	16.662	15.803	14.950
G 1/2	14	1.8143	0.856	0.25	20.955	19.793	18.631
G 5/8	14	1.8143	0.162	0.25	22.911	21.749	20.587
G 3/4	14	1.8143	0.162	0.25	26.441	25.279	24.117
G 7/8	14	1.8143	10162	0.25	30.201	29.039	27.877
G 1	11	2.3091	0.479	0.32	33.249	31.770	30.291
G 1 1/8	11	2.3091	0.479	0.32	37.897	36.418	34.939
G 1 1/4	11	2.3091	0.479	0.32	41.910	40.431	38.952
G 1 1/2	11	2.3091	0.479	0.32	47.803	46.324	44.845
G 1 3/4	11	2.3091	0.479	0.32	53.746	52.267	50.788
G 2	11	2.3091	0.479	0.32	59.614	58.135	56.656
G 2 1/4	11	2.3091	0.479	0.32	65.710	64.231	62.752
G 2 1/2	11	2.3091	0.479	0.32	75.184	73.705	72.226
G 2 3/4	11	2.3091	0.479	0.32	81.534	80.055	78.576
G 3	11	2.3091	0.479	0.32	87.884	86.405	84.926
G 3 1/2	11	2.3091	0.479	0.32	100.330	98.851	97.372
G 4	11	2.3091	0.479	0.32	113.030	111.551	110.072
G 4 1/2	11	2.3091	0.479	0.32	125.730	124.251	122.772
G 5	11	2.3091	0.479	0.32	138.430	136.951	135.472
G 5 1/2	11	2.3091	0.479	0.32	151.130	149.651	148.172
G 6	11	2.3091	0.479	0.32	163.830	162.351	160.872

비고
표 중의 관용 평행 나사를 표시하는 기호 G는 필요에 따라 생략하여도 좋다.

59. 관용 테이퍼 나사

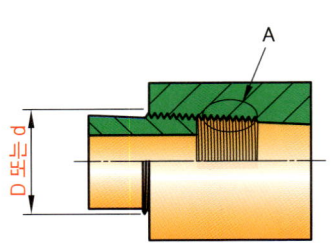
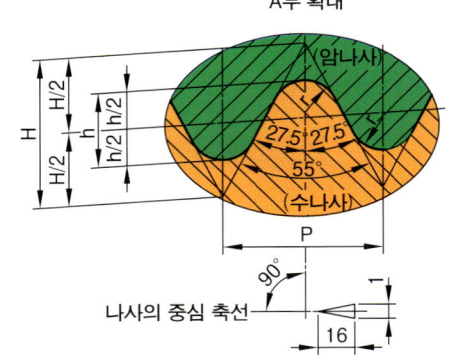

단위 : mm

나사의 호칭([1])	나사산 수 (25.4mm 에 대한) n	피치 P (참고)	산의 높이 h	둥글기 r 또는 r'	수나사 바깥지름 d	수나사 유효지름 d_2	수나사 골지름 d_1
					암나사 골지름 D	암나사 유효지름 D_2	암나사 안지름 D_1
R 1/16	28	0.9071	0.581	0.12	7.723	7.142	6.561
R 1/8	28	0.9071	0.581	0.12	9.728	9.147	8.566
R 1/4	19	1.3368	0.856	0.18	13.157	12.301	11.445
R 3/8	19	1.3368	0.856	0.18	16.662	15.806	14.950
R 1/2	14	1.8143	1.162	0.25	20.955	19.793	18.631
R 3/4	14	1.8143	1.162	0.25	26.441	25.279	24.117
R 1	11	2.3091	1.479	0.32	33.249	31.770	30.291
R 1 1/4	11	2.3091	1.479	0.32	41.910	40.431	38.952
R 1 1/2	11	2.3091	1.479	0.32	47.803	46.324	44.845
R 2	11	2.3091	1.479	0.32	59.614	58.135	56.656
R 2 1/2	11	2.3091	1.479	0.32	75.184	73.705	72.226
R 3	11	2.3091	1.479	0.32	87.884	86.405	84.926
R 4	11	2.3091	1.479	0.32	113.030	111.551	110.072
R 5	11	2.3091	1.479	0.32	138.430	136.951	135.472
R 6	11	2.3091	1.479	0.32	163.880	162.351	160.872

주
([1]) 이 호칭은 테이퍼 수나사에 대한 것이며, 테이퍼 암나사 및 평행 암나사의 경우는 R의 기호를 Rc 또는 Rp로 한다.

비고
관용 나사를 나타내는 기호(R, Rc 및 Rp)는 필요에 따라 생략하여도 좋다.

60. 미터 사다리꼴 나사

미터 사다리꼴 나사 기준치수 산출공식

$H = 1.866P \quad d_2 = d - 0.5P \quad D = d$

$H_1 = 0.5P \quad d_1 = d - P \quad D_2 = d_2$

$\quad\quad\quad\quad\quad\quad\quad\quad\quad\quad D_1 = d_1$

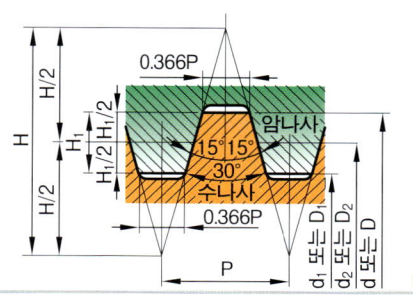

단위 : mm

미터 사다리꼴 나사의 기본 치수

나사의 호칭 d	피치 P	접촉 높이 H_1	암나사 골지름 D	암나사 유효지름 D_2	암나사 안지름 D_1	나사의 호칭 d	피치 P	접촉 높이 H_1	암나사 골지름 D	암나사 유효지름 D_2	암나사 안지름 D_1
			수나사 바깥지름 d	수나사 유효지름 d_2	수나사 골지름 d_1				수나사 바깥지름 d	수나사 유효지름 d_2	수나사 골지름 d_1
Tr 8×1.5	1.5	0.75	8.000	7.250	6.500	Tr 32×10	10	5	32.000	27.000	22.000
Tr 9×2	2	1	9.000	8.000	7.000	Tr 32×6	6	3	32.000	29.000	26.000
Tr 9×1.5	1.5	0.75	9.000	8.250	7.500	Tr 32×3	3	1.5	32.000	30.500	29.000
Tr 10×2	2	1	10.000	9.000	8.000	Tr 34×10	10	5	34.000	29.000	24.000
Tr 10×1.5	1.5	0.75	10.000	9.250	8.500	Tr 34×6	6	3	34.000	31.000	28.000
Tr 11×3	3	1.5	11.000	9.500	8.000	Tr 34×3	3	1.5	34.000	32.500	31.000
Tr 11×2	2	1	11.000	10.000	9.000	Tr 36×10	10	5	36.000	31.000	26.000
Tr 12×3	3	1.5	12.000	10.500	9.000	Tr 36×6	6	3	36.000	33.000	30.000
Tr 12×2	2	1	12.000	11.000	10.000	Tr 36×3	3	1.5	36.000	34.500	33.000
Tr 14×3	3	1.5	14.000	12.500	11.000	Tr 38×10	10	5	38.000	33.000	28.000
Tr 14×2	2	1	14.000	13.000	12.000	Tr 38×7	7	3.5	38.000	34.500	31.000
Tr 16×4	4	2	16.000	14.000	12.000	Tr 38×3	3	1.5	38.000	36.500	35.000
Tr 16×2	2	1	16.000	15.000	14.000	Tr 40×10	10	5	40.000	35.000	30.000
Tr 18×4	4	2	18.000	16.000	14.000	Tr 40×7	7	3.5	40.000	36.500	33.000
Tr 18×2	2	1	18.000	17.000	16.000	Tr 40×3	3	1.5	40.000	38.500	37.000
Tr 20×4	4	2	20.000	18.000	16.000	Tr 42×10	10	5	42.000	37.000	32.000
Tr 20×2	2	1	20.000	19.000	18.000	Tr 42×7	7	3.5	42.000	38.500	35.000
Tr 22×8	8	4	22.000	18.000	14.000	Tr 42×3	3	1.5	42.000	40.500	39.000
Tr 22×5	5	2.5	22.000	19.000	17.000	Tr 44×12	12	6	44.000	38.000	32.000
Tr 22×3	3	1.5	22.000	20.500	19.000	Tr 44×7	7	3.5	44.000	40.500	37.000
Tr 24×8	8	4	24.000	20.000	16.000	Tr 44×3	3	1.5	44.000	42.500	41.000
Tr 24×5	5	2.5	24.000	23.500	19.000	Tr 46×12	12	6	46.000	40.000	34.000
Tr 24×3	3	1.5	24.000	24.500	21.000	Tr 46×8	8	4	46.000	42.000	38.000
Tr 26×8	8	4	26.000	22.000	18.000	Tr 46×3	3	1.5	46.000	44.500	43.000
Tr 26×5	5	2.5	26.000	23.500	21.000	Tr 48×12	12	6	48.000	42.000	36.000
Tr 26×3	3	1.5	26.000	24.500	23.000	Tr 48×8	8	4	48.000	44.000	40.000
Tr 28×8	8	4	28.000	24.000	20.000	Tr 48×3	3	1.5	48.000	46.500	45.000
Tr 28×5	5	2.5	28.000	25.500	23.000	Tr 50×12	12	6	50.000	44.000	38.000
Tr 28×3	3	1.5	28.000	26.500	25.000	Tr 50×8	8	4	50.000	46.000	42.000
Tr 30×10	10	5	30.000	25.000	20.000	Tr 50×3	3	1.5	50.000	48.500	47.000
Tr 20×6	6	3	30.000	27.000	24.000	Tr 52×12	12	6	52.000	46.000	40.000
Tr 30×3	3	1.5	30.000	28.500	27.000	Tr 52×8	8	4	52.000	48.000	44.000
						Tr 52×3	3	1.5	52.000	50.500	49.000
						–	–	–	–	–	–

비고
1. 사다리꼴 나사는 주로 운동용(바이스, 젝크 등의 나사)으로 사용한다.

60. 미터 사다리꼴 나사

미터 사다리꼴 나사 기준치수 산출공식

$H = 1.866P$ $d_2 = d - 0.5P$ $D = d$
$H_1 = 0.5P$ $d_1 = d - P$ $D_2 = d_2$
          $D_1 = d_1$

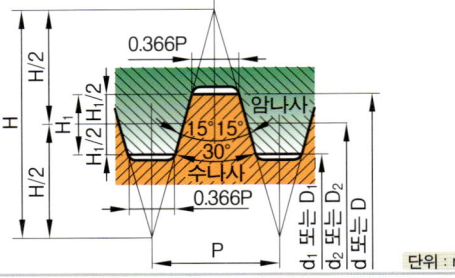

단위 : mm

미터 사다리꼴 나사의 기본 치수(계속)

나사의 호칭 d	피치 P	접촉 높이 H_1	암나사 골지름 D / 수나사 바깥지름 d	암나사 유효지름 D_2 / 수나사 유효지름 d_2	암나사 안지름 D_1 / 수나사 골지름 d_1
Tr 55×14	14	7	55.000	48.000	41.000
Tr 55×9	9	4.5	55.000	50.500	46.000
Tr 55×3	3	1.5	55.000	53.500	52.000
Tr 60×14	14	7	60.000	53.000	46.000
Tr 60×9	9	4.5	60.000	55.500	51.000
Tr 60×3	3	1.5	60.000	58.500	57.000
Tr 65×16	16	8	65.000	57.000	49.000
Tr 65×10	10	5	65.000	60.000	55.000
Tr 65×4	4	2	65.000	63.000	61.000
Tr 70×16	16	8	70.000	62.000	54.000
Tr 70×10	10	5	70.000	65.000	60.000
Tr 70×4	4	2	70.000	68.000	66.000
Tr 75×16	16	8	75.000	67.000	59.000
Tr 75×10	10	5	75.000	70.000	65.000
Tr 75×4	4	2	75.000	73.000	71.000
Tr 80×16	16	8	80.000	72.000	64.000
Tr 80×10	10	5	80.000	75.000	70.000
Tr 80×4	4	2	80.000	78.000	76.000
Tr 85×18	18	9	85.000	76.000	67.000
Tr 85×12	12	6	85.000	79.000	73.000
Tr 85×4	4	2	85.000	83.000	81.000
Tr 90×18	18	9	90.000	81.000	72.000
Tr 90×12	12	6	90.000	84.000	78.000
Tr 90×4	4	2	90.000	88.000	86.000
Tr 95×18	18	9	95.000	86.000	77.000
Tr 95×12	12	6	95.000	89.500	83.000
Tr 95×4	4	2	95.000	93.500	91.000
Tr 100×20	20	10	100.000	90.000	80.000
Tr 100×12	12	6	100.000	94.500	88.000
Tr 100×4	4	2	100.000	98.000	96.000
Tr 105×20	20	10	105.000	95.000	85.000
Tr 105×12	12	6	105.000	99.000	93.000
Tr 105×4	4	2	105.000	103.000	101.000
Tr 110×20	20	10	110.000	100.000	90.000
Tr 110×12	12	6	110.000	104.000	98.000
Tr 110×4	4	2	110.000	108.000	106.000
Tr 115×22	22	11	115.000	104.000	93.000
Tr 115×14	14	7	115.000	108.000	101.000
Tr 115×4	4	2	115.000	112.000	109.000
Tr 120×22	22	11	120.000	109.000	98.000
Tr 120×14	14	7	120.000	113.000	106.000
Tr 120×6	6	3	120.000	117.000	114.000
Tr 125×22	22	11	125.000	114.000	103.000
Tr 125×14	14	7	125.000	118.000	111.000
Tr 125×6	6	3	125.000	122.000	119.000
Tr 130×22	22	11	130.000	119.000	108.000
Tr 130×14	14	7	130.000	123.500	116.000
Tr 130×6	6	3	130.000	127.000	124.000
Tr 135×24	22	12	135.000	123.000	111.000
Tr 135×14	14	7	135.000	128.000	121.000
Tr 135×6	6	3	135.000	132.000	129.000
Tr 140×24	24	12	140.000	128.000	116.000
Tr 140×14	14	7	140.000	133.000	126.000
Tr 140×6	6	3	140.000	137.000	134.000
Tr 145×24	24	12	145.000	133.000	121.000
Tr 145×14	14	7	145.000	138.000	131.000
Tr 145×6	6	3	145.000	142.000	139.000
Tr 150×24	24	12	150.000	138.000	126.000
Tr 150×16	16	8	150.000	142.000	134.000
Tr 150×6	6	3	150.000	147.000	144.000
Tr 155×24	24	12	155.000	143.000	131.000
Tr 155×16	16	8	155.000	147.000	139.000
Tr 155×6	6	3	155.000	152.000	149.000
Tr 160×28	28	14	160.000	146.000	132.000
Tr 160×16	16	8	160.000	152.000	144.000
Tr 160×6	6	3	160.000	157.000	154.000

비고
1. 사다리꼴 나사는 주로 운동용(바이스, 젝크 등의 나사)으로 사용한다.

60. 미터 사다리꼴 나사

미터 사다리꼴 나사 기준치수 산출공식

$H = 1.866P$ $d_2 = d - 0.5P$ $D = d$

$H_1 = 0.5P$ $d_1 = d - P$ $D_2 = d_2$

$D_1 = d_1$

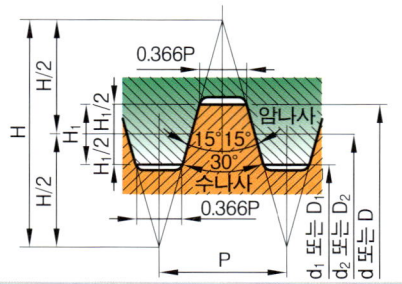

단위 : mm

미터 사다리꼴 나사의 기본 치수(계속)

나사의 호칭 d	피치 P	접촉 높이 H_1	암나사 골지름 D	암나사 유효지름 D_2	암나사 안지름 D_1	나사의 호칭 d	피치 P	접촉 높이 H_1	암나사 골지름 D	암나사 유효지름 D_2	암나사 안지름 D_1
			수나사 바깥지름 d	수나사 유효지름 d_2	수나사 골지름 d_1				수나사 바깥지름 d	수나사 유효지름 d_2	수나사 골지름 d_1
Tr 165×28	28	14	165.000	151.000	137.000	Tr 220×36	36	18	220.000	202.000	174.000
Tr 165×16	16	8	165.000	157.000	149.000	Tr 220×20	20	10	220.000	210.000	190.000
Tr 165×6	6	3	165.000	162.000	159.000	Tr 220×8	8	4	220.000	216.000	202.000
Tr 170×28	28	14	170.000	156.000	142.000	Tr 230×36	36	18	230.000	212.000	184.000
Tr 170×16	16	8	170.000	162.000	154.000	Tr 230×20	20	10	230.000	220.000	200.000
Tr 170×6	6	3	170.000	167.000	164.000	Tr 230×8	8	4	230.000	226.000	212.000
Tr 175×28	28	14	175.000	161.000	147.000	Tr 240×36	36	18	240.000	222.000	194.000
Tr 175×16	16	8	175.000	167.000	159.000	Tr 240×33	33	11	240.000	229.000	210.000
Tr 175×8	8	4	175.000	171.000	167.000	Tr 240×8	8	4	240.000	236.000	222.000
Tr 180×28	28	14	180.000	166.000	152.000	Tr 250×40	40	20	250.000	230.000	204.000
Tr 180×18	18	9	180.000	171.000	162.000	Tr 250×22	22	11	250.000	239.000	218.000
Tr 180×8	8	4	180.000	176.000	172.000	Tr 250×12	12	6	250.000	244.000	232.000
Tr 185×32	32	16	185.000	169.000	153.000	Tr 260×40	40	20	260.000	240.000	210.000
Tr 185×18	18	9	185.000	176.000	167.000	Tr 260×22	22	11	260.000	249.000	228.000
Tr 185×8	8	4	185.000	181.000	172.000	Tr 260×12	12	6	260.000	254.000	248.000
Tr 190×32	32	16	190.000	174.000	153.000	Tr 270×40	40	20	270.000	250.000	230.000
Tr 190×18	18	9	190.000	181.000	167.000	Tr 270×22	22	12	270.000	258.000	246.000
Tr 190×8	8	4	190.000	186.000	177.000	Tr 270×12	12	6	270.000	264.000	258.000
Tr 195×32	32	16	195.000	179.000	158.000	Tr 280×40	40	20	280.000	260.000	240.000
Tr 195×18	18	9	195.000	186.000	172.000	Tr 280×24	24	12	280.000	268.000	256.000
Tr 195×8	8	4	195.000	191.000	182.000	Tr 280×12	12	6	280.000	274.000	268.000
Tr 200×32	32	16	200.000	184.000	163.000	Tr 290×44	44	22	290.000	268.000	246.000
Tr 200×18	18	9	200.000	191.000	177.000	Tr 290×24	24	12	290.000	278.000	266.000
Tr 200×8	8	4	200.000	196.000	187.000	Tr 290×12	12	6	290.000	284.000	278.000
Tr 210×36	36	18	210.000	192.000	168.000	Tr 300×44	44	22	300.000	278.000	256.000
Tr 210×20	20	10	210.000	200.000	182.000	Tr 300×24	24	12	300.000	288.000	276.000
Tr 210×8	8	4	210.000	206.000	192.000	Tr 300×12	12	6	300.000	294.000	288.000

비고

1. 사다리꼴 나사는 주로 운동용(바이스, 젝크 등의 나사)으로 사용한다.

61. 베어링 계열 기호(볼 베어링)

깊은 홈 볼 베어링

앵귤러 볼 베어링

자동 조심 볼 베어링

베어링의 형식		단면도	형식 기호	치수 계열기호	베어링 계열기호
깊은 홈 볼 베어링	단열 홈 없음 비분리형		6	17 18 19 10 02 03 04	67 68 69 60 62 63 64
앵귤러 볼 베어링	단열 비분리형		7	19 10 02 03 04	79 70 72 73 74
자동 조심 볼 베어링	복렬 비분리형 외륜 궤도 구면		1	02 03 22 23	12 13 22 23

62. 베어링 계열 기호(롤러 베어링)

원통 롤러 베어링-단열

원통 롤러 베어링-L형 리브붙이

원통 롤러 베어링-복렬

베어링의 형식		단면도	형식 기호	치수 계열 기호	베어링 계열 기호
원통 롤러 베어링	단열 외륜 양쪽 턱붙이 내륜 턱 없음		NU	10 02 22 03 23 04	NU10 NU2 NU22 NU3 NU23 NU4
	단열 외륜 양쪽 턱붙이 내륜 한쪽 턱붙이		NJ	02 22 03 23 04	NJ2 NJ22 NJ3 NJ23 NJ4
	단열 외륜 양쪽 턱붙이 내륜 한쪽 턱붙이 내륜 이완 리브붙이		NUP	02 22 03 23 04	NUP2 NUP22 NUP3 NUP23 NUP4
	단열 외륜 양쪽 턱붙이 내륜 한쪽 턱붙이 L형 이완 리브붙이		NH	02 22 03 23 04	NH2 NH22 NH3 NH23 NH4
	단열 외륜 턱 없음 내륜 양쪽 턱붙이		N	10 02 22 03 23 04	N10 N2 N22 N3 N23 N4
	단열 외륜 한쪽 턱붙이 내륜 양쪽 턱붙이		NF	10 02 22 03 23 04	NF10 NF2 NF22 NF3 NF23 NF4
	복렬 외륜 양쪽 턱붙이 내륜 턱 없음		NNU	49	NNU49
	복렬 외륜 턱 없음 내륜 양쪽 턱붙이		NN	30	NN30

63. 베어링 계열 기호(롤러/스러스트 베어링)

니들 롤러 베어링-NA형

니들 롤러 베어링-RNA형

테이퍼 롤러 베어링

자동 조심 롤러 베어링

베어링의 형식		단면도	형식 기호	치수 계열 기호	베어링 계열 기호
솔리드형 니들롤러 베어링	내륜 붙이 외륜 양쪽 턱붙이		NA	48 49 59 69	NA48 NA49 NA59 NA69
	내륜 없음 외륜 양쪽 턱붙이		RNA	-	RNA48(¹) RNA49(¹) RNA59(¹) RNA69(¹)
테이퍼 롤러 베어링	단열 분리형		3	29 20 30 31 02 22 22C 32 03 03D 13 23 23C	329 320 330 331 302 322 322C 332 303 303D 313 323 323C
자동 조심 롤러 베어링	복렬 비분리형 외륜 궤도 구면		2	39 30 40 41 31< 22 32 03 23	239 230 240 241 231 222 232 213(²) 223

주
(¹) 베어링 계열 NA48, NA49, NA59 및 NA69의 베어링에서 내륜을 뺀 서브유닛의 계열 기호이다.
(²) 치수 계열에서는 2030이 되나, 관례적으로 213으로 되어 있다.

63. 베어링 계열 기호(롤러/스러스트 베어링)

스러스트 볼 베어링-단식 구조

스러스트 볼 베어링-복식 구조

스러스트 자동 조심 롤러 베어링 구조

베어링의 형식		단면도	형식 기호	치수 계열기호	베어링 계열기호
단식 스러스트 볼 베어링	평면 자리형 분리형		5	11 12 13 14	511 512 513 514
복식 스러스트 볼 베어링	평면 자리형 분리형		5	22 23 24	522 523 524
스러스트 자동 조심 롤러 베어링	평면 자리형 단식분리형 하우징 궤도 반궤도 구면		2	92 93 94	292 293 294

64. 베어링 안지름 번호

단위 : mm

호칭 베어링 안지름(mm)	안지름번호	호칭 베어링 안지름(mm)	안지름번호	호칭 베어링 안지름(mm)	안지름번호
0.6	/0.6([1])	75	15	480	96
1	1	80	16	500	/500
1.5	/1.5([1])	85	17	530	/530
2	2	90	18	560	/560
2.5	/2.5([1])	95	19	600	/600
3	3	100	20	630	/630
4	4	105	21	670	/670
5	5	110	22	710	/710
6	6	120	24	750	/750
7	7	130	26	800	/800
8	8	140	28	850	/850
9	9	150	30	900	/900
10	00	160	32	950	/950
12	01	070	34	1000	/1000
15	02	180	36	1060	/1060
17	03	190	38	1120	/1120
20	04	200	40	1180	/1180
22	/22	220	44	1250	/1250
25	05	240	48	1320	/1320
28	/28	260	52	1400	/1400
30	06	280	56	1500	/1500
32	/32	300	60	1600	/1600
35	07	320	64	1700	/1700
40	08	340	68	1800	/1800
45	09	360	72	1900	/1900
50	10	380	76	2000	/2000
55	11	400	80	2120	/2120
60	12	420	84	2240	/2240
65	13	440	88	2360	/2360
70	14	460	92	2500	/2500

주
([1]) 다른 기호를 사용할 수 있다.

65. 베어링 보조기호

단위 : mm

시방	내용 또는 구분	보조기호
내부 치수	주요 치수 및 서브유닛의 치수가 ISO 355와 일치하는 것	J3([1])
실·실드	양쪽 실붙이	UU(([1])
	한쪽 실붙이	U([1])
	양쪽 실드붙이	ZZ(([1])
	한쪽 실드붙이	Z([1])
궤도륜 모양	내륜 원통 구멍	없음
	플랜지붙이	F
	내륜 테이퍼 구멍(기준 테이퍼비 $\frac{1}{12}$)	K
	내륜 테이퍼 구멍(기준 테이퍼비 $\frac{1}{30}$)	K30
	링 홈붙이	N
	멈춤 링붙이	NR
베어링의 조합	뒷면 조합	DB
	정면 조합	DF
	병렬 조합	DT
레이디얼 내부 틈새([2])	C2 틈새	C2
	CN 틈새	CN
	C3 틈새	C3
	C4 틈새	C4
	C5 틈새	C5
정밀도 등급([3])	0급	없음
	6X급	P6X
	6급	P6
	5급	P5
	4급	P4
	2급	P2

주
([1]) 다른 기호를 사용할 수 있다.
([2]) KS B 2102 참조
([3]) KS B 2014 참조

66. 레이디얼 베어링 공차(축)

단위 : mm

레이디얼 베어링(0급, 6X급, 6급)에 대하여 일반적으로 사용하는 축의 공차 범위 등급

조건		축 지름(mm)						축 공차	적용 보기
		볼 베어링		원통롤러베어링 원뿔롤러베어링		자동 조심 롤러베어링			
		초과	이하	초과	이하	초과	이하		
내륜회전하중	경하중([1]) 또는 변동 하중(0,1,2)	- 18 100 -	18 100 200 -	- - 40 140	- 40 140 200	- - - -	- - - -	h5 js6(j6) k6 m6	정밀도를 필요로 하는 경우 js6, k6, m6 대신에 js5, k5, m5를 사용한다.
	보통 하중([1])(3)	- 18 100 140 200 - -	18 100 140 200 280 - -	- - 40 100 140 200 -	- 40 100 140 200 400 -	- - 40 65 100 140 280	- 40 65 100 140 280 500	js5(j5) k5 m5 m6 n6 p6 r6	단열 앵귤러 볼 베어링 및 원뿔 롤러 베어링인 경우 끼워맞춤으로 인한 내부틈새의 변화를 생각할 필요가 없으므로 k5, m5 대신에 k6, m6을 사용할 수 있다.
	중하중([1]) 또는 충격 하중(4)	- - -	- - -	50 140 200	140 200 -	50 100 140	100 140 200	n6 p6 r6	보통 틈새의 베어링보다 큰 내부 틈새의 베어링이 필요하다.
외륜회전하중 (내륜정지하중)	내륜이 축 위를 쉽게 움직일 필요가 있다.	전체 축 지름						g6	정밀도를 필요로 하는 경우 g5를 사용한다. 큰 베어링에서는 쉽게 움직일 수 있도록 f6을 사용해도 된다.
	내륜이 축 위를 쉽게 움직일 필요가 없다.	전체 축 지름						h6	정밀도를 필요로 하는 경우 h5를 사용한다.
	중심 축 하중	전체 축 지름						js6(j6)	-

주

([1]) 경하중, 보통하중 및 중하중은 레이디얼 하중을 사용하는 베어링의 기본 레이디얼 정격하중의 각각 6% 이하, 6%를 초과, 12% 이하 및 12%를 초과하는 하중을 말한다.

KS B 2051 : 1995

67. 레이디얼 베어링 공차(하우징 구멍)

단위 : mm

레이디얼 베어링(0급, 6X급, 6급)에 대하여 일반적으로 사용하는 하우징 구멍의 공차 범위 등급

하우징	조건		외륜의 축 방향의 이동(^{3})	하우징 구멍 공차	적용보기
일체 또는 분할 하우징	내륜 회전 하중	모든 종류의 하중	쉽게 이동할 수 있다.	H7	대형 베어링 또는 외륜과 하우징의 온도차가 큰 경우 G7을 사용해도 된다.
		경하중(^{1}) 또는 보통하중(^{1})(0,1,2,3)	쉽게 이동할 수 있다.	H8	-
		축과 내륜이 고온으로 된다.	쉽게 이동할 수 있다.	G7	대형 베어링 또는 외륜과 하우징의 온도차가 큰 경우 F7을 사용해도 된다.
일체 하우징		경하중 또는 보통하중에서 정밀 회전을 요한다.	원칙적으로 이동할 수 없다.	K6	주로 롤러 베어링에 적용한다.
			이동할 수 있다.	JS6	주로 볼 베어링에 적용한다.
		조용한 운전을 요한다.	쉽게 이동할 수 있다.	H6	-
	외륜 회전 하중	경하중 또는 변동하중 (0,1,2)	이동할 수 없다.	M7	
		보통하중 또는 중하중(3,4)	이동할 수 없다.	N7	주로 볼 베어링에 적용한다.
		얇은 하우징에서 중하중 또는 큰 충격하중	이동할 수 없다.	P7	주로 롤러 베어링에 적용한다.
	방향 부정 하중	경하중 또는 보통하중	통상, 이동할 수 있다.	JS7	정밀을 요하는 경우 JS7, K7 대신에 JS6, K6을 사용한다.
		보통하중 또는 중하중(1)	원칙적으로 이동할 수 없다.	K7	
		큰 충격하중	이동할 수 없다.	M7	-

주
(^{3}) 분리되지 않는 베어링에 대하여 외륜이 축 방향으로 이동할 수 있는지 없는지의 구별을 나타낸다.

비고
1. 이 표는 주철제 하우징 또는 강제 하우징에 적용한다.
2. 베어링에 중심 축 하중만 걸리는 경우 외륜에 레이디얼 방향의 틈새를 주는 공차범위 등급을 선정한다.

단위 : mm

레이디얼 베어링 공차 적용

구분	축				하우징			커버
	조건	축 지름		공차	구분	조건 (베어링 번호 두 번째 번호)	공차	공차
		볼베어링	롤러베어링					
내륜회전 하중	경하중 (0, 1, 2)	⌀18 이하	-	h5	내륜회전 하중	모든 종류의 베어링	H7	g6
		⌀18~⌀100	⌀40 이하	js6 (j6)				
	보통 하중 (3)	⌀18 이하	-	js5 (j5)		경하중 또는 보통하중 (0, 1, 2)	H8	g6
		⌀18~⌀100	⌀40 이하	k5				
외륜회전 하중	내륜 이동 필요시			g6	외륜회전 하중	경하중(0, 1, 2)	M7	h6
	내륜 이동 불필요시			h6		보통 또는 중하중(3)	N7	

6205(깊은 홈 볼베어링) 적용 예

축 지름 (d)	바깥 지름 (D)	내륜회전일 경우			외륜회전일 경우 (내륜이동 불필요)		
		축	하우징	커버	축	하우징	커버
⌀25	⌀52	⌀25js6	⌀52H8	⌀52g6	⌀25h6	⌀52M7	⌀52h6

68. 스러스트 베어링 공차(축/하우징 구멍)

단위 : mm

스러스트 베어링(0급, 6급)에 대하여 일반적으로 사용하는 축의 공차 범위 등급

조건		축 지름(mm)		축 공차	적용 범위
		초과	이하		
중심 축 하중 (스러스트 베어링 전반)		전체 축 지름		js6	h6도 사용할 수 있다.
합성 하중 (스러스트 자동 조심롤러베어링)	내륜정지 하중	전체 축 지름		js6	-
	내륜회전 하중 또는 방향 부정하중	- 200 400	200 400 -	k6 m6 n6	k6, m6, n6 대신에 각각 js6, k6, m6도 사용할 수 있다.

스러스트 베어링(0급, 6급)에 대하여 일반적으로 사용하는 하우징 구멍의 공차 범위 등급

조건		하우징 구멍 공차	적용 범위
중심 축 하중 (스러스트 베어링 전반)		-	외륜에 레이디얼 방향의 틈새를 주도록 적절한 공차범위 등급을 선정한다.
		H8	스러스트 볼 베어링에서 정밀을 요하는 경우
합성 하중 (스러스트 자동 조심롤러베어링)	외륜정지 하중	H7	-
	외륜회전 하중 또는 방향 부정하중	K7	보통 사용 조건인 경우
		M7	비교적 레이디얼 하중이 큰 경우

비고
1. 이 표는 주철제 하우징 또는 강제 하우징에 적용한다.

단위 : mm

스러스트 볼베어링 공차 적용

축			하우징		비고
조건	축경	공차	조건	공차	
중심축 하중(스러스트 베어링 전반)	전체 축지름	js6	중심축 하중 (스러스트 베어링 전반)	H8	
내륜정지하중	전체 축지름	js6			
내륜회전하중	200 이하	k6			

51105(평면자리형 스러스트 볼베어링) 적용 예

축 지름(d)	바깥 지름(D)	축과 하우징	
		축	하우징
⌀25	⌀42	⌀25js6	⌀42H8

단위 : mm

니들 롤러 베어링 축/하우징 공차

구분	조건	공차
하우징(D)	RAN계열(내륜 없음)	G6
	NA계열(내륜 있음)	K5
축(d)	⌀50 이하	js5
	⌀50 초과	h5
	고온에서 사용할 경우	f6

69. 레이디얼 베어링 끼워맞춤부 축과 하우징 R 및 어깨높이

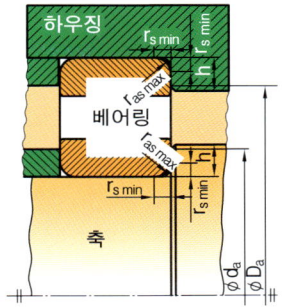

단위 : mm

호칭 치수	축과 하우징	어깨 높이 h(최소)	
$r_{s\,min}$ (베어링 모떼기 치수)	$r_{as\,max}$ (적용할 구멍/축 최대 모떼기치수)	일반의 경우([1])	특별한 경우([2])
0.1	0.1	0.4	
0.15	0.15	0.6	
0.2	0.2	0.8	
0.3	0.3	1.25	1
0.6	0.6	2.25	2
1	1	2.75	2.5
1.1	1	3.5	3.25
1.5	1.5	4.25	4
2	2	5	4.5
2.1	2	6	5.5
2.5	2	6	5.5
3	2.5	7	6.5
4	3	9	8
5	4	11	10
6	5	14	12
4.5	6	18	16
9.5	8	22	20
깊은 홈 볼 베어링 6203 적용 예			
d(축)	D(구멍)	$r_{s\,min}$ (베어링 모떼기 치수)	$r_{as\,max}$ (적용할 구멍/축 최대 모떼기 치수)
17	40	0.6	0.6

주
([1]) 큰 축 하중이 걸릴 때에는 이 값보다 큰 어깨높이가 필요하다.
([2]) 축 하중이 작을 경우에 사용한다.(테이퍼 롤러 베어링, 앵귤러 볼베어링, 자동 조심 롤러베어링에는 적당하지 않다.)

70. 미끄럼 베어링용 부시(C형)

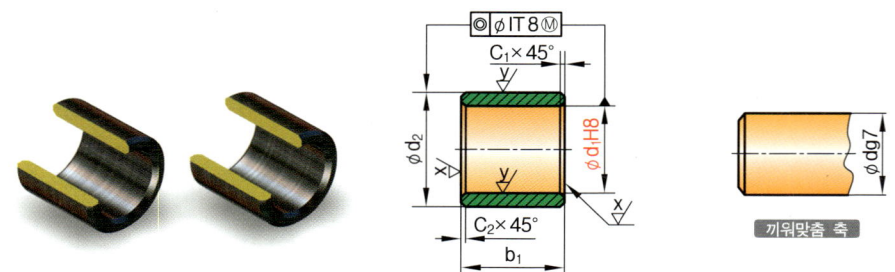

단위 : mm

C형 미끄럼 베어링용 부시 치수

d_1	d_2			b_1				모떼기	
								45° C_1, C_2 최대	15° C_2 최대
6	8	10	12	6	10	–		0.3	1
8	10	12	14	6	10	–		0.3	1
10	12	14	16	6	10	–		0.3	1
12	14	16	18	10	10	20		0.5	2
14	16	18	20	10	15	20		0.5	2
15	17	19	21	10	15	20		0.5	2
16	18	20	22	12	15	20		0.5	2
18	20	22	24	12	15	30		0.5	2
20	23	24	26	15	20	30		0.5	2
22	25	26	28	15	20	30		0.5	2
(24)	27	28	30	15	20	30		0.5	2
25	28	30	32	20	20	40		0.5	2
(27)	30	32	34	20	30	40		0.5	2
28	32	34	36	20	30	40		0.5	2
30	34	36	38	20	30	40		0.5	2
32	36	38	40	20	30	40		0.8	3
(33)	37	40	42	20	30	40		0.8	3
35	39	41	45	30	40	50		0.8	3

적용공차

d_1	d_2	b_1	하우징구멍	축지름(d)
H8	r6	h13	H7	g7

재질

KS D 6024 동 합금주물(CAC304, CAC401, CAC402, CAC403, CAC403)

70. 미끄럼 베어링용 부시(F형)

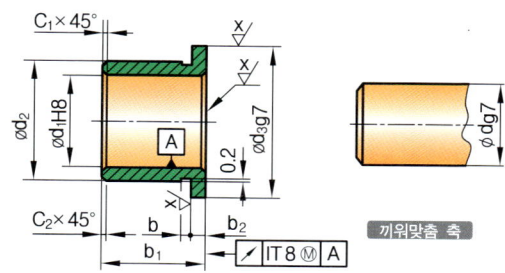

단위 : mm

d_1	d_2	d_3	b_2	d_2	d_3	b_2	b_1	모떼기 45° C_1, C_2 최대	모떼기 15° C_2 최대	b
	시리즈 1			시리즈 2						
6	8	10	1	12	14	3	–	10	–	0.3	1	1
8	10	12	1	14	18	3	–	10	–	0.3	1	1
10	12	14	1	16	20	3	–	10	–	0.3	1	1
12	14	16	1	18	22	3	10	15	20	0.5	2	1
14	16	18	1	20	25	3	10	15	20	0.5	2	1
15	17	19	1	21	27	3	10	15	20	0.5	2	1
16	18	20	1	22	28	3	12	15	20	0.5	2	1.5
18	20	22	1	24	30	3	12	20	30	0.5	2	1.5
20	23	26	1.5	26	32	3	15	20	30	0.5	2	1.5
22	25	28	1.5	28	34	3	15	20	30	0.5	2	1.5
(24)	27	30	1.5	30	36	3	15	20	30	0.5	2	1.5
25	28	31	1.5	32	38	4	20	30	40	0.5	2	1.5
(27)	30	33	1.5	34	40	4	20	30	40	0.5	2	1.5
28	32	36	2	36	42	4	20	30	40	0.5	2	1.5
30	34	38	2	38	44	4	20	30	40	0.5	2	1.5
32	36	40	2	40	46	4	20	30	40	0.8	3	2
(33)	37	41	2	42	48	5	20	30	40	0.8	3	2
35	39	43	2	45	50	5	30	40	50	0.8	3	2

적용공차					
d_1	d_2	b_1	하우징 구멍	축지름(d)	
H8	r6	h13	H7	g7	

재질

KS D 6024 동 합금주물(CAC304, CAC401, CAC402, CAC403, CAC403)

70. 미끄럼 베어링-윤활구멍, 홈

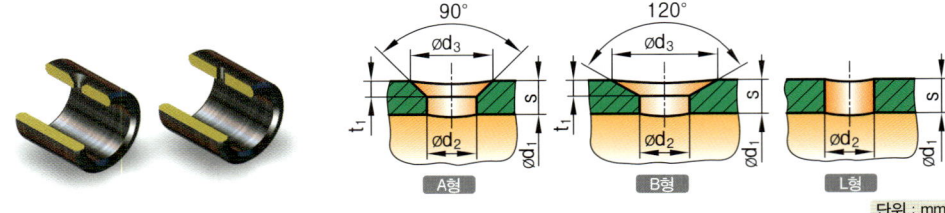

윤활 구멍의 치수

단위 : mm

$d_2 \approx$		-	2.5	3	4	5	6	8	10	12
$t_1 \approx$		-	1	1.5	2	2.5	3	4	5	6
$d_3 \approx$	A형		4.5	6	8	10	12	16	20	24
	B형		6	8.2	10.8	13.6	16.2	21.8	27.2	32.6
s	초과		-	2	2.5	3	4	5	7.5	10
	이하		2	2.5	3	4	5	7.5	10	-
d_1	공칭		\multicolumn{3}{c}{$d_1 \leq 30$}						

| d_1 공칭 | $d_1 \leq 30$ | | | $30 < d_1 \leq 100$ | | | $d_1 > 100$ | | |

비고
$\approx$: 근사값(근사치), 공칭 : 설계상 공통적인 치수

제품의 호칭방법
구멍 지름 d_2=3mm인 A형 윤활 구멍의 호칭방법, • 보기 : 윤활구멍 KS B ISO 12128-A3

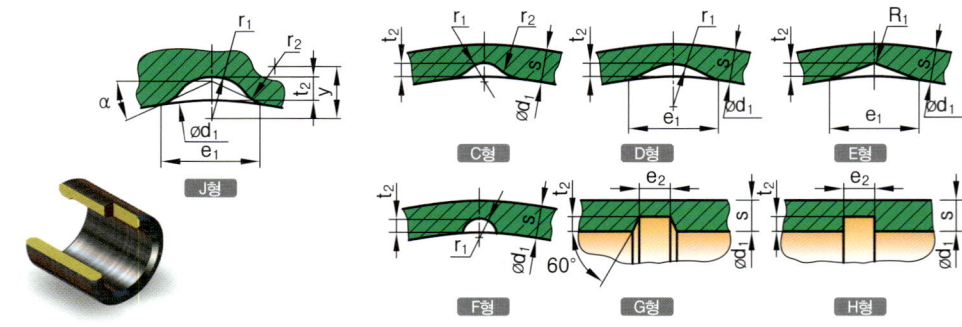

윤활 홈의 치수

d_1		$t_2 \, ^{(+0.2)}_{0}$	$e_1 \approx$		$e_2 \approx$		$r_1 \approx$			$r_2 \approx$		$y \approx$	$a° \approx$	s	
C~H형	J형	C~J형	D, E형	J형	G형	H형	C형	D형	F형	J형	C형	J형	J형	J형	초과	이하
$d_1 \leq 30$	16	0.4	3	3	1.2	3	1.5	1.5	1	1	1.5	1	1.5	28	-	1
	20	0.6	4	4	1.6	3	1.5	1.5	1	1.5	2	1.2	2.1	25	1	1.5
	30	0.8	5	5	1.8	3	1.5	2.5	1	1.5	3	1.5	2.2	25	1.5	2
	40	1	8	6	2	4	2	4	1.5	2	4.5	2	2.8	22	2	2.5
$d_1 \leq 100$	40	1.2	10.5	6	2.5	5	2.5	6	2	2	6	2	2.6	22	2.5	3
	50	1.6	14	7	3.5	6	3	8	3	2.5	9	2.5	3	20	3	4
	60	2	19	8	4.5	8	4	12	4	2.5	12	2.5	2.6	20	4	5

70. 미끄럼 베어링-윤활구멍, 홈

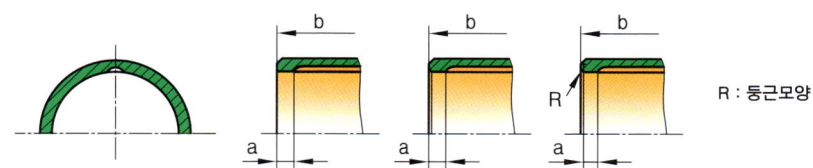

R : 둥근모양

단위 : mm

닫힌 끝부분을 갖는 윤활 홈 거리 a에 대한 치수

b 공칭	15 ≤ b ≤ 30	30 ≤ b ≤ 60	60 ≤ b ≤ 100	b > 100
a	3	4	6	10

제품의 호칭방법

t_2=8mm의 홈 깊이를 가진 D형의 윤활 홈 호칭방법, • 보기 : 윤활 홈 KS B ISO 12128-D0.8

베어링 부시의 유형

부시 유형	유형	윤활 구멍 및 홈		부시 유형	유형	윤활 구멍 및 홈	
		유형과 적용				유형과 적용	
A	A B L J	중심에 있거나 중심에서 벗어난 윤활 구멍		J	C D E F J	양 끝이 열린 길이 방향 홈	
C	C D E J	양쪽 끝이 닫힌 길이 방향 홈		K	C F J	오른 나사식 나선형 홈	
E	G H J	중심에 있거나 중심에서 벗어난 원둘레 방향 홈		L	C F J	왼 나사식 나선형 홈	
G	C D E J	삽입면 반대쪽 끝이 열린 길이 방향 홈		M	C J	8각형 홈	
H	C D E J	삽입면쪽 끝이 열린 길이 방향 홈		N	C J	타원형 홈	

71. 깊은 홈 볼베어링(60, 62 계열)

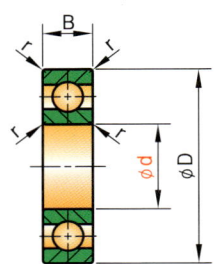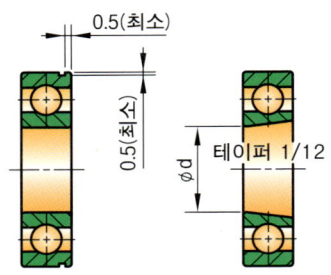

단위 : mm

호칭 번호	베어링 계열 60 치수				호칭 번호	베어링 계열 62 치수			
	d (안지름)	D (바깥지름)	B (폭)	r_{smin}		d (안지름)	D (바깥지름)	B (폭)	r_{smin}
601.5	1.5	6	2.5	0.15	623	3	10	4	0.15
602	2	7	2.8	0.15	624	4	13	5	0.2
60/2.5	2.5	8	2.8	0.15	625	5	16	5	0.3
603	3	9	3	0.15	626	6	19	6	0.3
604	4	12	4	0.2	627	7	22	7	0.3
605	5	14	5	0.2	628	8	24	8	0.3
606	6	17	6	0.3	629	9	26	8	0.3
607	7	19	6	0.3	6200	10	30	9	0.6
608	8	22	7	0.3	6201	12	32	10	0.6
609	9	24	7	0.3	6202	15	35	11	0.6
6000	10	26	8	0.3	6203	17	40	12	0.6
6001	12	28	8	0.3	6204	20	47	14	1
6002	15	32	9	0.3	62/22	22	50	14	1
6003	17	35	10	0.3	6205	25	52	15	1
6004	20	42	12	0.6	62/28	28	58	16	1
60/22	22	44	12	0.6	6206	30	62	16	1
6005	25	47	12	0.6	62/32	32	65	17	1
60/28	28	52	12	0.6	6207	35	72	17	1.1
6006	30	55	13	1	6208	40	80	18	1.1
60/32	32	58	13	1	6209	45	85	19	1.1
6007	35	62	14	1	6210	50	90	20	1.1
6008	40	68	15	1	6211	55	100	21	1.5
6009	45	75	16	1	6212	60	110	22	1.5
6010	50	80	16	1	6213	65	120	23	1.5
6011	55	90	18	1.1	6214	70	125	24	1.5
6012	60	95	18	1.1	6215	75	130	25	1.5
6013	65	100	18	1.1	6216	80	140	26	2
6014	70	110	20	1.1	6217	85	150	28	2
6015	75	115	20	1.1	6218	90	160	30	2
6016	80	125	22	1.1	6219	95	170	32	2.1
6017	85	130	22	1.1	6220	100	180	34	2.1
6018	90	140	24	1.5	6221	105	190	36	2.1
6019	95	145	24	1.5	6222	110	200	38	2.1
6020	100	150	24	1.5	6224	120	215	40	2.1
6021	105	160	26	2	6226	130	230	40	3
6022	110	170	28	2	6228	140	250	42	3
시방	보조기호				시방	보조기호			
실 · 실드	양쪽 실붙이 : UU 한쪽 실붙이 : U 양쪽 실드 붙이 : ZZ 한쪽 실드 붙이 : Z				실 · 실드	양쪽 실붙이 : UU 한쪽 실붙이 : U 양쪽 실드 붙이 : ZZ 한쪽 실드 붙이 : Z			

※ 베어링 치수계열 = 10, 지름계열 = 0

※ 베어링 치수계열 = 02, 지름계열 = 2

72. 깊은 홈 볼베어링(63, 64 계열)

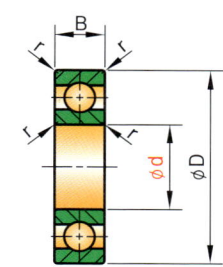
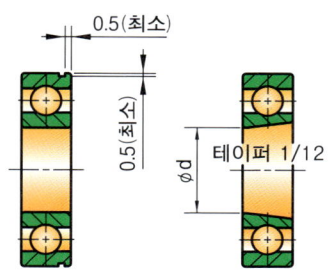

단위 : mm

호칭 번호	d (안지름)	D (바깥지름)	B (폭)	r_{smin}
633	3	13	5	0.2
634	4	16	5	0.3
635	5	19	6	0.3
636	6	22	7	0.3
637	7	26	9	0.3
638	8	28	9	0.3
639	9	30	10	0.6
6300	10	35	11	0.6
6301	12	37	12	1
6302	15	42	13	1
6303	17	47	14	1
6304	20	52	15	1.1
63/22	22	56	16	1.1
6305	25	62	17	1.1
63/28	28	68	18	1.1
6306	30	72	19	1.1
63/32	32	75	20	1.1
6307	35	80	21	1.5
6308	40	90	23	1.5
6309	45	100	25	1.5
6310	50	110	27	2
6311	55	120	29	2
6312	60	130	31	2.1
6313	65	140	33	2.1
6314	70	150	35	2.1
6315	75	160	37	2.1
6316	80	170	39	2.1
6317	85	180	41	3
6318	90	190	43	3
6319	95	200	45	3
6320	100	215	47	3
6321	105	225	49	3
6322	110	240	50	3
6324	120	260	55	3
6326	130	280	58	4
6328	140	300	62	4

호칭 번호	d (안지름)	D (바깥지름)	B (폭)	r_{smin}
648	8	30	10	0.6
649	9	32	11	0.6
6400	10	37	12	0.6
6401	12	42	13	1
6402	15	52	15	1.1
6403	17	62	17	1.1
6404	20	72	19	1.1
6405	25	80	21	1.5
6406	30	90	23	1.5
6407	35	100	25	1.5
6408	40	110	27	2
6409	45	120	29	2
6410	50	130	31	2.1
6411	55	140	33	2.1
6412	60	150	35	2.1
6413	65	160	37	2.1
6414	70	180	42	3
6415	75	190	45	3
6416	80	200	48	3
6417	85	210	52	4
6418	90	225	54	4
6419	95	240	55	4
6420	100	250	58	4
6421	105	260	60	4
6422	110	280	65	4
6424	120	310	72	5
6426	130	340	78	5

시방	보조기호
실 · 실드	양쪽 실붙이 : UU 한쪽 실붙이 : U 양쪽 실드 붙이 : ZZ 한쪽 실드 붙이 : Z

※ 베어링 치수계열 = 03, 지름계열 = 3

시방	보조기호
실 · 실드	양쪽 실붙이 : UU 한쪽 실붙이 : U 양쪽 실드 붙이 : ZZ 한쪽 실드 붙이 : Z

※ 베어링 치수계열 = 04, 지름계열 = 4

73. 깊은 홈 볼베어링 (67, 68 계열)

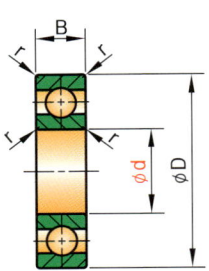
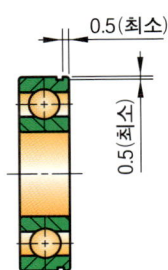

단위 : mm

호칭 번호	베어링 계열 67 치수				호칭 번호	베어링 계열 68 치수			
	d (안지름)	D (바깥지름)	B (폭)	r_{smin}		d (안지름)	D (바깥지름)	B (폭)	r_{smin}
67/0.6	0.6	2	0.8	0.05	68/0.6	0.6	2.5	1	0.05
671	1	2.5	1	0.05	681	1	3	1	0.05
67/1.5	1.5	3	1	0.05	68/1.5	1.5	4	1.2	0.05
672	2	4	1.2	0.05	682	2	5	1.5	0.08
67/2.5	2.5	5	1.5	0.08	68/2.5	2.5	6	1.8	0.08
673	3	6	2	0.08	683	3	7	2	0.1
674	4	7	2	0.08	684	4	9	2.5	0.1
675	5	8	2	0.08	685	5	11	3	0.15
676	6	10	2.5	0.1	686	6	13	3.5	0.15
677	7	11	2.5	0.1	687	7	14	3.5	0.15
678	8	12	2.5	0.1	688	8	16	4	0.2
679	9	14	3	0.1	689	9	17	4	0.2
6700	10	15	3	0.1	6800	10	19	5	0.3
6701	12	18	4	0.2	6801	12	21	5	0.3
6702	15	21	4	0.2	6802	15	24	5	0.3
6703	17	23	4	0.2	6803	17	26	5	0.3
6704	20	27	4	0.2	6804	20	32	7	0.3
67/22	22	30	4	0.2	68/22	22	34	7	0.3
6705	25	32	4	0.2	6805	25	37	7	0.3
67/28	28	35	4	0.2	68/28	28	40	7	0.3
6706	30	37	4	0.2	6806	30	42	7	0.3
67/32	32	40	4	0.2	68/32	32	44	7	0.3
6707	35	44	5	0.3	6807	35	47	7	0.3
6708	40	50	6	0.3	6808	40	52	7	0.3
6709	45	55	6	0.3	6809	45	58	7	0.3
6710	50	62	6	0.3	6810	50	65	7	0.3
6711	55	68	7	0.3	6811	55	72	9	0.3
6712	60	75	7	0.3	6812	60	78	10	0.3
6713	65	80	7	0.3	6813	65	85	10	0.6
6714	70	85	7	0.3	6814	70	90	10	0.6
6715	75	90	7	0.3	6815	75	95	10	0.6
6716	80	95	7	0.3	6816	80	100	10	0.6
6717	85	105	10	0.6	6817	85	110	13	1
6718	90	110	10	0.6	6818	90	115	13	1
6719	95	115	10	0.6	6819	95	120	13	1
6720	100	120	10	0.6	6820	100	125	13	1
시방	보조기호				시방	보조기호			
실 · 실드	양쪽 실붙이 : UU 한쪽 실붙이 : U 양쪽 실드 붙이 : ZZ 한쪽 실드 붙이 : Z				실 · 실드	양쪽 실붙이 : UU 한쪽 실붙이 : U 양쪽 실드 붙이 : ZZ 한쪽 실드 붙이 : Z			

※ 베어링 치수계열 = 17, 지름계열 = 7

※ 베어링 치수계열 = 18, 지름계열 = 8

74. 깊은 홈 볼베어링 (69 계열)

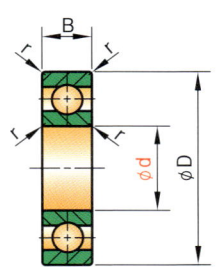
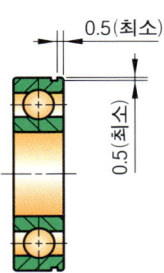

KS B 2023 : 2000(ISO 15 : 1998)(2006 확인)

단위 : mm

호칭 번호	베어링 계열 69 치수				호칭 번호	베어링 계열 69 치수(계속)			
	d (안지름)	D (바깥지름)	B (폭)	r_{smin}		d (안지름)	D (바깥지름)	B (폭)	r_{smin}
691	1	4	1.6	0.1	69/32	32	52	10	0.6
69/1.5	1.5	5	2	0.15	6907	35	55	10	0.6
692	2	6	2.3	0.15	6908	40	62	12	0.6
69/2.5	2.5	7	2.5	0.15	6909	45	68	12	0.6
693	3	8	3	0.15	6910	50	72	12	0.6
694	4	11	4	0.15	6911	55	80	13	1
695	5	13	4	0.2	6912	60	85	13	1
696	6	15	5	0.2	6913	65	90	13	1
697	7	17	5	0.3	6914	70	100	16	1
698	8	19	6	0.3	6915	75	105	16	1
699	9	20	6	0.3	6916	80	110	16	1
6900	10	22	6	0.3	6917	85	120	18	1.1
6901	12	24	6	0.3	6918	90	125	18	1.1
6902	15	28	7	0.3	6919	95	130	18	1.1
6903	17	30	7	0.3	6920	100	140	20	1.1
6904	20	37	9	0.3	6921	105	145	20	1.1
69/22	22	39	9	0.3	-	-	-	-	-
6905	25	42	9	0.3	-	-	-	-	-
69/28	28	45	9	0.3	-	-	-	-	-
6906	30	47	9	0.3	-	-	-	-	-
시방	보조기호				시방	보조기호			
실 · 실드	양쪽 실붙이 : UU 한쪽 실붙이 : U 양쪽 실드 붙이 : ZZ 한쪽 실드 붙이 : Z				실 · 실드	양쪽 실붙이 : UU 한쪽 실붙이 : U 양쪽 실드 붙이 : ZZ 한쪽 실드 붙이 : Z			

※ 베어링 치수계열 = 19, 지름계열 = 9

75. 앵귤러 볼 베어링 (70, 72 계열)

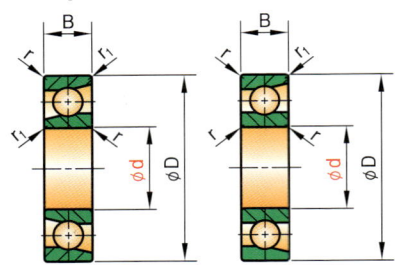

단위 : mm

호칭번호(¹)	베어링 계열 70 치수				참고	호칭번호(¹)	베어링 계열 72 치수				참고
	d	D	B	r_{min}(²)	r_{1smin}(²)		d	D	B	r_{min}(²)	r_{1smin}(²)
7000 A	10	26	8	0.3	0.15	7200 A	10	30	9	0.6	0.3
7001 A	12	28	8	0.3	0.15	7201 A	12	32	10	0.6	0.3
7002 A	15	32	9	0.3	0.15	7202 A	15	35	11	0.6	0.3
7003 A	17	35	10	0.3	0.15	7203 A	17	40	12	0.6	0.3
7004 A	20	42	12	0.6	0.3	7204 A	20	47	14	1	0.6
7005 A	25	47	12	0.6	0.3	7205 A	25	52	15	1	0.6
7006 A	30	55	13	1	0.6	7206 A	30	62	16	1	0.6
7007 A	35	62	14	1	0.6	7207 A	35	72	17	1.1	0.6
7008 A	40	68	15	1	0.6	7208 A	40	80	18	1.1	0.6
7009 A	45	75	16	1	0.6	7209 A	45	85	19	1.1	0.6
7010 A	50	80	16	1	0.6	7210 A	50	90	20	1	0.6
7011 A	55	90	18	1.1	0.6	7211 A	55	100	21	1.5	1
7012 A	60	95	18	1.1	0.6	7212 A	60	110	22	1.5	1
7013 A	65	100	18	1.1	0.6	7213 A	65	120	23	1.5	1
7014 A	70	110	20	1.1	0.6	7214 A	70	125	24	1.5	1
7015 A	75	115	20	1.1	0.6	7215 A	75	130	25	1.5	1
7016 A	80	125	22	1.1	0.6	7216 A	80	140	26	2	1
7017 A	85	130	22	1.1	0.6	7217 A	85	150	28	2	1
7018 A	90	140	24	1.5	1	7218 A	90	160	30	2	1
7019 A	95	145	24	1.5	1	7219 A	95	170	32	2.1	1.1
7020 A	100	150	24	1.5	1	7220 A	100	180	34	2.1	1.1
7021 A	105	160	26	2	1	7221 A	105	190	36	2.1	1.1
7022 A	110	170	28	2	1	7222 A	110	200	38	2.1	1.1
7024 A	120	180	28	2	1	7224 A	120	215	40	2.1	1.1
7026 A	130	200	33	2	1	7226 A	130	230	40	3	1.1
7028 A	140	210	33	2	1	7228 A	140	250	42	3	1.1
7030 A	150	225	35	2.1	1.1	7230 A	150	270	45	3	1.1
7032 A	160	240	38	2.1	1.1	7232 A	160	290	48	3	1.1
7034 A	170	260	42	2.1	1.1	7234 A	170	310	52	4	1.5
7036 A	180	280	46	2.1	1.1	7236 A	180	320	52	4	1.5
7038 A	190	290	46	2.1	1.1	7238 A	190	340	55	4	1.5
7040 A	200	310	51	2.1	1.1	7240 A	200	360	58	4	1.5
보조기호	접촉각 : A : 22~32°, B : 32~45° C : 10~22°					보조기호	접촉각 : A : 22~32°, B : 32~45° C : 10~22°				

※ 베어링 치수계열 = 01

※ 베어링 치수계열 = 02

주
(¹) 접촉각 기호 (A)는 생략할 수 있다.
(²) 내륜 및 외륜의 최소 허용 모떼기 치수이다.

76. 앵귤러 볼 베어링 (73, 74 계열)

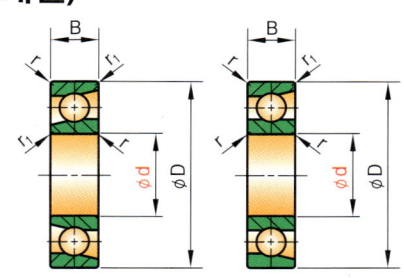

단위 : mm

호칭번호(¹)	d	D	B	r_{min} (²)	참고 r_{1smin} (²)
7300 A	10	35	11	0.6	0.3
7301 A	12	37	12	1	0.6
7302 A	15	42	13	1	0.6
7303 A	17	47	14	1	0.6
7304 A	20	52	15	1.1	0.6
7305 A	25	62	17	1.1	0.6
7306 A	30	72	19	1.1	0.6
7307 A	35	80	21	1.5	1
7308 A	40	90	23	1.5	1
7309 A	45	100	25	1.5	1
7310 A	50	110	27	2	1
7311 A	55	120	29	2	1
7312 A	60	130	31	2.1	1.1
7313 A	65	140	33	2.1	1.1
7314 A	70	150	35	2.1	1.1
7315 A	75	160	37	2.1	1.1
7316 A	80	170	39	2.1	1.1
7317 A	85	180	41	3	1.1
7318 A	90	190	43	3	1.1
7319 A	95	200	45	3	1.1
7320 A	100	215	47	3	1.1
7321 A	105	225	49	3	1.1
7322 A	110	240	50	3	1.1
7324 A	120	260	55	3	1.1
7326 A	130	280	58	4	1.5
7328 A	140	300	62	4	1.5
7330 A	150	320	65	4	1.5
7332 A	160	340	68	4	1.5
7334 A	170	360	72	4	1.5
7336 A	180	380	75	4	1.5
7338 A	190	400	78	5	2
7340 A	200	420	80	5	2

보조기호 : 접촉각 : A : 22~32°, B : 32~45°, C : 10~22°

※ 베어링 치수계열 = 03

호칭번호(¹)	d	D	B	r_{min} (²)	참고 r_{1smin} (²)
7404 A	20	72	19	1.1	0.6
7405 A	25	80	21	1.5	1
7406 A	30	90	23	1.5	1
7407 A	35	100	25	1.5	1
7408 A	40	110	27	2	1
7409 A	45	120	29	2	1
7410 A	50	130	31	2.1	1.1
7411 A	55	140	33	2.1	1.1
7412 A	60	150	35	2.1	1.1
7413 A	65	160	37	2.1	1.1
7414 A	70	180	42	3	1.1
7415 A	75	190	45	3	1.1
7416 A	80	200	48	3	1.1
7417 A	85	210	52	4	1.5
7418 A	90	225	54	4	1.5
7419 A	95	240	55	4	1.5
7420 A	100	250	58	4	1.5
7421 A	105	260	60	4	1.5
7422 A	110	280	65	4	1.5
7424 A	120	310	72	5	2
7426 A	130	340	78	5	2
7428 A	140	360	82	5	2
7430 A	150	380	85	5	2

보조기호 : 접촉각 : A : 22~32°, B : 32~45°, C : 10~22°

※ 베어링 치수계열 = 04

주
(¹) 접촉각 기호 (A)는 생략할 수 있다.
(²) 내륜 및 외륜의 최소 허용 모떼기 치수이다.

77. 자동 조심 볼 베어링 (12, 22 계열)

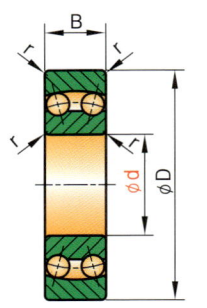
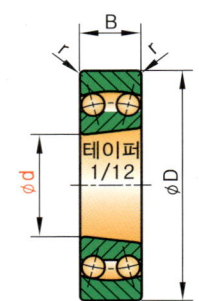

단위 : mm

호칭번호		베어링 계열 12 치수				호칭번호		베어링 계열 22 치수			
원통 구멍	테이퍼 구멍	d	D	B	r_{smin}(¹)	원통 구멍	테이퍼 구멍	d	D	B	r_{smin}(¹)
1200	–	10	30	9	0.6	2200	–	10	30	14	0.6
1201	–	12	32	10	0.6	2201	–	12	32	14	0.6
1202	–	15	35	11	0.6	2202	–	15	35	14	0.6
1203	–	17	40	12	0.6	2203	–	17	40	16	0.6
1204	1204 K	20	47	14	1	2204	2204 K	20	47	18	1
1205	1205 K	25	52	15	1	2205	2205 K	25	52	18	1
1206	1206 K	30	62	16	1	2206	2206 K	30	62	20	1
1207	1207 K	35	72	17	1.1	2207	2207 K	35	72	23	1.1
1208	1208 K	40	80	18	1.1	2208	2208 K	40	80	23	1.1
1209	1209 K	45	85	19	1.1	2209	2209 K	45	85	23	1.1
1210	1210 K	50	90	20	1.1	2210	2210 K	50	90	23	1.1
1211	1211 K	55	100	21	1.5	2211	2211 K	55	100	25	1.5
1212	1212 K	60	110	22	1.5	2212	2212 K	60	110	28	1.5
1213	1213 K	65	120	23	1.5	2213	2213 K	65	120	31	1.5
1214	–	70	125	24	1.5	2214	–	70	125	31	1.5
1215	1215 K	75	130	25	1.5	2215	2215 K	75	130	31	1.5
1216	1216 K	80	140	26	2	2216	2216 K	80	140	33	2
1217	1217 K	85	150	28	2	2217	2217 K	85	150	36	2
1218	1218 K	90	160	30	2	2218	2218 K	90	160	40	2
1219	1219 K	95	170	32	2.1	2219	2219 K	95	170	43	2.1
1220	1220 K	100	180	34	2.1	2220	2220 K	100	180	46	2.1
1221	–	105	190	36	2.1	2221	–	105	190	50	2.1
1222	1222 K	110	200	38	2.1	2222	2222 K	110	200	53	2.1

※ 베어링 치수계열 = 02

※ 베어링 치수계열 = 22

주

(¹) 내륜 및 외륜의 최소 허용 모떼기 치수이다.

78. 자동 조심 볼 베어링 (13, 23 계열)

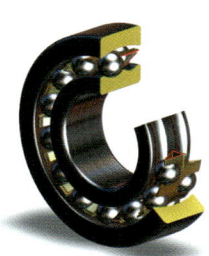

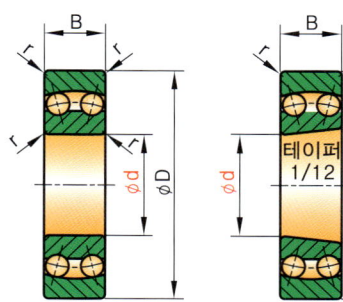

단위 : mm

호칭번호 원통구멍	호칭번호 테이퍼구멍	d	D	B	r_{smin}[1]	호칭번호 원통구멍	호칭번호 테이퍼구멍	d	D	B	r_{smin}[1]
1300	–	10	35	11	0.6	2300	–	10	35	17	0.6
1301	–	12	37	12	1	2301	–	12	37	17	1
1302	–	15	42	13	1	2302	–	15	42	17	1
1303	–	17	47	14	1	2303	–	17	47	19	1
1304	1304 K	20	52	15	1.1	2304	2304 K	20	52	21	1.1
1305	1305 K	25	92	17	1.1	2305	2305 K	25	92	24	1.1
1306	1306 K	30	72	19	1.1	2306	2306 K	30	72	27	1.1
1307	1307 K	35	80	21	1.5	2307	2307 K	35	80	31	1.5
1308	1308 K	40	90	23	1.5	2308	2308 K	40	90	33	1.5
1309	1309 K	45	100	25	1.5	2309	2309 K	45	100	36	1.5
1310	1310 K	50	110	27	2	2310	2310 K	50	110	40	2
1311	1311 K	55	120	29	2	2311	2311 K	55	120	43	2
1312	1312 K	60	130	31	2.1	2312	2312 K	60	130	46	2.1
1313	1313 K	65	140	33	2.1	2313	2313 K	65	140	48	2.1
1314	–	70	150	35	2.1	2314	–	70	150	51	2.1
1315	1315 K	75	160	37	2.1	2315	2315 K	75	160	55	2.1
1316	1316 K	80	170	38	2.1	2316	2316 K	80	170	58	2.1
1317	1317 K	85	180	41	3	2317	2317 K	85	180	60	3
1318	1318 K	90	190	42	3	2318	2318 K	90	190	64	3
1318	1318 K	95	200	45	3	2319	2319 K	95	200	67	3
1320	1320 K	100	215	47	3	2320	2320 K	100	215	73	3
1321	–	105	225	49	3	2321	–	105	225	77	3
1322	1322 K	110	240	50	3	2322	2322 K	110	240	80	3

※ 베어링 치수계열 = 03   ※ 베어링 치수계열 = 23

주
[1] 내륜 및 외륜의 최소 허용 모떼기 치수이다.

비고
호칭 번호 1318, 1319, 1320, 1321, 1318 K, 1319 K, 1320 K 및 1322 K의 베어링에서는 강구가 베어링의 측면보다 돌출된 것이 있다.

79. 마그네토 볼 베어링(E, EN 계열)

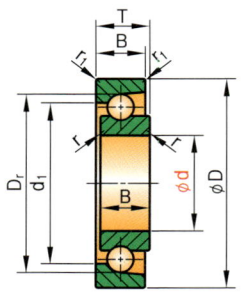

단위 : mm

호칭번호[1]		베어링 계열 E, EN 치수						참고	
		d	D	B	T	r	r_1	외접원경 D_r의 최대 치수	외륜내경 d_1의 최소 치수
E 3	EN 3	3	16	5	5	0.3	0.2	13.9	12.5
E 4	EN 4	4	16	5	5	0.3	0.2	13.9	12.5
E 5	EN 5	5	16	5	5	0.3	0.2	13.9	12.5
E 6	EN 6	6	21	7	7	0.5	0.3	18.0	16.0
E 7	EN 7	7	22	7	7	0.5	0.3	19.3	16.7
E 8	EN 8	8	24	7	7	0.5	0.3	20.9	19.0
E 9	EN 9	9	28	8	8	0.5	0.3	24.9	22.6
E 10	EN 10	10	28	8	8	0.5	0.3	24.9	22.6
E 11	EN 11	11	32	7	7	0.5	0.3	26.5	24.5
E 12	EN 12	12	32	7	7	0.5	0.3	26.5	24.5
E 13	EN 13	13	30	7	7	0.5	0.3	26.5	24.5
–	EN 14	14	35	8	8	0.5	0.3	30.9	28.8
E 15	EN 15	15	35	8	8	0.5	0.3	30.9	28.8
–	EN 16	16	38	10	10	0.7	0.4	33.9	31.1
–	EN 17	17	44	11	11	1.0	0.6	36.9	34.4
–	EN 18	18	40	9	9	0.7	0.4	34.3	31.5
E 19	EN 19	19	40	9	9	0.7	0.4	34.3	31.5
E 20	EN 20	20	47	12	12	1.5	1.0	41.5	38.6

주
[1] 여기에 표시한 호칭번호는 보조 기호가 없는 것 또는 생략한 것이고, E, EN의 구별은 외륜의 정밀도에 따른다.

비고
1. 호칭번호는 베어링 계열 기호(E 또는 EN), 안지름 번호(베어링 안지름의 호칭치수를 mm의 단위로 나타낸 것) 및 보조 기호로 이루어지고, 이 순서로 기록한다.
2. 보조 기호는 KS B 2012에 따라, 등급 기호는 보통급은 무기호, 6급은 P 6, 5급은 P 5로 한다.

80. 마그네토 볼 베어링의 정밀도

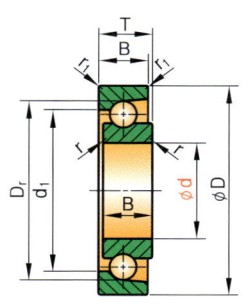

단위 : mm

내륜의 정밀도 및 외륜 나비의 정밀도

베어링 안지름 d의 호칭치수 (mm)		베어링 안지름						내륜(또는 외륜[d])의 나비 B의 허용차		조립 나비 T의 허용차	
		d_m[a]의 허용차				d의 허용차 [b]					
		보통급(KB[c])		6급		보통급(KB[c])		6급		보통급(6급)	보통급(6급)
초과	이하	상	하	상	하	상	하	상	하	상	하	상	하
2.5	10	0	-8	0	-7	+2	-10	+1	-8	0	-120	+120	-120
10	18	0	-8	0	-7	+3	-11	+1	-8	0	-120	+120	-120
18	30	0	-10	0	-8	+3	-13	+1	-9	0	-120	+120	-120

[a] d_m은 베어링 안지름의 2점 측정에 의하여 얻어진 최대 지름과 최소 지름과의 산술평균치이다.
[b] d의 허용차는 2점 측정에 의한 값이다.
[c] KB는 보통급에 대한 d_m 및 d의 허용차의 기호이다.
[d] 외륜 나비의 허용차 및 나비부동의 허용치는 같은 베어링의 내륜의 값과 같은 값을 취한다.

비고
1. 이 표에서 정하는 베어링 안지름의 위 허용차는 궤도륜 측면에서 호칭 모떼기 치수의 2배 거리 이내에는 적용하지 않는다.
2. 이 표에서 d_m, d의 5급은 생략하였다.

외륜의 정밀도

베어링 안지름 D의 호칭치수 (mm)		베어링 바깥지름											
		베어링 계열 E						베어링 계열 EN					
		D_m[a]의 허용차				D의 허용차 [b]		D_m[a]의 허용차				D의 허용차 [b]	
		보통급		6급		보통급	6급	보통급 hB[c]		6급		보통급 hB[c]	6급
초과	이상	상	하	상	하	상	하	상	하	상	하	상	하	상	하
6	18	+8	0	+7	0	+10	-2	+8	-1	0	-8	0	-7	+2	-10	+1	-8
18	30	+9	0	+8	0	+11	-2	+9	-1	0	-9	0	-8	+2	-11	+1	-9
30	50	+11	0	+9	0	+14	-3	+11	-2	0	-11	0	-9	+3	-14	+2	-11

[a] D_m은 베어링 바깥지름의 2점 측정에 의하여 얻어진 최대 지름과 최소 지름과의 산술평균치이다.
[b] D의 허용차는 2점 측정에 의한 값이다.
[c] h, B는 보통급에 대한 D_m 및 D의 허용차의 기호이다.

비고
1. 이 표에서 정하는 베어링 바깥지름의 아래 허용치는 궤도륜 측면에서 호칭 모떼기 치수의 2배 거리 이내에는 적용하지 않는다.
2. 이 표에서 D_m, D의 5급은 생략하였다.

81. 원통 롤러 베어링 (NU10, NU2 계열)

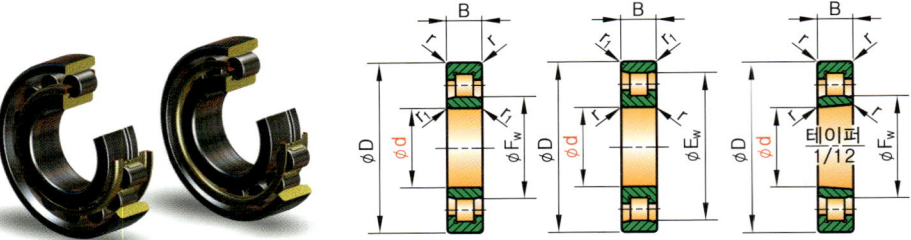

단위 : mm

호칭번호	베어링 계열 NU 10 치수				참고
	d	D	B	r_{min} ([1])	r_{1smin} ([1])
NU 1005	25	47	12	0.6	0.3
NU 1006	30	55	13	1	0.6
NU 1007	35	62	14	1	0.6
NU 1008	40	68	15	1	0.6
NU 1009	45	75	16	1	0.6
NU 1010	50	80	16	1	0.6
NU 1011	55	90	18	1.1	1
NU 1012	60	95	18	1.1	1
NU 1013	65	100	18	1.1	1
NU 1014	70	110	20	1.1	1
NU 1015	75	115	20	1.1	1
NU 1016	80	125	22	1.1	1
NU 1017	85	130	22	1.1	1
NU 1018	90	140	24	1.5	1.1
NU 1019	95	145	24	1.5	1.1
NU 1020	100	150	24	1.5	1.1
NU 1021	105	160	26	2	1.1
NU 1022	110	170	28	2	1.1
NU 1024	120	180	28	2	1.1
NU 1026	130	200	33	2	1.1
NU 1028	140	210	33	2	1.1
NU 1030	150	225	35	2.1	1.5
NU 1032	160	240	38	2.1	1.5
NU 1034	170	260	42	2.1	2.1
NU 1036	180	280	46	2.1	2.1
NU 1038	190	290	46	2.1	2.1
NU 1040	200	310	51	2.1	2.1
NU 1044	220	340	56	3	3
NU 1048	240	360	56	3	3
NU 1052	260	400	65	4	4
NU 1056	280	420	65	4	4
NU 1060	300	460	74	4	4
NU 1064	320	480	74	4	4
NU 1068	340	520	82	5	5
NU 1072	360	540	82	5	5
NU 1076	380	560	82	5	5
NU 1080	400	600	90	5	5
NU 1084	420	620	90	5	5
NU 1088	440	650	94	6	6
NU 1092	460	680	100	6	6
NU 1096	480	700	100	6	6
NU 10/500	500	720	100	6	6

※ 베어링 치수계열 = 10

호칭번호		베어링 계열 NU 2, NJ 2, NUP 2, N 2, NF 2 치수				참고
원통 구멍	테이퍼 구멍	d	D	B	r_{min} ([1])	r_{1smin} ([1])
N 203	–	17	40	12	0.6	0.3
N 204	NU 204 K	20	47	14	1	0.6
N 205	NU 205 K	25	52	15	1	0.6
N 206	NU 206 K	30	62	16	1	0.6
N 207	NU 207 K	35	72	17	1.1	0.6
N 208	NU 208 K	40	80	18	1.1	1.1
N 209	NU 209 K	45	85	19	1.1	1.1
N 210	NU 210 K	50	90	20	1.1	1.1
N 211	NU 211 K	55	100	21	1.5	1.5
N 212	NU 212 K	60	110	22	1.5	1.5
N 213	NU 213 K	65	120	23	1.5	1.5
N 214	NU 214 K	70	125	24	1.5	1.5
N 215	NU 215 K	75	130	25	1.5	1.5
N 216	NU 216 K	80	140	26	2	2
N 217	NU 217 K	85	150	28	2	2
N 218	NU 218 K	90	160	30	2	2
N 219	NU 219 K	95	170	32	2.1	2.1
N 220	NU 220 K	100	180	34	2.1	2.1
N 221	NU 221 K	105	190	36	2.1	2.1
N 222	NU 222 K	110	200	38	2.1	2.1
N 224	NU 224 K	120	215	40	2.1	2.1
N 226	NU 226 K	130	230	40	3	3
N 228	NU 228 K	140	250	42	3	3
N 230	NU 230 K	150	270	45	3	3
N 232	NU 232 K	160	290	48	3	3
N 234	NU 234 K	170	310	52	4	4
N 236	NU 236 K	180	320	52	4	4
N 238	NU 238 K	190	340	55	4	4
N 240	NU 240 K	200	360	58	4	4
N 244	NU 244 K	220	400	65	4	4
N 248	NU 248 K	240	440	72	4	4
N 252	NU 252 K	260	480	80	5	5
N 256	NU 256 K	280	500	80	5	5
N 260	NU 260 K	300	540	85	5	5
N 264	NU 264 K	320	580	92	5	5

※ 베어링 치수계열 = 02

주
([1]) 내륜 및 외륜의 최소 허용 모떼기 치수이다.

주
([1]) 내륜 및 외륜의 최소 허용 모떼기 치수이다.

비고
형식 기호 NU, NJ, NUP, NF는 생략했다.

82. 원통 롤러 베어링 (NU22, NU3 계열)

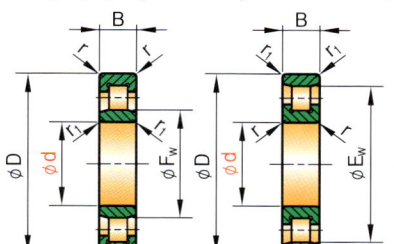
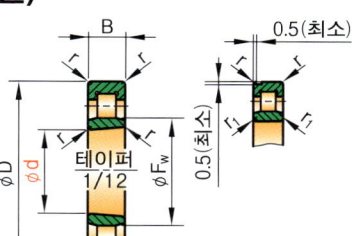

단위 : mm

호칭번호		베어링 계열 NU 22, NJ 22, NUP 22 치수					호칭번호			베어링 계열 NU3, NJ3, NUP3, N3, NF3 치수				
원통 구멍	테이퍼 구멍	d	D	B	r_{min} $(^1)$	참고 r_{1smin} $(^1)$	원통 구멍	테이퍼 구멍	스냅링 홈붙이	d	D	B	r_{min} $(^1)$	r_{1smin} $(^1)$
NU 2204	NU 2204 K	20	47	18	1	0.6	N 304	NU 304 K	NU 304 N	20	52	15	1.1	
NU 2205	NU 2205 K	25	52	18	1	0.6	N 305	NU 305 K	NU 305 N	25	62	17	1.1	
NU 2206	NU 2206 K	30	62	20	1	0.6	N 306	NU 306 K	NU 306 N	30	72	19	1.1	
NU 2207	NU 2207 K	35	72	23	1.1	0.6	N 307	NU 307 K	NU 307 N	35	80	21	1.5	
NU 2208	NU 2208 K	40	80	23	1.1	1.1	N 308	NU 308 K	NU 308 N	40	90	23	1.5	
NU 2209	NU 2209 K	45	85	23	1.1	1.1	N 309	NU 309 K	NU 309 N	45	100	25	1.5	
NU 2210	NU 2210 K	50	90	23	1.1	1.1	N 310	NU 310 K	NU 310 N	50	110	27	2	
NU 2211	NU 2211 K	55	100	25	1.5	1.1	N 311	NU 311 K	NU 311 N	55	120	29	2	
NU 2212	NU 2212 K	60	110	28	1.5	1.5	N 312	NU 312 K	NU 312 N	60	130	31	2.1	
NU 2213	NU 2213 K	65	120	31	1.5	1.5	N 313	NU 313 K	NU 313 N	65	140	33	2.1	
NU 2214	NU 2214 K	70	125	31	1.5	1.5	N 314	NU 314 K	NU 314 N	70	150	35	2.1	
NU 2215	NU 2215 K	75	130	31	1.5	1.5	N 315	NU 315 K	NU 315 N	75	160	37	2.1	
NU 2216	NU 2216 K	80	140	33	2	2	N 316	NU 316 K	NU 316 N	80	170	39	2.1	
NU 2217	NU 2217 K	85	150	36	2	2	N 317	NU 317 K	NU 317 N	85	180	41	3	
NU 2218	NU 2218 K	90	160	40	2	2	N 318	NU 318 K	NU 318 N	90	190	43	3	
NU 2219	NU 2219 K	95	170	43	2.1	2.1	N 319	NU 319 K	NU 319 N	95	200	45	3	
NU 2220	NU 2220 K	100	180	46	2.1	2.1	N 320	NU 320 K	—	100	215	47	3	
NU 2222	NU 2222 K	110	200	53	2.1	2.1	N 321	NU 321 K	—	105	225	49	3	
NU 2224	NU 2224 K	120	215	58	2.1	2.11	N 322	NU 322 K	—	110	240	50	3	
NU 2226	NU 2226 K	130	230	64	3	3	N 324	NU 324 K	—	120	260	55	3	
NU 2228	NU 2228 K	140	250	68	3	3	N 326	NU 326 K	—	130	280	58	4	
NU 2230	NU 2230 K	150	270	73	3	3	N 328	NU 328 K	—	140	300	62	4	
NU 2232	NU 2232 K	160	290	80	3	3	N 330	NU 330 K	—	150	320	65	4	
NU 2234	NU 2234 K	170	310	86	4	4	N 332	NU 332 K	—	160	340	68	4	
NU 2236	NU 2236 K	180	320	86	4	4	N 334	NU 334 K	—	170	360	72	4	
NU 2238	NU 2238 K	190	340	92	4	4	N 336	NU 336 K	—	180	380	75	4	
NU 2240	NU 2240 K	200	360	98	4	4	N 338	NU 338 K	—	190	400	78	5	
NU 2244	NU 2244 K	220	400	108	4	4	N 340	NU 340 K	—	200	420	80	5	
NU 2248	NU 2248 K	240	440	120	4	4	N 344	NU 344 K	—	220	460	88	5	
NU 2252	NU 2252 K	260	480	130	5	5	N 348	NU 348 K	—	240	500	95	5	
NU 2256	NU 2256 K	280	500	130	5	5	N 352	NU 352 K	—	260	540	102	6	
NU 2260	NU 2260 K	300	540	140	5	5	N 356	NU 356 K	—	280	580	108	6	
NU 2264	NU 2264 K	320	580	150	5	5								

※ 베어링 치수계열 = 22

※ 베어링 치수계열 = 03

주
(^{1}) 내륜 및 외륜의 최소 허용 모떼기 치수이다.

비고
형식 기호 NJ, NUP는 생략했다.

주 (^{1}) 내륜 및 외륜의 최소 허용 모떼기 치수이다.

비고
1. 스냅링붙이 베어링의 호칭 번호는 스냅링 홈붙이 베어링 호칭 번호의 N 뒤에 R을 붙인다.
2. 스냅링 홈의 치수는 KS B 2013에 따른다.
3. 형식 기호 NJ, NUP, NF는 생략했다.

83. 원통 롤러 베어링 (NU23, NU4 계열)

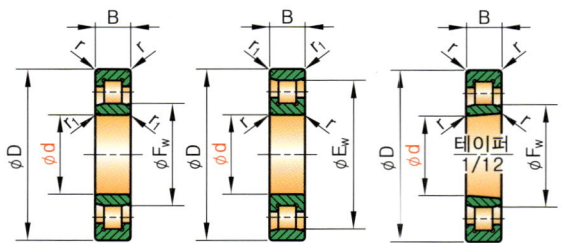

단위 : mm

호칭번호		베어링 계열 NU 23, NJ 23, NUP 23 치수				호칭번호	베어링 계열 NU 4, NJ 4, NUP 4, N 4, NF 4 치수			
원통 구멍	테이퍼 구멍	d	D	B	r_{min} ([1]) r_{1smin} ([1])		d	D	B	r_{min} ([1])
NU 2305	NU 2305 K	25	62	24	1.1	NU 406	30	90	23	1.5
NU 2306	NU 2306 K	30	72	27	1.1	NU 407	35	100	25	1.5
NU 2307	NU 2307 K	35	80	31	1.5	NU 408	40	110	27	2
NU 2308	NU 2308 K	40	90	33	1.5	NU 409	45	120	29	2
NU 2309	NU 2309 K	45	100	36	1.5	NU 410	50	130	31	2.1
NU 2310	NU 2310 K	50	110	40	2	NU 411	55	140	33	2.1
NU 2311	NU 2311 K	55	120	43	2	NU 412	60	150	35	2.1
NU 2312	NU 2312 K	60	130	46	2.1	NU 413	65	160	37	2.1
NU 2313	NU 2313 K	65	140	48	2.1	NU 414	70	180	42	3
NU 2314	NU 2314 K	70	150	51	2.1	NU 415	75	190	45	3
NU 2315	NU 2315 K	75	160	55	2.1	NU 416	80	200	48	3
NU 2316	NU 2316 K	80	170	58	2.1	NU 417	85	210	52	4
NU 2317	NU 2317 K	85	180	60	3	NU 418	90	225	54	4
NU 2318	NU 2318 K	90	190	64	3	NU 419	95	240	55	4
NU 2319	NU 2319 K	95	200	67	3	NU 420	100	250	58	4
NU 2320	NU 2320 K	100	215	73	3	NU 421	105	260	60	4
NU 2322	NU 2322 K	110	240	80	3	NU 422	110	280	65	4
NU 2324	NU 2324 K	120	260	86	3	NU 424	120	310	72	5
NU 2326	NU 2326 K	130	280	93	4	NU 426	130	340	78	5
NU 2328	NU 2328 K	140	300	102	4	NU 428	140	360	82	5
NU 2330	NU 2330 K	150	320	108	4	NU 430	150	380	85	5
NU 2332	NU 2332 K	160	340	114	4	NU 432	160	400	88	5
NU 2334	NU 2334 K	170	360	120	4	NU 434	170	420	92	5
NU 2336	NU 2336 K	180	380	126	4	NU 436	180	440	95	6
NU 2338	NU 2338 K	190	400	132	5	NU 438	190	460	98	6
NU 2340	NU 2340 K	200	420	138	5	NU 440	200	480	102	6
NU 2344	NU 2344 K	220	460	145	5	NU 444	220	540	115	6
NU 2348	NU 2348 K	240	500	155	5	NU 448	240	580	122	6
NU 2352	NU 2352 K	260	540	165	6	–	–	–	–	–
NU 2356	NU 2356 K	280	580	175	6	–	–	–	–	–

※ 베어링 치수계열 = 23   ※ 베어링 치수계열 = 04

주
([1]) 내륜 및 외륜의 최소 허용 모떼기 치수이다.
비고
형식 기호 NJ, NUP는 생략했다.

주
([1]) 내륜 및 외륜의 최소 허용 모떼기 치수이다.
비고
형식 기호 NJ, NUP, N, NF는 생략했다.

84. 원통 롤러 베어링 (NN30 계열)

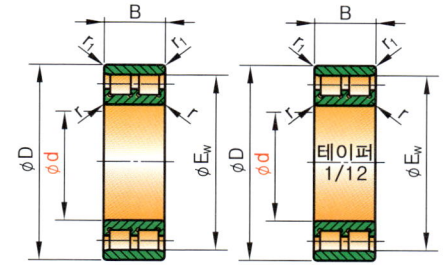

단위 : mm

호칭번호		베어링 계열 NN 30 치수			
원통 구멍	테이퍼 구멍	d	D	B	r_{min} [1] / r_{1smin} [1]
NN 3005	NN 3005 K	25	47	16	0.6
NN 3006	NN 3006 K	30	55	19	1
NN 3007	NN 3007 K	35	62	20	1
NN 3008	NN 3008 K	40	68	21	1
NN 3009	NN 3009 K	45	75	23	1
NN 3010	NN 3010 K	50	80	23	1
NN 3011	NN 3011 K	55	90	26	1.1
NN 3012	NN 3012 K	60	95	26	1.1
NN 3013	NN 3013 K	65	100	26	1.1
NN 3014	NN 3014 K	70	110	30	1.1
NN 3015	NN 3015 K	75	115	30	1.1
NN 3016	NN 3016 K	80	125	34	1.1
NN 3017	NN 3017 K	85	130	34	1.1
NN 3018	NN 3018 K	90	140	37	1.5
NN 3019	NN 3019 K	95	145	37	1.5
NN 3020	NN 3020 K	100	150	37	1.5
NN 3021	NN 3021 K	105	160	41	2
NN 3022	NN 3022 K	110	170	45	2
NN 3024	NN 3024 K	120	180	46	2
NN 3026	NN 3026 K	130	200	52	2
NN 3028	NN 3028 K	140	210	53	2
NN 3030	NN 3030 K	150	225	56	2.1
NN 3032	NN 3032 K	160	240	60	2.1
NN 3034	NN 3034 K	170	260	67	2.1
NN 3036	NN 3036 K	180	280	74	2.1
NN 3038	NN 3038 K	190	290	75	2.1
NN 3040	NN 3040 K	200	310	82	2.1
NN 3044	NN 3044 K	220	340	90	3
NN 3048	NN 3048 K	240	360	92	3
NN 3052	NN 3052 K	260	400	104	4
NN 3056	NN 3056 K	280	420	106	4
NN 3060	NN 3060 K	300	460	118	4
NN 3064	NN 3064 K	320	480	121	4

※ 베어링 치수계열 = 30

[1] 내륜 및 외륜의 최소 허용 모떼기 치수이다.

85. 원통 롤러 베어링 L형 칼라(HJ2, HJ22 계열)

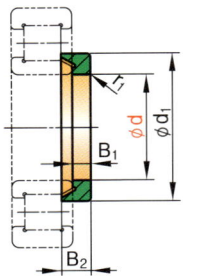

단위 : mm

호칭번호	HJ2 치수(조립되는 베어링 계열 : NJ2)			참고		호칭번호	HJ22 치수(조립되는 베어링 계열 : NJ22)			참고	
	d	d_1 (최대)	B_1	B_2	r_{1smin} ([1])		d	d_1 (최대)	B_1	B_2	r_{1smin} ([1])
HJ 204	20	30	3	6.75	0.6	HJ 2205	25	35	3	7.5	0.6
HJ 205	25	35	3	7.25	0.6	HJ 2206	30	43	4	8.5	0.6
HJ 206	30	43	4	8.25	0.6	HJ 2207	35	49	4	8.5	0.6
HJ 207	35	49	4	8	0.6	HJ 2208	40	55	5	9.5	1.1
HJ 208	40	55	5	9	1.1	HJ 2209([2])	45	60	5	9.5	1.1
HJ 209	45	60	5	9.5	1.1	HJ 2210	50	65	5	9.5	1.1
HJ 210	50	65	5	10	1.1	HJ 2211	55	72	6	11	1.1
HJ 211	55	72	6	11	1.1	HJ 2212	60	79	6	11	1.5
HJ 212	60	79	6	11	1.5	HJ 2213	65	87	6	11.5	1.5
HJ 213	65	87	6	11	1.5	HJ 2214([2])	70	91	7	12.5	1.5
HJ 214	70	91	7	12.5	1.5	HJ 2215([2])	75	96	7	12.5	1.5
HJ 215	75	96	7	12.5	1.5	HJ 2216([2])	80	105	8	13.5	2
HJ 216	80	105	8	13.5	2	HJ 2217([2])	85	110	8	14.	2
HJ 217	85	110	8	14	2	HJ 2218	90	116	9	16	2
HJ 218	90	116	9	15	2	HJ 2219	95	123	9	16.5	2.1
HJ 219	95	123	9	15.5	2.1	HJ 2220	100	130	10	18	2.1
HJ 220	100	130	10	17	2.1	HJ 2222	110	144	11	20.5	2.1
HJ 221	105	136	10	17.5	2.1	HJ 2224	120	155	11	22	2.1
HJ 222	110	144	11	18.5	2.1	HJ 2226	130	170	11	25	3
HJ 224	120	155	11	19	2.1	HJ 2228	140	182	11	25	3
HJ 226	130	170	11	19	3	HJ 2230	150	195	12	26.5	3
HJ 228	140	182	11	19	3						
HJ 230	150	195	12	20.5	3						
HJ 232	160	208	12	21	3						
HJ 234	170	225	12	22	4						
HJ 236	180	236	12	22	4						
HJ 238	190	246	13	23.5	4						
HJ 240	200	260	14	25	4						
HJ 244	220	287	15	27.5	4						
HJ 248	240	316	16	29.5	4						
HJ 252	260	343	18	33	5						

[기타] 유사 규격 : KS B ISO 246 : 2008

주
([1]) 최소 허용 모떼기 치수이다.
([2]) L형 칼라의 계열 HJ 2의 호칭 번호를 대용해도 좋다.

86. 원통 롤러 베어링 L형 칼라(HJ3, HJ23 계열)

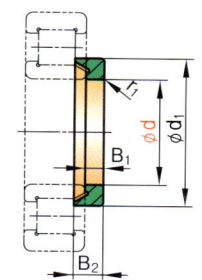

단위 : mm

호칭번호	HJ3 치수(조립되는 베어링 계열 : NJ3)			참고	
	d	d_1 (최대)	B_1	B_2	$r_{1s min}$ [1]
HJ 304	20	35	4	7.5	0.6
HJ 305	25	41	4	8	1.1
HJ 306	30	49	5	9.5	1.1
HJ 307	35	55	6	11	1.1
HJ 308	40	61	7	12.5	1.5
HJ 309	45	69	7	12.5	1.5
HJ 310	50	74	8	14	2
HJ 311	55	82	9	15	2
HJ 312	60	91	9	15.5	2.1
HJ 313	65	96	10	17	2.1
HJ 314	70	107	10	17.5	2.1
HJ 315	75	110	11	18.5	2.1
HJ 316	80	121	11	19.5	2.1
HJ 317	85	127	12	20.5	3
HJ 318	90	133	12	21	3
HJ 319	95	145	13	22.5	3
HJ 320	100	147	13	22.5	3
HJ 321	105	154	13	22.5	3
HJ 322	110	163	14	23	3
HJ 324	120	175	14	23.5	3
HJ 326	130	185	14	24	4
HJ 328	140	204	15	26	4
HJ 330	150	214	15	26.5	4
HJ 332	160	227	15	28	4
HJ 334	170	246	16	29.5	4
HJ 336	180	256	17	30.5	4
HJ 338	190	268	18	32	5
HJ 340	200	283	18	33	5
HJ 344	220	311	20	36	5
HJ 348	240	337	22	39.5	5
HJ 352	260	365	24	43	6

호칭번호	HJ23 치수(조립되는 베어링 계열 : NJ23)			참고	
	d	d_1 (최대)	B_1	B_2	$r_{1s min}$ [1]
HJ 2305	25	41	4	9	1.1
HJ 2306	30	49	5	11.5	1.1
HJ 2307	35	55	6	14	1.1
HJ 2308	40	61	7	14.5	1.5
HJ 2309	45	69	7	15	1.5
HJ 2310	50	74	8	17	2
HJ 2311	55	82	9	18.5	2
HJ 2312	60	91	9	19	2.1
HJ 2313	65	96	10	20	2.1
HJ 2314	70	107	10	20.5	2.1
HJ 2315	75	110	11	21.5	2.1
HJ 2316	80	121	11	23	2.1
HJ 2317	85	127	12	24	3
HJ 2318	90	133	12	26	3
HJ 2319	95	141	13	26.5	3
HJ 2320	100	147	13	27.5	3
HJ 2322	110	163	14	28	3
HJ 2324	120	175	14	28	3
HJ 2326	130	185	14	29.5	4
HJ 2328	140	204	15	33.5	4
HJ 2330	150	214	15	34	4
HJ 2332	160	227	15	37	4
HJ 2334	170	246	16	38.5	4
HJ 2336	180	256	17	40	4

[기타] 유사 규격 : KS B ISO 246 : 2008

주
([1]) 최소 허용 모떼기 치수이다.

87. 원통 롤러 베어링 L형 칼라(HJ4 계열)

  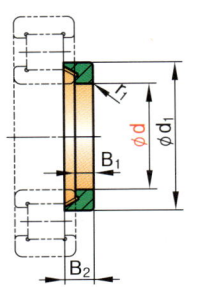 

단위 : mm

호칭번호	HJ4 치수(조립되는 베어링 계열 : NJ4)			참고		호칭번호	HJ4 치수(조립되는 베어링 계열 : NJ4)			참고	
	d	d_1 (최대)	B_1	B_2	r_{1smin} (¹)		d	d_1 (최대)	B_1	B_2	r_{1smin} (¹)
HJ 406	30	56	7	11.5	1.5	HJ 422	110	176	17	29.5	4
HJ 407	35	62	8	13	1.5	HJ 424	120	190	17	30.5	5
HJ 408	40	71	8	13	2	HJ 426	130	208	18	32	5
HJ 409	45	78	8	13.5	2	HJ 428	140	226	18	33	5
HJ 410	50	86	9	14.5	2.1	HJ 430	150	236	20	36.5	5
HJ 411	55	92	10	16.5	2.1	HJ 432	160	249	20	37	5
HJ 412	60	100	10	16.5	2.1	HJ 434	170	269	20	38	5
HJ 413	65	106	11	18	2.1	HJ 436	180	281	23	40.5	6
HJ 414	70	115	12	20	3	HJ 438	190	294	23	42	6
HJ 415	75	122	13	21.5	3	HJ 440	200	305	24	43	6
HJ 416	80	129	13	22	3	HJ 444	220	340	26	46	6
HJ 417	85	136	14	24	4	HJ 448	240	370	28	49	6
HJ 418	90	144	14	24	4						
HJ 419	95	158	15	25.5	4						
HJ 420	100	167	16	27	4						
HJ 421	105	170	16	27	4						

[기타] 유사 규격 : KS B ISO 246 : 2008

주
(¹) 최소 허용 모떼기 치수이다.

88. 테이퍼 롤러 베어링(접촉각 계열 2)

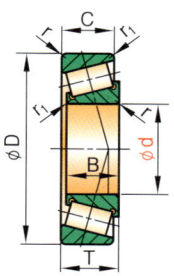

단위: mm

접촉각 계열 2 치수

d	D	T	B	C	r_{min} 내륜	r_{min} 외륜	α	치수계열	d	D	T	B	C	r_{min} 내륜	r_{min} 외륜	α	치수계열
15	42	14.25	13	11	1	1	10°45′29″	2FB	35	55	14	14	0.6	11.5	0.6	11°	2BD
17	40	13.25	12	11	1	1	12°57′10″	2DB	35	65	21	21	1	17	1	11°30′	2CE
17	40	17.25	16	14	1	1	11°45′	2DD	35	68	23	23	2	18.5	2	12°35′	2DD
17	47	15.25	14	12	1	1	10°45′29″	2FB	35	72	28	28	1.5	22	1.5	13°15′	2DE
17	47	20.25	19	16	1	1	10°45′29″	2FD	35	78	33	32.5	2.5	27	2	12°12′	2EE
20	37	12	12	9	0.3	0.3	12°	2BD	35	80	22.75	21	2	18	1.5	11°51′35″	2FB
20	45	17	17.5	13.5	1	1	12°	2DC	35	80	32.75	31	2	25	1.5	11°51′35″	2FE
20	47	15.25	14	12	1	1	12°57′10″	2DB	40	62	15	15	12	0.6	0.6	10°55′	2BC
20	47	19.25	18	15	1	1	12°28′	2DD	40	68	22	22	18	1	1	10°40′	2BE
20	50	22	22	18.5	2	1.5	12°30′	2ED	40	75	24	24	19.5	2	2	12°07′	2CD
20	52	16.25	15	13	1.5	1.5	11°18′36″	2FB	40	75	26	26	20.5	1.5	15	13°20′	2CE
20	52	22.25	21	18	1.5	1.5	11°18′36″	2FD	40	80	32	32	25	1.5	1.5	13°25′	2DE
22	40	12	12	9	0.3	0.3	12°	2BC	40	85	33	32.5	28	2.5	2	12°55′	2EE
22	47	17	17.5	13.5	1	1	12°35′	2CC	40	90	25.25	23	20	2	1.5	12°57′10″	2FB
22	52	22	22	18.5	2	1.5	12°14′	2ED	40	90	35.25	33	27	2	1.5	12°57′10″	2FD
25	42	12	12	9	0.3	0.3	12°	2BC	45	68	15	15	12	0.6	0.6	12°	2BC
25	47	17	17	14	0.6	0.6	10°55′	2CE	45	75	24	24	19	1	1	11°05′	2CE
25	50	17	17.5	13.5	1.5	1	13°30′	2CC	45	80	24	24	19.5	2	2	13°	2CD
25	52	19.25	18	16	1	1	13°30′	2CD	45	95	26	35	30	2.5	2.5	12°09′	2ED
25	52	22	22	18	1	1	13°10′	2DE	45	100	27.25	25	22	2	1.5	12°57′10″	2FB
25	58	26	26	21	2	1.5	12°30′	2EE	45	100	38.25	36	30	2	1.5	12°57′10″	2FD
25	62	18.25	17	15	1.5	1.5	11°18′36″	2FB	50	72	15	15	12	0.6	0.6	12°50′	2BC
25	62	25.25	24	20	1.5	1.5	11°18′36″	2FD	50	80	24	24	19	1	1	11°55′	2CE
28	45	12	12	9	0.3	0.3	12°	2BD	50	85	24	24	19.5	2	2	13°52′	2CD
28	55	19	19.5	15.5	1.5	1.5	12°10′	2CD	50	100	36	35	30	2.5	2.5	12°51′	2ED
28	58	24	24	19	1	1	12°45′	2DE	50	110	29.25	27	23	2.5	2	12°57′10″	2FB
28	65	27	27	22	2	2	12°45′	2ED	50	110	42.25	40	33	2.5	2	12°57′10″	2FD
30	47	12	12	9	0.3	0.3	12°	2BD	55	80	17	17	14	1	1	11°39′	2BC
30	55	20	20	16	1	1	11°	2CE	55	85	18	18.5	14	2	2	12°49′	2CC
30	58	19	19.5	15.5	1.5	1.5	12°50′	2CD	55	90	27	27	21	1.5	1.5	11°45′	2CE
30	62	25	25	19.5	1	1	12°50′	2DE	55	95	27	27	21.5	2	2	12°43′30″	2CD
30	68	29	29	24	2	2	12°28′	2EE	55	110	39	39	32	2.5	2.5	13°	2ED
30	72	20.75	19	16	1.5	1.5	11°51′35″	2FB	55	120	31.5	29	25	2.5	2	12°57′10″	2FB
30	72	28.75	27	23	1.5	1.5	11°51′35″	2FD	55	120	45.5	43	35	2.5	2	12°57′10″	2FD
32	52	14	15	10	0.6	0.6	12°	2BD	60	85	17	17	14	1	1	12°27′	2BC
32	62	21	21	17	1.5	1.5	12°30′	2CD	60	90	18	18.5	14	2	2	13°38′30″	2CC
32	65	26	26	20.5	1	1	13°	2DE	60	95	27	27	21	1.5	1.5	12°20′	2CE
32	72	29	29	24	2	2	12°41′30″	2ED	60	100	27	27	21.5	2.	2	13°27′	2CD
–	–	–	–	–	–	–	–	–	60	115	40	39	33	2.5	2.5	12°30′	2EE
–	–	–	–	–	–	–	–	–	60	130	33.5	31	26	3	2.5	12°57′10″	2FB
–	–	–	–	–	–	–	–	–	60	130	48.5	46	37	3	2.5	12°57′10″	2FD

88. 테이퍼 롤러 베어링(접촉각 계열 2)

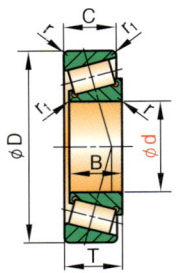

단위 : mm

접촉각 계열 2 치수(계속)

d	D	T	B	C	r_{min} 내륜	r_{min} 외륜	α	치수계열	d	D	T	B	C	r_{min} 내륜	r_{min} 외륜	α	치수계열
65	90	17	17	14	1	1	13°15′	2BC	95	130	23	23	18	1.5	1.5	13°25′	2BC
65	100	22	22	17.5	2	2	12°10′30″	2CC	95	140	28	27.5	23	2.5	2.5	12°30′	2CC
65	100	27	27	21	1.5	1.5	13°05′	2CE	95	145	34	33	28	2.5	2.5	12°30′	2CD
65	110	31	31	25	2	2	12°27′	2DD	95	145	39	39	32.5	3	1.5	10°30′	2CE
65	125	43	42	35	2.5	2.5	12°	2FD	95	160	46	46	38	3	3	12°43′	2ED
65	140	36	33	28	3	2.5	12°57′10″	2GB	95	200	49.5	45	38	4	3	12°57′10″	2GB
65	140	51	48	39	3	2.5	12°57′10″	2GD	95	200	71.5	67	55	4	3	12°57′10″	2GD
70	100	20	20	16	11	1	11°53′	2BC	100	140	25	25	20	1.5	1.5	12°23′	2CC
70	105	22	22	17.5	2	2	12°49′30″	2CC	100	145	28	27.5	23	2.5	2.5	12°58′30″	2DC
70	110	31	31	25.5	1.5	2	10°45′	2CE	100	150	34	33	28	2.5	2.5	12°57′30″	2CD
70	120	34	33	27	2	2	12°22′	2DD	100	150	39	39	32.5	3	1.5	10°50′	2CE
70	130	43	42	35	2	2.5	12°31′30″	2ED	100	165	47	46	39	3	3	12°	2EE
70	150	38	35	30	3	2.5	12°57′10″	2GB	100	215	51.5	47	39	4	3	12°57′10″	2GB
70	150	54	51	42	3	2.5	12°57′10″	2GD	100	215	77.5	73	60	4	3	12°57′10″	2GD
75	105	20	20	16	1	1	12°31′	2BC	105	145	25	25	20	1.5	1.5	12°51′	2CC
75	115	25	25	20	2	2	12°	2CC	105	155	33	31.5	27	2.5	2.5	12°17′30″	2CD
75	115	31	31	25.5	1.5	2	11°15′	2CE	105	160	38	37	31	3	2.5	12°17′30″	2DD
75	125	34	33	27	2.5	2	12°55′	2DD	105	160	43	43	34	2.5	2	10°40′	2DE
75	135	43	42	35	3	2.5	13°03′	2ED	105	170	47	46	39	3	3	12°18′30″	2EE
75	160	40	37	31	3	2.5	12°57′10″	2GB	105	225	53.5	49	41	4	3	12°57′10″	2GB
75	160	58	55	45	3	2.5	12°57′10″	2GD	105	225	81.5	77	63	4	3	12°57′10″	2GD
80	110	20	20	16	1	1	13°10′	2BC	110	150	25	25	20	1.5	1.5	13°20′	2CC
80	120	25	25	20	2	2	12°33′30″	2CC	110	160	33	31.5	27	2.5	2.5	12°42′30″	2CD
80	125	36	36	29.5	1.5	1.5	10°30′	2CE	110	165	38	37	31	3	2.5	12°42′30″	2DD
80	130	34	33	27	2.5	2	13°30′	2DD	110	170	47	47	37	2.5	2	10°50′	2DE
80	145	46	45	38	3	2.5	12°02′	2ED	110	175	47	46	39	4	3	12°41′30″	2EE
80	170	42.5	39	33	3	2.5	12°57′10″	2GB	110	240	54.5	50	42	4	3	12°57′10″	2GB
80	170	61.5	58	48	3	2.5	12°57′10″	2GD	110	240	84.5	80	65	4	3	12°57′10″	2GD
85	120	23	23	18	1.5	1.5	12°18′	2BC	120	165	29	29	23	1.5	1.5	13°05′	2CC
85	125	25	25	20	2.5	2	13°7′30″	2CC	120	175	36	35	29	2.5	2.5	12°08′	2DC
85	130	36	36	29.5	1.5	1.5	11°	2CE	120	180	41	40	33	3	2.5	12°08′30″	2DD
85	135	34	33	28	2.5	2	13°02′	2DD	120	180	48	48	38	2.5	2	11°30′	2DE
85	150	46	46	38	3	3	12°30′	2ED	120	190	50	49	41	4	3	12°09′30″	2EE
85	180	44.5	41	34	4	3	12°57′10″	2GB	120	260	59.5	55	46	4	3	12°57′10″	2GB
									120	260	90.5	86	69	4	3	12°57′10″	2GD
90	125	23	23	18	1.5	1.5	12°51′	2BC	130	180	32	32	25	2	1.5	12°45′	2CC
90	135	28	27.5	22	2.5	2	12°01′30″	2CC	130	185	36	35	29	3	2.5	12°52′	2DC
90	140	34	33	28	2.5	2.5	12°02′30″	2CD	130	190	41	40	33	3	2.5	12°51′30″	2DD
90	140	39	39	32.5	2	1.5	10°10′	2CE	130	200	50	49	41	4	3	12°50′30″	2DE
90	155	46	46	38	3	3	12°17′	2ED	130	200	55	55	43	2.5	2	12°50′	2EE
90	190	46.5	43	36	4	3	12°57′10″	2GB	130	280	63.75	58	49	5	4	12°57′10″	2GB
-	-	-	-	-	-	-	-	-									

88. 테이퍼 롤러 베어링(접촉각 계열 2, 3)

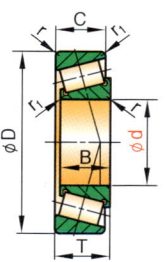

단위 : mm

접촉각 계열 2 치수(계속)

d	D	T	B	C	r_{min} 내륜	r_{min} 외륜	α	치수계열
140	190	32	32	25	2	1.5	13°30′	2CC
140	200	39	38	31	3	2.5	12°	2DC
140	205	44	43	36	3	2.5	12°	2DD
140	210	56	56	44	2.5	2	13°30′	2DE
140	215	53	52	44	4	3	12°	2ED
140	300	67.75	62	53	5	4	12°57′10″	2GB
150	210	38	38	30	2.5	2	12°20′	2DC
150	215	44	43	36	3	3	12°37′	2DD
150	225	53	52	44	4	4	12°35′30″	2ED
150	225	59	59	46	3	2.5	13°40′	2EE
150	320	72	65	55	5	4	12°57′10″	2GB
160	220	38	38	30	2.5	2	13°	2DC
160	225	44	43	36	3	3	13°14′30″	2DD
160	235	53	52	44	4	4	13°11′30″	2ED
160	340	75	68	58	5	4	12°57′10″	2GB
170	235	44	43	36	3	3	12°13′30″	2DD
170	245	53	52	44	5	4	12°14′	2ED
170	360	80	72	62	5	4	12°57′10″	2GB
180	240	39	38	31	3	3	12°47′	2DC
180	245	44	43	36	3	3	12°46′30″	2DD
180	255	53	52	44	5	4	12°46′	2ED
190	255	41	40	33	3	3	12°15′	2DC
190	260	47	46	38	4	3	12°15′	2DD
190	270	56	55	46	5	4	12°15′30″	2ED
200	265	41	40	33	3	3	12°45′	2DC
200	270	47	46	38	4	3	12°45′	2DD
200	280	56	55	46	5	4	12°44′30″	2ED
220	285	41	40	33	4	3	12°	2DC
220	290	47	46	38	4	3	12°	2DD
220	300	56	55	46	5	4	12°04′30″	2ED
240	305	41	40	33	4	3	12°53′	2DC
240	310	47	46	38	4	3	12°52′	2DD
240	320	57	56	46	6	4	12°55′30″	2EE
260	325	41	40	33	4	4	13°46′	2DC
260	330	47	46	38	4	4	13°44′30″	2DD
260	340	57	56	46	6	4	12°07′30″	2DE
280	360	57	56	46	6	5	12°52′30″	2DE

접촉각 계열 3 치수

d	D	T	B	C	r_{min} 내륜	r_{min} 외륜	α	치수계열
20	42	15	15	12	0.6	0.6	14°	3CC
22	44	15	15	11.5	0.6	0.6	14°50′	3CC
25	52	16.25	15	13	1	1	14°02′10″	3CC
30	62	17.25	16	14	1	1	14°02′10″	3DB
30	62	21.25	20	17	1	1	14°02′10″	3DC
32	65	18.25	17	15	1	1	14°	3DB
35	72	18.25	17	15	1.5	1.5	14°02′10″	3DB
35	72	24.25	23	19	1.5	1.5	14°02′10″	3DC
40	68	19	19	14.5	1	1	14°10′	3CD
40	80	19.75	18	16	1.5	1.5	14°02′10″	3DB
40	80	24.75	23	19	1.5	1.5	14°02′10″	3DC
45	75	20	20	15.5	1	1	14°40′	3CC
45	80	26	26	20.5	1.5	1.5	14°20′	3CE
45	85	20.75	19	16	1.5	1.5	15°06′34″	3DB
45	85	24.75	23	19	1.5	1.5	15°06′34″	3DC
45	85	32	32	25	1.5	1.5	14°25′	3DE
50	80	20	20	15.5	1	1	15°45′	3CC
50	85	26	26	20	1.5	1.5	15°20′	3CE
50	90	21.75	20	17	1.5	1.5	15°38′32″	3DB
50	90	24.75	23	19	1.5	1.5	15°38′32″	3DC
50	90	32	32	24.5	1.5	1.5	15°25′	3DE
55	90	23	23	17.5	1.5	1.5	15°10′	3CC
55	95	30	30	23	1.5	1.5	14°	3CE
55	100	22.75	21	18	2	1.5	15°06′34″	3DB
55	100	26.75	25	21	2	1.5	15°06′34″	3DC
55	100	35	35	27	2	1.5	14°55′	3DE
60	100	30	30	23	1.5	1.5	14°50′	3CE
60	110	23.75	22	19	2	1.5	15°06′34″	3EB
60	110	29.75	28	24	2	1.5	15°06′34″	3EC
60	110	38	38	29	2	1.5	15°05′	3EE
65	110	34	34	26.5	1.5	1.5	14°30′	3DE
65	120	24.75	23	20	2	1.5	15°06′34″	3EB
65	120	32.75	31	27	2	1.5	15°06′34″	3EV
65	120	41	41	32	2	1.5	14°35′	3EE
65	135	52	51	43	5	3	15°55′50″	3FE
–	–	–	–	–	–	–	–	–

89. 테이퍼 롤러 베어링(접촉각 계열 3)

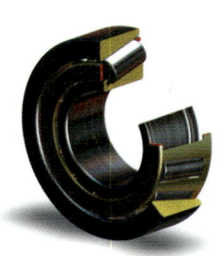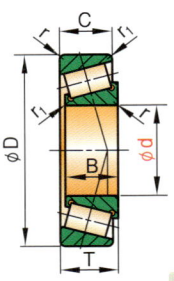

단위 : mm

접촉각 계열 3 치수(계속)

d	D	T	B	C	r_{min} 내륜	r_{min} 외륜	α	치수계열	d	D	T	B	C	r_{min} 내륜	r_{min} 외륜	α	치수계열
70	120	37	37	29	2	1.5	14°10′	3DE	105	175	56	56	44	2.5	2	15°05′	3EE
70	125	26.25	24	21	2	1.5	15°38′32″	3EB	105	190	39	36	30	3	2.5	15°38′32″	3FB
70	125	33.25	31	27	2	1.5	15°38′32″	3EC	105	190	53	50	43	3	2.5	15°38′32″	3FC
70	125	41	41	32	2	1.5	15°15′	3EE	105	190	68	68	52	3	2.5	15°	3FE
75	125	37	37	29	2	1.5	14°50′	3DE	110	180	56	56	43	2.5	2	15°35′	3EE
75	130	41	41	31	2	1.5	15°55′	3EE	110	190	58	57	47	6	3	15°48′	3FE
75	145	52	51	43	5	3	15°57′	3FE	110	200	41	38	32	3	2.5	15°38′32″	3FB
									110	200	56	53	46	3	2.5	15°38′32″	3FC
80	125	29	29	22	1.5	1.5	15°45′	3CC	120	200	62	62	48	2.5	2	14°50′	3FE
80	130	37	37	29	2	1.5	15°30′	3DE	130	210	58	57	47	6	4	15°50′30″	3EE
80	140	23.25	26	22	2.5	2	15°38′32″	3EB	150	235	61	59	50	6	4	15°53′	3EE
80	140	35.25	33	28	2.5	2	15°38′32″	3EC	170	230	38	38	30	2.5	2	14°20′	3DC
80	140	46	46	35	2.5	2	15°50′	3EE	170	255	61	59	50	6	4	15°55′	3EE
85	140	41	41	32	2.5	2	15°10′	3DE	180	280	64	64	48	3	2.5	15°45′	3FD
85	150	30.5	28	24	2.5	2	15°38′32″	3EB	190	280	64	62	52	6	4	15°58′30″	3EE
85	150	38.5	36	30	2.5	2	15°38′32″	3EC	200	280	51	51	39	3	2.5	14°45′	3EC
85	150	49	49	37	2.5	2	15°35′	3EE	200	360	104	98	82	5	4	15°10′	3GD
85	160	55	54	45	5	3	15°43′	3FE	220	300	51	51	39	3	2.5	15°50′	3EC
90	140	32	32	24	2	1.5	15°45′	3CC	260	360	63.5	63.5	48	3	2.5	15°10′	3EC
90	150	45	45	35	2.5	2	14°50′	3DE	300	420	76	76	57	4	3	14°45′	3FD
90	160	32.5	30	26	2.5	2	15°38′32″	3FB	320	440	76	76	57	4	3	15°30′	3FD
90	160	42.5	40	34	2.5	2	15°38′32″	3FC	−	−	−	−	−	−	−	−	−
90	160	55	55	42	2.5	2	15°40′	3FE	−	−	−	−	−	−	−	−	−
95	160	49	49	38	2.5	2	14°35′	3EE	−	−	−	−	−	−	−	−	−
95	170	34.5	32	27	3	2.5	15°38′32″	3FB	−	−	−	−	−	−	−	−	−
95	170	45.5	43	37	3	2.5	15°38′32″	3FC	−	−	−	−	−	−	−	−	−
95	170	58	58	44	3	2.5	15°15′	3FE	−	−	−	−	−	−	−	−	−
100	165	52	52	40	2.5	2	15°10′	3EE	−	−	−	−	−	−	−	−	−
100	180	37	34	29	3	2.5	15°38′32″	3FB	−	−	−	−	−	−	−	−	−
100	180	49	46	39	3	2.5	15°38′32″	3FC	−	−	−	−	−	−	−	−	−
100	180	63	63	48	3	2.5	15°05′	3FE	−	−	−	−	−	−	−	−	−

90. 테이퍼 롤러 베어링(접촉각 계열 4)

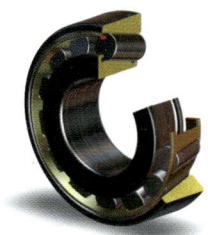

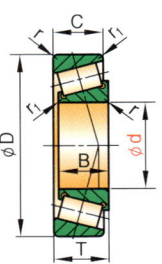

KS B 2027 : 2000(2005 확인)(ISO 355 : 1997)

단위 : mm

접촉각 계열 4 치수

d	D	T	B	C	r_{min} 내륜	r_{min} 외륜	α	치수계열	d	D	T	B	C	r_{min} 내륜	r_{min} 외륜	α	치수계열
20	45	14	14	10	1	1	16°40′	4DB	85	130	24	22.5	17.5	2	2	17°30′	4CB
22	47	14	14	10	1	1	17°30′	4CB	85	130	29	29	22	1.5	1.5	16°25′	4CC
25	47	15	15	11.5	0.6	0.6	16°	4CC	90	135	24	22.5	17.5	2	2	18°14′	4CB
25	50	14	14	10	1	1	18°45′	4CB	90	165	55	54	45	5	3	16°15′	4FE
28	52	16	16	12	1	1	16°	4CC	95	140	24	22.5	17.5	2	2	16°51′	4CB
28	55	15	14.5	11	1	1	17°30′	4CB	95	145	32	32	24	2	1.5	16°25′	4CC
30	55	17	17	13	1	1	16°	4CC	95	170	55	54	45	5	3	16°47′	4FE
30	60	17	16.5	12.5	1	1	17°30′	4DB	100	145	24	22.5	17.5	3	3	17°30′	4CB
32	58	17	17	14	1	1	16°50′	4CC	100	150	32	32	24	2	1.5	16°25′	4CC
32	65	18	17.5	13.5	1	1	17°30′	4DB	100	175	55	54	45	6	3	16°	4FE
35	62	18	18	14	1	1	16°50′	4CC	105	150	24	22.5	17.5	3	3	18°09′	4CB
35	70	19	18	14	1	1	16°49′30″	4DB	105	160	35	35	26	2.5	2	16°30′	4DC
40	75	19	18	14	1	1	18°10′30″	4CB	105	180	55	54	45	6	3	16°30′	4EE
45	85	21	20	15.5	2	2	16°55′30″	4DB	110	160	27	25.5	19.5	3	3	16°24′	4CB
50	90	21	20	15.5	2	2	18°04′30″	4DB	110	170	38	38	29	2.5	2	16°	4DC
50	105	41	40	34	4	2.5	16°41′	4FE	120	170	27	25	19.5	3	3	17°30′	4CB
55	95	21	20	15.5	2	2	16°33′	4CB	120	180	38	38	29	2.5	2	17°	4DC
55	115	44	42	37	5	2.5	16°15′	4FE	120	200	58	57	47	6	3	16°42′	4FE
60	95	23	23	17.5	1.5	1.5	16°	4CC	120	215	43.5	40	34	3	2.5	16°10′20″	4FB
60	100	21	20	15.5	2	2	17°30′	4CB	120	215	61.5	58	50	3	2.5	16°10′20″	4FD
60	125	48	46	40	5	2.5	16°15′	4FE	130	185	29	27	21	3	3	17°30′	4CB
65	100	23	23	17.5	1.5	1.5	17°	4CC	130	200	45	45	34	2.5	2	16°10′	4EC
65	105	21	20	15.5	2	2	18°27′	4CB	130	230	43.75	40	34	4	3	16°10′20″	4FB
70	110	21	20	15.5	2	2	17°05′	4CB	130	230	67.75	64	54	4	3	16°10′20″	4FD
70	110	25	25	19	1.5	1.5	16°10′	4CC	140	195	29	27	21	3	3	18°32′	4CB
70	140	52	51	43	5	3	16°34′30″	4FE	140	210	45	45	34	2.5	2	17°	4DC
75	115	21	20	15.5	2	2	17°55′	4CB	140	220	58	57	47	6	4	16°39′30″	4EE
75	115	25	25	19	1.5	1.5	17°	4CC	140	250	45.75	42	36	4	3	16°10′20″	4FB
75	130	27.25	25	22	2	1.5	16°10′20″	4DB	140	250	71.75	68	58	4	3	16°10′20″	4FD
75	130	33.25	31	27	2	1.5	16°10′20″	4DC	150	210	32	30	23	3	3	17°04′	4DB
80	125	24	22.5	17.5	2	2	16°46′	4CB	150	225	48	48	36	3	2.5	17°	4EC
80	150	52	51	43	5	3	16°33′	4FE	150	270	49	45	38	4	3	16°10′20″	4GB
–	–	–	–	–	–	–	–	–	150	270	77	73	60	4	3	16°10′20″	4GD

90. 테이퍼 롤러 베어링(접촉각 계열 4)

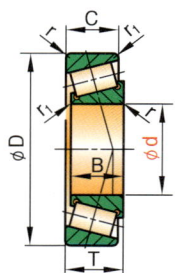

단위 : mm

접촉각 계열 4 치수(계속)

d	D	T	B	C	r_{min} 내륜	r_{min} 외륜	α	치수계열
160	220	32	30	23	3	3	17°57′30″	4DB
160	240	51	51	38	3	2.5	17°	4EC
160	245	61	59	50	6	4	16°37′	4EE
160	290	52	48	40	4	3	16°10′20″	4GB
170	230	32	30	23	3	3	17°06′	4DB
170	260	57	57	43	3	2.5	16°30′	4EC
170	310	57	52	43	5	4	16°10′20″	4GB
170	310	91	86	71	5	4	16°10′20″	4GD
180	240	32	30	23	3	3	17°54′	4DB
180	250	45	45	34	2.5	2	17°45′	4DC
180	265	61	59	50	6	4	16°35′	4EE
180	320	57	52	43	5	4	16°41′57″	4GB
190	260	37	34	27	3	3	16°46′	4DB
190	260	45	45	34	2.5	2	17°39′	4DC
190	290	64	64	48	3	2.5	16°25′	4FD
190	340	60	55	46	5	4	16°10′20″	4GB
200	270	37	34	27	3	3	17°30′	4DB
200	290	64	62	52	6	4	16°34′	4EE
200	310	70	70	53	3	2.5	16°	4FD
200	360	64	58	48	5	4	16°10′20″	4GB
220	290	37	34	27	3	3	18°54′	4DB
220	340	76	76	57	3	3	16°	4FD
240	320	42	39	30	3	3	16°56′	4EB
240	320	51	51	39	3	2.5	17°	4EC
240	260	76	76	57	3	3	17°	4FD
260	340	42	39	30	3	3	18°04′	4DB
260	400	87	87	65	3	4	16°10′	4FC
280	370	48	44	34	3	3	17°30′	4EB
280	380	63.5	63.5	48	3	2.5	16°05′	4EC
280	420	87	87	65	5	4	17°	4FC
300	400	52	49	37	3	3	17°	4EB
300	460	100	100	74	5	4	16°10′	4GD
320	420	53	49	38	3	3	17°55′	4EB
320	480	100	100	74	5	4	17°	4GD
340	460	76	76	57	4	3	16°15′	4FD
360	480	76	76	57	4	3	17°	4FD

91. 테이퍼 롤러 베어링(접촉각 계열 5)

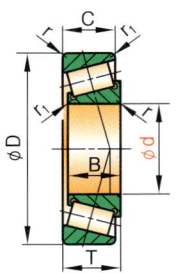

단위 : mm

접촉각 계열 5 치수

d	D	T	B	C	r_{min} 내륜	r_{min} 외륜	α	치수계열	d	D	T	B	C	r_{min} 내륜	r_{min} 외륜	α	치수계열
20	47	19.25	18	1	15	1	19°	5DD	60	115	39	38	4	31	2.5	19°32′	5ED
25	52	19.25	18	1	15	1	21°15′	5CD	60	130	48.5	46	3	37	2.5	20°	5FD
28	58	20.25	19	1	16	1	20°34′	5DD	65	115	34	32	4	27	2.5	20°30′	5DD
30	62	21.25	20	1	17	1	20°34′	5DC	65	120	39	38	4	31	2.5	20°28′	5ED
30	72	28.75	27	1.5	23	1.5	20°	5FD	65	140	51	48	3	39	2.5	20°	5GD
32	65	22	21.5	1	17	1	20°	5DC	70	125	37	34.5	4	30	2.5	19°34′	5DD
32	75	29.75	28	1.5	23	1.5	20°	5FD	70	130	42	40	4	34	2.5	19°11′	5ED
									70	150	54	51	3	42	2.5	20°	5GD
35	72	24.25	23	1.5	19	1.5	21°10′	5DC	75	130	37	34.5	4	30	2.5	20°26′	5DD
35	80	32.75	31	2	25	1.5	20°	5FE	75	135	45	40	5	34	2.5	20°	5ED
									75	160	58	55	3	45	2.5	20°	5GD
40	80	24.75	23	1.5	19	1.5	20°	5DC	80	135	37	34.5	4	30	2.5	19°36′	5DD
40	80	27	23.5	4	21.5	2	20°43′30″	5DD	80	140	42	40	5	34	3	20°49′	5ED
40	90	35.25	33	2	27	1.5	20°	5FD	80	170	61.5	58	3	48	2.5	20°	5GD
45	85	24.75	23	1.5	19	1.5	21°35′	5DC	85	140	37	34.5	4	30	3	20°24′	5DD
45	90	32	31	4	26	2	20°	5ED	85	145	42	40	5	34	3	19°16′	5ED
45	100	38.25	36	2	30	1.5	20°	5FD	85	180	63.5	60	4	49	3	20°	5GD
50	90	24.75	23	1.5	18	1.5	21°20′	5DC	90	145	37	34.5	4	30	3	19°16′	5DD
50	100	36	34.5	4	29	2	19°27′30″	5ED	90	150	42	40	5	34	3	20°	5ED
50	110	42.25	40	2.5	33	2	20°	5FD									
55	100	30	28.5	4	24	2.5	20°	5DD	95	150	37	34.5	4	30	3	20°	5DD
55	105	36	34.5	4	29	2.5	20°32′	5ED	95	155	42	40	5	34	3	20°44′	5ED
55	120	45.5	43	2.5	35	2	20°	5FD	100	155	37	34.5	5	30	3	20°44′	5DD
60	110	34	32	4	27	2.5	19°30′	5DD	100	160	42	40	5	34	3	19°20′	5ED
–	–	–	–	–	–	–	–		105	160	37	34.5	5	30	3	19°40′	5DD

KS B 2027 : 2000(2005 확인)(ISO 355 : 1977)

92. 테이퍼 롤러 베어링(접촉각 계열 7)

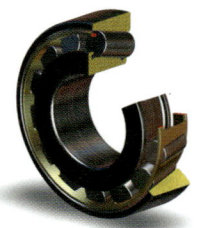

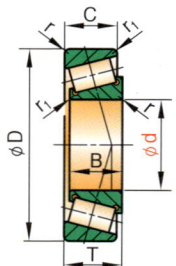

단위 : mm

접촉각 계열 7 치수

d	D	T	B	C	r_{min} 내륜	r_{min} 외륜	α	치수계열
25	62	18.25	17	13	1.5	1.5	28°48′39″	7FB
30	72	20.75	19	14	1.5	1.5	28°48′39″	7FB
35	80	22.75	21	15	2	1.5	28°48′39″	7FB
40	90	25.25	23	17	2	1.5	28°48′39″	7FB
45	95	29	26.5	20	2.5	2.5	30°	7FC
45	100	27.25	25	18	2	1.5	28°48′39″	7FB
50	105	32	29	22	3	3	30°	7FC
50	110	29.25	27	19	2.5	2	28°48′39″	7FB
55	115	34	31	23.5	3	3	30°	7FC
55	120	31.5	29	21	2.5	2	28°48′39″	7FB
60	125	37	33.5	26	3	3	28°39′	7FC
60	130	33.5	31	22	3	2.5	28°48′39″	7FB
65	130	37	33.5	26	3	3	30°	7FC
65	140	36	33	23	3	2.5	28°48′39″	7FB
70	140	39	35.5	27	3	3	30°	7FC
70	150	38	35	25	3	2.5	28°48′39″	7FB
75	150	42	38	29	3	3	30°	7FC
75	160	40	37	26	3	2.5	28°48′39″	7FB
80	160	45	41	31	3	3	30°	7FC
80	170	42.5	39	27	3	2.5	28°48′39″	7FB
85	170	48	45	33	4	4	28°04′30″	7FC
85	180	44.5	41	28	4	3	28°48′39″	7FB
90	175	48	45	33	4	4	29°02′30″	7FC
90	190	46.5	43	30	4	3	28°48′39″	7FB
95	180	49	45	33	4	4	30°	7FC
95	200	49.5	45	32	4	3	28°48′39″	7FB
100	190	52	47	35	4	4	30°	7FC
100	215	56.5	51	35	4	3	28°48′39″	7FB
105	200	54	49	37	4	4	30°	7FC
105	225	58	53	36	4	3	28°48′39″	7FB
110	210	57	51	39	4	4	28°25′	7FC
110	240	63	57	38	4	3	28°48′39″	7FB

93. 자동 조심 롤러 베어링 (230, 231 계열)

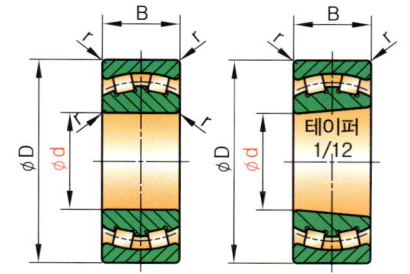

단위 : mm

호칭번호		베어링 계열 230 치수				호칭번호		베어링 계열 231 치수			
		치수						치수			
원통 구멍	테이퍼 구멍	d	D	B	r_{smin} (¹)	원통 구멍	테이퍼 구멍	d	D	B	r_{smin} (¹)
23022	–	110	170	45	2	23122	23122 K	110	180	56	2
23024	23024 K	120	180	46	2	23124	23124 K	120	200	62	2
23026	23026 K	130	200	52	2	23126	23126 K	130	210	64	2
23028	23028 K	140	210	53	2	23128	23128 K	140	225	68	2.1
23030	23030 K	150	225	56	2.1	23130	23130 K	150	250	80	2.1
23032	23032 K	160	240	60	2.1	23132	23132 K	160	270	86	2.1
23034	23034 K	170	260	67	2.1	23134	23134 K	170	280	83	2.1
23036	23036 K	180	280	74	2.1	23136	23136 K	180	300	96	3
23038	23038 K	190	290	75	2.1	23138	23138 K	190	320	104	3
23040	23040 K	200	310	82	2.1	23140	23140 K	200	340	112	3
23044	23044 K	220	340	90	3	23144	23144 K	220	370	120	4
23048	23048 K	240	360	92	3	23148	23148 K	240	400	128	4
23052	23052 K	260	400	104	4	23152	23152 K	260	440	144	4
23056	23056 K	280	420	106	4	23156	23156 K	280	460	146	5
23060	23060 K	300	460	118	4	23160	23160 K	300	500	160	5
23064	23064 K	320	480	121	4	23164	23164 K	320	540	176	5
23068	23068 K	340	520	133	5	23168	23168 K	340	580	190	5
23072	23072 K	360	540	134	5	23172	23172 K	360	600	192	5
23076	23076 K	380	560	135	5	23176	23176 K	380	620	194	5
23080	23080 K	400	600	148	5	23180	23180 K	400	650	200	6
23084	23084 K	420	620	150	5	23184	23184 K	420	700	224	6
23088	23088 K	440	650	157	6	23188	23188 K	440	720	226	6
23092	23092 K	460	680	163	6	23192	23192 K	460	760	240	7.5
23096	23096 K	480	700	165	6	23196	23196 K	480	790	248	7.5

※ 베어링 치수계열 = 30   ※ 베어링 치수계열 = 31

주
(¹) 내륜 및 외륜의 최소 허용 모떼기 치수이다.

94. 자동 조심 롤러 베어링 (222, 232 계열)

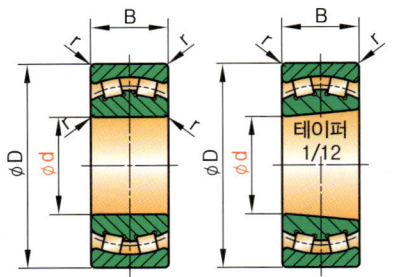

단위 : mm

호칭번호		베어링 계열 222 치수				호칭번호		베어링 계열 232 치수			
		치수						치수			
원통 구멍	테이퍼 구 멍	d	D	B	r_{smin}([1])	원통 구멍	테이퍼 구 멍	d	D	B	r_{smin}([1])
22205	22205 K	25	52	18	1	23218	23218 K	90	160	52.4	2
22206	22206 K	30	62	20	1	–	–	–	–	–	–
22207	22207 K	35	72	23	1.1	23220	23220 K	100	180	60.3	2.1
22208	22208 K	40	80	23	1.1	23222	23222 K	110	200	69.8	2.1
22209	22209 K	45	85	23	1.1	23224	23224 K	120	215	76	2.1
22210	22210 K	50	90	23	1.1	23226	23226 K	130	230	80	3
22211	22211 K	55	100	25	1.5	23228	23228 K	140	250	88	3
22212	22212 K	60	110	28	1.5	23230	23230 K	150	270	96	3
22213	22213 K	65	120	31	1.5	23232	23232 K	160	290	104	3
22214	22214 K	70	125	31	1.5	23234	23234 K	170	310	110	4
22215	22215 K	75	130	31	1.5	23236	23236 K	180	320	112	4
22216	22216 K	80	140	33	2	23238	23238 K	190	340	120	4
22217	22217 K	85	150	36	2	23240	23240 K	200	360	128	4
22218	22218 K	90	160	40	2	23244	23244 K	220	400	144	4
22219	22219 K	95	170	43	2.1	23248	23248 K	240	440	160	4
22220	22220 K	100	180	46	2.1	23252	23252 K	260	480	174	5
22222	22222 K	110	200	53	2.1	23256	23256 K	280	500	176	5
22224	22224 K	120	215	58	2.1	23260	23260 K	300	540	192	5
22226	22226 K	130	230	64	3	23264	23264 K	320	580	208	5
22228	22228 K	140	250	68	3	23268	23268 K	340	620	224	6
22230	22230 K	150	270	73	3	23272	23272 K	360	650	232	6
22232	22232 K	160	290	80	3	23276	23276 K	380	680	240	6
22234	22234 K	170	310	86	4	23280	23280 K	400	720	256	6
22236	22236 K	180	320	86	4	23284	23284 K	420	760	272	7.5
22238	22238 K	190	340	92	4	23288	23288 K	440	790	280	7.5
22240	22240 K	200	360	98	4	23292	23292 K	460	830	296	7.5
22244	22244 K	220	400	108	4	23296	23296 K	480	870	310	7.5

※ 베어링 치수계열 = 22 ※ 베어링 치수계열 = 32

주
([1]) 내륜 및 외륜의 최소 허용 모떼기 치수이다.

95. 자동 조심 롤러 베어링 (213, 223 계열)

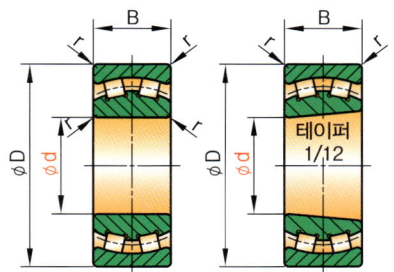

단위 : mm

호칭번호		베어링 계열 213 치수			
원통 구멍	테이퍼 구 멍	d	D	B	r_{smin} (¹)
21304	21304 K	20	52	15	1.1
21305	21305 K	25	62	17	1.1
21306	21306 K	30	72	19	1.1
21307	21307 K	35	80	21	1.5
21308	21308 K	40	90	23	1.5
21309	21309 K	45	100	25	1.5
21310	21310 K	50	110	27	2
21311	21311 K	55	120	29	2
21312	21312 K	60	130	31	2.1
21313	21313 K	65	140	33	2.1
21314	21314 K	70	150	35	2.1
21315	21315 K	75	160	37	2.1
21316	21316 K	80	170	39	2.1
21317	21317 K	85	180	41	3
21318	21318 K	90	190	43	3
21319	21319 K	95	200	45	3
21320	21320 K	100	215	47	3
21322	21322 K	105	240	50	3

※ 베어링 치수계열 = 03

호칭번호		베어링 계열 223 치수			
원통 구멍	테이퍼 구 멍	d	D	B	r_{smin} (¹)
22308	22308 K	40	90	33	1.5
22309	22309 K	45	100	36	1.5
22310	22310 K	50	110	40	2
22311	22311 K	55	120	43	2
22312	22312 K	60	130	46	2.1
22313	22313 K	65	140	48	2.1
22314	22314 K	70	150	51	2.1
22315	22315 K	75	160	55	2.1
22316	22316 K	80	170	58	2.1
22317	22317 K	85	180	60	3
22318	22318 K	90	190	64	3
22319	22319 K	95	200	67	3
22320	22320 K	100	215	73	3
22322	22322 K	110	240	80	3
22324	22324 K	120	260	86	3
22326	22326 K	130	280	93	4
22328	22328 K	140	300	102	4
22330	22330 K	150	320	108	4
22332	22332 K	160	340	114	4
22334	22334 K	170	360	120	4
22336	22336 K	180	380	126	4
22338	22338 K	190	400	132	5
22340	22340 K	200	420	138	5
22344	22344 K	220	460	145	5
22348	22348 K	240	500	155	5
22352	22352 K	260	540	165	6
22356	22356 K	280	580	175	6

※ 베어링 치수계열 = 23

주
(¹) 내륜 및 외륜의 최소 허용 모떼기 치수이다.

96. 니들 롤러 베어링 (NA48, RNA48 계열)

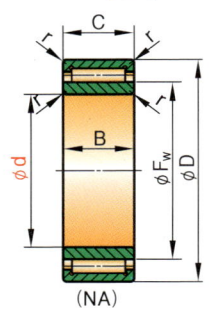
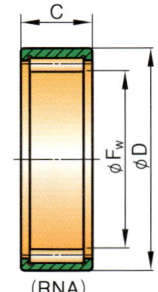

(NA)　　　(RNA)

단위 : mm

호칭번호	내륜붙이 베어링 계열 NA 48 치수				호칭번호	내륜이 없는 베어링 계열 RNA 48 치수			
	d	D	B 및 C	r_{smin}		F_w	D	C	r_{smin}
NA 4822	110	140	30	1	RNA 4822	120	140	30	1
NA 4824	120	150	30	1	RNA 4824	130	150	30	1
NA 4826	130	165	35	1.1	RNA 4826	145	165	35	1.1
NA 4828	140	175	35	1.1	RNA 4828	155	175	35	1.1
NA 4830	150	190	40	1.1	RNA 4830	165	190	40	1.1
NA 4832	160	200	40	1.1	RNA 4832	175	200	40	1.1
NA 4834	170	215	45	1.1	RNA 4834	185	215	45	1.1
NA 4836	180	225	45	1.1	RNA 4836	195	225	45	1.1
NA 4838	190	240	50	1.5	RNA 4838	210	240	50	1.5
NA 4840	200	250	50	1.5	RNA 4840	220	250	50	1.5
NA 4844	220	270	50	1.5	RNA 4844	240	270	50	1.5
NA 4848	240	300	60	2	RNA 4848	265	300	60	2
NA 4852	260	320	60	2	RNA 4852	285	320	60	2
NA 4856	280	350	69	2	RNA 4856	305	350	69	2
NA 4860	300	380	80	2.1	RNA 4860	330	380	80	2.1
NA 4864	320	400	80	2.1	RNA 4864	350	400	80	2.1
NA 4868	340	420	80	2.1	RNA 4868	370	420	80	2.1
NA 4872	360	440	80	2.1	RNA 4872	390	440	80	2.1

비고
케이지가 없는 베어링의 경우에는 호칭번호 앞에 기호 V를 붙인다.

97. 니들 롤러 베어링 (NA49, RNA49 계열)

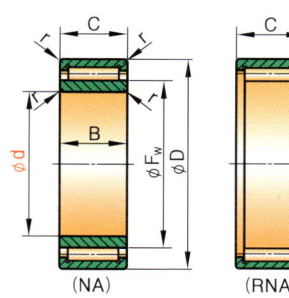

(NA)　　　(RNA)

단위 : mm

호칭번호	내륜붙이 베어링 NA 49 치수				호칭번호	내륜이 없는 베어링 RNA 49 치수			
	d	D	B 및 C	r_{smin}		F_w	D	C	r_{smin}
–	–	–	–	–	RNA 493	5	11	10	0.15
					RNA 494	6	12	10	0.15
NA 495	5	13	10	0.15	RNA 495	7	13	10	0.15
NA 496	6	15	10	0.15	RNA 496	8	15	10	0.15
NA 497	7	17	10	0.15	RNA 497	9	17	10	0.15
NA 498	8	19	11	0.2	RNA 498	10	19	11	0.2
NA 499	9	20	11	0.3	RNA 499	12	20	11	0.3
NA 4900	10	22	13	0.3	RNA 4900	14	22	13	0.3
NA 4901	12	24	13	0.3	RNA 4901	16	24	13	0.3
–	–	–	–	–	RNA 49/14	18	26	13	0.3
NA 4902	15	28	13	0.3	RNA 4902	20	28	13	0.3
NA 4903	17	30	13	0.3	RNA 4903	22	30	13	0.3
NA 4904	20	37	17	0.3	RNA 4904	25	37	17	0.3
NA 49/22	22	39	17	0.3	RNA 49/22	28	39	17	0.3
NA 4905	25	42	17	0.3	RNA 4905	30	42	17	0.3
NA 49/28	28	45	17	0.3	RNA 49/28	32	45	17	0.3
NA 4906	30	47	17	0.3	RNA 4906	35	47	17	0.3
NA 49/32	32	52	20	0.6	RNA 49/32	40	52	20	0.6
NA 4907	35	55	20	0.6	RNA 4907	42	55	20	0.6
–	–	–	–	–	RNA 49/38	45	58	20	0.6
NA 4908	40	62	22	0.6	RNA 4908	48	62	22	0.6
–	–	–	–	–	RNA 49/42	50	65	22	0.6
NA 4909	45	68	22	0.6	RNA 4909	52	68	22	0.6
–	–	–	–	–	RNA 49/48	55	70	22	0.6
NA 4910	50	72	22	0.6	RNA 4910	58	72	22	0.6
–	–	–	–	–	RNA 49/58	65	82	25	1
NA 4912	60	85	25	1	RNA 4912	68	85	25	1
–	–	–	–	–	RNA 49/62	70	88	25	1
NA 4913	65	90	25	1	RNA 4913	72	90	25	1
–	–	–	–	–	RNA 49/68	75	95	30	1
NA 4914	70	100	30	1	RNA 4914	80	100	30	1
NA 4915	75	105	30	1	RNA 4915	85	105	30	1
NA 4916	80	110	30	1	RNA 4916	90	110	30	1
–	–	–	–	–	RNA 49/82	95	115	30	1
NA 4917	85	120	35	1.1	RNA 4917	100	120	35	1.1
NA 4918	90	125	35	1.1	RNA 4918	105	125	35	1.1
NA 4919	95	130	35	1.1	RNA 4919	110	130	35	1.1
NA 4920	100	140	40	1.1	RNA 4920	115	140	40	1.1
NA 4922	110	150	40	1.1	RNA 4922	125	150	40	1.1
NA 4924	120	165	45	1.1	RNA 4924	135	165	45	1.1

비고
케이지가 없는 베어링의 경우에는 호칭번호 앞에 기호 V를 붙인다.

KS B 2022 : 2000(2005 확인)(ISO 104 : 1994)

98. 평면자리 스러스트 볼 베어링 (511, 512 계열)

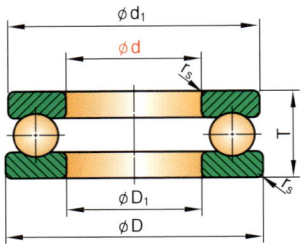

단위 : mm

호칭번호	베어링 계열 511 치수						호칭번호	베어링 계열 512 치수					
	d	D	T	r_{smin}	d_{1smax}	D_{1smin}		d	D	T	d_{1smax}	D_{1smin}	r_{smin}
51100	10	24	9	0.3	24	11	51124	4	16	8	16	4	0.3
51101	12	26	9	0.3	26	13	51126	6	20	9	20	6	0.3
51102	15	28	9	0.3	28	16	51128	8	22	9	22	8	0.3
51103	17	30	9	0.3	30	18	51200	10	26	11	26	12	0.6
51104	20	35	10	0.3	35	21	51201	12	28	11	28	14	0.6
51105	25	42	11	0.6	42	26	51202	15	32	12	32	17	0.6
51106	30	47	11	0.6	47	32	51203	17	35	12	35	19	0.6
51107	35	52	12	0.6	52	37	51204	20	40	14	40	22	0.6
51108	40	60	13	0.6	60	42	51205	25	47	15	47	27	0.6
51109	45	65	14	0.6	65	47	51206	30	52	16	52	32	0.6
51110	50	70	14	0.6	70	52	51207	35	62	18	62	37	1
51111	55	78	16	0.6	78	57	51208	40	68	19	68	42	1
51112	60	85	17	1	85	62	51209	45	73	20	73	47	1
51113	65	90	18	1	90	67	51210	50	78	22	78	52	1
51114	70	95	18	1	95	72	51211	55	90	25	90	57	1
51115	75	100	19	1	100	77	51212	60	95	26	95	62	1
51116	80	105	19	1	105	82	51213	65	100	27	100	67	1
51117	85	110	19	1	110	87	51214	70	105	27	105	72	1
51118	90	120	22	1	120	92	51215	75	110	27	110	77	1
51120	100	135	25	1	135	102	51216	80	115	28	115	82	1
51122	110	145	25	1	145	112	51217	85	125	31	125	88	1
51124	120	155	25	1	155	122	51218	90	135	35	135	93	1.1
51126	130	170	30	1	170	132	51220	100	150	38	150	103	1.1
51128	140	180	31	1	178	142	51222	110	160	38	160	113	1.1
51130	150	190	31	1	188	152	51224	120	170	39	170	123	1.1
51132	160	200	31	1	198	162	51226	130	190	45	187	133	1.5
51134	170	215	34	1.1	213	172	51228	140	200	46	197	143	1.5
51136	180	225	34	1.1	222	183	51230	150	215	50	212	153	1.5
51138	190	240	37	1.1	237	193	51232	160	225	51	222	163	1.5
51140	200	250	37	1.1	247	203	51234	170	240	55	237	173	1.5
51144	220	270	37	1.1	267	223	51236	180	250	56	247	183	1.5
51148	240	300	45	1.5	297	243	51238	190	270	62	267	194	2
51152	260	320	45	1.5	317	263	51240	200	280	62	277	204	2
51156	280	350	53	1.5	347	283	51244	220	300	63	297	224	2
51160	300	380	62	2	376	304	51248	240	340	78	335	244	2.1
51164	320	400	63	2	396	324	51252	260	360	79	355	264	2.1
51168	340	420	64	2	416	344	51256	280	380	80	375	284	2.1
51172	360	440	65	2	436	364	51260	300	420	95	415	304	3
51176	380	460	65	2	456	384	51264	320	440	95	435	325	3

※ 베어링 치수계열 = 11, 지름계열 = 1   ※ 베어링 치수계열 = 12, 지름계열 = 2

d_{1smax} : 내륜의 최대 허용 바깥지름 d_{1smax} : 내륜의 최대 허용 바깥지름

D_{1smin} : 외륜의 최소 허용 안지름 D_{1smin} : 외륜의 최소 허용 안지름

99. 평면자리 스러스트 볼 베어링(513, 514 계열)

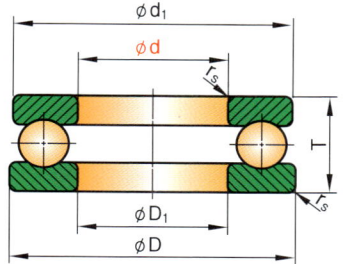

단위 : mm

호칭번호	베어링 계열 513 치수						호칭번호	베어링 계열 514 치수				
	d	D	T	d_{1smax}	D_{1smin}	r_{smin}		d	D	T	d_{1smax}	D_{1smin}	r_{smin}
5134	4	20	11	20	4	0.6	51405	25	60	24	60	27	1
5136	6	24	12	24	6	0.6	51406	30	70	28	70	32	1
5138	8	26	12	26	8	0.6	51407	35	80	32	80	37	1.1
51300	10	30	14	30	10	0.6	51408	40	90	36	90	42	1.1
51301	12	32	14	32	12	0.6	51409	45	100	39	100	47	1.1
51302	15	37	15	37	15	0.6	51410	50	110	43	110	52	1.5
51303	17	40	16	40	19	0.6	51411	55	120	48	120	57	1.5
51304	20	47	18	47	22	1	51412	60	130	51	130	62	1.5
51305	25	52	18	52	27	1	51413	65	140	56	140	68	2
51306	30	60	21	60	32	1	51414	70	150	60	150	73	2
51307	35	68	24	68	37	1	51415	75	160	65	160	78	2
51308	40	78	26	78	42	1	51416	80	170	68	170	83	2.1
51309	45	85	28	85	47	1	51417	85	180	72	177	88	2.1
51310	50	95	31	95	52	1.1	51418	90	190	77	187	93	2.1
51311	55	105	35	105	57	1.1	51420	100	210	85	205	103	3
51312	60	110	35	110	62	1.1	51422	110	230	95	225	113	3
51313	65	115	36	115	67	1.1	51424	120	250	102	245	123	4
51314	70	125	40	125	72	1.1	51426	130	270	110	265	134	4
51315	75	135	44	135	77	1.5	51428	140	280	112	275	144	4
51316	80	140	44	140	82	1.5	51430	150	300	120	295	154	4
51317	85	150	49	150	88	1.5	51432	160	320	130	315	164	5
51318	90	155	50	155	93	1.5	51434	170	340	135	335	174	5
51320	100	170	55	170	103	1.5	51436	180	360	140	355	184	5
51322	110	190	63	187	113	2	51438	190	380	150	375	195	5
51324	120	210	70	205	123	2.1	51440	200	400	155	395	205	5
51326	130	225	75	220	134	2.1	51444	220	420	160	415	225	6
51328	140	240	80	235	144	2.1	51448	240	440	160	435	245	6
51330	150	250	80	245	154	2.1	51452	260	480	175	475	265	6
51332	160	270	87	265	164	3	51456	280	520	190	515	285	6
51334	170	280	87	275	174	3	51460	300	540	190	535	305	6
51336	180	300	95	295	184	3	51464	320	580	205	575	325	7.5
51338	190	320	105	315	195	4	51468	340	620	220	615	345	7.5
51340	200	340	110	335	205	4	51472	360	640	220	635	365	7.5
51344	220	360	112	355	225	4	51476	380	670	224	665	385	7.5
51348	240	380	112	375	245	4	51480	400	710	243	705	405	7.5
51352	260	420	130	415	265	5	51484	420	730	243	725	425	7.5
51356	280	440	130	435	285	5	51488	440	780	265	775	445	9.5
51360	300	480	140	475	305	5	51492	460	800	265	795	465	9.5
51364	320	500	140	495	325	5	51494	480	850	290	845	485	9.5

※ 베어링 치수계열 = 13, 지름계열 = 3

※ 베어링 치수계열 = 14, 지름계열 = 4

d_{1smax} : 내륜의 최대 허용 바깥지름
D_{1smin} : 외륜의 최소 허용 안지름

d_{1smax} : 내륜의 최대 허용 바깥지름
D_{1smin} : 외륜의 최소 허용 안지름

100. 평면자리 스러스트 볼 베어링 (522 계열)

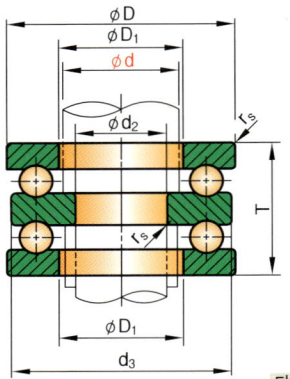

단위 : mm

호칭 번호	d (축경)	d_2	S	T	B	d_{3max}	D_{1smin}	r_{smin} 내륜	r_{smin} 외륜
52202	15	10	32	22	5	32	17	0.3	0.6
52204	20	15	40	26	6	40	22	0.3	0.6
52205	25	20	47	28	7	47	27	0.3	0.6
52206	30	25	52	29	7	52	32	0.3	0.6
52207	35	30	62	34	8	62	37	0.3	1
52208	40	30	68	36	9	68	42	0.6	1
52209	45	35	73	37	9	73	47	0.6	1
52210	50	40	78	39	9	78	52	0.6	1
52211	55	45	90	45	10	90	57	0.6	1
52212	60	50	95	46	10	95	62	0.6	1
52213	65	55	100	47	10	100	67	0.6	1
52214	70	55	105	47	10	105	72	1	1
52215	75	60	110	47	10	110	77	1	1
52216	80	65	115	48	10	115	82	1	1
52217	85	70	125	55	12	125	88	1	1
52218	90	75	135	62	14	135	93	1	1.1
52220	100	85	150	67	15	150	103	1	1.1
52222	110	95	160	67	15	160	113	1	1.1
52224	120	100	170	68	15	170	123	1.1	1.1
52226	130	110	190	80	18	189.5	133	1.1	1.5
52228	140	120	200	81	18	199.5	143	1.1	1.5
52230	150	130	215	89	20	214.5	153	1.1	1.5
52232	160	140	225	90	20	224.5	163	1.1	1.5
52234	170	150	240	97	21	239.5	173	1.1	1.5
52236	180	150	250	98	21	249	183	2	1.5
52238	190	160	270	109	24	269	194	2	2
52240	200	170	280	109	24	279	204	2	2
52244	220	190	300	110	24	299	224	2	2

※ 베어링 치수계열 = 22 , 지름계열 = 2

비고

1. d : 단식 베어링 512 계열 내륜 안지름
2. d_{3max} : 중앙 내륜의 최대 허용 바깥지름, D_{1smin} : 외륜의 최소 허용 안지름

KS B 2022 : 2000(2005 확인)(ISO 104 : 1994)

101. 평면자리 스러스트 볼 베어링 (523 계열)

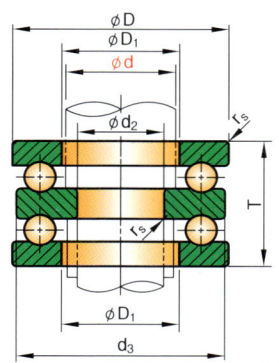

단위 : mm

호칭 번호	베어링 계열 523 치수									
	d (축경)	d_2	D	T_1	B	d_{3smax}	D_{1smin}	r_{smin}	
								내륜	외륜
52305	25	20	52	34	8	52	27	0.3	1
52306	30	25	60	38	9	60	32	0.3	1
52307	35	30	68	44	10	68	37	0.3	1
52308	40	30	78	49	12	78	42	0.6	1
52309	45	35	85	52	12	85	47	0.6	1
52310	50	40	95	58	14	95	52	0.6	1.1
52311	55	45	105	64	15	105	57	0.6	1.1
52312	60	50	110	64	15	110	62	0.6	1.1
52313	65	55	115	65	15	115	67	0.6	1.1
52314	70	55	125	72	16	125	72	1	1.1
52315	75	60	135	79	18	135	77	1	1.5
52316	80	65	140	79	18	140	82	1	1.5
52317	85	70	150	87	19	150	88	1	1.5
52318	90	75	155	88	19	155	93	1	1.5
52320	100	85	170	97	21	170	103	1	1.5
52322	110	95	190	110	24	189.5	113	1	2
52324	120	100	210	123	27	209.5	123	1.1	2.1
52326	130	110	225	130	30	224	134	1.1	2.1
52328	140	120	240	140	31	239	144	1.1	2.1
52330	150	130	250	140	31	249	154	1.1	2.1
52332	160	140	270	153	33	269	164	1.1	3
52334	170	150	280	153	33	279	174	1.1	3
52336	180	150	300	165	37	299	184	2	3
52338	190	160	320	183	40	319	195	2	4
52340	200	170	340	192	42	339	205	2	4

※ 베어링 치수계열 = 23, 지름계열 = 3

비고

1. d : 단식 베어링 513 계열 내륜 안지름
2. d_{3smax} : 중앙 내륜의 최대 허용 바깥지름, D_{1smin} : 외륜의 최소 허용 안지름

KS B 2022 : 2000(2005 확인)(ISO 104 : 1994)

102. 평면자리 스러스트 볼 베어링 (524 계열)

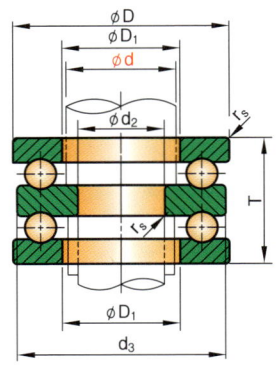

단위 : mm

호칭 번호	베어링 계열 524 치수								
	d (축경)	d_2	D	T_1	B	$d_{3s max}$	$D_{1s min}$	$r_{s min}$	
								내륜	외륜
52405	25	15	60	45	11	60	22	0.6	1
52406	30	20	70	52	12	70	32	0.6	1
52407	35	25	80	59	14	80	37	0.6	1.1
52408	40	30	90	65	15	90	42	0.6	1.1
52409	45	35	100	72	17	100	47	0.6	1.1
52410	50	40	110	78	18	110	52	0.6	1.5
52411	55	45	120	87	20	120	57	0.6	1.5
52412	60	50	130	93	21	130	62	0.6	1.5
52413	65	50	140	101	23	140	68	1	2
52414	70	55	150	107	24	150	73	1	2
52415	75	60	160	115	26	160	78	1	2
52416	80	65	170	120	27	170	83	1	2.1
52417	85	65	180	128	29	179.5	88	1.1	2.1
52418	90	70	190	135	30	189.5	93	1.1	2.1
52420	100	80	210	150	33	209.5	103	1.1	3
52422	110	90	230	166	37	229	113	1.1	3
52424	120	95	250	177	40	249	123	1.5	4
52426	130	100	270	192	42	269	134	2	4
52428	140	110	280	196	44	279	144	2	4
52430	150	120	300	209	46	299	154	2	4
52432	160	130	320	226	50	319	164	2	5
52434	170	135	340	236	50	339	174	2.1	5
52436	180	140	360	245	52	359	184	3	5

※ 베어링 치수계열 = 24, 지름계열 = 4

비고

1. d : 단식 베어링 514 계열 내륜 안지름
2. $d_{3s max}$: 중앙 내륜의 최대 허용 바깥지름, $D_{1s min}$: 외륜의 최소 허용 안지름

103. 스러스트 볼 베어링 축 및 하우징 어깨 지름

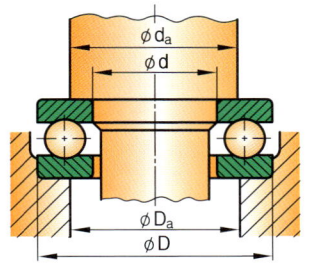

단위 : mm

d	베어링 계열											
	511			512			513			514		
	D	d_a (최소)	D_a (최대)	D	d_a (최소)	D_a (최대)	D	d_a (최소)	D_a (최대)	D	d_a (최소)	D_a (최대)
10	24	18	16	26	20	16	–	–	–	–	–	–
12	26	20	18	28	22	18	–	–	–	–	–	–
15	28	23	20	32	25	22	–	–	–	–	–	–
17	30	25	22	35	28	24	–	–	–	–	–	–
20	35	29	26	40	32	28	–	–	–	–	–	–
25	42	35	32	47	38	34	52	41	36	60	46	39
30	47	40	37	52	43	39	60	48	42	70	54	46
35	52	45	42	62	51	46	68	55	48	80	62	53
40	60	52	48	68	57	51	78	63	55	90	70	60
45	65	57	53	73	62	56	85	69	61	100	78	67
50	70	62	58	78	67	61	95	77	68	110	86	74
55	78	69	64	90	76	69	105	85	75	120	94	81
60	85	75	70	95	81	74	110	90	80	130	102	88
65	90	80	75	100	86	79	115	95	85	140	110	95
70	95	85	80	105	91	84	125	103	92	150	118	102
75	100	90	85	110	96	89	135	111	99	160	125	110
80	105	95	90	115	101	94	140	116	104	170	133	117
85	110	100	95	125	109	101	150	124	111	180	141	124
90	120	108	102	135	117	108	155	129	116	190	149	131
100	135	121	114	150	130	120	170	142	128	210	165	145
110	145	131	124	160	140	130	190	158	142	230	181	159
120	155	141	134	170	150	140	210	173	157	250	196	174
130	70	154	146	190	166	154	225	186	169	270	212	188
140	180	164	456	200	176	164	240	199	181	280	222	198
150	190	174	166	215	189	176	250	209	191	300	238	212
160	200	184	176	225	199	186	270	225	205	–	–	–
170	215	197	188	240	212	198	280	235	215	–	–	–
180	225	207	198	250	222	208	300	251	229	–	–	–
190	240	220	210	270	238	222	320	266	244	–	–	–
200	250	230	220	280	248	232	340	282	258	–	–	–
220	270	250	240	300	268	252	–	–	–	–	–	–
240	300	276	264	340	299	281	–	–	–	–	–	–
260	320	296	284	360	319	301	–	–	–	–	–	–
280	350	322	308	380	339	321	–	–	–	–	–	–
300	380	348	332	420	371	349	–	–	–	–	–	–
320	400	368	352	440	391	369	–	–	–	–	–	–
340	420	388	372	460	411	389	–	–	–	–	–	–
360	440	408	392	500	442	418	–	–	–	–	–	–

104. 스러스트 볼 베어링 조심 시트 와셔(512 계열)

 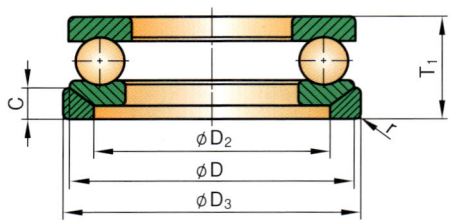

단위 : mm

베어링 계열 512 조심 시트 와셔 치수

호칭 번호	d	D	D_2	D_3	T_1	C	r_{smin}
51200	10	26	18	28	13	3.5	0.6
51201	12	28	20	30	13	3.5	0.6
51202	15	32	24	35	15	4	0.6
51203	17	35	26	38	15	4	0.6
51204	20	40	30	42	17	5	0.6
51205	25	47	36	50	19	5.5	0.6
51206	30	52	42	55	20	5.5	0.6
51207	35	62	48	65	22	7	1
51208	40	68	55	72	23	7	1
51209	45	73	60	78	24	7.5	1
51210	50	78	62	82	26	7.5	1
51211	55	90	72	95	30	9	1
51212	60	95	78	100	31	9	1
51213	65	100	82	105	32	9	1
51214	70	105	88	110	32	9	1
51215	75	110	92	115	32	9.5	1
51216	80	115	98	120	33	10	1
51217	85	125	105	130	37	11	1
51218	90	135	110	140	42	13.5	1.1
51220	100	150	125	155	45	14	1.1
51222	110	160	135	165	45	14	1.1
51224	120	170	145	175	46	15	1.1
51226	130	190	160	195	53	17	1.5
51228	140	200	170	210	55	17	1.5
51230	150	215	180	225	60	20.5	1.5
51232	160	225	190	235	61	21	1.5
51234	170	240	200	250	65	21.5	1.5
51236	180	250	210	260	66	21.5	1.5
51238	190	270	230	280	73	23	2
51240	200	280	240	290	74	23	2
51244	220	300	260	310	75	25	2
51248	240	340	290	350	92	30	2.1
51252	260	360	305	370	93	30	2.1
51256	280	380	325	390	94	31	2.1
51260	300	420	360	430	112	34	3
51264	320	440	380	450	112	36	3
51264	340	460	400	470	113	36	3
51264	360	500	430	510	130	43	4

※ 베어링 치수계열 = 12, 지름계열 = 2

> [비고]
> d : 베어링 내륜 안지름, D : 베어링 외륜 바깥지름

105. 스러스트 볼 베어링 조심 시트 와셔(513, 514 계열)

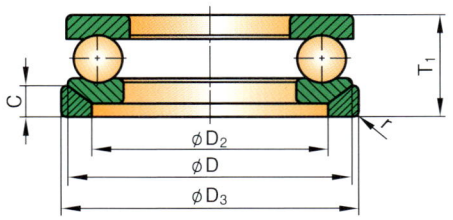

단위 : mm

호칭 번호	d	D	D_2	D_3	T_1	C	r_{smin}	호칭 번호	d	D	D_2	D_3	T_1	C	r_{smin}
51305	25	52	38	55	22	6	1	51405	25	60	42	62	29	8	1
51306	30	60	45	62	25	7	1	51406	30	70	50	75	33	9	1
51307	35	68	52	72	28	7.5	1	51407	35	80	58	85	37	10	1.1
51308	40	78	60	82	31	8.5	1	51408	40	90	65	95	42	12	1.1
51309	45	85	65	90	33	10	1	51409	45	100	72	105	46	12.5	1.1
51310	50	95	72	100	37	11	1.1	51410	50	110	80	115	50	14	1.5
51311	55	105	80	110	42	11.5	1.1	51411	55	120	88	125	55	15.5	1.5
51312	60	110	85	115	42	11.5	1.1	51412	60	130	95	135	58	16	1.5
51313	65	115	90	120	43	12.5	1.1	51413	65	140	100	145	65	17.5	2
51314	70	125	98	130	48	13	1.1	51414	70	150	110	155	69	19.5	2
51315	75	135	105	140	52	15	1.5	51415	75	160	115	165	75	21	2
51316	80	140	110	145	52	15	1.5	51416	80	170	125	175	78	22	2.1
51317	85	150	115	155	58	17.5	1.5	51417	85	180	130	185	83	23	2.1
51318	90	155	120	160	59	18	1.5	51418	90	190	140	195	88	25.5	2.1
51320	100	170	135	175	64	18	1.5	51420	100	210	155	220	98	27	3
51322	110	190	150	195	72	20.5	2	51422	110	230	170	240	109	29	3
51324	120	210	165	220	80	22	2.1	51424	120	250	185	260	118	32	4
51326	130	225	177	235	86	26	2.1	51426	130	270	200	280	128	38	4
51328	140	240	190	250	92	26	2.1	51428	140	280	206	290	131	38	4
51330	150	250	200	260	92	26	2.1	51430	150	300	225	310	140	41	4
51332	160	270	215	280	100	29	3	51432	160	320	240	330	150	41.5	5
51334	170	280	220	290	100	29	3	51434	170	340	255	350	156	46	5
51336	180	300	240	310	109	32	3	51436	180	360	270	370	164	46.5	5
51338	190	320	255	330	121	33	4	–	–	–	–	–	–	–	–
51340	200	340	270	350	130	38	4	–	–	–	–	–	–	–	–

※ 베어링 치수계열 = 13, 지름계열 = 3　　　　　※ 베어링 치수계열 = 14, 지름계열 = 4

비고

d : 베어링 내륜 안지름, D : 베어링 외륜 바깥지름

106. 스러스트 볼 베어링 조심 시트 와셔(522 계열)

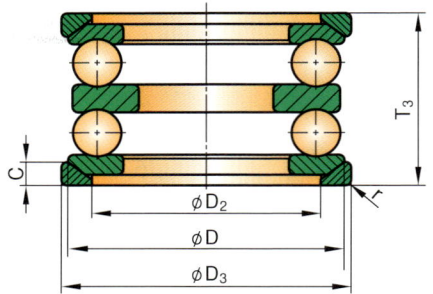

단위 : mm

호칭번호	베어링 계열 522 조심 시트 와셔 치수							
	d(축경)	d_2	D	D_2	D_3	T_3	C	r_{smin}
52202	15	10	32	24	35	28	4	0.6
52204	20	15	40	30	42	32	5	0.6
52205	25	20	47	36	50	36	5.5	0.6
52206	30	25	52	42	55	37	5.5	0.6
52207	35	30	62	48	65	42	7	1
52208	40	30	68	55	72	44	7	1
52209	45	35	73	60	78	45	7.5	1
52210	50	40	78	62	82	47	7.5	1
52211	55	45	90	72	95	55	9	1
52212	60	50	95	78	100	56	9	1
52213	65	55	100	82	105	57	9	1
52214	70	55	105	88	110	57	9	1
52215	75	60	110	92	115	57	9.5	1
52216	80	65	115	98	120	58	10	1
52217	85	70	125	105	130	67	11	1
52218	90	75	135	110	140	76	13.5	1.1
52220	100	85	150	125	155	81	14	1.1
52222	110	95	160	135	165	81	14	1.1
52224	120	100	170	145	175	82	15	1.1
52226	130	110	190	160	195	96	17	1.5
52228	140	120	200	170	210	99	17	1.5
52230	150	130	215	180	225	109	20.5	1.5
52232	160	140	225	190	235	110	21	1.5
52234	170	150	240	200	250	117	21.5	1.5
52236	180	150	250	210	260	118	21.5	1.5
52238	190	160	270	230	280	131	23	2
52240	200	170	280	240	290	133	23	2
52244	220	190	300	260	310	134	25	2

※ 베어링 치수계열 = 22, 지름계열 = 2

비고

d : 단식 베어링 512 계열 내륜 안지름, d_2 : 중앙 내륜의 안지름, D : 베어링 외륜 바깥지름

107. 스러스트 볼 베어링 조심 시트 와셔(523 계열)

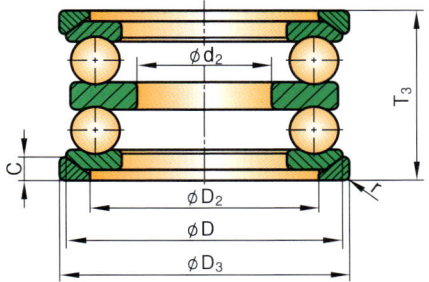

단위 : mm

호칭번호	d	d_2	D	D_2	D_3	T_3	C	r_{smin}
52305	25	20	52	38	55	42	6	1
52306	30	25	60	45	62	46	7	1
52307	35	30	68	52	72	52	7.5	1
52308	40	30	78	60	82	59	8.5	1
52309	45	35	85	65	90	62	10	1
52310	50	40	95	72	1001	70	11	1.1
52311	55	45	105	80	10	78	11.5	1.1
52312	60	50	110	85	115	78	11.5	1.1
52313	65	55	115	90	120	79	12.5	1.1
52314	70	55	125	98	130	88	13	1.1
52315	75	60	135	105	140	95	15	1.5
52316	80	65	140	110	145	95	15	1.5
52317	85	70	150	115	155	105	17.5	1.5
52318	90	75	155	120	160	106	18	1.5
52320	100	85	170	135	175	115	18	1.5
52322	110	95	190	150	195	128	20.5	2
52324	120	100	210	165	220	143	22	2.1
52326	130	110	225	177	235	152	26	2.1
52328	140	120	240	190	250	164	26	2.1
52330	150	130	250	200	260	164	26	2.1
52332	160	140	270	215	280	179	29	3
52334	170	150	280	220	290	179	29	3
52336	180	150	300	240	310	193	32	3
52338	190	160	320	255	330	215	33	4
52340	200	170	340	270	350	232	38	4

※ 베어링 치수계열 = 23, 지름계열 = 3

[비고]
d : 단식 베어링 513 계열 내륜 안지름, d_2 : 중앙 내륜의 안지름, D : 베어링 외륜 바깥지름

108. 스러스트 볼 베어링 조심 시트 와셔(524 계열)

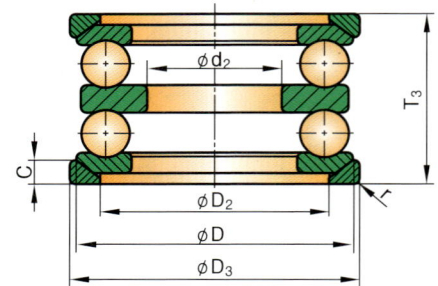

단위 : mm

호칭번호	베어링 계열 524 조심 시트 와셔 치수							
	d	d_2	D	D_2	D_3	T_3	C	r_{smin}
52405	25	15	60	62	55	42	8	1
52406	30	20	70	75	62	46	9	1
52407	35	25	80	85	69	52	10	1.1
52408	40	30	90	95	77	59	12	1.1
52409	45	35	100	105	86	62	12.5	1.1
52410	50	40	110	115	1001	92	14	1.5
52411	55	45	120	125	10	101	15.5	1.5
52412	60	50	130	135	115	107	16	1.5
52413	65	55	140	145	120	119	17.5	2
52414	70	55	150	155	130	125	19.5	2
52415	75	60	160	165	140	135	21	2
52416	80	65	170	175	145	140	22	2.1
52417	85	70	180	185	155	150	23	2.1
52418	90	75	190	195	160	157	25.5	2.1
52420	100	80	210	220	175	176	27	3

※ 베어링 치수계열 = 24, 지름계열 = 4

비고

d : 단식 베어링 514 계열 내륜 안지름, d_2 : 중앙 내륜의 안지름, D : 베어링 외륜 바깥지름

KS B 2042 : 2007

109. 자동 조심 스러스트 롤러 베어링

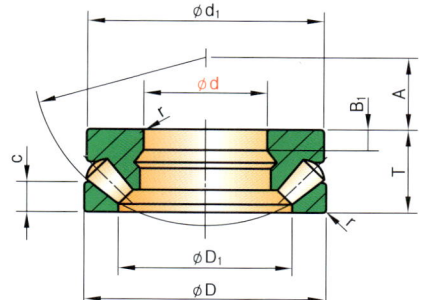

단위 : mm

호칭번호	치수									치수 계열
	d	D	T	r_{min}	d_1 (참고)	D_1 (참고)	B_1 (참고)	C (참고)	A (참고)	
29412	60	130	42	1.5	123	89	15	20	28	94
29413	65	140	45	2	133	96	16	21	42	94
29414	70	150	48	2	142	103	17	23	44	94
29415	75	160	51	2	152	109	18	24	47	94
29416	80	170	54	2.1	162	117	19	26	50	94
29317	85	150	39	1.5	143.5	114	13	19	50	93
19417	85	180	58	2.1	170	125	21	28	54	94
29318	90	155	39	1.5	148.5	117	13	19	52	93
29418	90	190	60	2.1	180	132	22	29	56	94
29320	100	170	42	1.5	163	129	14	20.8	58	93
29420	100	210	67	3	200	146	24	32	62	94
29322	110	190	48	2	182	143	16	23	64	93
29422	110	230	73	3	220	162	26	35	69	94
29324	120	210	54	2.1	200	159	18	26	70	93
29424	120	250	78	4	236	174	29	37	74	94
29326	130	225	58	2.1	215	171	19	28	76	93
29426	130	270	85	4	255	189	31	41	81	94
29328	140	240	60	2.1	230	183	20	29	82	93
29428	140	280	85	4	268	199	31	41	86	94
29330	150	250	60	2.1	240	194	20	29	87	93
29430	150	300	90	4	285	214	32	44	92	94
29332	160	270	67	3	260	208	23	32	92	93
29432	160	320	95	5	306	229	34	45	99	94
29334	170	280	67	3	270	216	23	32	96	93
29434	170	340	103	5	324	243	37	50	104	94
29336	180	300	73	3	290	232	25	35	103	93
29436	180	360	109	5	342	255	39	52	110	94
29338	190	320	78	4	308	246	27	38	110	93
29438	190	380	115	5	360	271	41	55	117	94
29240	200	280	48	2	271	236	15	24	108	92
29340	200	340	85	4	325	261	29	41	116	93
29440	200	400	122	5	380	286	43	59	122	94

KS B 2042 : 2007

109. 자동 조심 스러스트 롤러 베어링

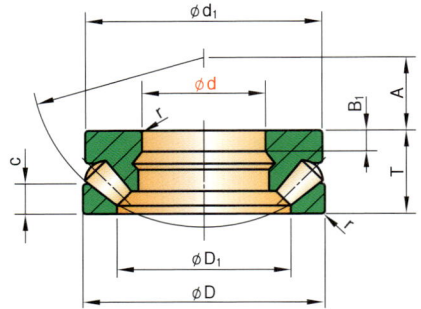

단위 : mm

호칭번호	d	D	T	r_{min}	d_1 (참고)	D_1 (참고)	B_1 (참고)	C (참고)	A (참고)	치수계열
29244	220	300	48	2	292	254	15	24	117	92
29344	220	360	85	4	345	280	29	41	125	93
29444	220	420	122	6	400	308	43	58	132	94
29248	240	340	60	2.1	330	283	19	30	130	92
29348	240	380	85	4	365	300	29	41	135	93
29448	240	440	122	6	420	326	43	59	142	94
29252	260	360	60	2.1	350	302	19	30	139	92
29352	260	420	95	5	405	329	32	45	148	93
29452	260	480	132	6	460	357	48	64	154	94
29256	280	380	60	2.1	370	323	19	30	150	92
29356	280	440	95	5	423	348	32	46	158	93
29456	280	520	145	6	495	387	52	68	166	94
29260	300	420	73	3	405	353	21	38	162	92
29360	300	480	109	5	460	379	37	50	168	93
29460	300	540	145	6	515	402	52	70	175	94
29264	320	440	73	3	430	372	21	38	172	92
29364	320	500	109	5	482	399	37	53	180	93
29464	320	580	155	7.5	555	435	55	75	191	94
29268	340	460	73	3	445	395	21	37	183	92
29368	340	540	122	5	520	428	41	59	192	93
29468	340	620	170	7.5	590	462	61	82	201	94
29272	360	500	85	4	485	423	25	44	194	92
29372	360	560	122	5	540	448	41	59	202	93
29472	360	640	170	7.5	610	480	61	82	210	94
29276	380	520	85	4	505	441	27	42	202	92
29376	380	600	132	6	580	477	44	63	216	93
29476	380	670	175	7.5	640	504	63	85	230	94
29280	400	540	85	4	526	460	57	42	212	92
29380	400	620	132	6	596	494	44	64	225	93
29480	400	710	185	7.5	680	534	67	89	236	94
29284	420	580	95	5	564	489	30	46	225	92
29384	420	650	140	6	626	820	48	68	235	93
29484	420	730	185	7.5	700	556	67	89	244	94
29288	440	600	95	5	585	508	30	49	235	92
29388	440	680	145	6	655	548	49	70	245	93
29488	440	780	206	9.5	745	588	74	100	260	94
29292	460	620	95	5	605	530	30	46	245	92
29392	460	710	150	6	685	567	51	72	257	93
29492	460	800	206	9.5	765	608	74	100	272	94

KS B 2051 : 1995(2005 확인)

110. 스러스트 자동 조심 롤러 베어링 축 및 하우징 어깨 지름

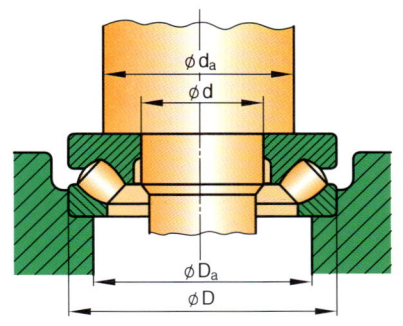

단위 : mm

d	베어링 계열								
	292			293			294		
	D	d_a(¹) (최소)	D_a (최대)	D	d_a(¹) (최소)	D_a (최대)	D	d_a(¹) (최소)	D_a (최대)
60	–	–	–	–	–	–	130	90	108
65	–	–	–	–	–	–	140	100	115
70	–	–	–	–	–	–	150	105	125
75	–	–	–	–	–	–	160	115	132
80	–	–	–	–	–	–	170	120	140
85	–	–	–	150	115	135	180	130	150
90	–	–	–	155	120	140	190	135	157
100	–	–	–	170	130	150	210	150	175
110	–	–	–	190	145	165	230	165	190
120	–	–	–	210	160	180	250	180	205
130	–	–	–	225	170	195	270	195	225
140	–	–	–	240	185	205	280	205	235
150	–	–	–	250	195	215	300	220	250
160	–	–	–	270	210	235	320	230	265
170	–	–	–	280	220	245	340	245	285
180	–	–	–	300	235	260	360	260	300
190	–	–	–	320	250	275	380	275	320
200	280	235	255	340	265	295	400	290	335
220	300	260	275	360	285	315	420	310	355
240	340	285	305	380	300	330	440	330	375
260	360	305	325	420	330	365	480	360	405
280	380	325	345	440	350	390	520	390	440
300	420	355	380	480	380	420	540	410	460
320	440	375	400	500	400	440	580	435	495
340	460	395	420	540	430	470	620	465	530
360	500	420	455	560	450	495	640	485	550
380	520	440	475	600	480	525	670	510	575
400	540	460	490	620	500	550	710	540	610
420	580	490	525	650	525	575	730	560	630
440	600	510	545	680	550	600	780	595	670
460	620	530	570	710	575	630	800	615	690
480	650	555	595	730	595	650	850	645	730
500	670	575	615	750	615	670	870	670	750

주

(¹) 중하중이 걸리는 경우에는 내륜 턱을 충분히 지지하는 d_a의 값을 잡는다.

111. 운동 및 고정용(원통면) O링 홈 치수(P계열)

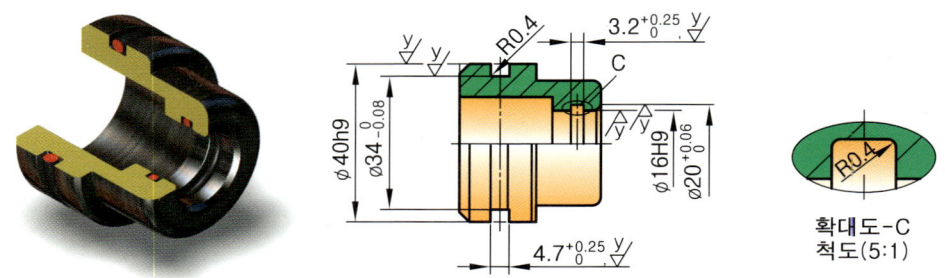

적용 예

O링의 호칭번호 P16과 P34가 조립된 피스톤의 O링 부착 홈부의 주요 치수들이며 백업링은 없는 상태임

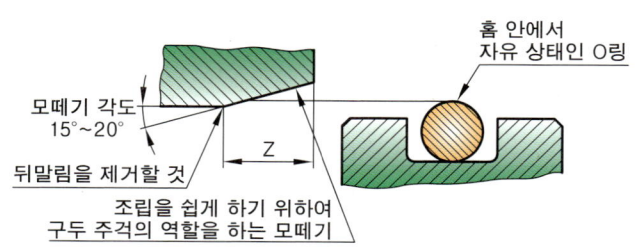

O링 부착부 모따기치수

O링 호칭번호	O링 굵기	Z(최소)	O링 호칭번호	O링 굵기	Z(최소)
P3 ~ P10	1.9±0.08	1.2	P150A ~ P400	8.4±0.15	4.3
P10A ~ P22	2.4±0.09	1.4	G25 ~ G145	3.1±0.10	1.7
P22A ~ P50	3.5±0.10	1.8	G150 ~ G300	5.7±0.13	3.0
P48A ~ P150	5.7±0.13	3.0	-	-	-

KS B 2799 : 1997(2007 확인)

111. 운동 및 고정용(원통면) O링 홈 치수(P계열)

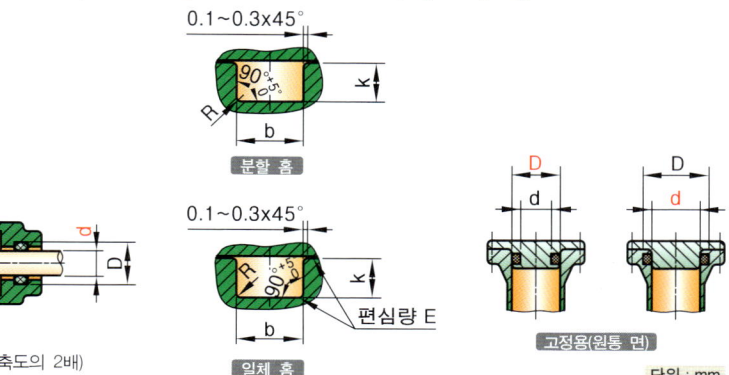

- E=k의 최대값-k의 최소값(즉, 동축도의 2배)

단위 : mm

O링 호칭 번호	P계열 홈부 치수 (운동 및 고정용-원통면)						O링 호칭 번호	P계열 홈부 치수 (운동 및 고정용-원통면)					
	d		D	b (+0.25, 0)		R (최대)	E (최대)		d	D	b (+0.25, 0)		R (최대)	E (최대)
				백업링							백업링			
				없음	1개	2개					없음	1개	2개		
P3	3	0 −0.05 (h9)	6	+0.05 0 (H9)	2.5	3.9	5.4	0.4	0.05	P34	34	0 −0.08 (h9)	40	+0.08 0 (H9)	4.7	6	7.8	0.8	0.08
P4	4		7							P35	35		41						
P5	5		8							P35.5	35.5		41.5						
P6	6		9							P36	36		42						
P7	7		10							P38	38		44						
P8	8		11							P39	39		45						
P9	9		12							P40	40		46						
P10	10		13							P41	41		47						
P10A	10	0 −0.06 (h9)	14	+0.06 0 (H9)	3.2	4.4	6.0	0.4	0.05	P42	42		42						
P11	11		15							P44	44		44						
P11.2	11.2		15.2							P45	45		45						
P12	12		16							P46	46		46						
P12.5	12.5		16.5							P48	48		48						
P14	14		18							P49	49		49						
P15	15		19							P50	50		50						
P16	16		20							P48A	48	0 −0.10 (h9)	58	+0.10 0 (H9)	7.5	9	11.5	0.8	0.1
P18	18		22							P50A	50		60						
P20	20		24							P52	52		62						
P21	21		25							P53	53		63						
P22	22		26							P55	55		65						
P22A	22	0 −0.08 (h9)	28	+0.08 0 (H9)	4.7	6	7.8	0.8	0.08	P56	56		66						
P22.4	22.4		28.4							P58	58		68						
P24	24		30							P60	60		70						
P25	25		31							P62	62		72						
P25.5	25.5		31.5							P63	63		73						
P26	26		32							P65	65		75						
P28	28		34							P67	67		77						
P29	29		35							P70	70		80						
P29.5	29.5		35.5							P71	71		81						
P30	30		36							P75	75		85						
P31	31		37							P80	80		90						
P31.5	31.5		37.5							P62	62		72						
P32	32		38							P63	63		73						

[비고]
P3~400은 운동용, 고정용에 사용한다.(※ O링 호칭번호 P3, D 끼워맞춤 H10)

111. 운동 및 고정용(원통면) O링 홈 치수(P계열)

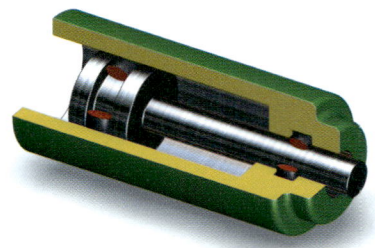

운동용

고정용(원통 면)

고정용(원통 면)

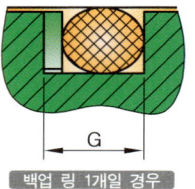

백업 링 1개일 경우

백업 링 2개일 경우

111. 운동 및 고정용(원통면) O링 홈 치수(P계열)

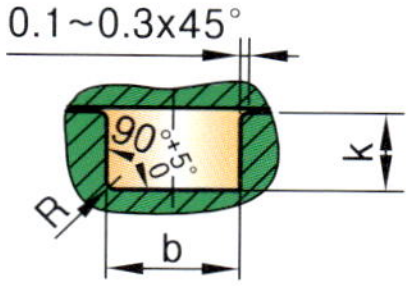

- E=k의 최대값-k의 최소값(즉, 동축도의 2배)

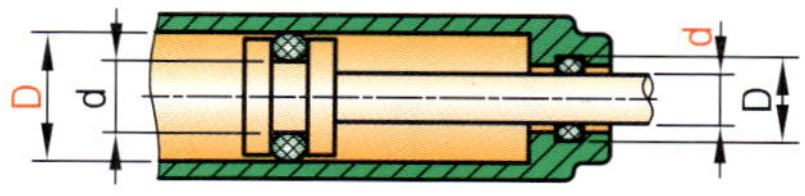

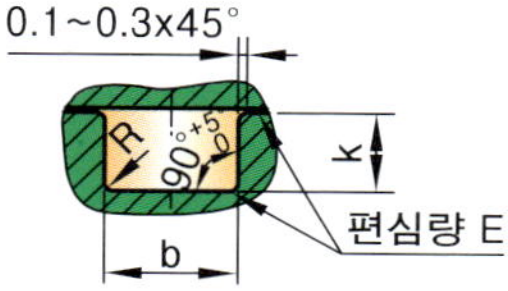

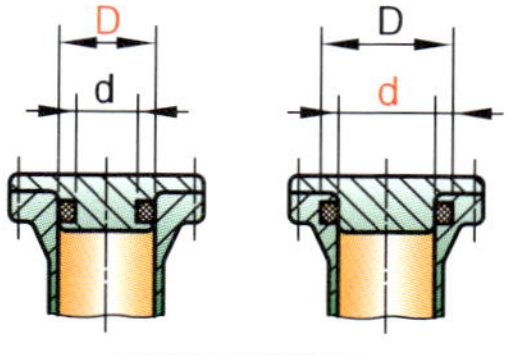

단위 : mm

O링 번호	P계열 홈부 치수 (운동 및 고정용-원통면)					O링 번호	P계열 홈부 치수 (운동 및 고정용-원통면)				
	d	D	b (+0.25) 없음 / 1개 / 2개	R (최대)	E (최대)		d	D	b (+0.25) 없음 / 1개 / 2개	R (최대)	E (최대)
P65	65	75 +0.10 0 (H9)	7.5 / 9 / 11.5	0.8	0.1	P195	195	210 +0.10 0 (H9)	11 / 13 / 17	1.2	0.12
P67	67 0 -0.10 (h9)	77				P200	200 0 -0.10 (h8)	215			
P70	70	80				P205	205	220			
P71	71	81				P209	209	224			
P75	75	85				P210	210	225			
P80	80	90				P215	215	230			
P85	85	95				P220	220	235			
P90	90	100				P225	225	240			
P95	95	105				P230	230	245			
P100	100	110				P235	235	250			
P102	102	112				P240	240	255			
P105	105	115				P245	245	260			
P110	110	120				P250	250	265			
P112	112	122				P255	255	270			
P115	115	125				P260	260	275			
P120	120	130				P265	265	280			
P125	125	135				P270	270	285			
P130	130	140				P275	275	290			
P132	132	142				P280	280	295			
P135	135	145				P285	285	300			
P140	140	150				P290	290	305			
P145	145	155				P295	295	310			
P150	150	160				P300	300	315			
P150A	150 0 -0.10 (h9)	165 +0.10 0 (H9)	11 / 13 / 17	1.2	0.12	P315	315	330			
P155	155	170				P320	320	335			
P160	160	175				P335	335	350			
P165	165	180				P340	340	355			
P170	170	185 (H8)				P355	355	370			
P175	175	195				P360	360	375			
P180	180	205				P375	375	390			
P185	185 (h8)	200				P385	385	400			
P190	190	205				P400	400	415			

비고
P3~400은 운동용, 고정용에 사용한다.

112. 운동 및 고정용(원통면) O링 홈 치수(G계열)

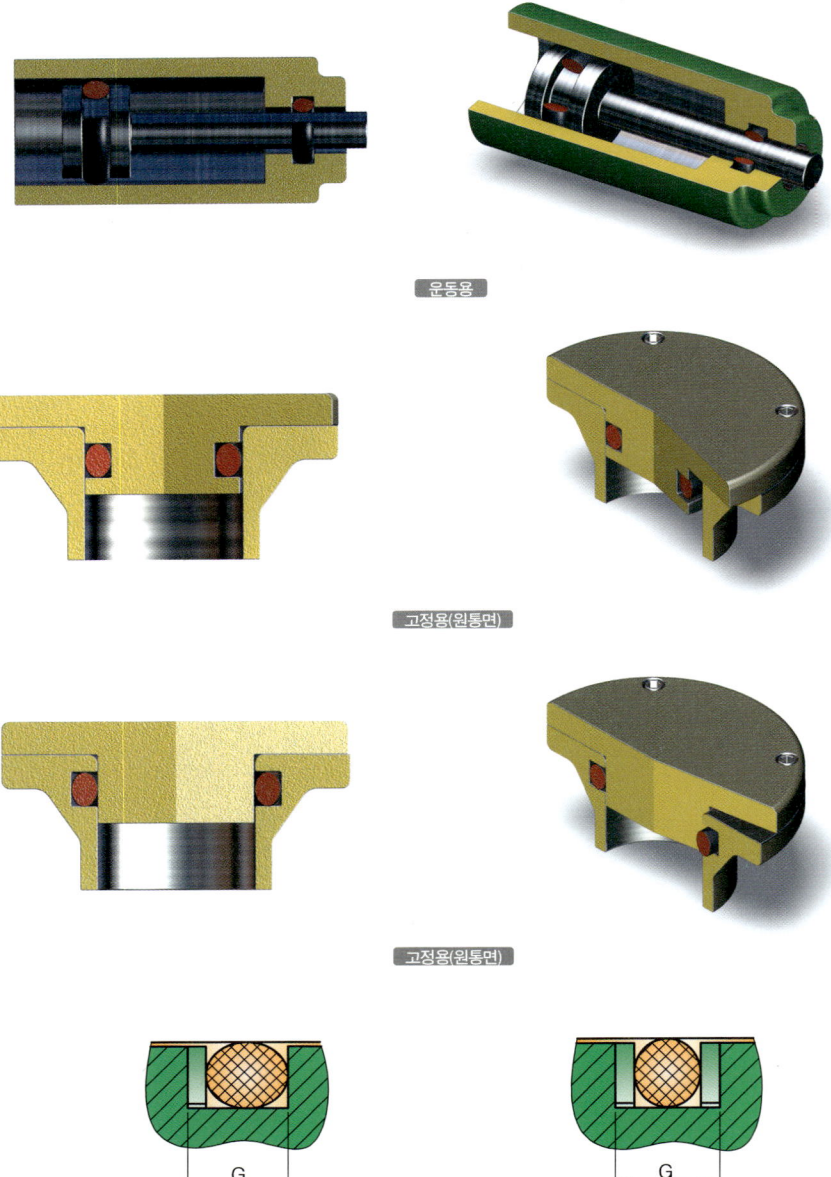

112. 운동 및 고정용(원통면) O링 홈 치수(G계열)

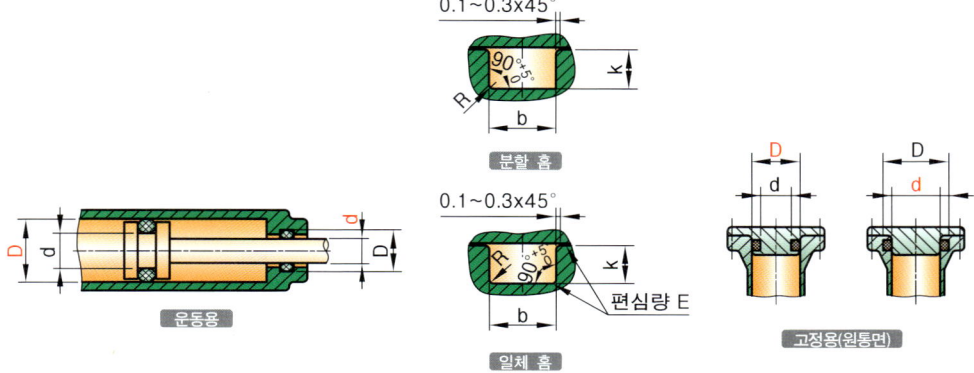

- E=k의 최대값-k의 최소값(즉, 동축도의 2배)

단위 : mm

O링 호칭 번호	G계열 홈부 치수 (운동 및 고정용-원통면)						O링 호칭 번호	G계열 홈부 치수 (운동 및 고정용-원통면)					
	d	D	b (+0.25) 0		R (최대)	E (최대)		d	D	b (+0.25) 0		R (최대)	E (최대)
			백업링							백업링			
			없음	1개	2개					없음	1개	2개		
G25	25	30 +0.10 0 (H10)	4.1	5.6	7.3	0.7	0.08	G150	150 0 -0.10 (h9)	160 +0.10 0 (H9)	7.5	9	11.5	0.8	0.1
G30	30 0 -0.10 (h9)	35						G155	155	165					
G35	35	40						G160	160	170					
G40	40	45						G165	165	175					
G45	45	50						G170	170	180					
G50	50	55 +0.10 0 (H9)						G175	175	185 +0.10 0 (H8)					
G55	55	60						G180	180	190					
G60	60	65						G185	185 0 -0.10 (h8)	195					
G65	65	70						G190	190	200					
G70	70	75						G195	195	205					
G75	75	80						G200	200	210					
G80	80	85						G210	210	220					
G85	85	90						G220	220	230					
G90	90	95						G230	230	240					
G95	95	100						G240	240	250					
G100	100	105						G250	250	260					
G105	105	110						G260	260	270					
G110	110	115						G270	270	280					
G115	115	120						G280	280	290					
G120	120	125						G290	290	300					
G125	125	130						G300	300	310					
G130	130	135						–	–	–					
G135	135	140						–	–	–					
G140	140	145						–	–	–					
G145	145	150													

비고
G25~G300은 고정용에만 사용하고, 운동용에는 사용하지 않는다.

113. 고정용(평면) O링 홈 치수(P계열)

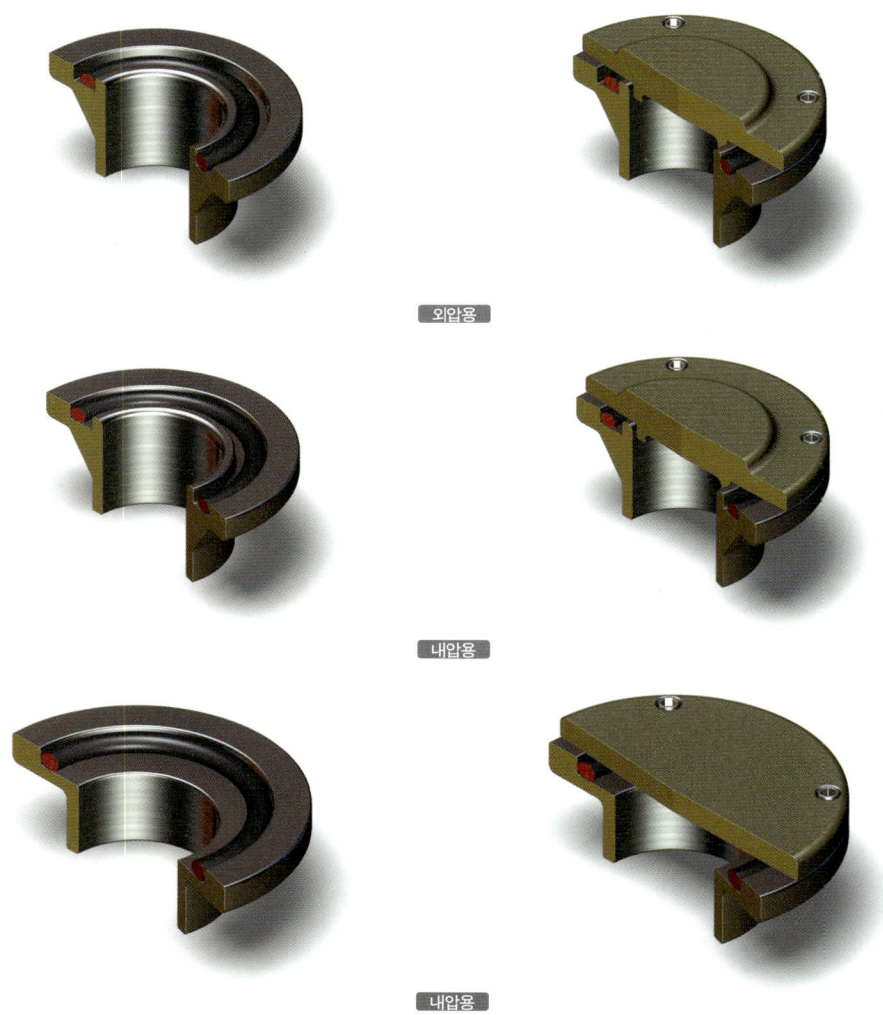

외압용

내압용

내압용

비고
1. 고정용(평면)에서는 내압이 걸리는 경우는 O링의 바깥둘레가 홈의 외벽에 밀착하도록 설계하고, 외압이 걸리는 경우는 반대로 O링의 안 둘레가 홈의 내벽에 밀착하도록 설계한다.
2. d 및 D는 기준치수를 나타내며, 허용차에 대해서는 특별히 규정하지 않는다.

113. 고정용(평면) O링 홈 치수(P계열)

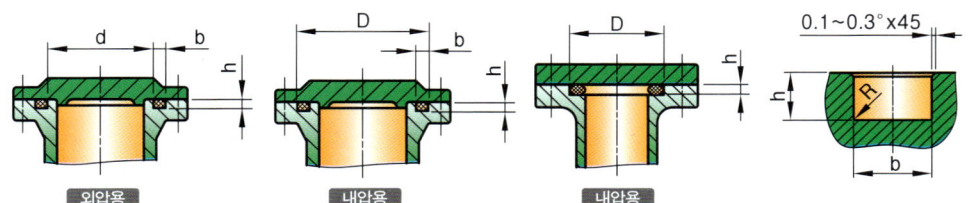

단위 : mm

O링 번호	d (외압용)	D (내압용)	b +0.25 0	h ±0.05	R (최대)
P3	3	6.2	2.5	1.4	0.4
P4	4	7.2			
P5	5	8.2			
P6	6	9.2			
P7	7	10.2			
P8	8	11.2			
P9	9	12.2			
P10	10	13.2			
P10A	10	14	3.2	1.8	0.4
P11	11	15			
P11.2	11.2	15.2			
P12	12	16			
P12.5	12.5	16.5			
P14	14	18			
P15	15	19			
P16	16	20			
P18	18	22			
P20	20	24			
P21	21	25			
P22	22	26			
P22A	22	28	4.7	2.7	0.8
P22.4	22.4	28.4			
P24	24	30			
P25	25	31			
P25.5	25.5	31.5			
P26	26	32			
P28	28	34			
P29	29	35			
P29.5	29.5	35.5			
P30	30	36			
P31	31	37	4.7	2.7	0.8
P31.5	31.5	37.5			
P32	32	38			
P34	34	40			
P35	35	41			
P35.5	35.5	41.5			
P36	36	42			
P38	38	44			
P39	39	45			
P40	40	46			
P41	41	47			
P42	42	48			
P44	44	50			
P45	45	51			
P46	46	52			
P48	48	54			
P49	49	55			
P50	50	56			
P48A	48	58	7.5	4.6	0.8
P50A	50	60			
P52	52	62			
P53	53	63			
P55	55	65			
P56	56	66			
P58	58	68			
P60	60	70			
P62	62	72			
P63	63	73			
P65	65	75			
P67	67	77			
P70	70	80			

113. 고정용(평면) O링 홈 치수(P계열)

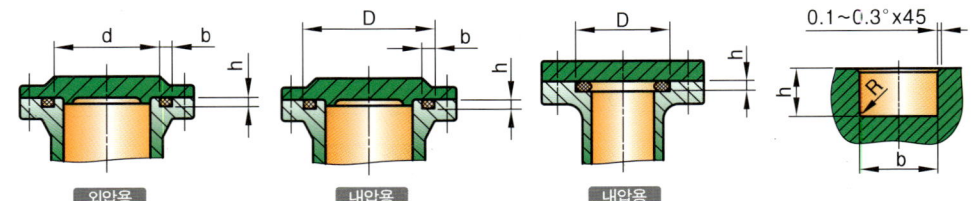

단위 : mm

O링 호칭 번호	P계열 홈부 의 치수(고정용-평면)					O링 호칭 번호	P계열 홈부 의 치수(고정용-평면)				
	d (외압용)	D (내압용)	b +0.25 0	h ±0.05	r_1 (최대)		d (외압용)	D (내압용)	b +0.25 0	h ±0.05	r_1 (최대)
P70	70	80	7.5	4.6	0.8	P200	200	215	11	6.9	1.2
P71	71	81				P205	205	220			
P75	75	85				P209	209	224			
P80	80	90				P210	210	225			
P85	85	95				P215	215	230			
P90	90	100				P220	220	235			
P95	95	105				P225	225	240			
P100	100	110				P230	230	245			
P102	102	112				P235	235	250			
P105	105	115				P240	240	255			
P110	110	120				P245	245	260			
P112	112	122				P250	250	265			
P115	115	125				P255	255	270			
P120	120	130				P260	260	275			
P125	125	135				P265	265	280			
P130	130	140				P270	270	285			
P132	132	142				P275	275	290			
P135	135	145				P280	280	295			
P140	140	150				P285	285	300			
P145	145	155				P290	290	305			
P150	150	160				P295	295	310			
P150A	150	165	11	6.9	1.2	P300	300	315			
P155	155	170				P315	315	330			
P160	160	175				P320	320	335			
P165	165	180				P335	335	350			
P170	170	185				P340	340	355			
P175	175	190				P355	355	370			
P180	180	195				P360	360	375			
P185	185	200				P375	375	390			
P190	190	205				P385	385	400			
P195	195	210				P400	400	415			

비고
1. 고정용(평면)에서는 내압이 걸리는 경우는 O링의 바깥둘레가 홈의 외벽에 밀착하도록 설계하고, 외압이 걸리는 경우는 반대로 O링의 안 둘레가 홈의 내벽에 밀착하도록 설계한다.
2. d 및 D는 기준치수를 나타내며, 허용차에 대해서는 특별히 규정하지 않는다.

114. 고정용(평면) O링 홈 치수(G계열)

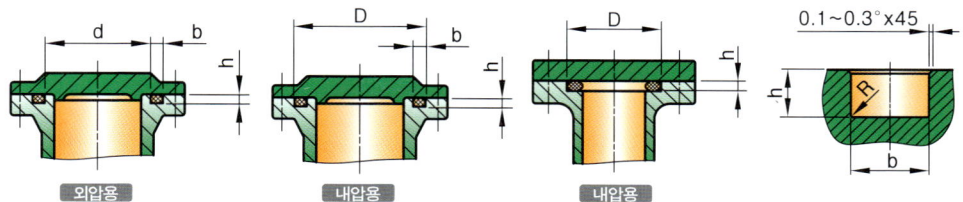

단위 : mm

O링 호칭 번호	d (외압용)	D (내압용)	b ±0.25	h ±0.05	r_1 (최대)	O링 호칭 번호	d (외압용)	D (내압용)	b ±0.25	h ±0.05	r_1 (최대)
G25	25	30	4.1	2.4	0.7	G150	150	160	7.5	4.6	0.8
G30	30	35				G155	155	165			
G35	35	40				G160	160	170			
G40	40	45				G165	165	175			
G45	45	50				G170	170	180			
G50	50	55				G175	175	185			
G55	55	60				G180	180	190			
G60	60	65				G185	185	195			
G65	65	70				G190	190	200			
G70	70	75				G195	195	205			
G75	75	80				G200	200	210			
G80	80	85				G210	210	220			
G85	85	90				G220	220	230			
G90	90	95				G230	230	240			
G95	95	100				G240	240	250			
G100	100	105				G250	250	260			
G105	105	110				G260	260	270			
G110	110	115				G270	270	280			
G115	115	120				G280	280	290			
G120	120	125				G290	290	300			
G125	125	130				G300	300	310			
G130	130	135				-	-	-			
G135	135	140				-	-	-			
G140	140	145				-	-	-			
G145	145	150									

비고
1. 고정용(평면)에서는 내압이 걸리는 경우는 O링의 바깥둘레가 홈의 외벽에 밀착하도록 설계하고, 외압이 걸리는 경우는 반대로 O링의 안 둘레가 홈의 내벽에 밀착하도록 설계한다.
2. d 및 D는 기준치수를 나타내며, 허용차에 대해서는 특별히 규정하지 않는다.

115. 오일실의 종류

종류	기호	비고	참고 그림 보기(단면)	간략도
스프링들이 바깥 둘레 고무	S	스프링을 사용한 단일 립과 금속 링으로 구성되어 있고, 바깥 둘레 면이 고무로 씌어진 형식의 것		
스프링들이 바깥 둘레 금속	SM	스프링을 사용한 단일 립과 금속 링으로 구성되어 있고, 바깥 둘레 면이 금속 링으로 구성되어 있는 형식의 것		
스프링들이 조립	SA	스프링을 사용한 단일 립과 금속 링으로 구성되어 있고, 바깥 둘레 면이 금속 링으로 구성되어 있는 조립 형식의 것		
스프링들이 바깥 둘레 고무 먼지 막이 붙이	D	스프링을 사용한 단일 립과 금속 링 및 스프링을 사용하지 않는 먼지 막이로 되어 있고, 바깥 둘레 면이 고무로 씌워진 형식의 것		
스프링들이 바깥둘레 금속 먼지 막이 붙이	DM	스프링을 사용한 단일 립과 금속 링 및 스프링을 사용하지 않는 먼지 막이로 되어 있고, 바깥 둘레 면이 금속 링으로 구성되어 있는 형식의 것		
스프링들이 조립 먼지 막이 붙이	DA	스프링을 사용한 단일 립과 금속 링 및 스프링을 사용하지 않는 먼지 막이로 되어 있고, 바깥 둘레 면이 금속 링으로 구성되어 있는 조립 형식의 것		
스프링 없는 바깥 둘레 고무	G	스프링을 사용하지 않은 단일 립과 금속 링으로 구성되어 있고, 바깥 둘레 면이 고무로 씌워진 형식의 것		
스프링 없는 바깥 둘레 금속	GM	스프링을 사용하지 않는 단일 립과 금속 링으로 구성되어 있고, 바깥 둘레 면이 금속 링으로 구성되어 있는 조립 형식의 것		
스프링 없는 조립	GA	스프링을 사용하지 않는 단일 립과 금속 링으로 구성되어 있고 바깥 둘레 면이 금속 링으로 구성되어 있는 조립 형식의 것		

• 조립도면에서 오일실 간략도시 방법[KS B ISO 9222-1]

(a) 립의 위치표시 불필요

(b) 립의 위치표시 필요

참고
재료
① 고무 재료 : A, B, C, D 종류가 있으며, A 및 B 종류는 니트릴 고무류, C는 아크릴 고무류, D는 실리콘 고무류
② 금속 링 재료 : KS D 3512(냉간 압연 강판 및 강대)
③ 스프링 재료 : KS D 3510(경강선) 또는 KS D 3556(피아노선)

MEMO

116. 오일실 모양 및 치수(S, SM, SA, D, DM, DA 계열)

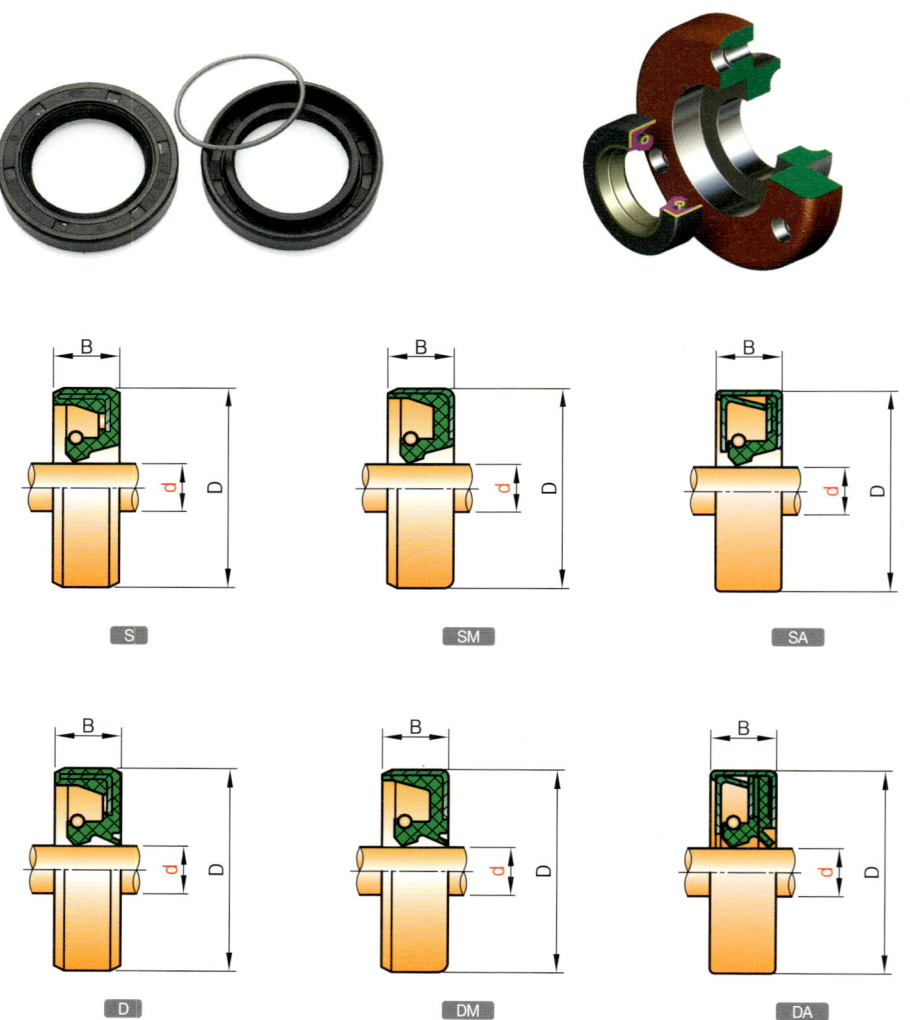

기호	종류	기호	종류
S	스프링들이 바깥 둘레 고무	D	스프링들이 바깥 둘레 고무 먼지 막이 붙이
SM	스프링들이 바깥 둘레 금속	DM	스프링들이 바깥 둘레 금속 먼지 막이 붙이
SA	스프링들이 조립	DA	스프링들이 조립 먼지 막이 붙이

116. 오일실 조립관계 치수(축, 하우징)

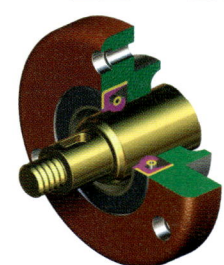
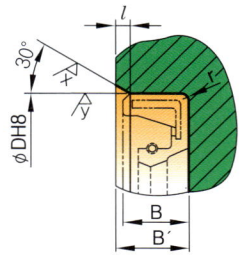
하우징
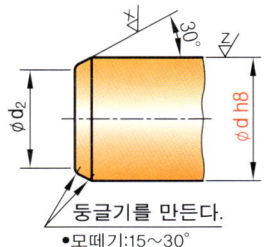
● 모떼기:15~30°
축

단위 : mm

S, SM, SA, D, DM, DA 계열 치수

호칭 d (h8)	d_2 (최대)	외경 D (H8)	나비 B	구멍폭 B'	l (최소/최대) $0.1B \sim 0.15B$	r (최소) $r \geq 0.5$	호칭 d (h8)	d_2 (최대)	외경 D (H8)	나비 B	구멍폭 B'	l (최소/최대) $0.1B \sim 0.15B$	r (최소) $r \geq 0.5$
7	5.7	18 / 20	7	7.3	0.7/1.05	0.5	25	22.5	38 / 40	8	8.3	0.8/1.2	0.5
8	6.6	18 / 22	7	7.3	0.7/1.05	0.5	*26	23.4	38 / 42	8	8.3	0.8/1.2	0.5
9	7.5	20 / 22	7	7.3	0.7/1.05	0.5	28	25.3	40 / 45	8	8.3	0.8/1.2	0.5
10	8.4	20 / 25	7	7.3	0.7/1.05	0.5	30	27.3	42 / 45	8	8.3	0.8/1.2	0.5
11	9.3	22 / 25	7	7.3	0.7/1.05	0.5	32	29.2	52	11	11.4	1.1/1.65	0.5
12	10.2	22 / 25	7	7.3	0.7/1.05	0.5	35	32	55	11	11.4	1.1/1.65	0.5
*13	11.2	25 / 28	7	7.3	0.7/1.05	0.5	38	34.9	58	11	11.4	1.1/1.65	0.5
14	12.1	25 / 28	7	7.3	0.7/1.05	0.5	40	36.8	62	11	11.4	1.1/1.65	0.5
15	13.1	25 / 30	7	7.3	0.7/1.05	0.5	42	38.7	65	12	12.4	1.2/1.8	0.5
16	14	28 / 30	7	7.3	0.7/1.05	0.5	45	41.6	68	12	12.4	1.2/1.8	0.5
17	14.9	30 / 32	8	8.3	0.8/1.2	0.5	48	44.5	70	12	12.4	1.2/1.8	0.5
18	15.8	30 / 35	8	8.3	0.8/1.2	0.5	50	46.4	72	12	12.4	1.2/1.8	0.5
20	17.7	32 / 35	8	8.3	0.8/1.2	0.5	*52	48.3	75	12	12.4	1.2/1.8	0.5
22	19.6	35 / 38	8	8.3	0.8/1.2	0.5	55	51.3	78	12	12.4	1.2/1.8	0.5
24	21.5	38 / 40	8	8.3	0.8/1.2	0.5	56	52.3	78	12	12.4	1.2/1.8	0.5
							*58	54.2	80	12	12.4	1.2/1.8	0.5
							60	56.1	82	12	12.4	1.2/1.8	0.5
							*62	58.1	85	12	12.4	1.2/1.8	0.5
							63	59.1	85	12	12.4	1.2/1.8	0.5
							65	61	90	13	13.4	1.3/1.95	0.5
							*68	63.9	95	13	13.4	1.3/1.95	0.5
							70	65.8	95	13	13.4	1.3/1.95	0.5
							(71)	(66.8)	(95)	(13)	(13.4)	1.3/1.95	0.5
							75	70.7	100	13	13.4	1.3/1.95	0.5
							80	75.5	105	13	13.4	1.3/1.95	0.5
							85	80.4	110	13	13.4	1.3/1.95	0.5

비고
1. *을 붙인 것은 KS B 0406(축 지름)에 없는 것이고, ( ) 안의 것은 되도록 사용하지 않는다.
2. B'는 KS규격 치수가 아닌 실무 데이터이다.
3. D는 오일실 외경 및 조립부 내경 치수이다.

116. 오일실 모양 및 치수(S, SM, SA, D, DM, DA 계열)

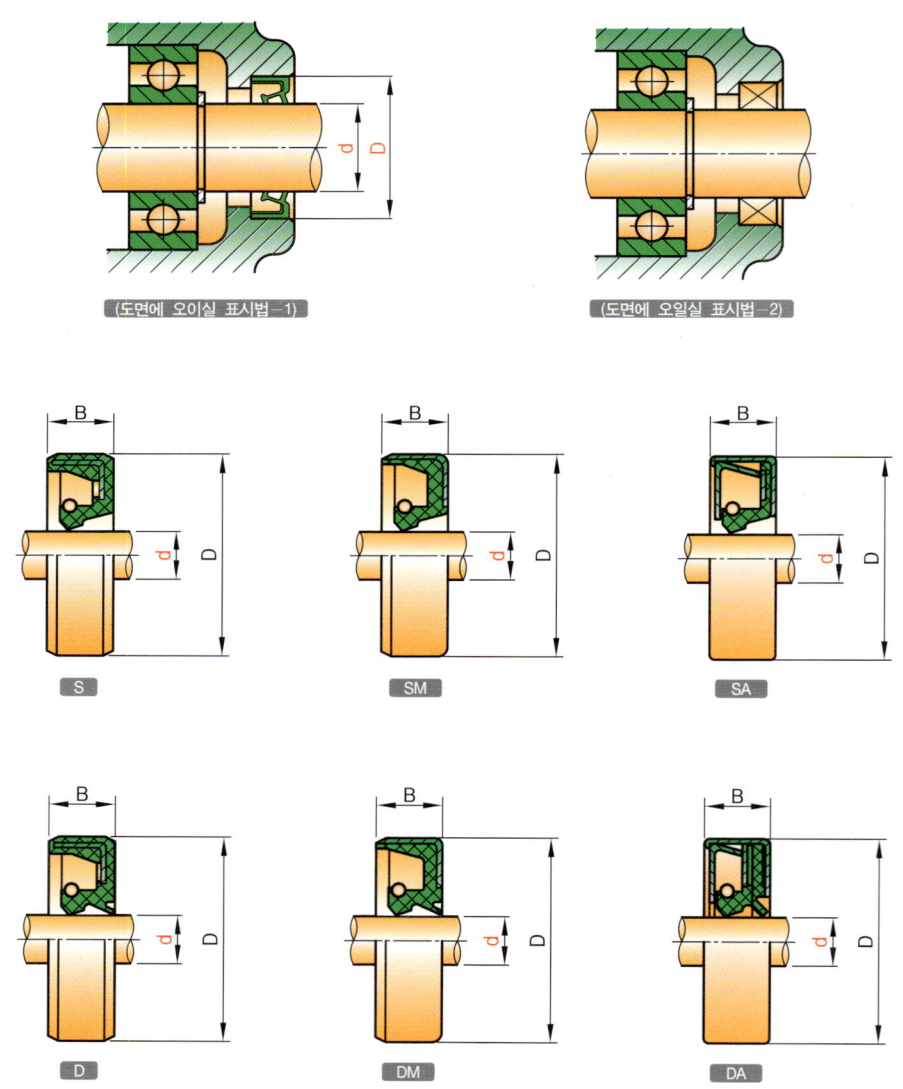

기호	종류	기호	종류
S	스프링들이 바깥 둘레 고무	D	스프링들이 바깥 둘레 고무 먼지 막이 붙이
SM	스프링들이 바깥 둘레 금속	DM	스프링들이 바깥 둘레 금속 먼지 막이 붙이
SA	스프링들이 조립	DA	스프링들이 조립 먼지 막이 붙이

116. 오일실 조립관계 치수(축, 하우징)

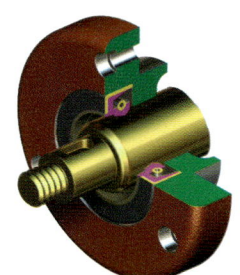
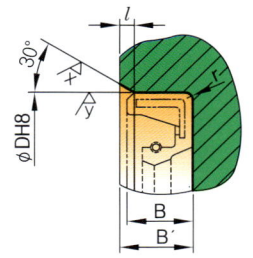
하우징
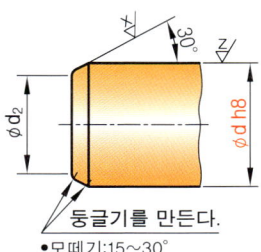
- 모떼기:15~30°
축

단위 : mm

S, SM, SA, D, DM, DA 계열 치수(계속)

호칭 d (h8)	d_2 (최대)	외경 D (H8)	나비 B	구멍폭 B'	l (최소/최대) $0.1B\sim0.15B$	r (최소) $r\geq0.5$	호칭 d (h8)	d_2 (최대)	외경 D (H8)	나비 B	구멍폭 B'	l (최소/최대) $0.1B\sim0.15B$	r (최소) $r\geq0.5$
90	85.3	115	13	13.4	1.3/1.95	0.5	*230	223	260	15	15.5	1.5/2.25	0.5
95	90.1	120	13	13.4	1.3/1.95	0.5	240	233	270	15	15.5	1.5/2.25	0.5
100	95	125	13	13.4	1.3/1.95	0.5	250	243	280	15	15.5	1.5/2.25	0.5
105	99.9	135	14	14.4	1.4/2.1	0.5	260	249	300	20	20.6	2.0/3.0	0.5
110	104.7	140	14	14.4	1.4/2.1	0.5	*270	259	310	20	20.6	2.0/3.0	0.5
(112)	(106.7)	(140)	(14)	(14.4)	(1.4/2.1)	(0.5)	280	268	320	20	20.6	2.0/3.0	0.5
*115	109.6	145	14	14.4	1.4/2.1	0.5	*290	279	330	20	20.6	2.0/3.0	0.5
120	114.5	150	14	14.4	1.4/2.1	0.5	300	289	340	20	20.6	2.0/3.0	0.5
125	119.4	155	14	14.4	1.4/2.1	0.5	(315)	(304)	(360)	(20)	(20.6)	(2.0/3.0)	(0.5)
130	124.3	160	14	14.4	1.4/2.1	0.5	320	309	360	20	20.6	2.0/3.0	0.5
*135	129.2	165	14	14.4	1.4/2.1	0.5	340	329	380	20	20.6	2.0/3.0	0.5
140	133	170	14	14.4	1.4/2.1	0.5	(355)	(344)	(400)	(20)	(20.6)	(2.0/3.0)	(0.5)
*145	138	175	14	14.4	1.4/2.1	0.5	360	349	400	20	20.6	2.0/3.0	0.5
150	143	180	14	14.4	1.4/2.1	0.5	380	369	420	20	20.6	2.0/3.0	0.5
160	153	190	14	14.4	1.4/2.1	0.5	400	389	440	20	20.6	2.0/3.0	0.5
170	163	200	15	15.5	1.5/2.25	0.5	420	409	470	25	25.6	2.5/3.75	0.5
180	173	210	15	15.5	1.5/2.25	0.5	440	429	490	25	25.6	2.5/3.75	0.5
190	183	220	15	15.5	1.5/2.25	0.5	(450)	(439)	(510)	(25)	(25.6)	(2.5/3.75)	(0.5)
200	193	230	15	15.5	1.5/2.25	0.5	460	449	510	25	25.6	2.5/3.75	0.5
*210	203	240	15	15.5	1.5/2.25	0.5	480	469	530	25	25.6	2.5/3.75	0.5
220	213	250	15	15.5	1.5/2.25	0.5	500	489	530	25	25.6	2.5/3.75	0.5
(224)	(217)	(250)	(15)	(15.5)	(1.5/2.25)	(0.5)	–	–	–	–	–	–	–

비고
1. *을 붙인 것은 KS B 0406(축 지름)에 없는 것이고, ( ) 안의 것은 되도록 사용하지 않는다.
2. SA 및 DA는 호칭안지름이 160mm 이하에서는 권장하지 않는다.
3. B'는 KS규격 치수가 아닌 실무 데이터이다.
4. D는 오일실 외경 및 조립부 내경 치수이다.

117. 오일실 모양 및 치수(G, GM, GA 계열)

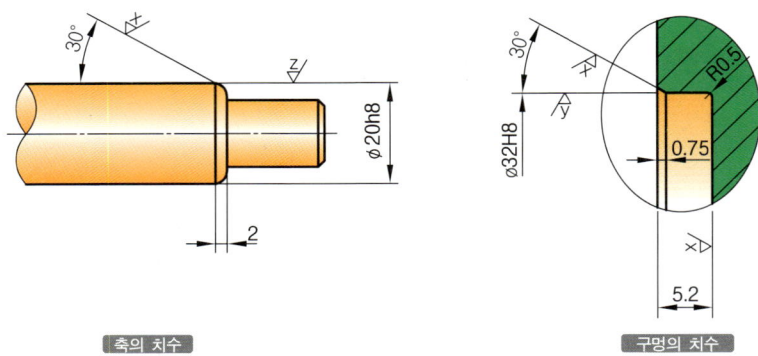

| 축의 치수 | 구멍의 치수 |

적용 예
오일실 G계열 호칭 안지름(축지름) d : 20, 오일실 외경(조립부 내경) D : 32, 나비 B = 5인 경우

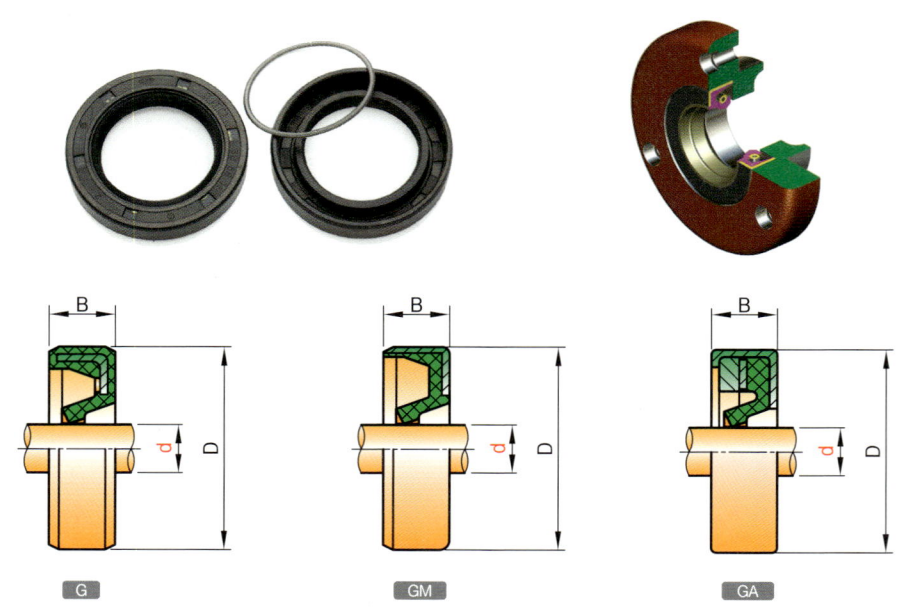

기호	종류	기호	종류
G	스프링 없는 바깥 둘레 고무	GA	스프링 없는 조립
GM	스프링 없는 바깥 둘레 금속	비고	GA는 되도록 사용하지 않는다.

117. 오일실 조립관계 치수(축, 하우징)

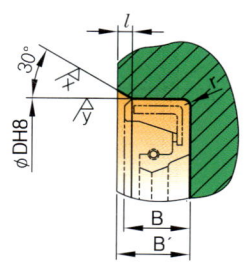
하우징
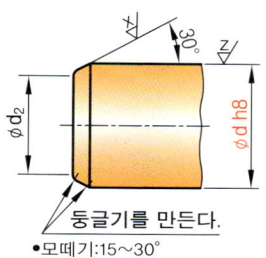
축
- 모떼기:15~30°
- 둥글기를 만든다.

단위 : mm

G, GM, GA 계열 치수

호칭 d (h8)	d_2 (최대)	외경 D (H8)	나비 B	구멍폭 B'	l (최소/최대) $0.1B \sim 0.15B$	r (최소) $r \geq 0.5$	호칭 d (h8)	d_2 (최대)	외경 D (H8)	나비 B	구멍폭 B'	l (최소/최대) $0.1B \sim 0.15B$	r (최소) $r \geq 0.5$
7	5.7	18	4	4.2	0.4/0.6	0.5	24	21.5	38	5	5.2	0.5/0.75	0.5
		20	7	7.3	0.7/1.05	0.5			40	8	8.3	0.8/1.2	0.5
8	6.6	18	4	4.2	0.4/0.6	0.5	25	22.5	38	5	5.2	0.5/0.75	0.5
		22	7	7.3	0.7/1.05	0.5			40	8	8.3	0.8/1.2	0.5
9	7.5	20	4	4.2	0.4/0.6	0.5	*26	23.4	38	5	5.2	0.5/0.75	0.5
		22	7	7.3	0.7/1.05	0.5			42	8	8.3	0.8/1.2	0.5
10	8.4	20	4	4.2	0.4/0.6	0.5	28	25.3	40	5	5.3	0.5/0.75	0.5
		25	7	7.3	0.7/1.05	0.5			45	8	8.5	0.8/1.2	0.5
11	9.3	22	4	4.2	0.4/0.6	0.5	30	27.3	42	5	5.2	0.5/0.75	0.5
		25	7	7.3	0.7/1.05	0.5			45	8	8.3	0.8/1.2	0.5
12	10.2	22	4	4.2	0.4/0.6	0.5	32	29.2	45	5	5.2	0.5/0.75	0.5
		25	7	7.3	0.7/1.05	0.5			52	8	8.3	0.8/1.2	0.5
*13	11.2	25	4	4.2	0.4/0.6	0.5	35	32	48	5	5.2	0.5/0.75	0.5
		28	7	7.3	0.7/1.05	0.5			55	11	11.4	1.1/1.65	0.5
14	12.1	25	4	4.2	0.4/0.6	0.5	38	34.9	50	5	5.2	0.5/0.75	0.5
		28	7	7.3	0.7/1.05	0.5			58	11	11.4	1.1/1.65	0.5
15	13.1	25	4	4.2	0.4/0.6	0.5	40	36.8	52	5	5.2	0.5/0.75	0.5
		30	7	7.3	0.7/1.05	0.5			62	11	11.4	1.1/1.65	0.5
16	14	28	4	4.2	0.4/0.6	0.5	42	38.7	55	6	6.2	0.6/0.9	0.5
		30	7	7.3	0.7/1.05	0.5			65	12	12.4	1.2/1.8	0.5
17	14.9	30	5	5.2	0.5/0.75	0.5	45	41.6	60	6	6.2	0.6/0.9	0.5
		32	8	8.3	0.8/1.2	0.5			68	12	12.4	1.2/1.8	0.5
18	15.8	30	5	5.2	0.5/0.75	0.5	48	44.5	62	6	6.2	0.6/0.9	0.5
		35	8	8.3	0.8/1.2	0.5			70	12	12.4	1.2/1.8	0.5
20	17.7	32	5	5.2	0.5/0.75	0.5	50	46.4	65	6	6.2	0.6/0.9	0.5
		35	8	8.3	0.8/1.2	0.5			72	12	12.4	1.2/1.8	0.5
22	19.6	35	5	5.2	0.5/0.75	0.5	*52	48.3	65	6	6.2	0.6/0.9	0.5
		38	8	8.3	0.8/1.2	0.5			75	12	12.4	1.2/1.8	0.5

비고
1. *을 붙인 것은 KS B 0406(축 지름)에 없는 것이고, ( ) 안의 것은 되도록 사용하지 않는다.
2. B'는 KS규격 치수가 아닌 실무 데이터이다.
3. D는 오일실 외경 및 조립부 내경 치수이다.

117. 오일실 조립관계 치수(축, 하우징)

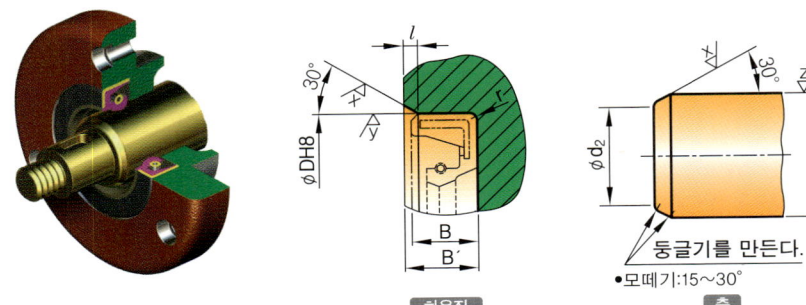

단위 : mm

G, GM, GA 계열 치수(계속)

호칭 d (h8)	d_2 (최대)	구멍 D (H8)	나비 B	구멍폭 B'	l (최소/최대) $0.1B \sim 0.15B$	r (최소) $r \geq 0.5$	호칭 d (h8)	d_2 (최대)	구멍 D (H8)	나비 B	구멍폭 B'	l (최소/최대) $0.1B \sim 0.15B$	r (최소) $r \geq 0.5$
55	51.3	70	6	6.2	0.6/0.9	0.5	95	90.1	110	6	6.2	0.6/0.9	0.5
		78	12	12.4	1.2/1.8	0.5			120	13	13.4	1.3/1.95	0.5
56	52.3	70	6	6.2	0.6/0.9	0.5	100	95	115	6	6.2	0.6/0.9	0.5
		78	12	12.4	1.2/1.8	0.5			125	13	13.4	1.3/1.95	0.5
*58	54.2	72	6	6.2	0.6/0.9	0.5	105	99.9	120	7	7.3	0.7/1.05	0.5
		80	12	12.4	1.2/1.8	0.5			135	14	14.4	1.4/2.1	0.5
60	56.1	75	6	6.2	0.6/0.9	0.5	110	104.7	125	7	7.3	0.7/1.05	0.5
		82	12	12.4	1.2/1.8	0.5			140	14	14.4	1.4/2.1	0.5
*62	58.1	75	6	6.2	0.6/0.9	0.5	(112)	(106.7)	(125)	(7)	(7.3)	(0.7/1.05)	0.5
		85	12	12.4	1.2/1.8	0.5			(140)	(14)	(14.4)	(1.4/2.1)	0.5
63	59.1	75	6	6.2	0.6/0.9	0.5	*115	109.6	130	7	7.3	0.7/1.05	0.5
		85	12	12.4	1.2/1.8	0.5			145	14	14.4	1.4/2.1	0.5
65	61	80	6	6.2	0.6/0.9	0.5	120	114.5	135	7	7.3	0.7/1.05	0.5
		90	13	13.4	1.3/1.95	0.5			150	14	14.4	1.4/2.1	0.5
*68	63.9	82	6	6.2	0.6/0.9	0.5	125	119.4	140	7	7.3	0.7/1.05	0.5
		95	13	13.4	1.3/1.95	0.5			155	14	14.4	1.4/2.1	0.5
70	65.8	85	6	6.2	0.6/0.9	0.5	130	124.3	145	7	7.3	0.7/1.05	0.5
		95	13	13.4	1.3/1.95	0.5			160	14	14.4	1.4/2.1	0.5
(71)	(66.8)	(85)	(6)	(6.2)	(0.6/0.9)	0.5	*135	129.2	(150)	(7)	(7.3)	(0.7/1.05)	0.5
		(95)	(13)	(13.4)	(1.3/1.95)	0.5			160	14	14.4	1.4/2.1	0.5
75	70.7	90	6	6.2	0.6/0.9	0.5	140	133	(155)	(7)	(7.3)	(0.7/1.05)	0.5
		100	13	13.4	1.3/1.95	0.5			170	14	14.4	1.4/2.1	0.5
80	75.5	95	6	6.2	0.6/0.9	0.5	*145	138	(160)	(7)	(7.3)	(0.7/1.05)	0.5
		105	13	13.4	1.3/1.95	0.5			175	14	14.4	1.4/2.1	0.5
85	80.4	100	6	6.2	0.6/0.9	0.5	150	143	(165)	(7)	(7.3)	(0.7/1.05)	0.5
		110	13	13.4	1.3/1.95	0.5			180	14	14.4	1.4/2.1	0.5
90	85.3	105	6	6.2	0.6/0.9	0.5	160	153	(175)	(7)	(7.3)	(0.7/1.05)	0.5
		115	13	13.4	1.3/1.95	0.5			190	14	14.4	1.4/2.1	0.5

비고
1. *을 붙인 것은 KS B 0406(축 지름)에 없는 것이고, ( ) 안의 것은 되도록 사용하지 않는다.
2. B'는 KS규격 치수가 아닌 실무 데이터이다.
3. D는 오일실 외경 및 조립부 내경 치수이다.

MEMO

118. 손잡이(1호)

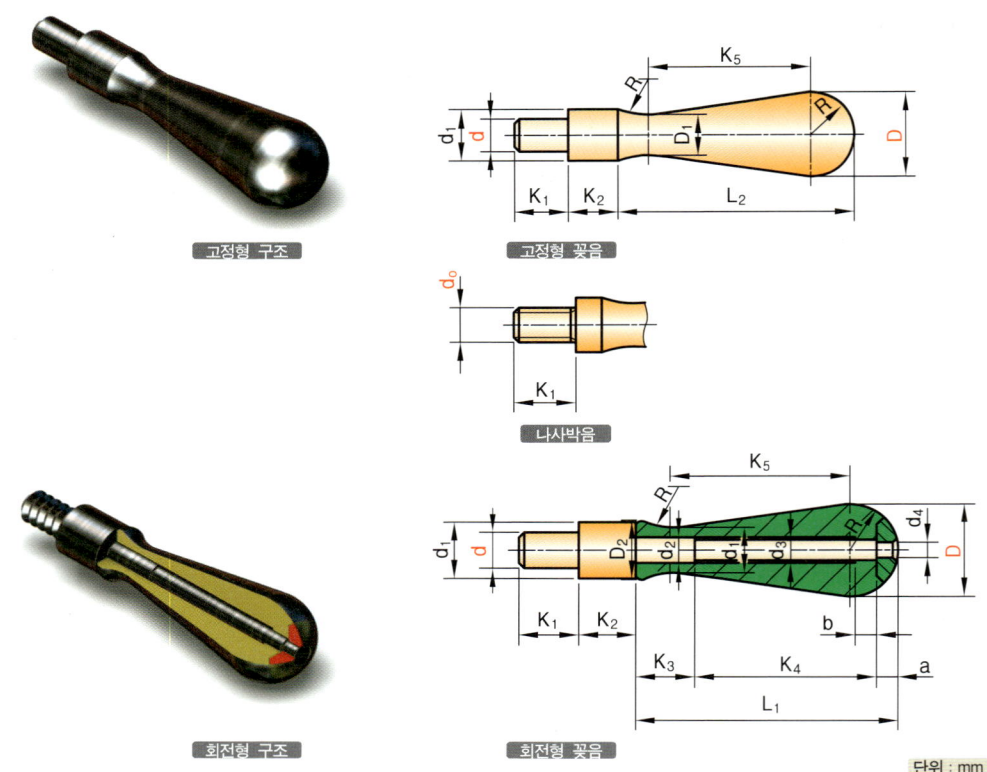

고정형 구조 / 고정형 꽂음 / 나사박음 / 회전형 구조 / 회전형 꽂음

단위 : mm

호칭치수 D	나사의 호칭 d_0	d 기준치수	d 허용차 (k7)	K_1 기준치수	K_1 허용차	K_2	L_1	L_2	d_1	(참고) D_1	D_2	K_5 (약)	R	K_3	K_4	a	d_2	d_3	d_4	b
13	M 5	5	+0.013 / +0.001	10	±0.3	5	–	30	8	7	–	21	6.5	–	–	–	–	–	–	–
16	M 6	6		13		7	42	40	10	8	11	28	8	10	28	4	5	1	3	2.5
20	M 8	8	+0.016 / +0.001	15		8	52	50	13	10	14	35	10	12	35.5	4.5	6	5	4	3
25	M 10	10		18	±0.4	10	65	60	16	13	18	42	12.5	15	45	5	7	6	4.5	3.5
32	M 12	12	+0.019 / +0.001	20		13	85	80	20	16	22	56	16	18	60	7	9	7	5.5	4
36	M 16	16		22		14	96	90	22	18	25	63	18	20	68	8	11	9	7	4
40	M 16	16		14		16	107	100	23	20	28	70	20	23	74	10	13	11	8	4.5

비고
1. 나사박음형의 손잡이는 d_1 부분에 스패너를 걸기 위한 홈을 붙여도 좋다.
2. 꽂음형의 손잡이는 d부분의 선단에 크게 접시형 구멍파기를 실시하여도 좋다.
3. D_1, K_2, L_1, L_2 및 d_1 치수 허용차는 KS B ISO 2768-1에 규정하는 중간등급(m)으로 한다.
4. 재질은 SS400, SUM22 회전형 손잡이부는 합성수지로도 좋다.

KS B 1334 : 1985(2005확인)

119. 손잡이(2호)

고정형 구조

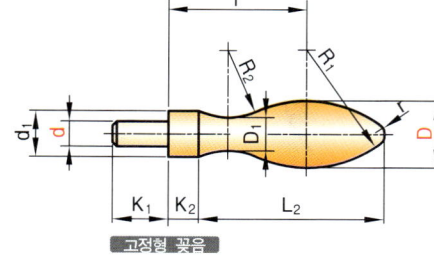
고정형 꽂음

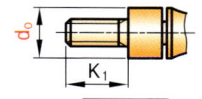
나사박음

회전형 구조

회전형 꽂음

단위 : mm

호칭치수 D	나사의 호칭 d_0	d 기준치수	d 허용차 (k7)	K_1 기준치수	K_1 허용차	K_2	L_1	L_2	d_1	(참고) D_1	D_2	f	e	R_1	R_2	r	p	q	K_3	m	n	d_2	S
10	M 4	4	+0.013 +0.001	9	±0.3	4	-	28	7	5	-	20	-	20	9.5	2	-	-	-	-	-	-	-
13	M 5	5		10		5	-	35	8	6.5	-	25	-	24	14.5	2.5	-	-	-	-	-	-	-
16	M 6	6		13		7	46	43	10	8	11	32	28	28	19	3	31.8	38	31	2.5	2	5	2
20	M 8	8	+0.016 +0.001	15		8	58	56	13	10	14	40	34	40.5	21	4	39	47	38	3	3	6	2.3
25	M 10	10		18	±0.4	10	75	70	16	13	18	50	45	50	29	5	50.5	59	49	4	3	7	3.2
32	M 12	12	+0.019 +0.001	20		13	94	87	20	16	22	64	58	55	40.5	6	64	75	62	5	4	9	4
36	M 16	16		22		14	106	98	22	18	25	70	64	68	41	7	70.5	85	68	6	6	11	5
40	M 16	16		14		16	118	109	26	20	28	80	73	71	47	8	82.5	97	80	6	6	13	5

비고
1. 나사박음형의 손잡이는 d_1 부분에 스패너를 걸기 위한 홈을 붙여도 좋다.
2. 꽂음형의 손잡이는 d 부분의 선단에 크게 접시형 구멍파기를 실시하여도 좋다.
3. D_1, K_2, L_1, L_2 및 d_1 치수 허용차는 KS B ISO 2768-1에 규정하는 중간등급(m)으로 한다.
4. 재질은 SS400, SUM22 회전형 손잡이부는 합성수지로도 좋다.

KS B 1334 : 1985(2005확인)

120. 손잡이(3호)

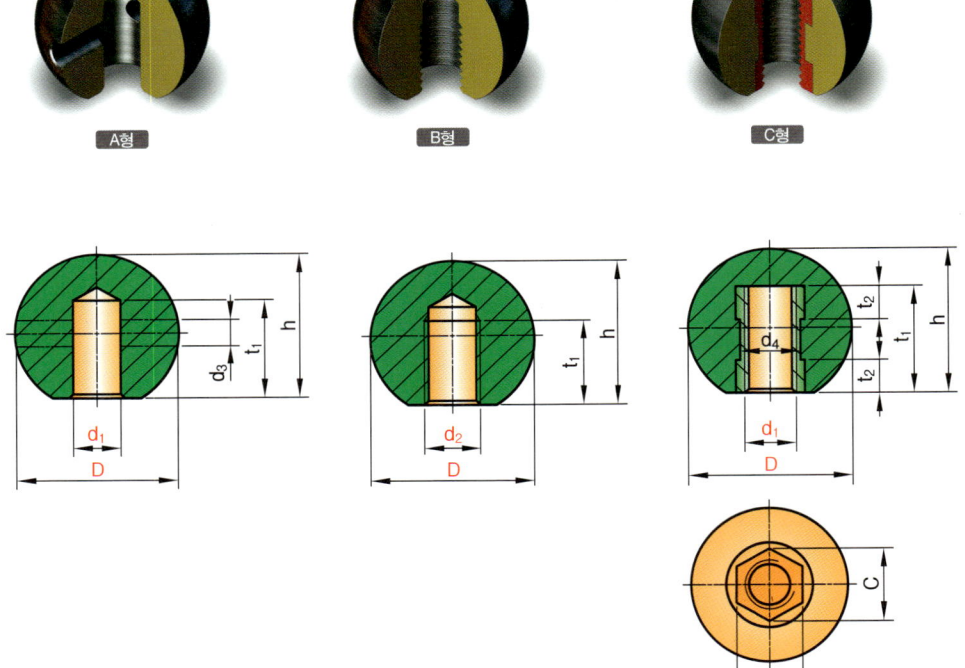

단위 : mm

호칭치수 D	나사의 호칭 d_2	호칭 구멍지름 d_1		h	t_1	(참고)				
		기준치수	허용차(H8)			d_3	d_4	B	C	t_2
20	M 6	6	+0.013 / 0	18	14	2	8	8	9.3	5
25	M 8	8	+0.022 / 0	22.5	17	3	10	10	11.5	6
32	M 10	10		29	21	4	14	14	16.2	7
40	M 12	12	+0.027 / 0	36	25	5	17	17	19.6	8
50	M 16	16		45	33	6	21	21	24.2	11

비고
1. h는 필요에 따라 크게 해도 좋다.
2. A형은 심봉을 끼우고, 이와 함께 구멍을 뚫는다. 또한, 핀을 끼웠을 경우에는 이것이 사용 중에 빠지지 않도록 한다.
3. C형의 심금 외형은 임의로 한다. 다만, 이것이 헐거워지지 않는 모양으로 하여야 한다.
5. D, h 및 t_1의 치수 허용차는 KS B ISO 2768-1에 규정하는 중간등급(m)으로 한다.
6. A형, B형 재질은 SS400, SUM22 또는 합성수지로 한다.
7. C형 재질은 합성수지, 다만, 심봉은 SS400, SUM22

121. 손잡이(4호)

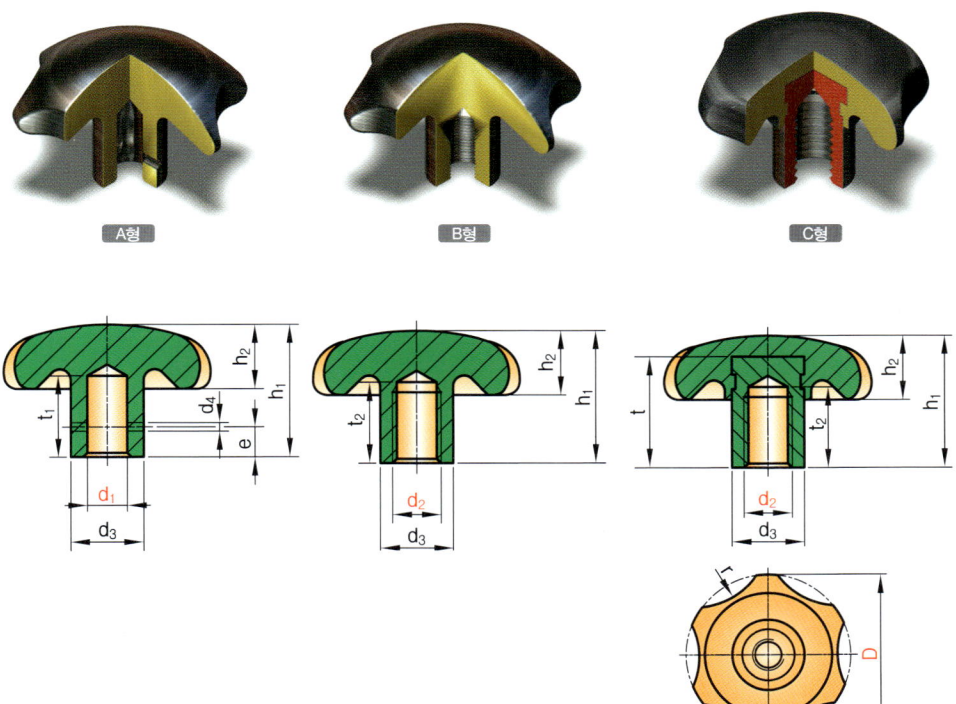

단위 : mm

호칭치수 D	호칭 나사 d_2	호칭 구멍지름(d_1)		d_3	h_1	h_2	t_1	t_2	e	(참고)		
		기준치수	허용차(H8)							d_4	r	t
32	M 5	5	+0.018 0	12	20	10	14	10	5	2	10	17
40	M 6	6		14	24	12	16	12	6	2	15	21
50	M 8	8	+0.022 0	16	30	15	19	16	7	3	20	26
63	M 10	10		20	38	19	23	20	8	3	25	32
80	M 12	12	+0.027 0	25	50	24	28	24	10	4	30	46

비고
1. A형은 심봉을 끼우고 이와 함께 구멍을 뚫는다. 또한, 핀을 끼웠을 경우에는 이것이 사용 중에 빠지지 않도록 한다.
2. 바깥둘레면은 잘 미끄러지지 않는 적당한 모양으로 한다.
3. C형의 심금회형은 임의로 한다. 다만, 이것이 헐거워지지 않는 모양으로 하여야 한다.
4. D, d_3, h_1, h_2, t_1, t_2 및 e의 치수 허용차는 KS B ISO 2768-1에 규정하는 중간등급(m)으로 한다.
5. A형, B형 재질은 SS400, SUM22 또는 합성수지
6. C형 재질은 합성수지, 다만, 심봉은 SS400, SUM22

122. 핸들(1호)

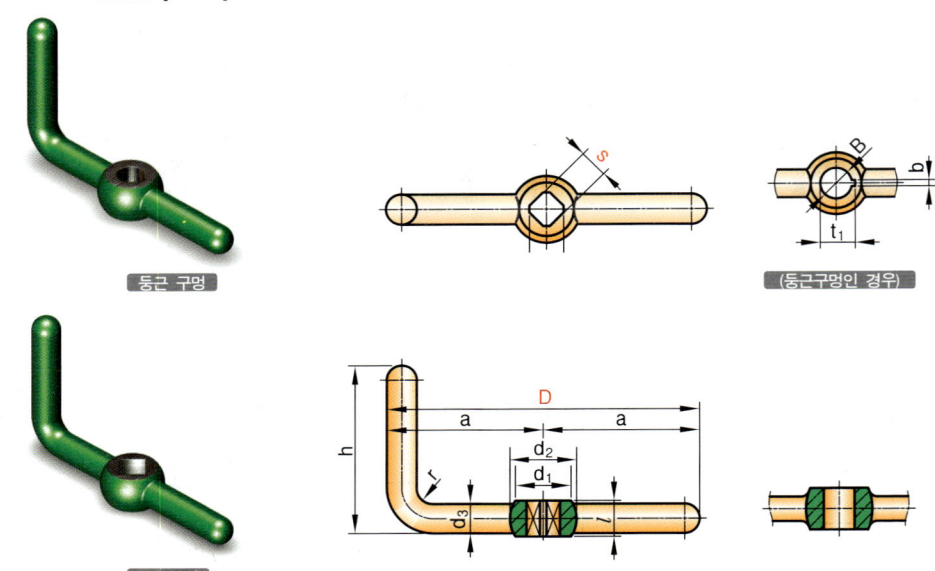

단위 : mm

암의 온길이 (호칭) D	4각 구멍		e (최소)	둥근 구멍		보스			암			r(참고)
	맞변거리(S)			B	$b \times t_1$	l	d_1	d_2	d_3	a	h	
	기준 치수	허용차 (H8)										
80	8	+0.022 0	10.8	9	–	14	18	22	10	40	60	5
100	10		13.6	10	4×11.5	15	20	24	11	50	60	5
125	10		13.6	12	4×13.5	16	21	26	12	63	70	5
140	12	+0.027 0	16.5	14	5×16	18	24	30	13	70	75	5
160	14		19.2	16	5×18	20	28	34	14	80	80	8
180	14		19.2	16	5×18	20	28	34	15	90	85	8
200	17		23	20	5×22	22	33	40	16	100	85	8
224	19	+0.033 0	26	24	7×27	26	36	44	18	112	90	10
250	22		29.5	26	7×29	28	40	48	20	125	95	10
280	22		29.5	26	7×27	30	43	52	22	140	100	10
315	27		36.5	32	10×35.5	32	48	58	24	158	105	12
355	30	+0.039 0	40	36	10×35.5	36	54	64	24	178	110	12
400	32		43	40	10×43.5	38	58	70	26	200	120	12
450	36		48	44	12×47.5	42	63	76	26	225	120	15
500	36		48	48	12×51.5	45	68	82	28	250	130	15

비고
1. 암의 굽음은 양쪽에 둘 수 있다.
2. B, $b \times t_1$ 및 l의 치수 허용차는 KS B ISO 2768-1에 규정하는 중간등급(m)으로 한다.
3. KS D 3752=SM20C 또는 KS D 3567=SUM22

123. 핸들(2호)

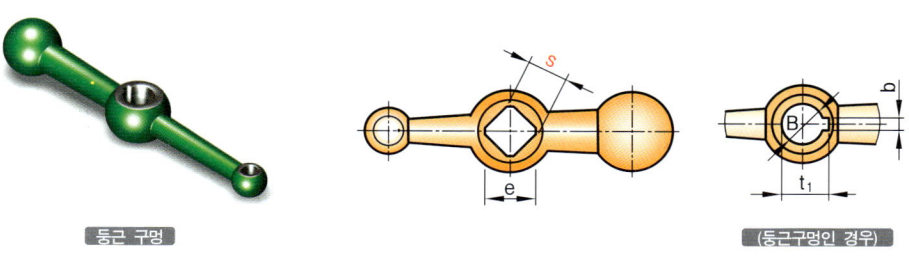

둥근 구멍

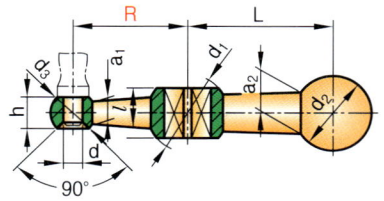

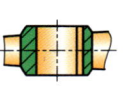

4각 구멍

단위 : mm

회전반지름(호칭) R	4각 구멍 맞변거리 (S)		e (최소)	둥근 구멍		보스(boss)		평형추				손잡이 부착부			
				B	$b \times t_1$	l	d_1	L	d_2	a_2	d_3	a_1	구멍깊이 (h)		구멍지름 (d)	
	기준치수	허용차 (H8)											기준치수	허용차	기준치수	허용차 (H7)
20	7	+0.022 / 0	9.2	8	–	12	18	20	15	8	10	6	8	±0.3	4	+0.012 / 0
25	8		10.8	9	–	13	20	25	18	9	10	6	8		4	
32	10		13.6	10	4×11.5	14	22	32	21	11	12	7	9		5	
40	10	+0.027 / 0	13.6	12	4×13.5	16	24	40	26	14	16	10	12		6	+0.015 / 0
50	12		16.5	14	5×16	22	32	50	32	16	19	11	14		8	
63	12		16.5	14	5×16	22	32	60	32	17	17	11	14		8	
80	14		19.2	16	5×18	25	35	75	38	21	21	13	17	±0.4	10	
100	17		23	20	5×22	28	42	95	38	21	21	13	17		10	

비고
1. S 및 B의 치수는 필요에 따라 증감하여도 좋다. 다만, 이 경우 그 치수는 표 중의 값으로 한다.
2. 호칭 치수 50까지의 것은 평형추 쪽을 손잡이 쪽과 같은 모양으로 하고, 손잡이를 양쪽에 달 수 있다.
3. R, B, $b \times t$, l, d_1, L, d_2, a_2, d_3 및 a_1의 치수 허용차는 KS B ISO 2768-1에 규정하는 중간등급(m)으로 한다.
4. KS D 3752=SM20C 또는 KS D 3567=SUM22

124. 핸들(3호)

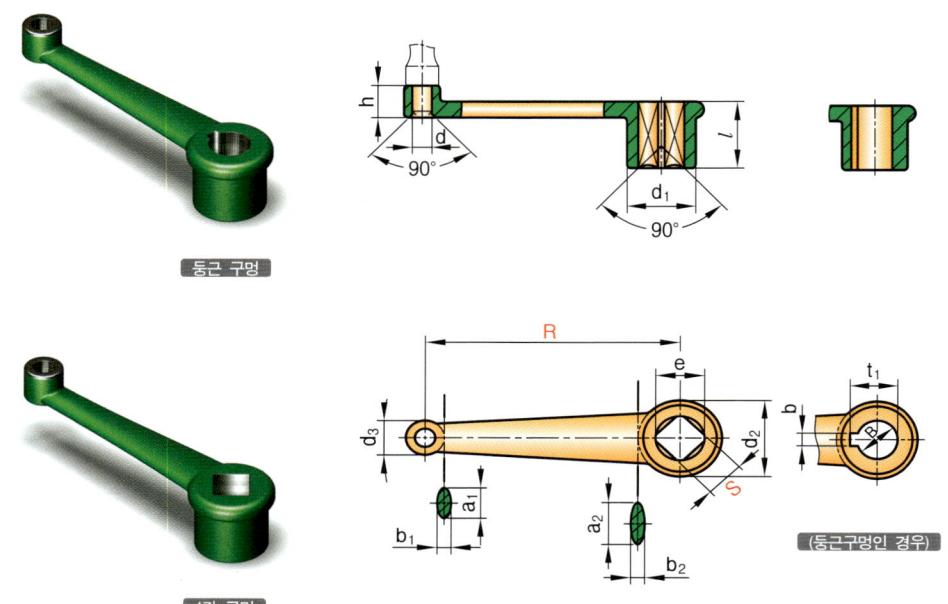

단위 : mm

회전반지름 (호칭) R	4각 구멍 맞변거리 (S)		e (최소)	둥근 구멍 B	$b \times t_1$	l	d_1	d_2	암 a_1	b_1	a_2	b_2	d_3	손잡이 부착부 구멍깊이(h)		구멍지름 (d)	
	기준치수	허용차 (H9)												기준치수	허용차	기준치수	허용차 (H7)
32	8	+0.036 0	10.8	9	–	16	19	19	10	5	13	5	13	12	±0.3	6	+0.015 0
40	10		13.6	10	4×11.5	18	21	21	10	5	14	5	13	12		6	
50	10		13.6	10	4×11.5	18	21	21	10	5	14	5	13	12		6	
63	10		13.6	12	4×13.5	20	23	23	11	5	15	5	14	12		6	
80	12	+0.043 0	16.5	14	5×16	24	28	28	12	6	18	6	15	14		8	
100	14		19.2	16	5×18	28	33	33	12	6	22	7	15	14		8	
125	17		23	20	5×22	34	39	39	15	7	26	8	18	17	±0.4	10	
160	19	+0.052 0	26	24	7×27	38	44	44	16	8	30	9	19	17		10	
200	22		29.5	26	7×29	42	48	48	19	9	32	10	23	19		12	
250	22		29.5	26	7×29	46	52	52	20	10	36	12	24	19		12	

비고
1. S 및 B의 치수는 필요에 따라 증감하여도 좋다. 다만, 이 경우 그 치수는 표 중의 값을 취한다.
2. R, B, $b \times t_1$ 및 l의 치수 허용차는 KS B ISO 2768-1에 규정하는 중간등급(m)으로 한다.
3. KS D 3752=SM20C, KS D 4302=GCD 400 또는 GCD 450, KS D 5922=GCMB 30-06

125. 핸들(4호)

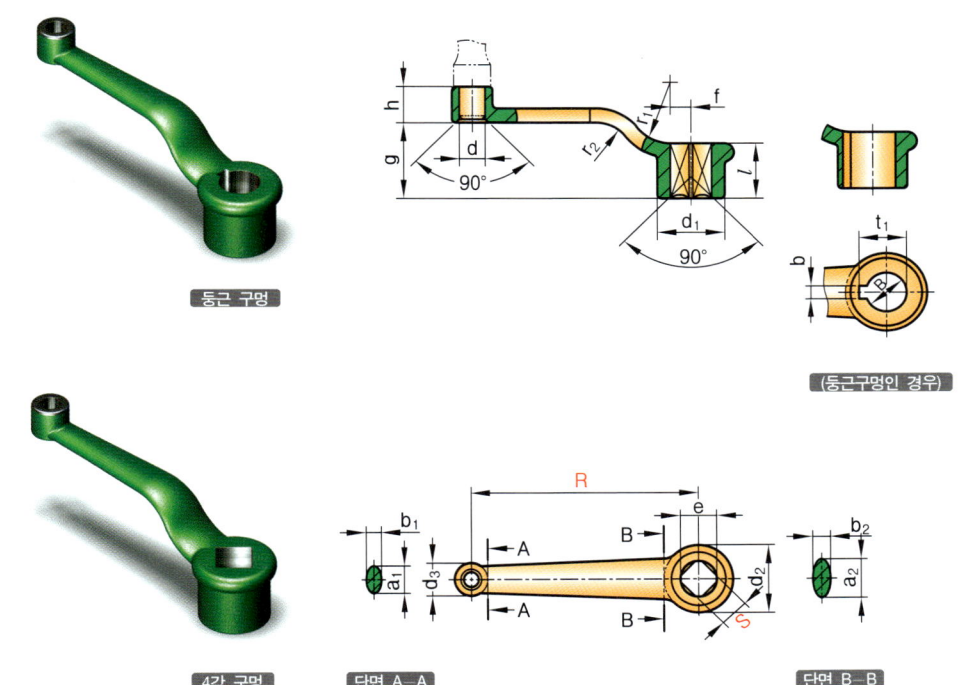

단위 : mm

회전 반지름 (호칭) R	4각 구멍 맞변거리 (S)		e (최소)	둥근 구멍 B	$b \times t_1$	보스 l	d_1	d_2	암 a_1	b_1	a_2	b_2	g	(참고) f	r_1	r_2	d_3	손잡이 부착부 구멍깊이 (h)		구멍지름 (d)	
	기준 치수	허용차 (H8)																기준 치수	허용차	기준 치수	허용차 (H7)
63	10	+0.022 0	13.6	12	4×13.5	20	20	23	11	5	15	5	27	8	13	22	14	12	±0.3	6	+0.015 0
80	12		16.5	14	5×16	24	24	28	12	6	18	6	29	9	15	25	15	14		8	
100	14		19.2	16	5×18	28	28	33	12	6	22	7	40	10	18	30	15	14		8	
125	17	+0.027 0	23	20	5×22	34	34	39	15	7	26	8	40	13	21	35	18	17	±0.4	10	
160	19		26	24	7×27	38	38	44	16	8	30	9	52	14	25	42	19	17		10	
200	22		29.5	26	7×29	42	42	48	19	9	32	10	64	18	28	48	23	19		12	
250	22		19.5	26	7×29	46	46	52	20	10	36	12	72	20	32	55	24	19		12	

비고
1. S 및 B의 치수는 필요에 따라 증감하여도 좋다. 다만, 이 경우 그 치수는 표 중의 값을 취한다.
2. R, B, $b \times t_1$ 및 l의 치수 허용차는 KS B ISO 2768-1에 규정하는 중간등급(m)으로 한다.
3. KS D 3752=SM20C, KS D 4302=GCD 400 또는 GCD 450, KS D 5922=GCMB 30-06

KS B 1331 : 2007

126. 핸드 휠(1호)

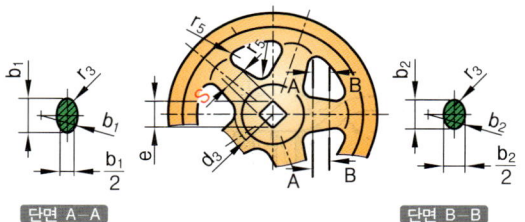
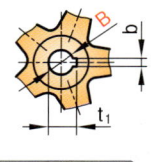

단면 A-A   단면 B-B   (둥근 구멍인 경우)   손잡이 부착하는 경우

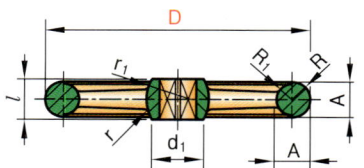
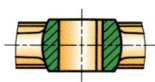
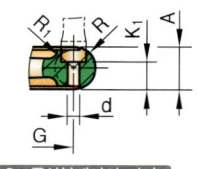

G : 중심부에서의 거리

4각 구멍

손잡이 부착 4각 구멍

126. 핸드 휠(1호)

KS B 1331 : 2007

단위 : mm

핸드 휠-1호 치수

바깥지름 (호칭) D	4각 구멍		둥근 구멍	보스				스포크					림			손잡이 부착부			
	S (H8)	e 최소	B	b×t₁	l	d₁	d₃	(참고) r	(참고) r₁	수	b₁	b₂	(참고) r₃	(참고) r₄	(참고) r₅	A	(약) R	(약) R₁	d (H7)	K₁ 기준치수	K₁ 허용차	G

D	S	e	B	b×t₁	l	d₁	d₃	r	r₁	수	b₁	b₂	r₃	r₄	r₅	A	R	R₁	d	K₁	허용차	G
63	7	9.2	8	–	13	20	24	6	10	3	12	10	2.3	1.9	3	13	6.5	5.5	–	–	–	–
80	8	10.8	9	–	14	22	26	6	10	3	14	12	2.6	2.3	3.5	14	7	6	–	–	–	–
100	10	13.6	10	4×11.5	15	24	28	7	12	3	17	15	3.2	2.8	3.5	15	7.5	6.5	5(M5)	10	±0.3	40
125	10	13.6	12	4×13.5	16	28	32	7	12	3	19	17	3.6	3.2	3.5	16	8	7	6(M6)	13		51
140	12	16.5	14	5×16	18	30	35	8	14	3	21	18	3.9	3.4	4	17	8.5	7	6(M6)	13		58
160	14	19.2	16	5×18	20	32	38	8	16	3	23	20	4.3	3.8	4	18	9	7.5	8(M8)	15		67
180	14	19.2	16	5×18	20	32	38	8	16	3	24	20	4.5	3.8	4	20	10	8.5	8(M8)	15		76
200	17	23	20	5×22	22	38	45	9	18	3	24	4.9	4.1	5.5		22	11	9.5	10(M10)	18	±0.4	84
224	19	26	24	7×27	26	42	50	9	18	5	24	4.5	3.8	5.5		24	12	10	10(M10)	18		95
250	22	29.5	26	7×29	28	45	55	9	18	5	22	4.9	4.1	6		26	13	11	10(M10)	18		107
280	22	29.5	26	7×29	30	50	60	10	20	5	28	5.3	4.5	6		26	13	11	10(M10)	18		122
315	27	36.5	32	10×35.5	32	55	65	11	22	5	30	26	5.6	4.9	7	28	14	12	12(M12)	20		138
355	30	40	36	10×39.5	36	60	72	12	22	5	28	6	5.3	7		30	15	13	16(M16)	22		157
400	32	43	40	10×43.5	38	65	78	12	24	5	34	30	6.4	5.6	8	32	16	13	16(M16)	22		176
450	36	48	44	12×47.5	42	70	85	13	26	5	36	7	6	8		34	17	14	16(M16)	24		200
500	36	48	48	12×51.5	45	78	95	14	28	5	38	32	7.1	6	8.5	34	17	14	16(M16)	24		225
560	41	55	52	15×57	55	94	115	16	32	6	40	34	7.5	6.4	8.5	36	18	15	16(M16)	24		255
630	46	61	58	15×63	60	102	125	17	36	6	42	36	7.9	6.8	9	38	19	16	16(M16)	24		288
710	50	66	63	15×69	65	110	135	18	36	6	46	40	8.7	7.5	11	42	21	18	16(M16)	24		325
800	55	72	68	18×74	70	120	145	20	38	6	50	44	9.5	8.3	12	46	23	20	16(M16)	24		358

d의 칸 중 ( )를 붙인 수치는 나사 삽입형의 나사의 호칭을 표시한다.

비고
1. 4각 구멍 또는 둥근 구멍의 치수는 호칭치수 63에서 630에 한하며, 필요에 따라 한 계단 작은 4각 구멍 또는 둥근 구멍을 사용하여도 좋다. 다만, 이 경우에, 호칭치수 63의 4각 구멍에 대하여는 $S=5.5mm$, 둥근 구멍에 대하여는 $B=7mm$로 한다.
2. 림은 필요에 따라 미끄럼을 방지하기 위하여 파형, 널링 가공 등을 하여도 좋다.
3. D, B, $b×t_1$, l 및 G의 치수 허용치는 KS B ISO 2768-1에 규정하는 중간급(m)으로 한다.
4. KS D 4301 = GC200, KS D 4302 = GCD400 또는 GCD450, KS D ISO 5922 = GCMB 30-06

KS B 1331 : 2007

127. 핸드 휠(2호)

단위 : mm

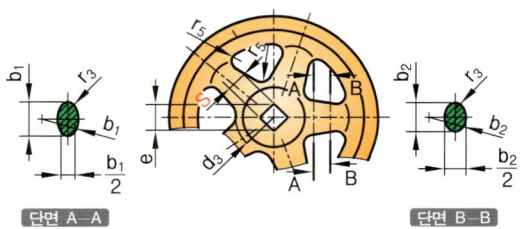
단면 A-A 단면 B-B

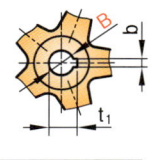
(둥근구멍인 경우)

손잡이 부착하는 경우

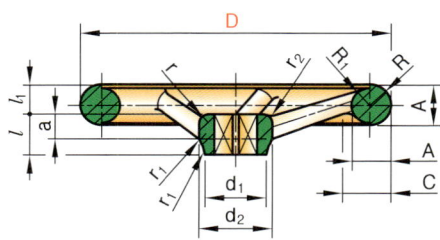

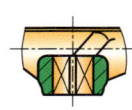

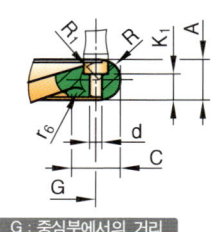
G : 중심부에서의 거리

4각 구멍

손잡이 부착 4각 구멍

KS B 1331 : 2007

127. 핸드 휠(2호)

단위 : mm

핸드 휠-2호 치수

바깥지름 (호칭) D	4각 구멍		둥근 구멍	보스								스포크							림			손잡이 부착부			G
	S (H8)	e (최소)	B	b×t₁	a	l	l₁	d	d₂	d (참고)		수	b₁	b₂	(참고)					A	R (약) R₁		d (H7) 기준치수	(K₁) 허용차		
										r	r₁				r₂	r₃	r₄	r₅	r₆							
63	7	9.2	8	–	5	13	10	20	22	24	6	10	3	12	10	3	2.3	1.9	3	11	13	6.5	5.5	–	–	–	–
80	8	10.8	9	–	6	14	13	22	24	26	6	10	3	14	12	3	2.6	2.3	3.5	12	14	7	6	–	–	–	–
100	10	13.6	10	4×11.5	6.5	15	16	24	26	28	7	12	3	17	15	3.5	3.2	2.8	3.5	13	15	7.5	6.5	5(M5)	10	±0.3	40
125	10	13.6	12	4×13.5	7.5	16	18	28	29	32	7	12	3	19	17	3.5	3.6	3.2	3.5	14	16	8	7	6(M6)	13		51
140	12	16.5	14	5×16	7.5	18	20	30	32	35	8	14	3	21	18	4	3.9	3.4	4	15	17	8.5	7	6(M6)	13		58
160	14	19.2	16	5×18	8	20	21	32	34	38	8	16	3	23	20	4	4.3	3.8	4	16	18	9	7.5	8(M8)	15		67
180	14	19.2	16	5×18	8	20	21	32	34	38	8	16	3	24		4	4.5	3.9	4	19	20	10	8.5	8(M8)	15		76
200	17	23	20	5×22	8	22	21	38	41	45	9	18	3	26	22	4.5	4.9	4.1	5	22	22	11	9.5	10(M10)	18	±0.4	84
224	19	26	24	7×27	9	26	22	42	45	50	9	18	3			4.5	4.5	3.8	5.5	29	24	12	10	10(M10)	18		95
250	22	29.5	26	7×29	10	28	22	45	50	55	9	18	3			4.5	4.9	4.1	6	33	26	13	11	10(M10)	18		107
280	22	29.5	26	7×29	10	30	23	50	54	60	10	20	5			6	5.3	4.5	6	24	26	13	11	10(M10)	18		122
315	27	36.5	32	10×35.5	11	32	23	55	58	65	11	22	5	30	26	6	5.6	4.9	7	38	28	14	12	12(M12)	20		138
355	30	40	36	10×39.5	11	36	24	60	64	72	12	24	5	32	28	6	6	5.3	7	46	32	15	11	16(M16)	22		157
400	32	43	40	10×43.5	12	40	25	65	68	78	12	24	5	34	30	6	6.4	5.6	8	50	32	16	11	16(M16)	22		176
450	36	48	44	12×47.5	13	42	26	70	74	85	13	26	6.5	6.8	5.6	8	56	34	17	14	16(M16)	24					200
500	36	48	48	12×51.5	14	45	27	78	82	95	14	28	7	7.1	6	8.5	58	34	17	14	16(M16)	24					225
560	41	55	52	15×57	16	55	27	94	98	115	16	32	6	40	34	7	7.5	6.4	8.5	62	36	18	15	16(M16)	24		255
630	46	61	58	15×63	18	60	29	102	108	125	17	34	6	42	36	7	7.9	6.8	9	66	38	19	16	16(M16)	24		288
710	50	66	63	15×69	18	65	31	110	118	135	18	36	6	46	40	9	8.7	7.5	11	72	42	21	18	16(M16)	24		325
800	55	72	68	18×74	20	70	33	120	126	145	20	38	6	50	44	10	9.5	8.3	12	80	46	23	20	16(M16)	24		358

d의 칸 중 ( )를 붙인 수치는 나사 삽입형의 나사의 호칭을 표시한다.

비고
1. 4각 구멍 또는 둥근 구멍의 치수는 호칭치수 63에서 630에 한하며, 필요에 따라 한 계단 작은 4각 구멍 또는 둥근 구멍을 사용하여도 좋다. 다만, 이 경우에, 호칭치수 63의 4각 구멍에 대하여는 $S=5.5$mm, 둥근 구멍에 대하여는 $B=7$mm로 한다.
2. 림은 필요에 따라 미끄럼을 방지하기 위하여 파형, 널링 가공 등을 하여도 좋다.
3. D, B, $b \times t_1$, l, l_1 및 G의 치수 허용차는 KS B ISO 2768−1에 규정하는 중간급(m)으로 한다.
4. KS D 4301 = GC200, KS D 4302 = GCD400 또는 GCD450, KS D ISO 5922 = GCMB 30−06

128. 핸드 휠(3호)

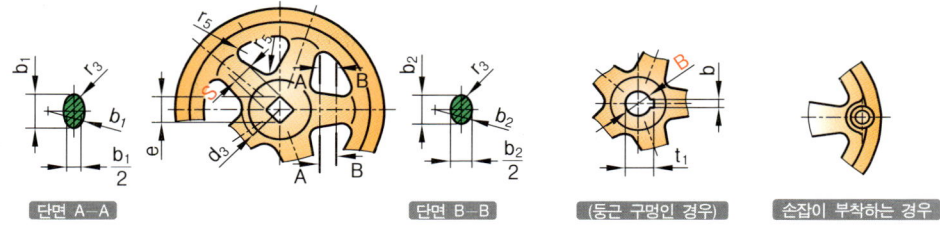
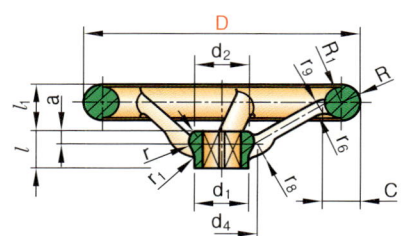
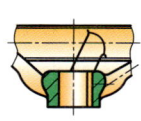
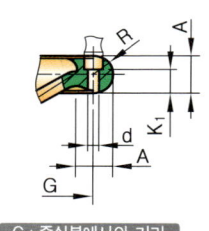

4각 구멍

손잡이 부착 4각 구멍

KS B 1331 : 2007

128. 핸드 휠(3호)

단위 : mm

핸드 휠-3호 치수

바깥지름 (호칭) D	4각 구멍		둥근 구멍			손잡이 부착 구멍			림		
	맞변거리(S)		e (최소)	B	$b \times t_1$	d(H7)	구멍깊이(K_1)		G	A	R (약)	R_1 (약)
	기준치수	허용차 (H8)					기준치수	허용차				
80	8	+0.022 0	10.8	9	-	-	-	-	-	14	7	6
100	10		13.6	10	4×11.5	5(M 5)	10	±0.3	40	15	7.5	6.5
125	10		13.6	12	4×13.5	6(M 6)	13		51	16	8	7
140	12	+0.027 0	16.5	14	5×16	6(M 6)	18		58	17	8.35	7
160	14		19.2	16	5×18	8(M 8)	15		67	18	9	7.5
180	14		19.2	15	5×18	8(M 8)	15		76	20	10	8.5
200	17		23	20	5×22	10(M 10)	18	±0.4	84	22	11	9.5
224	19	+0.039 0	26	23	5×26	10(M 10)	18		95	24	12	10
250	22		29.5	26	5×29	10(M 10)	18		107	26	13	11
280	22		29.5	30	5×33	10(M 10)	19		122	27	13.5	11.5

호칭치수 D	보스							스포크										
	a	l	l_1	d_1	d_2	d_3	(참고)		수	b_1	b_2	C	(참고)					
							r	r_1					r_2	r_3	r_4	r_5	r_6	r_7	r_8	r_9
80	6	14	16	22	24	26	6	10	3	14	12	17	3	2.6	2.3	3.5	3	3	10	9
100	6.5	16	20	24	26	28	7	12	3	17	15	18	3.5	3.2	2.8	3.5	4	4	12.5	11.5
125	7.5	16	25	28	29	32	7	12	3	19	17	20	3.5	3.6	3.2	3.5	5	5	14.5	13.5
140	7.5	18	28	30	32	35	8	14	3	21	18	22	4	3.9	3.4	4	7	7	17.5	16
160	8	20	32	32	34	38	8	16	3	23	20	24	4	4.3	3.8	4	8	8	19.5	18
180	8	20	36	32	34	38	8	16	3	24	21	27	4.5	4.5	4	9	9	9	21	19
200	8	22	40	38	41	45	9	18	3	26	22	30	4.5	4.9	4.1	5.5	10	10	23	21
224	9	25	45	42	45	50	9	18	5	24	20	33	4.5	4.5	3.8	5.5	10.5	10.5	22.5	20.5
250	10	28	50	45	50	55	9	18	5	26	22	36	4.5	4.9	4.1	6	11	11	24	22
280	10.5	30	56	50	54	60	10	20	5	28	24	39	6	5.3	4.5	6	11.5	11.5	25.5	23.5

d의 칸 중 ( )를 붙인 수치는 나사 삽입형의 나사의 호칭을 표시한다.

비고
1. 4각 구멍 또는 둥근 구멍의 치수는 호칭치수 80에서 355에 한하며, 필요에 따라 한 계단 작은 4각 구멍 또는 둥근 구멍을 사용하여도 좋다. 다만, 이 경우에, 호칭치수 80의 4각 구멍에 대하여는 S=7mm, 둥근 구멍에 대하여는 B=8mm로 한다.
2. 림은 필요에 따라 미끄럼을 방지하기 위하여 파형, 널링 가공 등을 하여도 좋다.
3. 손잡이는 KS B 1334에 따르기로 하고, 그 종류는 인수·인도 당사자 간의 결정에 따른다.
4. D, B, $b \times t_1$, l, l_1 및 G의 치수 허용차는 KS B ISO 2768-1에 규정하는 중간급(m)으로 한다.
5. KS D 4301 = GC200, KS D 4302 = GCD400 또는 GCD450, KS D ISO 5922 = GCMB 30-06

129. 핸드 휠(4호)

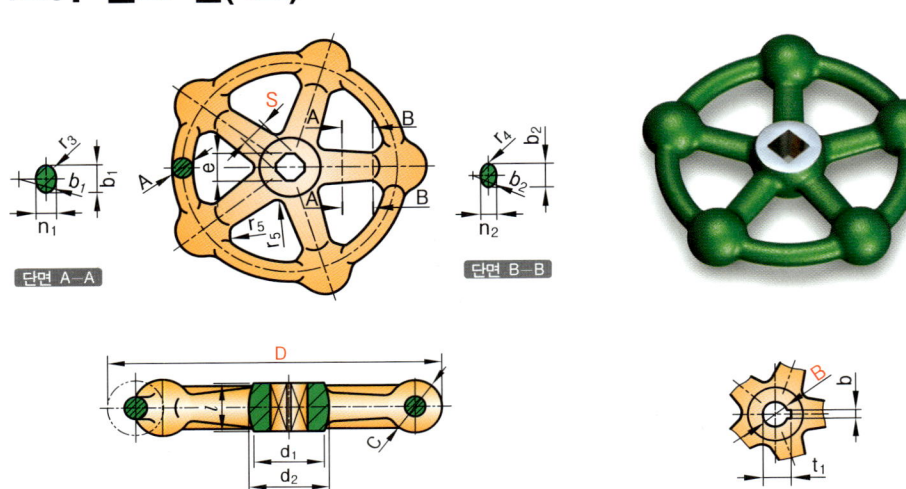

단위 : mm

바깥지름 (호칭) D	4각 구멍 S (H8)	4각 구멍 e (최소)	둥근 구멍 B	둥근 구멍 b×t₁	보스 l	보스 d_1	보스 d_2	스포크 수	스포크 b_1	스포크 b_2	스포크 n_1	스포크 n_2	참고 r_3	참고 r_4	참고 r_5	림 A	림 C
50	5.5	7.7	7	-	12	15	17	5	6	5	4	3.5	1.8	1.6	2.5	4	10
63	7	9.2	8	-	13	18	20	5	8	6	5.5	4	2.6	1.8	2.5	5	13
80	8	10.8	9	-	14	20	23	5	9	7	6	5	2.8	2.4	3.5	6	16
100	10	13.6	10	4×11.5	15	22	25	5	11	9	7.5	6	3.5	2.8	3.5	8	20
112	10	13.6	12	4×13.5	16	24	28	5	12	10	8	7	3.9	3.1	3.5	9	21
125	10	13.6	12	4×13.5	16	24	28	5	13	10	8.5	7	3.9	3.1	3.5	10	22
140	12	16.5	14	5×16	18	29	33	5	15	12	10	8	4.6	3.7	4	11	24
160	14	19.2	16	5×18	20	32	36	5	17	14	11.5	9.5	5.3	4.4	4	13	27
200	17	23	20	5×22	22	38	44	5	20	16	13	11	5.9	5.1	5.5	15	30
224	19	26	24	7×27	26	42	49	5	22	18	14	12	6.3	5.5	5.5	16	32
250	22	29.5	26	7×29	28	45	54	5	24	20	15	13	6.7	5.9	6	18	34
280	22	29.5	26	7×29	30	50	59	5	26	20	16	14	7.0	6.3	6	20	36
315	27	36.5	32	10×35.5	32	53	65	5	28	23	17	15	7.4	6.8	6	22	38

[비고]
1. 4각 구멍 또는 둥근 구멍의 치수는 호칭치수 50을 제외하고, 필요에 따라 한 계단 작은 4각 구멍 또는 둥근 구멍을 사용하여도 좋다.
2. B, b×t_1 및 l의 치수 허용차는 KS B ISO 2768-1에 규정하는 중간급(m)으로 한다.
3. KS D 4301=GC200, KS D 4302=GCD400 또는 GCD450, KS D ISO 5922=GCMB 30-06

130. 핸드 휠(5호)

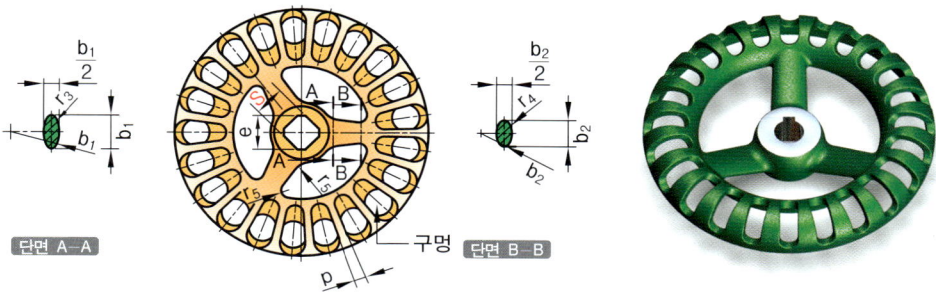

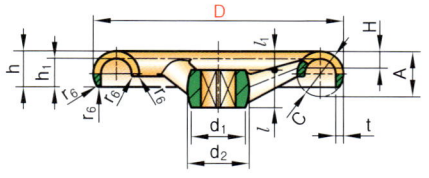

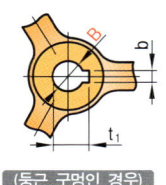

(둥근 구멍인 경우)

단위 : mm

바깥 지름 (호칭) D	4각 구멍		둥근 구멍		보스				스포크			(참고)			H	A	C	림			구멍 수	p	r_6 (참고)
	S (H8)	e (최소)	B	$b \times t_1$	l	l_1	d_1	d_2	수	b_1	b_2	r_3	r_4	r_5				h	h_1	t			
50	5.5	7.7	7	—	12	5	15	17	3	8	7	1.5	1.3	2.5	4.5	9	10	7	5.5	2.5	15	3	약 1
63	7	9.2	8	—	13	6	18	20	3	10	8	1.9	1.5	2.5	5.5	11	13	8.5	6.5	2.5	18	4	약 1
80	8	10.8	9	—	14	6	20	23	3	12	10	2.3	1.9	3.5	6.5	13	16	10	7.5	3	21	4	약 1
100	10	13.6	10	4×11.5	15	8	22	25	3	13	11	2.4	2.1	3.5	7	15	19	11	8.5	3	24	5	약 1

[비고]
1. 4각 구멍 또는 둥근 구멍의 치수는 호칭치수 50을 제외하고, 필요에 따라 한 계단 작은 4각 구멍 또는 둥근 구멍을 사용하여도 좋다.
2. B, $b \times t_1$, l 및 l_1의 치수 허용차는 KS B ISO 2768-1에 규정하는 중간급(m)으로 한다.
3. KS D 4301=GC200, KS D 4302=GCD400 또는 GCD450, KS D ISO 5922=GCMB 30-06

131. 핸드 휠(6호)

단위 : mm

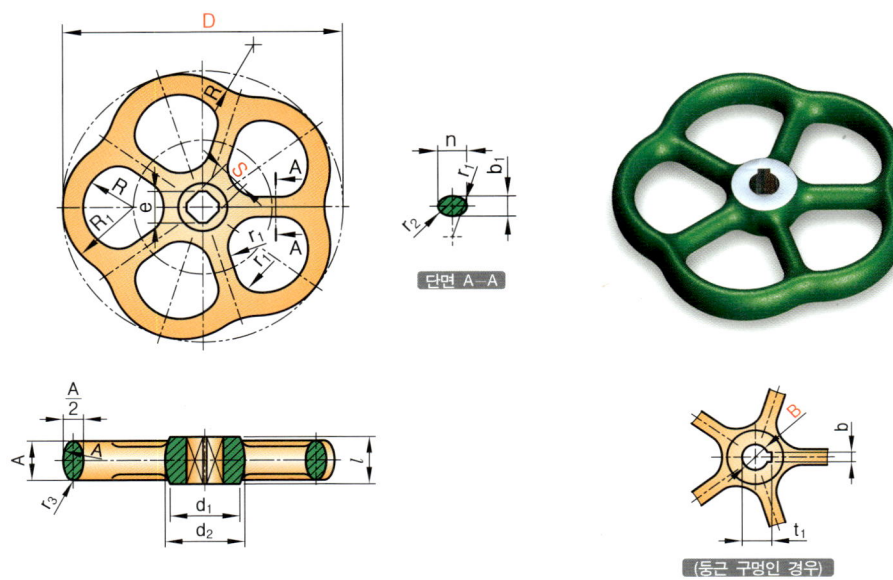

단위 : mm

바깥지름 (참고) D	4각 구멍		둥근 구멍		보스			스포크				림		
	S (H8)	e (최소)	B	$b×t_1$	l	d_1	d_2	수	b_1	n	r_2 (참고)	r_1	A	r_3 (참고)	R	R_1
50	5.5	7.7	7	-	12	15	17	5	5	6	2.5	3	9	1.7	7.5	12
63	7	9.2	8	-	13	18	20	5	6	7	3	5	10	1.9	11	16
80	8	10.8	9	-	14	20	23	5	6	10	2.6	7	12	2.3	14	20
100	10	13.6	10	4×11.5	15	22	25	5	7	11	3.1	8	14	2.6	18	25
125	10	13.6	12	4×13.5	16	24	28	5	8	11	3.8	9	16	3	22	30
140	12	16.5	14	5×16	18	29	33	5	9	12	4.3	11	18	3.4	26	35
160	14	19.2	16	5×18	20	32	36	5	10	15	4.6	13	20	3.8	30	40
200	17	23	20	5×22	22	38	44	5	11	17	5	17	22	4.1	39	50
224	19	26	24	7×27	26	42	49	5	12	18	5.5	20	24	4.5	46	58
250	22	29.5	26	7×29	28	45	54	5	13	20	5.9	22	26	4.9	49	62
280	22	29.5	26	7×29	30	50	59	5	14	22	6.3	24	28	5.3	56	70
315	27	36.5	32	10×35.5	32	53	65	5	15	24	6.7	26	30	5.6	65	80

비고
1. 4각 구멍 또는 둥근 구멍의 치수는 호칭치수 50을 제외하고, 필요에 따라 한 계단 작은 4각 구멍 또는 둥근 구멍을 사용하여도 좋다.
2. B, $b×t_1$ 및 l의 치수 허용차는 KS B ISO 2768-1에 규정하는 중간급(m)으로 한다.
3. KS D 4301=GC200, KS D 4302=GCD400 또는 GCD450, KS D ISO 5922=GCMB 30-06

132. 롤러체인 스프로킷 치형 및 치수

스프로킷 실물

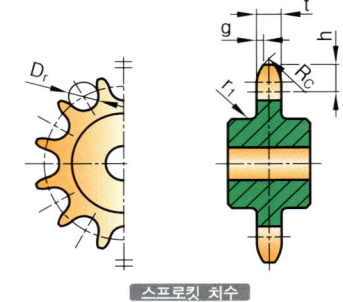

스프로킷 치수

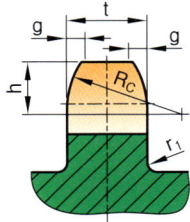

가로 치형 상세도

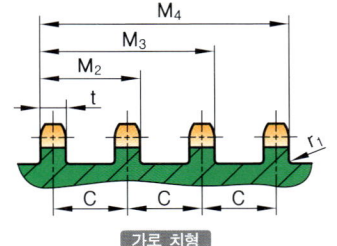

가로 치형

호칭 번호	모떼기 나비 g (약)	모떼기 깊이 h (약)	모떼기 반경 R_c (최소)	둥글기 r_f (최대)	가로 치형 치폭 t(최대) 단열	2열 3열	4열 이상	t, M 허용차	가로 피치 P_t	적용 롤러 체인(참고) 원주피치 P	롤러외경 D_r (최대)	안쪽 링크 안쪽 나비 b_1 (최소)
25	0.8	3.2	6.8	0.3	2.8	2.7	2.4	0 −0.20	6.4	6.35	3.30(¹)	3.10
35	1.2	4.8	10.1	0.4	4.3	4.1	3.8		10.1	9.525	5.08(¹)	4.68
41⁽²⁾	1.6	6.4	13.5	0.5	5.8	−	−			12.70	7.77	6.25
40	1.6	6.4	13.5	0.5	7.2	7.0	6.5	0 −0.25	14.4	12.70	7.95	7.85
50	2.0	7.9	16.9	0.6	8.7	8.4	7.9		18.1	15.875	10.16	9.40
60	2.4	9.5	20.3	0.8	11.7	11.3	10.6	0 −0.30	22.8	19.05	11.91	12.57
80	3.2	12.7	27.0	1.0	14.6	14.1	13.3		29.3	25.40	15.88	15.75
100	4.0	15.9	33.8	1.3	17.6	17.0	16.1	0 −0.35	35.8	31.75	19.05	18.90
120	4.8	19.0	40.5	1.5	23.5	22.7	21.5	0 −0.40	45.4	38.10	22.23	25.22
140	5.6	22.2	47.3	1.8	23.5	22.7	21.5		48.9	44.45	25.40	25.22
160	6.4	25.4	54.0	2.0	29.4	28.4	27.0	0 −0.45	58.5	50.80	28.58	31.55
200	7.9	31.8	67.5	2.5	35.3	34.1	32.5	0 −0.55	71.6	63.50	39.68	37.85
240	9.5	38.1	81.0	3.0	44.1	42.7	40.7	0 −0.65	87.8	76.20	47.63	47.35

주
(¹) 이 경우 D_r은 부시 바깥지름을 표시한다.
(²) 41은 홑줄만으로 한다.

비고
가로 치형이란, 톱니를 스프로킷의 축을 포함하는 평면으로 절단했을 때의 단면 모양을 말한다.

133. 스프로킷 제도 및 요목표

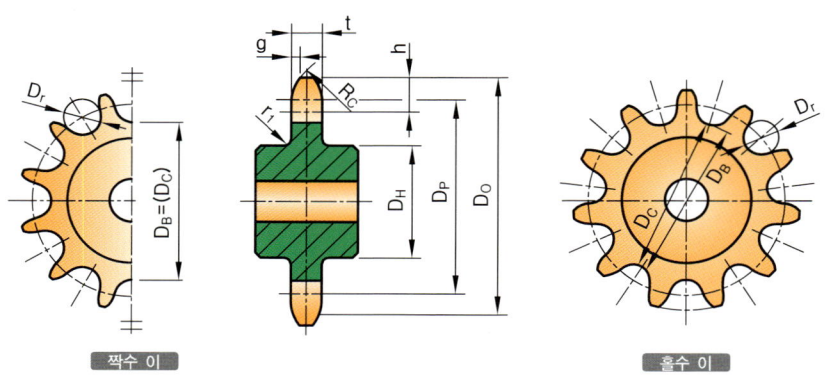

짝수 이 / 홀수 이

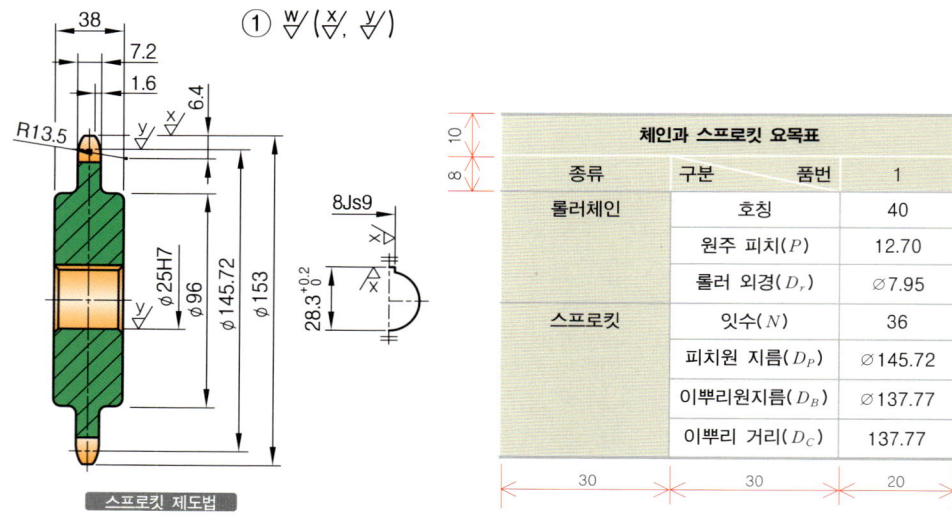

스프로킷 제도법

체인과 스프로킷 요목표			
종류	구분	품번	1
롤러체인	호칭		40
	원주 피치(P)		12.70
	롤러 외경(D_r)		⌀7.95
스프로킷	잇수(N)		36
	피치원 지름(D_P)		⌀145.72
	이뿌리원지름(D_B)		⌀137.77
	이뿌리 거리(D_C)		137.77

스프로킷 제도 및 적용 예

1. 호칭번호 40, 잇수 36
2. 기준 치수표를 이용하여 D_P, D_O, D_B, D_C를 찾는다. D_H가 기준 치수에 맞지 않을 경우 도면 치수를 재서 기입한다.
3. 원주 피치(P)와 롤러 외경(D_r)을 요목표에 기입한다.
4. 재질 : SF440A, SC480, SCM435, SNCM415
5. 측면도 작도시 피치원(D_P)=가는일점쇄선, 이뿌리원(D_B)=가는실선(※ 일반적으로 측면도는 생략한다.)

주
요목표의 크기는 도면의 배치에 알맞게 설정하여도 된다.

134. 스프로킷 허용차

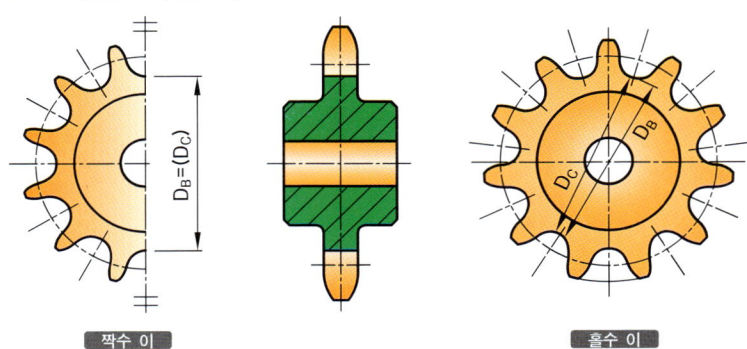

짝수 이 / 홀수 이

짝수 이뿌리원 지름(D_B) 및 홀수 이뿌리 거리(D_C) 허용차

잇수(N)	호칭번호											
	25	35	41	40	50	60	80	100	120	140	160	200	240
11~15	0 -0.10	0 -0.10	0 -0.12	0 -0.12	0 -0.12	0 -0.12	0 -0.15	0 -0.15	0 -0.20	0 -0.20	0 -0.25	0 -0.25	0 -0.30
16~24		0 -0.12				0 -0.15	0 -0.20	0 -0.20	0 -0.25	0 -0.25	0 -0.30	0 -0.35	0 -0.40
25~35			0 -0.15	0 -0.15	0 -0.15			0 -0.25		0 -0.30	0 -0.35	0 -0.40	0 -0.45
36~48	0 -0.12					0 -0.20	0 -0.25		0 -0.30	0 -0.35	0 -0.40	0 -0.45	0 -0.55
49~63		0 -0.15			0 -0.20			0 -0.30	0 -0.35	0 -0.40	0 -0.45	0 -0.50	0 -0.60
64~80			0 -0.20	0 -0.20		0 -0.25	0 -0.30	0 -0.35	0 -0.40	0 -0.45	0 -0.50	0 -0.60	0 -0.70
81~99									0 -0.50	0 -0.55	0 -0.65		0 -0.75
100~120	0 -0.15				0 -0.25		0 -0.35	0 -0.40	0 -0.45		0 -0.60	0 -0.70	0 -0.85

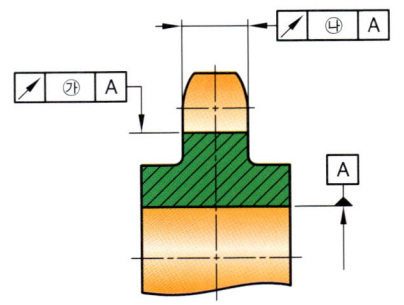

이뿌리에 대한 흔들림 공차

이뿌리원 지름(D_B)	㉮흔들림 공차	㉯흔들림 공차
100 이하	0.15	0.25
100~150	0.20	0.25
150~250	0.25	0.25
250~650	$0.001 D_B$	$0.001 D_B$
650~1,000	0.65	$0.001 D_B$
1,000 이상	0.65	1.00

비고
$0.001 D_B$는 해당하는 이뿌리 원지름(D_B)을 0.001로 곱한 값을 사용하라는 뜻이다.

135. 스프로킷 기준치수(호칭번호 25)

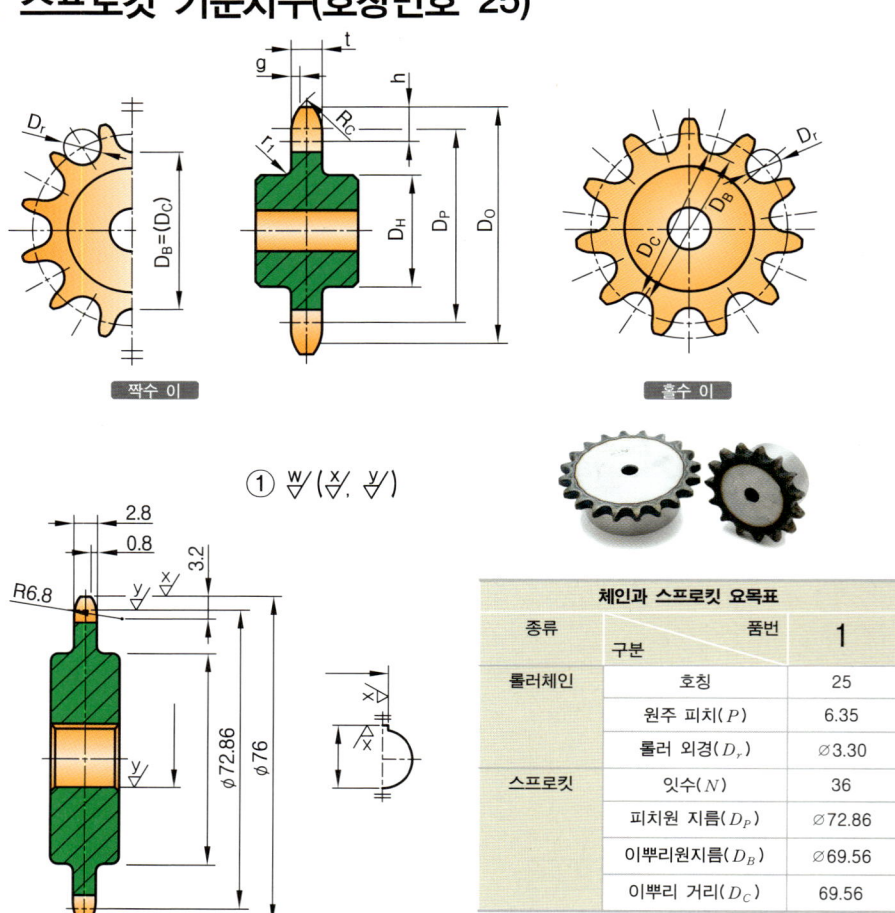

체인과 스프로킷 요목표		
종류	품번	1
	구분	
롤러체인	호칭	25
	원주 피치(P)	6.35
	롤러 외경(D_r)	⌀3.30
스프로킷	잇수(N)	36
	피치원 지름(D_P)	⌀72.86
	이뿌리원지름(D_B)	⌀69.56
	이뿌리 거리(D_C)	69.56

호칭 번호	가로 치형							가로 피치 P_t	적용 롤러 체인(참고)		
	모떼기 나비 g (약)	모떼기 깊이 h (약)	모떼기 반경 R_c (최소)	둥글기 r_f (최대)	치폭 t(최대)			t, M 허용차		원주피치 P	롤러외경 D_r (최대)	안쪽 링크 안쪽 나비 b_1 (최소)
					단열	2열 3열	4열 이상					
25	0.8	3.2	6.8	0.3	2.8	2.7	2.4	$\begin{smallmatrix}0\\-0.20\end{smallmatrix}$	6.4	6.35	3.30([1])	3.10
35	1.2	4.8	10.1	0.4	4.3	4.1	3.8		10.1	9.525	5.08([1])	4.68
41[2]	1.6	6.4	13.5	0.5	5.8	–	–		–	12.70	7.77	6.25

주
([1]) 이 경우 D_r은 부시 바깥지름을 표시한다.
([2]) 41은 홑줄만으로 한다.

135. 스프로킷 기준치수(호칭번호 25)

체인 호칭번호 25용 스프로킷 기준치수

잇수 N	피치원 지름 D_p	바깥 지름 D_o	이뿌리 원지름 D_B	이뿌리 거 리 D_c	최대보스 지 름 D_H	잇수 N	피치원 지 름 D_p	바깥 지름 D_o	이뿌리 원지름 D_B	이뿌리 거 리 D_c	최대보스 지 름 D_H
11	22.54	25	19.24	19.01	15	56	113.25	117	109.95	109.95	106
12	24.53	28	21.23	21.23	17	57	115.27	119	111.97	111.93	108
13	26.53	30	23.23	23.04	19	58	117.29	121	113.99	113.99	110
14	28.54	32	25.24	25.24	21	59	119.31	123	116.01	115.97	112
15	30.54	34	27.24	27.07	23	60	121.33	125	118.03	118.03	114
16	32.55	36	29.25	29.25	25	61	123.35	127	120.05	120.01	116
17	34.56	38	31.26	31.11	27	62	125.37	129	122.07	122.07	118
18	36.57	40	33.27	33.27	29	63	127.39	131	124.09	124.05	120
19	38.58	42	35.28	35.15	31	64	129.41	133	126.11	126.11	122
20	40.59	44	37.29	37.29	33	65	131.43	135	128.13	128.10	124
21	42.61	46	39.31	39.19	35	66	133.45	137	130.15	130.15	126
22	44.62	48	41.32	41.32	37	67	135.47	139	132.17	132.14	128
23	46.63	50	43.33	43.23	39	68	137.50	141	134.20	134.20	130
24	48.65	52	45.35	45.35	41	69	139.52	143	136.22	136.18	132
25	50.66	54	47.36	47.27	43	70	141.54	145	138.24	138.24	134
26	52.68	56	49.38	49.38	45	71	143.56	147	140.26	140.22	136
27	54.70	58	51.40	51.30	47	72	145.58	149	142.28	142.28	138
28	56.71	60	53.41	53.41	49	73	147.60	151	144.30	144.26	140
29	58.73	62	55.43	55.35	51	74	149.62	153	146.32	146.32	142
30	60.75	64	57.45	57.45	53	75	151.64	155	148.34	148.31	144
31	62.77	66	59.47	59.39	55	76	153.66	157	150.36	150.36	146
32	64.78	68	61.48	61.48	57	77	155.68	159	152.38	152.35	148
33	66.80	70	63.50	63.43	59	78	157.70	161	154.40	154.40	150
34	68.82	72	65.52	65.52	61	79	159.72	163	156.42	156.39	152
35	70.84	74	67.54	67.47	63	80	161.74	165	158.44	158.44	155
36	72.86	76	69.56	69.56	65	81	163.76	167	160.46	160.43	157
37	74.88	78	71.58	71.51	67	82	165.78	169	162.48	162.48	159
38	76.90	80	73.60	73.60	70	83	167.81	171	164.51	164.48	161
39	78.91	82	75.61	75.55	72	84	169.83	174	166.53	166.53	163
40	80.93	84	77.63	77.63	74	85	171.85	176	168.55	168.52	165
41	82.95	87	79.65	79.59	76	86	173.87	178	170.57	170.57	167
42	84.97	89	81.67	81.67	78	87	175.89	180	172.59	172.56	169
43	86.99	91	83.69	83.63	80	88	177.91	182	174.61	174.61	171
44	89.01	93	85.71	85.71	82	89	179.93	184	176.63	176.60	173
45	91.03	95	87.73	87.68	84	90	181.95	186	178.65	178.65	175
46	93.05	97	89.75	89.75	86	91	183.97	188	180.67	180.64	177
47	95.07	99	91.77	91.72	88	92	185.99	190	182.69	182.69	179
48	97.09	101	93.79	93.79	90	93	188.01	192	184.71	184.69	181
49	99.11	103	95.81	95.76	92	94	190.03	194	186.73	186.73	183
50	101.13	105	97.83	97.83	94	95	192.06	196	188.76	188.73	185
51	103.15	107	99.85	99.80	96	96	194.08	198	190.78	190.78	187
52	105.17	109	101.87	101.87	98	97	196.10	200	192.80	192.77	189
53	107.19	111	103.89	103.84	100	98	198.12	202	194.82	194.82	191
54	109.21	113	105.91	105.91	102	99	200.14	204	196.84	196.81	193
55	111.23	115	107.93	107.88	104	100	202.16	206	198.86	198.86	195

136. 스프로킷 기준치수(호칭번호 35)

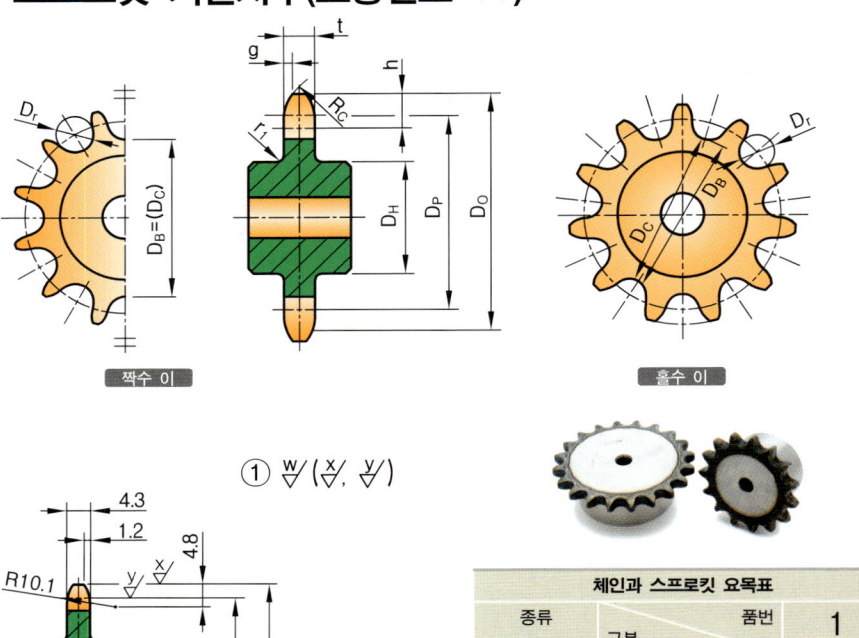

짝수 이 / 홀수 이

도면적용 예

체인과 스프로킷 요목표

종류	구분	품번 1
롤러체인	호칭	35
	원주 피치(P)	9.525
	롤러 외경(D_r)	⌀5.08
스프로킷	잇수(N)	36
	피치원 지름(D_P)	⌀109.29
	이뿌리원지름(D_B)	⌀104.21
	이뿌리 거리(D_C)	104.21

호칭번호	모떼기 나비 g (약)	모떼기 깊이 h (약)	모떼기 반경 R_c (최소)	둥글기 r_f (최대)	치폭 t (최대) 단열	2열 3열	4열 이상	t, M 허용차	가로피치 P_t	원주피치 P	롤러외경 D_r (최대)	안쪽 링크 안쪽 나비 b_1 (최소)
25	0.8	3.2	6.8	0.3	2.8	2.7	2.4	0 / −0.20	6.4	6.35	3.30[1]	3.10
35	1.2	4.8	10.1	0.4	4.3	4.1	3.8		10.1	9.525	5.08[1]	4.68
41[2]	1.6	6.4	13.5	0.5	5.8	−	−		−	12.70	7.77	6.25

주
[1] 이 경우 D_r은 부시 바깥지름을 표시한다.
[2] 41은 홑줄만으로 한다.

136. 스프로킷 기준치수(호칭번호 35)

체인 호칭번호 35용 스프로킷 기준치수

잇수 N	피치원 지름 D_p	바깥 지름 D_o	이뿌리 원지름 D_B	이뿌리 거리 D_c	최대보스 지름 D_H	잇수 N	피치원 지름 D_p	바깥 지름 D_o	이뿌리 원지름 D_B	이뿌리 거리 D_c	최대보스 지름 D_H
11	33.81	38	28.73	28.38	22	56	169.88	175	164.80	164.80	159
12	36.80	41	31.72	31.72	25	57	172.91	178	167.83	167.76	162
13	39.80	44	34.72	34.43	28	58	175.94	181	170.86	170.86	165
14	42.81	47	37.73	37.73	31	59	178.97	184	173.89	173.82	168
15	45.81	51	40.73	40.48	35	60	182.00	187	176.92	176.92	171
16	48.82	54	43.74	43.74	38	61	185.03	190	179.95	179.89	174
17	51.84	57	46.76	46.54	41	62	188.06	194	182.98	182.98	178
18	54.85	60	49.77	49.77	44	63	191.09	197	186.01	185.98	181
19	57.87	63	52.79	52.59	47	64	194.12	200	189.04	189.04	184
20	60.89	66	55.81	55.81	50	65	197.15	203	192.07	192.01	187
21	63.91	69	58.83	58.65	53	66	200.18	206	195.10	195.10	190
22	66.93	72	61.85	61.85	56	67	203.21	209	198.13	198.08	193
23	69.95	75	64.87	64.71	59	68	206.24	212	201.16	201.16	196
24	72.97	78	67.89	67.89	62	69	209.27	215	204.19	204.14	199
25	76.00	81	70.92	70.77	65	70	212.30	218	207.22	207.22	202
26	79.02	84	73.94	73.94	68	71	215.34	221	210.26	210.20	205
27	82.05	87	76.97	76.83	71	72	218.37	224	213.29	213.29	208
28	85.07	90	79.99	79.99	74	73	221.40	227	216.32	216.27	211
29	88.10	93	83.02	82.89	77	74	224.43	230	219.35	219.35	214
30	91.12	96	86.04	86.04	80	75	227.46	233	222.38	222.33	217
31	94.15	99	89.07	88.95	83	76	230.49	236	225.41	225.41	220
32	97.18	102	92.10	92.10	86	77	233.52	239	228.44	228.39	223
33	100.20	105	95.12	95.01	89	78	236.55	242	231.47	231.47	226
34	103.23	109	98.15	98.15	93	79	239.58	245	234.50	234.46	229
35	106.26	112	101.18	101.07	96	80	242.61	248	237.53	237.53	232
36	109.29	115	104.21	104.21	99	81	245.65	251	240.57	240.52	235
37	112.31	118	107.23	107.13	102	82	248.68	254	243.60	243.60	238
38	115.34	121	110.26	110.26	105	83	251.71	257	246.63	246.58	241
39	118.37	124	113.29	113.20	108	84	254.74	260	249.66	249.66	244
40	121.40	127	116.32	116.32	111	85	257.77	263	252.69	252.65	247
41	124.43	130	119.35	119.26	114	86	260.80	266	255.72	255.72	250
42	127.46	133	122.38	122.38	117	87	263.83	269	258.75	258.71	253
43	130.49	136	125.41	125.32	120	88	266.86	272	261.78	261.78	256
44	133.52	139	128.44	128.44	123	89	269.90	275	264.82	264.77	259
45	136.55	142	131.47	131.38	126	90	272.93	278	267.85	267.85	262
46	139.58	145	134.50	134.50	129	91	275.96	282	270.88	270.84	266
47	142.61	148	137.53	137.45	132	92	278.99	285	273.91	273.91	269
48	145.64	151	140.56	140.56	135	93	282.02	288	276.94	276.90	272
49	148.67	154	143.59	143.51	138	94	285.05	291	279.97	279.97	275
50	151.70	157	146.62	146.62	141	95	288.08	294	283.00	282.96	278
51	154.73	160	149.65	149.57	144	96	291.11	297	286.03	286.03	281
52	157.75	163	152.67	152.67	147	97	294.15	300	289.07	289.03	284
53	160.78	166	155.70	155.63	150	98	297.18	303	292.10	292.10	287
54	163.81	169	158.73	158.73	153	99	300.21	306	295.13	295.09	290
55	166.85	172	161.77	161.70	156	100	303.24	309	298.16	298.16	293

137. 스프로킷 기준치수(호칭번호 41)

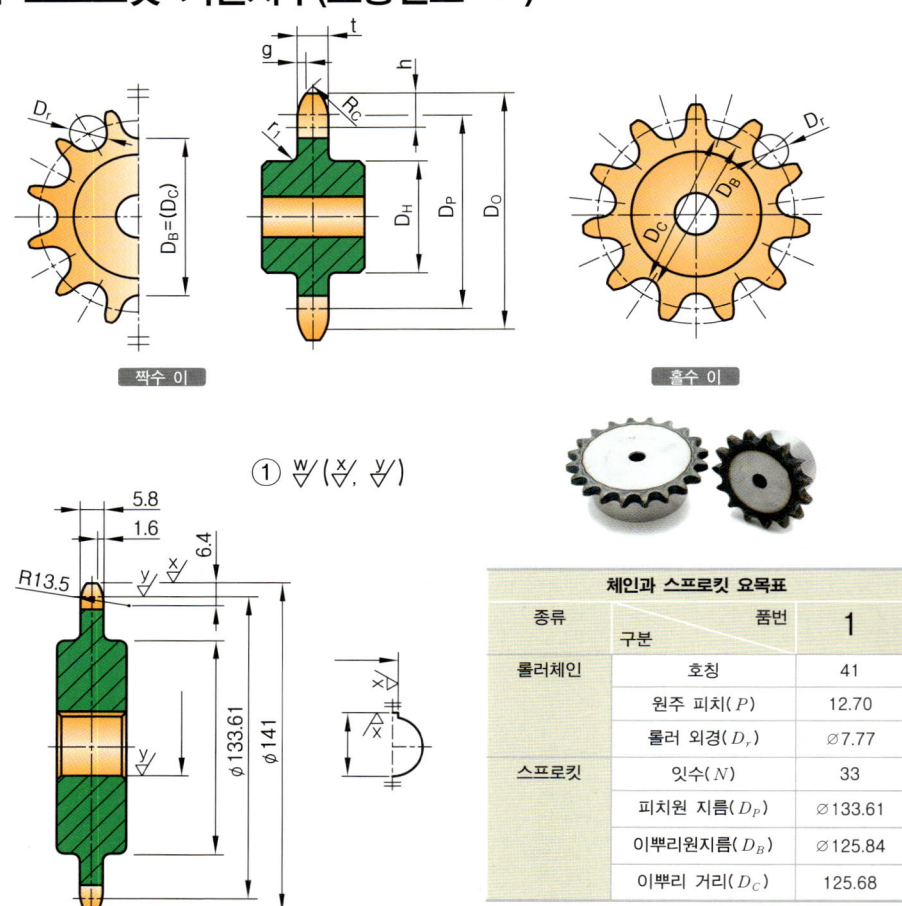

짝수 이 / 홀수 이 / 도면적용 예

체인과 스프로킷 요목표

종류	구분	품번 1
롤러체인	호칭	41
	원주 피치(P)	12.70
	롤러 외경(D_r)	⌀7.77
스프로킷	잇수(N)	33
	피치원 지름(D_P)	⌀133.61
	이뿌리원지름(D_B)	⌀125.84
	이뿌리 거리(D_C)	125.68

호칭 번호	가로 치형				치폭 t(최대)			t, M 허용차	가로 피치 P_t	적용 롤러 체인(참고)		
	모떼기 나비 g (약)	모떼기 깊이 h (약)	모떼기 반경 R_c (최소)	둥글기 r_f (최대)	단열	2열 3열	4열 이상			원주피치 P	롤러외경 D_r (최대)	안쪽 링크 안쪽 나비 b_1 (최소)
25	0.8	3.2	6.8	0.3	2.8	2.7	2.4	0 −0.20	6.4	6.35	3.30[1]	3.10
35	1.2	4.8	10.1	0.4	4.3	4.1	3.8		10.1	9.525	5.08[1]	4.68
41[2]	1.6	6.4	13.5	0.5	5.8	−	−		−	12.70	7.77	6.25

주
[1] 이 경우 D_r은 부시 바깥지름을 표시한다.
[2] 41은 홀줄만으로 한다.

137. 스프로킷 기준치수(호칭번호 41)

체인 호칭번호 41용 스프로킷 기준치수

잇수 N	피치원 지름 D_p	바깥 지름 D_o	이뿌리 원지름 D_B	이뿌리 거리 D_c	최대보스 지름 D_H	잇수 N	피치원 지름 D_p	바깥 지름 D_o	이뿌리 원지름 D_B	이뿌리 거리 D_c	최대보스 지름 D_H
11	45.08	51	37.31	36.85	30	56	226.50	234	218.73	218.73	213
12	49.07	55	41.30	41.30	34	57	230.54	238	222.77	222.68	217
13	53.07	59	45.30	44.91	38	58	234.58	242	226.81	226.81	221
14	57.07	63	49.30	49.30	42	59	238.62	246	230.85	230.77	225
15	61.08	67	53.31	52.98	46	60	242.66	250	234.89	234.89	229
16	65.10	71	57.33	57.33	50	61	246.70	254	238.93	238.85	233
17	69.12	76	61.35	61.05	54	62	250.74	258	242.97	242.97	237
18	73.14	80	65.37	65.37	59	63	254.78	262	247.01	246.94	241
19	77.16	84	69.39	69.13	63	64	258.83	266	251.06	251.06	245
20	81.18	88	73.41	73.41	67	65	262.87	270	255.10	255.02	249
21	85.21	92	77.44	77.20	71	66	266.91	274	259.14	259.14	253
22	89.24	96	81.47	81.47	75	67	270.95	278	263.18	263.10	257
23	93.27	100	85.50	85.28	79	68	274.99	282	267.22	267.22	261
24	97.30	104	89.53	89.53	83	69	279.03	286	271.26	271.19	265
25	101.33	108	93.56	93.36	87	70	283.07	290	275.30	275.30	269
26	105.36	112	97.59	97.59	91	71	287.11	294	279.34	279.27	273
27	109.40	116	101.63	101.44	95	72	291.16	299	283.39	283.39	277
28	113.43	120	105.66	105.66	99	73	295.20	303	287.43	287.36	281
29	117.46	124	109.69	109.52	103	74	299.24	307	291.47	291.47	286
30	121.50	128	113.73	113.73	107	75	303.28	311	295.51	295.44	290
31	125.53	133	117.76	117.60	111	76	307.32	315	299.55	299.55	294
32	129.57	137	121.80	121.80	115	77	311.36	319	303.59	303.53	298
33	133.61	141	125.84	125.68	120	78	315.40	323	307.63	307.63	302
34	137.64	145	129.87	129.87	124	79	319.44	327	311.67	311.61	306
35	141.68	149	133.91	133.77	128	80	323.49	331	315.72	315.72	310
36	145.72	153	137.95	137.95	132	81	327.53	335	319.76	319.70	314
37	149.75	157	141.98	141.85	136	82	331.57	339	323.80	323.80	318
38	153.79	161	146.02	146.02	140	83	335.61	343	327.84	327.78	322
39	157.83	165	150.06	149.93	144	84	339.65	347	331.88	331.88	326
40	161.87	169	154.10	154.10	148	85	343.69	351	335.92	335.87	330
41	165.91	173	158.14	158.01	152	86	347.73	355	339.96	339.96	334
42	169.95	177	162.18	162.18	156	87	351.78	359	344.01	343.95	338
43	173.98	181	166.21	166.10	160	88	355.82	363	348.05	348.05	342
44	178.02	185	170.25	170.25	164	89	359.86	367	352.09	352.03	346
45	182.06	189	174.29	174.18	168	90	363.90	371	356.13	356.13	350
46	186.10	193	178.33	178.33	172	91	367.94	375	360.17	360.12	354
47	190.14	197	182.37	182.27	176	92	371.99	379	364.22	364.22	358
48	194.18	201	186.41	186.41	180	93	376.03	383	368.26	368.20	362
49	198.22	205	190.45	190.35	184	94	380.07	387	372.30	372.30	366
50	202.26	209	194.49	194.49	188	95	384.11	392	376.34	376.29	370
51	206.30	214	198.53	198.43	192	96	388.15	396	380.38	380.38	374
52	210.34	218	202.57	202.57	196	97	392.20	400	384.43	384.37	379
53	214.38	222	206.61	206.52	201	98	396.24	404	388.47	388.47	383
54	218.42	226	210.65	210.65	205	99	400.28	408	392.51	392.46	387
55	222.46	230	214.69	214.60	209	100	404.32	412	396.55	396.55	391

138. 스프로킷 기준치수(호칭번호 40)

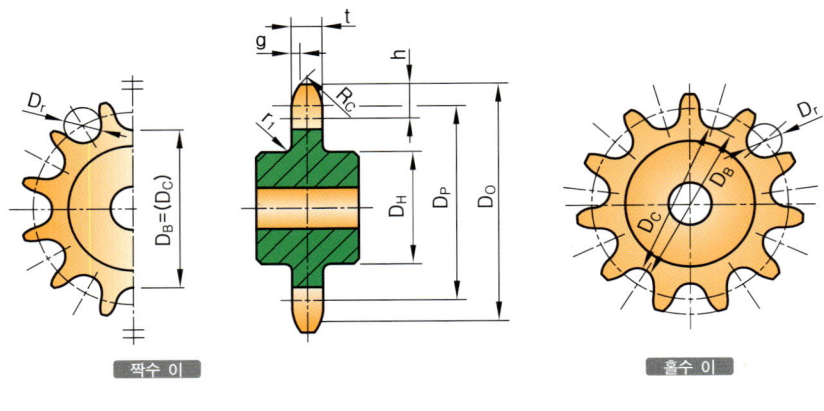

짝수 이 / 홀수 이

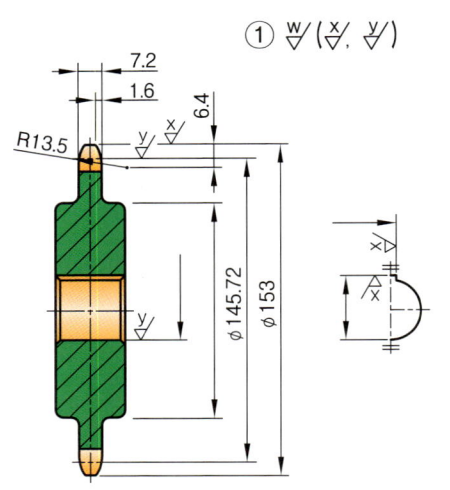

도면적용 예

체인과 스프로킷 요목표

종류	구분	품번 1
롤러체인	호칭	40
	원주 피치(P)	12.70
	롤러 외경(D_r)	⌀7.95
스프로킷	잇수(N)	36
	피치원 지름(D_P)	⌀145.72
	이뿌리원지름(D_B)	⌀137.77
	이뿌리 거리(D_C)	137.77

호칭 번호	가로 치형							t, M 허용차	가로 피치 P_t	적용 롤러 체인(참고)		
	모떼기 나비 g (약)	모떼기 깊이 h (약)	모떼기 반경 R_c (최소)	둥글기 r_f (최소)	치폭 t(최대)					원주피치 P	롤러외경 D_r (최대)	안쪽 링크 안쪽 나비 b_1 (최소)
					단열	2열 3열	4열 이상					
40	1.6	6.4	13.5	0.5	7.2	7.0	6.5	$^{0}_{-0.25}$	14.4	12.70	7.95	7.85
50	2.0	7.9	16.9	0.6	8.7	8.4	7.9		18.1	15.875	10.16	9.40

138. 스프로킷 기준치수(호칭번호 40)

체인 호칭번호 40용 스프로킷 기준치수

잇수 N	피치원 지름 D_p	바깥 지름 D_o	이뿌리 원지름 D_B	이뿌리 거리 D_c	최대보스 지름 D_H	잇수 N	피치원 지름 D_p	바깥 지름 D_o	이뿌리 원지름 D_B	이뿌리 거리 D_c	최대보스 지름 D_H
11	45.08	51	37.13	36.67	30	56	226.50	234	218.55	218.55	213
12	49.07	55	41.12	41.12	34	57	230.54	238	222.59	222.50	217
13	53.07	59	45.12	44.73	38	58	234.58	242	226.63	226.63	221
14	57.07	63	49.12	49.12	42	59	238.62	246	230.67	230.59	225
15	61.08	67	53.13	52.80	46	60	242.66	250	234.71	234.71	229
16	65.10	71	57.15	57.15	50	61	246.70	254	238.75	238.67	233
17	69.12	76	61.17	60.87	54	62	250.74	258	242.79	242.79	237
18	73.14	80	65.19	65.19	59	63	254.78	262	246.83	246.76	241
19	77.16	84	69.21	68.95	63	64	258.83	266	250.88	250.88	245
20	81.18	88	73.23	73.23	67	65	262.87	270	254.92	254.84	249
21	85.21	92	77.26	77.02	71	66	266.91	274	258.96	258.96	253
22	89.24	96	81.29	81.29	75	67	270.95	278	263.00	262.92	257
23	93.27	100	85.32	85.10	79	68	274.99	282	267.04	267.04	261
24	97.30	104	89.35	89.35	83	69	279.03	286	271.08	271.01	265
25	101.33	108	93.38	93.18	87	70	283.07	290	275.12	275.12	269
26	105.36	112	97.41	97.41	91	71	287.11	294	279.16	279.09	273
27	109.40	116	101.45	101.26	95	72	291.16	299	283.21	283.21	277
28	113.43	120	105.48	105.48	99	73	295.20	303	287.25	287.18	281
29	117.46	124	109.51	109.34	103	74	299.24	307	291.29	291.29	286
30	121.50	128	113.55	113.55	107	75	303.28	311	295.33	295.26	290
31	125.53	133	117.58	117.42	111	76	307.32	315	299.37	299.37	294
32	129.57	137	121.62	121.62	115	77	311.36	319	303.41	303.35	298
33	133.61	141	125.66	125.50	120	78	315.40	323	307.45	307.45	302
34	137.64	145	129.69	129.69	124	79	319.44	327	311.49	311.43	306
35	141.68	149	133.73	133.59	128	80	323.49	331	315.54	315.54	310
36	145.72	153	137.77	137.77	132	81	327.53	335	319.58	319.52	314
37	149.75	157	141.80	141.67	136	82	331.57	339	323.62	323.62	318
38	153.79	161	145.84	145.84	140	83	335.61	343	327.66	327.60	322
39	157.83	165	149.88	149.75	144	84	339.65	347	331.70	331.70	326
40	161.87	169	153.92	153.92	148	85	343.69	351	335.74	335.69	330
41	165.91	173	157.96	157.83	152	86	347.73	355	339.78	339.78	334
42	169.95	177	162.00	162.00	156	87	351.78	359	343.83	343.77	338
43	173.98	181	166.03	165.92	160	88	355.82	363	347.87	347.87	342
44	178.02	185	170.07	170.07	164	89	359.86	367	351.91	351.85	346
45	182.06	189	174.11	174.00	168	90	363.90	371	355.95	355.95	350
46	186.10	193	178.15	178.15	172	91	367.94	375	359.99	359.94	354
47	190.14	197	182.19	182.09	176	92	371.99	379	364.04	364.04	358
48	194.18	201	186.23	186.23	180	93	376.03	383	368.08	368.02	362
49	198.22	205	190.27	190.17	184	94	380.07	387	372.12	372.12	366
50	202.26	209	194.31	194.31	188	95	384.11	392	376.16	376.11	370
51	206.30	214	198.35	198.25	192	96	388.15	396	380.20	380.20	374
52	210.34	218	202.39	202.39	196	97	392.20	400	384.25	384.19	379
53	214.38	222	206.43	206.34	201	98	396.24	404	388.29	388.29	383
54	218.42	226	210.47	210.47	205	99	400.28	408	392.33	392.28	387
55	222.46	230	214.51	214.42	209	100	404.32	412	396.37	396.37	391

139. 스프로킷 기준치수(호칭번호 50)

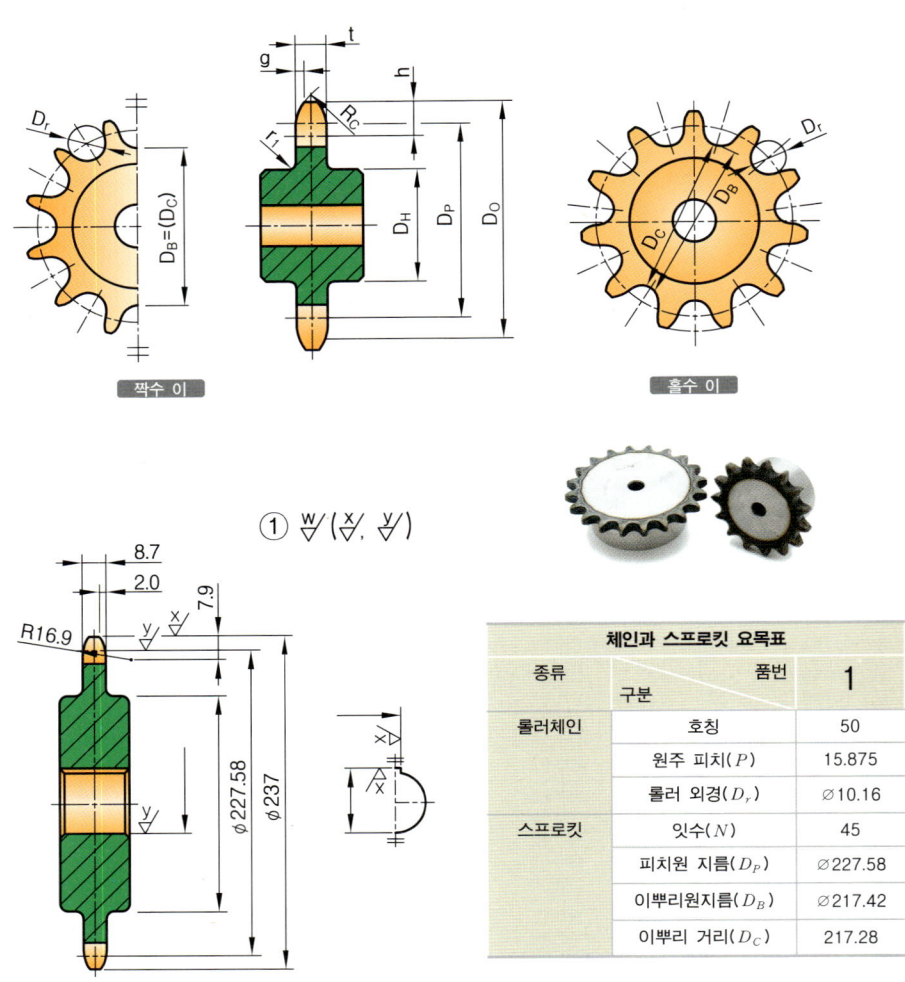

| 짝수 이 | 홀수 이 | 도면적용 예 |

체인과 스프로킷 요목표

종류	구분	품번	1
롤러체인		호칭	50
		원주 피치(P)	15.875
		롤러 외경(D_r)	⌀10.16
스프로킷		잇수(N)	45
		피치원 지름(D_P)	⌀227.58
		이뿌리원지름(D_B)	⌀217.42
		이뿌리 거리(D_C)	217.28

호칭 번호	가로 치형							가로 피치 P_t	적용 롤러 체인(참고)		
	모떼기 나비 g (약)	모떼기 깊이 h (약)	모떼기 반경 R_c (최소)	둥글기 r_f	치폭 t(최대)			t, M 허용차		원주피치 P	롤러외경 D_r (최대)	안쪽 링크 안쪽 나비 b_1 (최소)
					단열	2열 3열	4열 이상					
40	1.6	6.4	13.5	0.5	7.2	7.0	6.5	0 / −0.25	14.4	12.70	7.95	7.85
50	2.0	7.9	16.9	0.6	8.7	8.4	7.9		18.1	15.875	10.16	9.40

139. 스프로킷 기준치수(호칭번호 50)

체인 호칭번호 50용 스프로킷 기준치수

잇수 N	피치원 지름 D_p	바깥 지름 D_o	이뿌리 원지름 D_B	이뿌리 거리 D_C	최대보스 지름 D_H	잇수 N	피치원 지름 D_p	바깥 지름 D_o	이뿌리 원지름 D_B	이뿌리 거리 D_C	최대보스 지름 D_H
11	56.35	64	46.19	45.61	37	56	283.13	292	272.97	272.97	266
12	61.34	69	51.18	51.18	43	57	288.18	297	278.02	277.91	271
13	66.34	74	56.18	55.69	48	58	293.23	302	283.07	283.07	276
14	71.34	79	61.18	61.18	53	59	298.28	307	288.12	288.01	281
15	76.35	84	66.19	65.78	58	60	303.33	312	293.17	293.17	286
16	81.37	89	71.21	71.21	63	61	308.38	318	298.22	298.12	291
17	86.39	94	76.23	75.87	68	62	313.43	323	303.27	303.27	296
18	91.42	100	81.26	81.26	73	63	318.48	328	308.32	308.22	301
19	96.45	105	86.29	85.96	79	64	323.53	333	313.37	313.37	307
20	101.48	110	91.32	91.32	84	65	328.58	338	318.42	318.33	312
21	106.51	115	96.35	96.05	89	66	333.64	343	323.48	323.48	317
22	111.55	120	101.39	101.39	94	67	338.69	348	328.53	328.43	322
23	116.58	125	106.42	106.15	99	68	343.74	353	333.58	333.58	327
24	121.62	130	111.46	111.46	104	69	348.79	358	338.63	338.54	332
25	126.66	135	116.50	116.25	109	70	353.84	363	343.68	343.68	337
26	131.70	140	121.54	121.54	114	71	358.89	368	348.73	348.64	342
27	136.74	145	126.58	126.35	119	72	363.94	373	353.78	353.78	347
28	141.79	150	131.63	131.63	124	73	369.00	378	358.84	358.75	352
29	146.83	155	136.67	136.45	129	74	374.05	383	363.89	363.89	357
30	151.87	161	141.71	141.71	134	75	379.10	388	368.94	368.86	362
31	156.92	166	146.76	146.55	139	76	384.15	393	373.99	373.99	367
32	161.96	171	151.80	151.80	145	77	389.20	398	379.04	378.96	372
33	167.01	176	156.85	156.66	150	78	394.25	403	384.09	384.09	377
34	172.05	181	161.89	161.89	155	79	399.31	409	389.15	389.07	382
35	177.10	186	166.94	166.76	160	80	404.36	414	394.20	394.20	387
36	182.14	191	171.98	171.98	165	81	409.41	419	399.25	399.17	392
37	187.19	196	177.03	176.86	170	82	414.46	424	404.30	404.30	398
38	192.24	201	182.08	182.08	175	83	419.51	429	409.35	409.28	403
39	197.29	206	187.13	186.97	180	84	424.57	434	414.41	414.41	408
40	202.33	211	192.17	192.17	185	85	429.62	439	419.46	419.39	413
41	207.38	216	197.22	197.07	190	86	434.67	444	424.51	424.51	418
42	212.43	221	202.27	202.27	195	87	439.72	449	429.56	429.49	423
43	217.48	226	207.32	207.18	200	88	444.77	454	434.61	434.61	428
44	222.53	231	212.37	212.37	205	89	449.83	459	439.67	439.59	433
45	227.58	237	217.42	217.28	210	90	454.88	464	444.72	444.72	438
46	232.63	242	222.47	222.47	215	91	459.93	469	449.77	449.70	443
47	237.68	247	227.52	227.38	221	92	464.98	474	454.82	454.82	448
48	242.73	252	232.57	232.57	226	93	470.03	479	459.87	459.81	453
49	247.78	257	237.62	237.49	231	94	475.09	484	464.93	464.93	458
50	252.83	262	242.67	242.67	236	95	480.14	489	469.98	469.91	463
51	257.88	267	247.72	247.59	241	96	485.19	494	475.03	475.03	468
52	262.92	272	252.76	252.76	246	97	490.24	500	480.08	480.02	473
53	267.97	277	257.81	257.70	251	98	495.30	505	485.14	485.14	478
54	273.02	282	262.86	262.86	256	99	500.35	510	490.19	490.12	483
55	278.08	287	267.92	267.80	261	100	505.40	515	495.24	495.24	489

140. 스프로킷 기준치수(호칭번호 60)

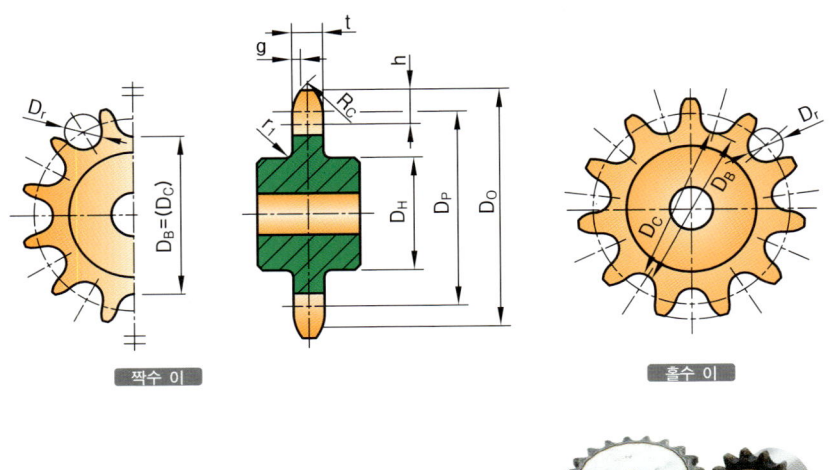

짝수 이 / 홀수 이

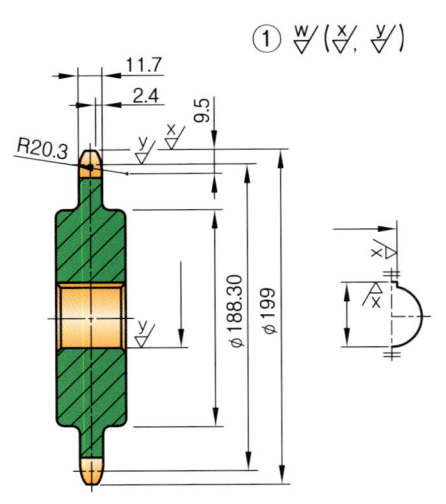

도면적용 예

체인과 스프로킷 요목표

종류	구분	품번 1
롤러체인	호칭	60
	원주 피치(P)	19.05
	롤러 외경(D_r)	⌀11.91
스프로킷	잇수(N)	31
	피치원 지름(D_P)	⌀188.30
	이뿌리원지름(D_B)	⌀176.39
	이뿌리 거리(D_C)	176.15

호칭 번호	가로 치형				치폭 t(최대)			t, M 허용차	가로 피치 P_t	적용 롤러 체인(참고)		
	모떼기 나 비 g (약)	모떼기 깊 이 h (약)	모떼기 반 경 R_c (최소)	둥글기 r_f (최소)	단열	2열 3열	4열 이상			원주피치 P	롤러외경 D_r (최대)	안쪽 링크 안쪽 나비 b_1 (최소)
60	2.4	9.5	20.3	0.8	11.7	11.3	10.6	0 / -0.30	22.8	19.05	11.91	12.57
80	3.2	12.7	27.0	1.0	14.6	14.1	13.3		29.3	25.40	15.88	15.75

140. 스프로킷 기준치수(호칭번호 60)

체인 호칭번호 60용 스프로킷 기준치수

잇수 N	피치원 지름 D_p	바깥 지름 D_o	이뿌리 원지름 D_B	이뿌리 거리 D_c	최대보스 지름 D_H	잇수 N	피치원 지름 D_p	바깥 지름 D_o	이뿌리 원지름 D_B	이뿌리 거리 D_c	최대보스 지름 D_H
11	67.62	76	55.71	55.02	45	56	339.75	351	327.84	327.84	319
12	73.60	83	61.69	61.69	51	57	345.81	357	333.90	333.77	325
13	79.60	89	67.69	67.11	57	58	351.87	363	339.96	339.96	332
14	85.61	95	73.70	73.70	64	59	357.93	369	346.02	345.90	338
15	91.62	101	79.71	79.21	70	60	363.99	375	352.08	352.08	344
16	97.65	107	85.74	85.74	76	61	370.06	381	358.15	358.02	350
17	103.67	113	91.76	91.32	82	62	376.12	387	364.21	364.21	356
18	109.71	119	97.80	97.80	88	63	382.18	393	370.27	370.15	362
19	115.74	126	103.83	103.43	94	64	388.24	399	376.33	376.33	368
20	121.78	132	109.87	109.87	100	65	394.30	405	382.39	382.28	374
21	127.82	138	115.91	115.55	107	66	400.36	411	388.45	388.45	380
22	133.86	144	121.95	121.95	113	67	406.42	417	394.51	394.40	386
23	139.90	150	127.99	127.67	119	68	412.49	423	400.58	400.58	392
24	145.95	156	134.04	134.04	125	69	418.55	430	406.64	406.53	398
25	151.99	162	140.08	139.79	131	70	424.61	436	412.70	412.70	404
26	158.04	168	146.13	146.13	137	71	430.67	442	418.76	418.65	410
27	164.09	174	152.18	151.90	143	72	436.73	448	424.82	424.82	417
28	170.14	180	158.23	158.23	149	73	442.79	454	430.88	430.78	423
29	176.20	187	164.29	164.03	155	74	448.86	460	436.95	436.95	429
30	182.25	193	170.34	170.34	161	75	454.92	466	443.01	442.91	435
31	188.30	199	176.39	176.15	168	76	460.98	472	449.07	449.07	441
32	194.35	205	182.44	182.44	174	77	467.04	478	455.13	455.04	447
33	200.41	211	188.50	188.27	180	78	473.10	484	461.19	461.19	453
34	206.46	217	194.55	194.55	186	79	479.17	490	467.26	467.16	459
35	212.52	223	200.61	200.39	192	80	485.23	496	473.32	473.32	465
36	218.57	229	206.66	206.66	198	81	491.29	502	479.38	479.29	471
37	224.63	235	212.72	212.52	204	82	497.35	508	485.44	485.44	477
38	230.69	241	218.78	218.78	210	83	503.42	514	491.51	491.42	483
39	236.74	247	224.83	224.64	216	84	509.48	521	497.57	497.57	489
40	242.80	253	230.89	230.89	222	85	515.54	527	503.63	503.54	495
41	248.86	260	236.95	236.77	228	86	521.60	533	509.69	509.69	501
42	254.92	266	243.01	243.01	234	87	527.67	539	515.76	515.67	508
43	260.98	272	249.07	248.89	240	88	533.73	545	521.82	521.82	514
44	267.03	278	255.12	255.12	247	89	539.79	551	527.88	527.80	520
45	273.09	284	261.18	261.02	253	90	545.85	557	533.94	533.94	526
46	279.15	290	267.24	267.24	259	91	551.92	563	540.01	539.92	532
47	285.21	296	273.30	273.14	265	92	557.98	569	546.07	546.07	538
48	291.27	302	279.36	279.36	271	93	564.04	575	552.13	552.05	544
49	297.33	308	285.42	285.27	277	94	570.10	581	558.19	558.19	550
50	303.39	314	291.48	291.48	283	95	576.17	587	564.26	564.18	556
51	309.45	320	297.54	297.39	289	96	582.23	593	570.32	570.32	562
52	315.51	326	303.60	303.60	295	97	588.29	599	576.38	576.30	568
53	321.57	332	309.66	309.52	301	98	594.35	605	582.44	582.44	574
54	327.63	338	315.72	315.72	307	99	600.42	612	588.51	588.43	580
55	333.69	345	321.78	321.64	313	100	606.48	618	594.57	594.57	586

141. 스프로킷 기준치수(호칭번호 80)

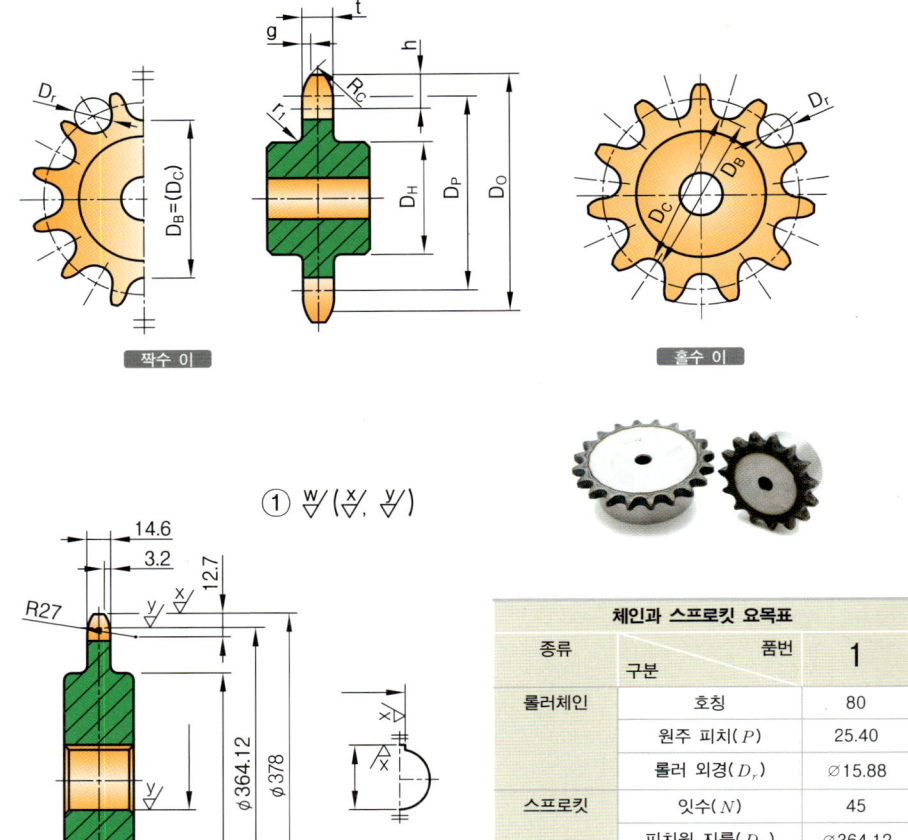

짝수 이 / 홀수 이

① w/ (x/, y/)

도면적용 예

체인과 스프로킷 요목표

종류	구분	품번	1
롤러체인		호칭	80
		원주 피치(P)	25.40
		롤러 외경(D_r)	⌀15.88
스프로킷		잇수(N)	45
		피치원 지름(D_P)	⌀364.12
		이뿌리원지름(D_B)	⌀348.24
		이뿌리 거리(D_C)	348.02

호칭 번호	가로 치형							가로 피치 P_t	t, M 허용차	적용 롤러 체인(참고)		
	모떼기 나 비 g (약)	모떼기 깊 이 h (약)	모떼기 반 경 R_c (최소)	둥글기 r_f (최대)	치폭 t(최대)					원주피치 P	롤러외경 D_r (최대)	안쪽 링크 안쪽 나비 b_1 (최소)
					단열	2열 3열	4열 이상					
60	2.4	9.5	20.3	0.8	11.7	11.3	10.6	22.8	0 −0.30	19.05	11.91	12.57
80	3.2	12.7	27.0	1.0	14.6	14.1	13.3	29.3		25.40	15.88	15.75

KS B 1408 : 2005

141. 스프로킷 기준치수(호칭번호 80)

체인 호칭번호 80용 스프로킷 기준치수

잇수 N	피치원 지름 D_p	바깥 지름 D_o	이뿌리 원지름 D_B	이뿌리 거리 D_c	최대보스 지름 D_H	잇수 N	피치원 지름 D_p	바깥 지름 D_o	이뿌리 원지름 D_B	이뿌리 거리 D_c	최대보스 지름 D_H
11	90.16	102	74.28	73.36	60	56	453.00	468	437.12	437.12	426
12	98.14	110	82.26	82.26	69	57	461.08	476	445.20	445.03	434
13	106.14	118	90.26	89.48	77	58	469.16	484	453.28	453.28	442
14	114.15	127	98.27	98.27	85	59	477.25	492	461.37	461.20	450
15	122.17	135	106.29	105.62	93	60	485.33	500	469.45	469.45	458
16	130.20	143	114.32	114.32	102	61	493.41	508	477.53	477.36	467
17	138.23	151	122.35	121.76	110	62	501.49	516	485.61	485.61	475
18	146.27	159	130.39	130.39	118	63	509.57	524	493.69	493.53	483
19	154.32	167	138.44	137.91	126	64	517.65	532	501.77	501.77	491
20	162.37	176	146.49	146.49	134	65	525.73	540	509.85	509.70	499
21	170.42	184	154.54	154.06	142	66	533.82	548	517.94	517.94	507
22	178.48	192	162.60	162.60	150	67	541.90	557	526.02	525.87	515
23	186.54	200	170.66	170.22	159	68	549.98	565	534.10	534.10	523
24	194.60	208	178.72	178.72	167	69	558.06	573	542.18	542.04	531
25	202.66	216	186.78	186.38	175	70	566.15	581	550.27	550.27	539
26	210.72	224	194.84	194.84	183	71	574.23	589	558.35	558.21	547
27	218.79	233	202.91	202.54	191	72	582.31	597	566.43	566.43	556
28	226.86	241	210.98	210.98	199	73	590.39	605	574.51	574.88	564
29	234.93	249	219.05	218.70	207	74	598.47	613	582.59	582.59	572
30	243.00	257	227.12	227.12	215	75	606.56	621	590.68	590.54	580
31	251.07	265	235.19	234.86	224	76	614.64	629	598.76	598.76	588
32	259.14	273	243.26	243.26	232	77	622.72	637	606.84	606.71	596
33	267.21	281	251.33	251.03	240	78	630.81	646	614.93	614.93	604
34	275.29	289	259.41	259.41	248	79	638.89	654	623.01	622.88	612
35	283.36	297	267.48	267.19	256	80	646.97	662	631.09	631.09	620
36	291.43	306	275.55	275.55	264	81	655.06	670	639.18	639.05	628
37	299.51	314	283.63	283.36	272	82	663.14	678	647.26	647.26	637
38	307.58	322	291.70	291.70	280	83	671.22	686	655.34	655.22	645
39	315.66	330	299.78	299.52	288	84	679.31	694	663.43	663.43	653
40	323.74	338	307.86	307.86	297	85	687.39	702	671.51	671.39	661
41	331.81	346	315.93	315.69	305	86	695.47	710	679.59	679.59	669
42	339.89	354	324.01	324.01	313	87	703.55	718	687.67	687.56	677
43	347.97	362	332.09	331.86	321	88	711.64	726	695.76	695.76	685
44	356.04	370	340.16	340.16	329	89	719.72	735	703.84	703.73	693
45	364.12	378	348.24	348.02	337	90	727.80	743	711.92	711.92	701
46	372.20	387	356.32	356.32	345	91	735.89	751	720.01	719.90	709
47	380.28	395	364.40	364.19	353	92	743.97	759	728.09	728.09	717
48	388.36	403	372.48	372.48	361	93	752.06	767	736.18	736.07	725
49	396.44	411	380.56	380.36	369	94	760.14	775	744.26	744.26	734
50	404.52	419	388.64	388.64	378	95	768.22	783	752.34	752.24	742
51	412.60	427	396.72	396.52	386	96	776.31	791	760.43	760.43	750
52	420.68	435	404.80	404.80	394	97	784.39	799	768.51	768.41	758
53	428.76	443	412.88	412.69	402	98	792.47	807	776.59	776.59	766
54	436.84	451	420.96	420.96	410	99	800.56	815	784.68	784.58	774
55	444.92	459	429.04	428.86	418	100	808.64	823	792.76	792.76	782

142. 스프로킷 기준치수(호칭번호 100)

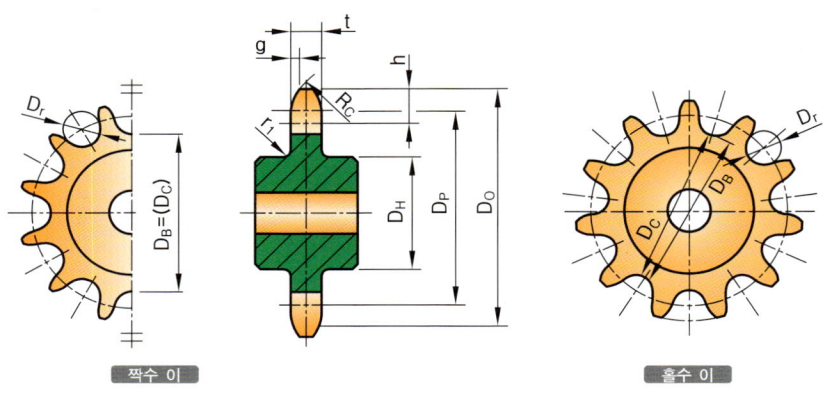

짝수 이 / 홀수 이

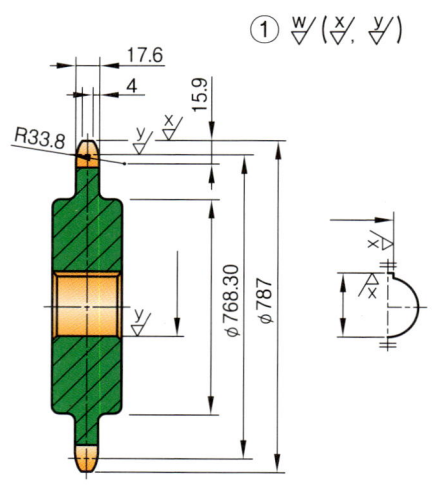

도면적용 예

체인과 스프로킷 요목표

종류	구분	품번 1
롤러체인	호칭	100
	원주 피치(P)	31.75
	롤러 외경(D_r)	⌀19.05
스프로킷	잇수(N)	76
	피치원 지름(D_P)	⌀768.30
	이뿌리원지름(D_B)	⌀749.25
	이뿌리 거리(D_C)	749.25

호칭 번호	가로 치형						가로 피치 P_t	적용 롤러 체인(참고)		
	모떼기 나비 g (약)	모떼기 깊이 h (약)	모떼기 반경 R_c (최소)	둥글기 r_f (최대)	치폭 t(최대)		t, M 허용차		원주피치 P	롤러외경 D_r (최대)	안쪽 링크 안쪽 나비 b_1 (최소)
					단열	2열 3열	4열 이상				
100	4.0	15.9	33.8	1.3	17.6	17.0	16.1	$0_{-0.35}$	35.8	31.75	19.05	18.90

142. 스프로킷 기준치수(호칭번호 100)

체인 호칭번호 100용 스프로킷 기준치수

잇수 N	피치원 지름 D_p	바깥 지름 D_o	이뿌리 원지름 D_B	이뿌리 거 리 D_C	최대보스 지 름 D_H	잇수 N	피치원 지름 D_p	바깥 지름 D_o	이뿌리 원지름 D_B	이뿌리 거 리 D_C	최대보스 지 름 D_H
11	112.70	127	93.65	92.50	76	56	566.25	584	547.20	547.20	533
12	122.67	138	103.62	103.62	86	57	576.35	595	557.30	557.09	543
13	132.67	148	113.62	112.65	96	58	586.45	605	567.40	567.40	553
14	142.68	158	123.63	123.63	107	59	596.56	615	577.51	577.29	563
15	152.71	168	133.66	132.82	117	60	606.66	625	587.61	587.61	573
16	162.74	179	143.69	143.69	127	61	616.76	635	597.71	597.50	583
17	172.79	189	153.74	153.00	137	62	626.86	645	607.81	607.81	594
18	182.84	199	163.79	163.79	148	63	636.96	655	617.91	617.72	604
19	192.90	209	173.85	173.19	158	64	647.06	665	628.01	628.01	614
20	202.96	220	183.91	183.91	168	65	657.17	675	638.12	637.93	624
21	213.03	230	193.98	193.38	178	66	667.27	686	648.22	648.22	634
22	223.10	240	204.05	204.05	188	67	677.37	696	658.32	658.14	644
23	233.17	250	214.12	213.58	199	68	687.48	706	668.43	668.43	654
24	243.25	260	224.20	224.20	209	69	697.59	716	678.53	678.35	664
25	253.32	270	234.27	233.78	219	70	707.68	726	688.63	688.63	674
26	263.40	281	244.35	244.35	229	71	717.78	736	698.73	398.56	685
27	273.49	291	254.44	253.97	239	72	727.89	746	708.84	708.84	695
28	283.57	301	264.52	264.52	249	73	737.99	756	718.94	718.77	705
29	293.66	311	274.61	274.18	259	74	748.09	766	729.04	729.04	715
30	303.75	321	284.70	284.70	270	75	758.20	777	739.15	738.98	725
31	313.83	331	294.78	294.38	280	76	768.30	787	749.25	749.25	735
32	323.92	341	304.87	304.87	290	77	778.41	797	759.36	759.19	745
33	334.01	352	314.96	314.59	300	78	788.51	807	769.46	769.46	755
34	344.11	362	325.06	325.06	310	79	798.61	817	779.56	779.40	765
35	354.20	372	335.15	334.79	320	80	808.71	827	789.66	799.61	776
36	364.29	382	345.24	345.24	330	81	818.82	837	799.77	799.77	786
37	374.38	392	355.33	355.00	341	82	828.92	847	809.87	819.83	796
38	384.48	402	365.43	365.43	351	83	839.03	857	819.98	819.98	806
39	394.57	412	375.52	375.20	361	84	849.13	868	830.08	830.08	816
40	404.67	422	385.62	385.62	371	85	859.23	878	840.18	840.04	826
41	414.77	433	395.72	395.41	381	86	869.34	888	850.29	850.29	836
42	424.86	443	405.81	405.81	391	87	879.44	898	860.39	860.25	846
43	434.96	453	415.91	415.62	401	88	889.55	908	870.50	870.50	856
44	445.06	463	426.01	426.01	411	89	899.65	918	880.60	880.46	867
45	455.16	473	436.11	435.83	422	90	909.75	928	890.70	890.70	877
46	465.25	483	446.20	446.20	432	91	919.86	938	900.81	900.67	887
47	475.35	493	456.30	456.04	442	92	929.96	948	910.91	910.91	897
48	485.45	503	466.40	466.40	452	93	940.07	959	921.02	920.88	907
49	495.55	514	476.50	476.25	462	94	950.17	969	931.12	931.12	917
50	505.65	524	486.60	486.60	472	95	960.28	979	941.23	941.10	927
51	515.75	534	496.70	496.46	482	96	970.38	989	951.33	951.33	937
52	525.85	544	506.80	506.80	492	97	980.49	999	961.44	961.31	947
53	535.95	554	516.90	516.66	503	98	990.59	1009	971.54	971.54	958
54	546.05	564	527.00	527.00	513	99	1000.70	1019	981.65	981.52	968
55	556.15	574	537.10	536.87	523	100	1010.80	1029	991.75	991.75	978

143. 스프로킷 기준치수(호칭번호 120)

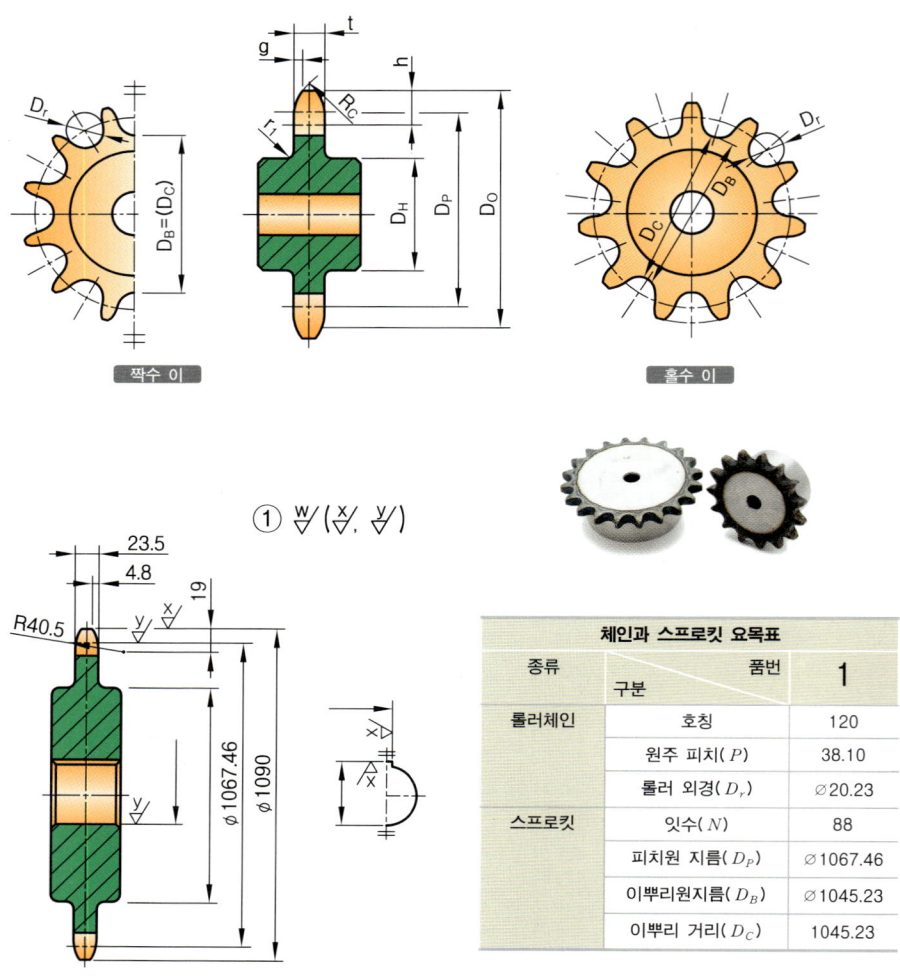

종류	구분	품번	1
롤러체인		호칭	120
		원주 피치(P)	38.10
		롤러 외경(D_r)	⌀20.23
스프로킷		잇수(N)	88
		피치원 지름(D_P)	⌀1067.46
		이뿌리원지름(D_B)	⌀1045.23
		이뿌리 거리(D_C)	1045.23

호칭 번호	가로 치형							가로 피치 P_t	적용 롤러 체인(참고)		
	모떼기 나비 g (약)	모떼기 깊이 h (약)	모떼기 반경 R_c (최소)	둥글기 r_f (최대)	치폭 t(최대)			t, M 허용차		원주피치 P	롤러외경 D_r (최대)	안쪽 링크 안쪽 나비 b_1 (최소)
					단열	2열 3열	4열 이상					
120	4.8	19.0	40.5	1.5	23.5	22.7	21.5	0 / -0.40	45.4	38.10	22.23	25.22
140	5.6	22.2	47.3	1.8	23.5	22.7	21.5		48.9	44.45	25.40	25.22

143. 스프로킷 기준치수(호칭번호 120)

체인 호칭번호 120용 스프로킷 기준치수

잇수 N	피치원 지름 D_p	바깥 지름 D_o	이뿌리 원지름 D_B	이뿌리 거리 D_c	최대보스 지름 D_H	잇수 N	피치원 지름 D_p	바깥 지름 D_o	이뿌리 원지름 D_B	이뿌리 거리 D_c	최대보스 지름 D_H
11	135.24	153	113.01	111.63	91	56	679.50	701	657.27	657.27	640
12	147.21	165	124.98	124.98	103	57	691.63	713	669.40	669.13	652
13	159.20	177	136.97	135.81	116	58	703.75	726	681.52	681.52	664
14	171.21	190	148.99	148.99	128	59	715.87	738	693.64	693.38	676
15	183.25	202	161.02	160.02	140	60	727.99	750	705.76	705.76	688
16	195.29	214	173.06	173.06	153	61	740.11	762	717.88	717.63	700
17	207.35	227	185.12	184.23	165	62	752.23	774	730.00	730.00	712
18	219.41	239	197.18	197.18	177	63	764.35	786	742.12	741.89	725
19	231.48	251	209.23	208.46	189	64	776.48	798	754.25	754.25	737
20	243.55	263	221.32	221.32	202	65	788.60	811	766.37	766.14	749
21	255.63	276	233.40	232.69	214	66	800.72	823	778.49	778.49	761
22	267.72	288	245.49	245.49	226	67	812.85	835	790.62	790.39	773
23	279.80	300	257.57	256.92	238	68	824.97	847	802.74	802.74	785
24	291.90	312	269.67	269.67	251	69	837.10	859	814.87	814.65	797
25	303.99	324	281.76	281.16	263	70	849.22	871	826.99	826.99	810
26	316.09	337	293.86	293.86	275	71	861.34	883	839.11	839.90	822
27	328.19	349	305.96	305.40	287	72	873.47	896	851.24	851.24	834
28	340.29	361	318.06	318.06	299	73	885.59	908	863.36	863.15	846
29	352.39	373	330.16	329.64	311	74	897.71	920	875.48	875.48	858
30	364.50	385	342.27	342.27	324	75	909.84	932	887.61	887.41	870
31	376.60	398	354.37	353.89	336	76	921.96	944	899.73	899.73	882
32	388.71	410	366.48	366.48	348	77	934.09	956	911.86	911.66	894
33	400.82	422	378.59	378.13	360	78	946.21	968	923.98	923.98	907
34	412.93	434	390.70	390.70	372	79	958.33	980	936.10	935.91	919
35	425.04	446	402.81	402.38	384	80	970.46	993	948.23	948.23	931
36	437.15	458	414.92	414.92	397	81	982.58	1005	960.35	960.17	943
37	449.26	470	427.03	426.63	409	82	994.71	1017	972.48	972.48	955
38	461.38	483	439.15	439.15	421	83	1006.83	1029	984.60	984.42	967
39	473.49	495	451.26	450.87	433	84	1018.96	1041	996.73	996.73	979
40	485.60	507	463.37	463.37	445	85	1031.08	1053	1008.85	1008.68	992
41	497.72	519	475.49	475.12	457	86	1043.20	1065	1020.97	1020.97	1004
42	509.84	531	487.61	487.61	470	87	1055.33	1078	1033.10	1032.93	1016
43	521.95	543	499.72	499.37	482	88	1067.46	1090	1045.23	1045.23	1028
44	534.07	556	511.84	511.84	494	89	1079.58	1102	1057.35	1057.18	1040
45	546.19	568	523.96	523.62	506	90	1091.71	1114	1069.48	1069.48	1052
46	558.30	580	536.07	536.07	518	91	1103.83	1126	1081.60	1081.44	1064
47	570.42	592	548.19	547.88	530	92	1115.96	1138	1093.73	1093.73	1076
48	582.54	604	560.31	560.31	542	93	1128.08	1150	1105.85	1105.69	1089
49	594.66	616	572.43	572.13	555	94	1140.21	1162	1117.98	1117.98	1101
50	606.78	628	584.55	584.55	567	95	1152.33	1175	1130.10	1129.94	1113
51	618.90	641	596.67	596.38	579	96	1164.46	1187	1142.23	1142.23	1125
52	631.02	653	608.79	608.79	591	97	1176.59	1199	1154.36	1154.20	1137
53	643.14	665	620.91	620.63	603	98	1188.71	1211	1166.48	1166.48	1149
54	655.26	677	633.03	633.03	615	99	1200.84	1223	1178.61	1178.45	1161
55	667.38	689	645.15	644.88	627	100	1212.96	1235	1190.73	1190.73	1174

144. 스프로킷 기준치수(호칭번호 140)

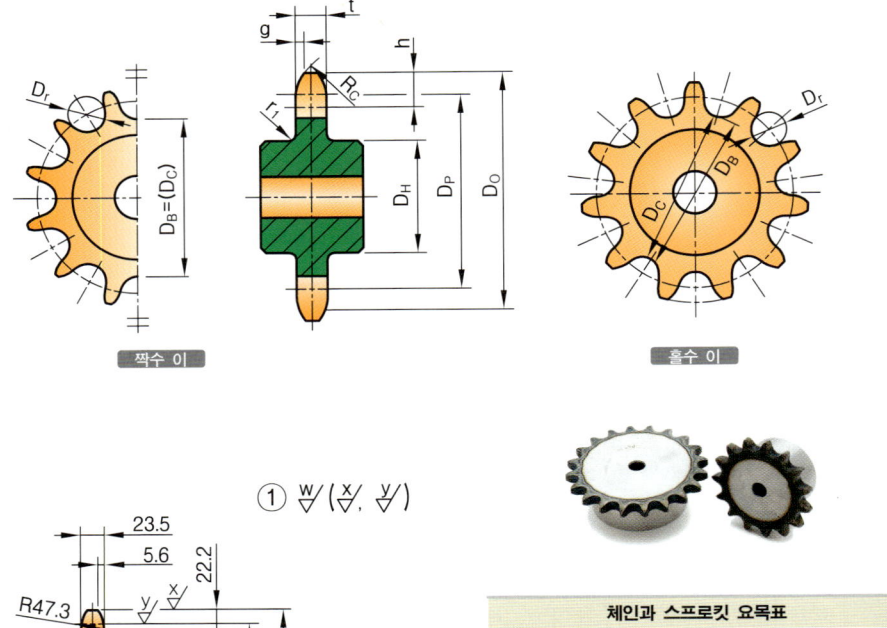

짝수 이 / 홀수 이 / 도면적용 예

체인과 스프로킷 요목표

종류	구분	품번 1
롤러체인	호칭	140
	원주 피치(P)	44.45
	롤러 외경(D_r)	⌀25.40
스프로킷	잇수(N)	77
	피치원 지름(D_P)	⌀1089.77
	이뿌리원지름(D_B)	⌀1064.37
	이뿌리 거리(D_C)	1064.14

호칭 번호	가로 치형							가로 피치 P_t	t, M 허용차	적용 롤러 체인(참고)		
	모떼기 나비 g (약)	모떼기 깊이 h (약)	모떼기 반경 R_c (최소)	둥글기 r_f (최대)	치폭 t(최대)					원주피치 P	롤러외경 D_r (최대)	안쪽 링크 안쪽 나비 b_1 (최소)
					단열	2열 3열	4열 이상					
120	4.8	19.0	40.5	1.5	23.5	22.7	21.5	45.4	0 −0.40	38.10	22.23	25.22
140	5.6	22.2	47.3	1.8	23.5	22.7	21.5		48.9	44.45	25.40	25.22

144. 스프로킷 기준치수(호칭번호 140)

체인 호칭번호 140용 스프로킷 기준치수

잇수 N	피치원 지름 D_p	바깥 지름 D_o	이뿌리 원지름 D_B	이뿌리 거리 D_c	최대보스 지름 D_H	잇수 N	피치원 지름 D_p	바깥 지름 D_o	이뿌리 원지름 D_B	이뿌리 거리 D_c	최대보스 지름 D_H
11	157.78	178	132.38	130.77	106	56	792.75	818	767.35	767.35	746
12	171.74	193	146.34	146.34	121	57	806.90	832	781.50	781.19	760
13	185.74	207	160.34	158.98	135	58	821.04	847	795.64	795.64	775
14	199.76	221	174.36	174.36	150	59	835.18	861	809.78	809.48	789
15	213.79	236	188.39	187.22	164	60	849.32	875	823.92	823.92	803
16	227.84	250	202.44	202.44	178	61	863.46	889	838.06	837.77	817
17	241.91	264	216.51	215.47	193	62	877.61	903	852.21	852.21	831
18	255.98	279	230.58	230.58	207	63	891.75	917	866.35	866.07	845
19	270.06	293	244.66	243.74	221	64	905.89	931	880.49	880.49	860
20	284.15	307	258.75	258.75	235	65	920.03	946	894.63	894.37	874
21	298.24	322	272.84	272.00	250	66	934.18	960	908.78	908.78	888
22	312.34	336	286.94	286.94	264	67	948.32	974	922.92	922.66	902
23	326.44	350	301.04	300.28	278	68	962.47	988	937.07	937.07	916
24	340.54	364	315.14	315.14	292	69	976.61	1002	951.21	950.96	930
25	354.65	379	329.25	328.56	307	70	990.75	1016	965.35	965.35	945
26	368.77	393	343.37	343.37	321	71	1004.90	1031	979.50	979.25	959
27	382.88	407	357.48	356.83	335	72	1019.04	1045	993.64	993.64	973
28	397.00	421	371.60	371.60	349	73	1033.19	1059	1007.79	1007.55	987
29	411.12	435	385.72	385.12	364	74	1047.33	1073	1021.93	1021.93	1001
30	425.24	450	399.84	399.84	378	75	1061.47	1087	1036.07	1035.84	1015
31	439.37	464	413.97	414.40	392	76	1075.62	1101	1050.22	1050.22	1030
32	453.49	478	428.09	428.09	406	77	1089.77	1116	1064.37	1064.14	1044
33	467.62	492	442.22	441.69	420	78	1103.91	1130	1078.51	1078.51	1058
34	481.75	506	456.35	456.35	434	79	1118.06	1144	1092.66	1092.43	1072
35	495.88	521	470.48	469.98	449	80	1132.20	1158	1106.80	1106.80	1086
36	510.01	535	484.61	484.61	463	81	1146.35	1172	1120.95	1120.73	1100
37	524.14	549	498.74	498.27	477	82	1160.49	1186	1135.09	1135.09	1114
38	538.27	563	512.87	512.87	491	83	1174.64	1200	1149.24	1149.03	1129
39	552.40	577	527.00	526.55	505	84	1188.78	1215	1163.38	1163.38	1143
40	566.54	591	541.14	541.14	520	85	1202.93	1229	1177.53	1177.33	1157
41	580.67	606	555.27	554.85	534	86	1217.07	1243	1191.67	1191.67	1171
42	594.81	620	569.41	569.41	548	87	1231.22	1257	1205.82	1205.62	1185
43	608.94	634	583.54	583.14	562	88	1245.36	1271	1219.96	1219.96	1199
44	623.08	648	597.68	597.68	576	89	1259.51	1285	1234.11	1233.91	1214
45	637.22	662	611.82	611.43	590	90	1273.66	1300	1248.26	1248.26	1228
46	651.35	676	625.95	625.95	605	91	1287.81	1314	1262.41	1262.21	1242
47	665.49	691	640.09	639.72	619	92	1301.95	1328	1276.55	1276.55	1256
48	679.63	705	654.23	654.23	633	93	1316.10	1342	1290.70	1290.51	1270
49	693.77	719	668.37	668.02	647	94	1330.24	1356	1304.84	1304.84	1284
50	707.91	733	682.51	682.51	661	95	1344.39	1370	1318.99	1318.80	1298
51	722.05	747	696.65	696.31	675	96	1358.53	1384	1333.13	1333.13	1313
52	736.19	762	710.79	710.79	690	97	1372.68	1399	1347.28	1347.10	1327
53	750.33	776	724.93	724.60	704	98	1386.83	1413	1361.43	1361.43	1341
54	764.47	790	739.07	739.07	718	99	1400.98	1427	1375.58	1375.40	1355
55	778.61	804	753.21	752.89	732	100	1415.12	1441	1389.72	1389.72	1369

145. 스프로킷 기준치수(호칭번호 160)

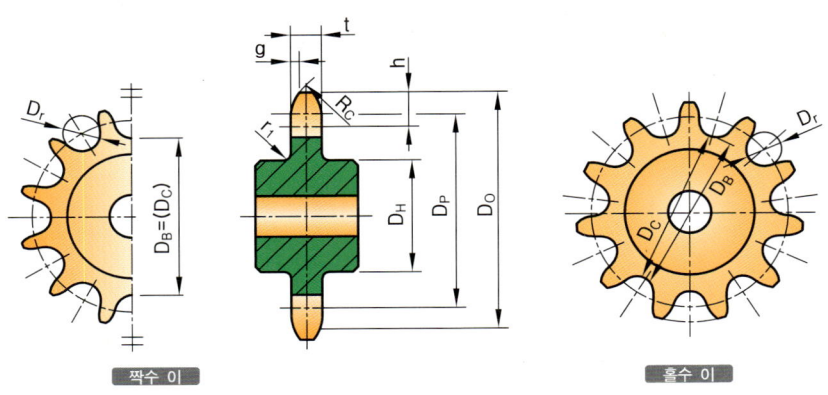

짝수 이 / 홀수 이

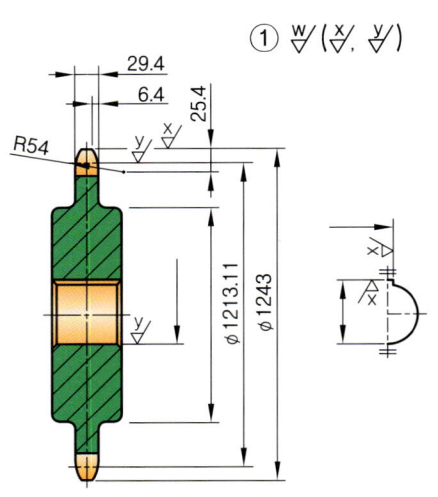

도면적용 예

체인과 스프로킷 요목표

종류	구분	품번 1
롤러체인	호칭	160
	원주 피치(P)	50.80
	롤러 외경(D_r)	⌀28.58
스프로킷	잇수(N)	75
	피치원 지름(D_P)	⌀1212.11
	이뿌리원지름(D_B)	⌀1184.53
	이뿌리 거리(D_C)	1184.27

호칭번호	가로 치형							가로 피치 P_t	적용 롤러 체인(참고)		
	모떼기 나비 g (약)	모떼기 깊이 h (약)	모떼기 반경 R_c (최소)	둥글기 r_f (최대)	치폭 t (최대)			t, M 허용차		원주피치 P	롤러외경 D_r (최대)	안쪽 링크 안쪽 나비 b_1 (최소)
					단열	2열 3열	4열 이상					
160	6.4	25.4	54.0	2.0	29.4	28.4	27.0	$0 \\ -0.45$	58.5	50.80	28.58	31.55

145. 스프로킷 기준치수(호칭번호 160)

체인 호칭번호 160용 스프로킷 기준치수

잇수 N	피치원 지름 D_p	바깥 지름 D_o	이뿌리 원지름 D_B	이뿌리 거리 D_c	최대보스 지름 D_H	잇수 N	피치원 지름 D_p	바깥 지름 D_o	이뿌리 원지름 D_B	이뿌리 거리 D_c	최대보스 지름 D_H
11	180.31	204	151.73	149.90	121	56	906.00	935	877.42	877.42	853
12	196.28	220	167.70	167.70	138	57	922.17	951	893.59	893.24	869
13	212.27	237	183.69	182.14	155	58	938.33	967	909.75	909.75	885
14	228.30	253	199.72	199.72	171	59	954.49	984	925.91	925.57	902
15	244.33	269	215.75	214.42	187	60	970.65	1000	942.07	942.07	918
16	260.39	286	231.81	231.81	204	61	986.82	1016	958.24	957.91	934
17	276.46	302	247.88	246.71	220	62	1002.98	1032	974.40	974.40	950
18	292.55	319	263.97	263.97	237	63	1019.14	1048	990.56	990.24	966
19	308.64	335	280.06	279.00	253	64	1035.30	1065	1006.72	1006.72	982
20	324.74	351	296.16	296.16	269	65	1051.47	1081	1022.89	1022.58	999
21	340.84	368	312.26	311.31	285	66	1067.63	1097	1939.05	1939.05	1015
22	356.96	384	328.38	328.38	302	67	1083.80	1113	1055.22	1054.92	1031
23	373.07	400	344.49	343.62	318	68	1099.96	1129	1071.38	1071.38	1047
24	389.19	416	360.61	360.61	334	69	1116.13	1145	1087.55	1087.26	1063
25	405.32	433	376.74	375.94	351	70	1132.29	1162	1103.71	1103.71	1080
26	421.45	449	392.87	392.87	367	71	1148.46	1178	1119.88	1119.59	1096
27	437.58	465	409.00	408.26	383	72	1164.62	1194	1136.04	1136.04	1112
28	453.72	481	425.14	425.14	399	73	1180.79	1210	1152.21	1151.93	1128
29	469.85	498	441.27	440.58	416	74	1196.95	1226	1168.37	1168.37	1144
30	485.99	514	457.41	457.41	432	75	1213.11	1243	1184.53	1184.27	1160
31	502.13	530	473.55	472.91	448	76	1229.28	1259	1200.70	1200.70	.1177
32	518.28	546	489.70	489.70	464	77	1245.45	1275	1216.87	1216.61	1193
33	534.42	562	505.84	505.24	480	78	1261.61	1291	1233.03	1233.03	1209
34	550.57	579	521.99	521.99	497	79	1277.78	1307	1249.20	1248.94	1225
35	566.71	595	538.13	537.57	513	80	1293.94	1323	1265.36	1265.36	1241
36	582.86	611	554.28	554.28	529	81	1310.11	1340	1281.53	1281.28	1258
37	599.01	627	570.43	569.89	545	82	1326.28	1356	1297.70	1297.70	1274
38	615.17	644	586.59	586.59	561	83	1342.45	1372	1313.87	1313.62	1290
39	631.32	660	602.74	602.22	578	84	1358.61	1388	1330.03	1330.03	1306
40	647.47	676	618.89	618.89	594	85	1374.78	1404	1346.20	1345.97	1322
41	663.63	692	635.05	634.56	610	86	1390.94	1420	1362.36	1362.36	1338
42	679.78	708	651.20	651.20	626	87	1407.11	1437	1378.53	1378.30	1355
43	695.93	725	667.35	666.89	643	88	1423.28	1453	1394.69	1394.69	1371
44	712.09	741	683.51	683.51	659	89	1439.44	1469	1410.86	1410.63	1387
45	728.25	757	699.67	699.23	675	90	1455.61	1485	1427.03	1427.03	1403
46	744.40	773	715.82	715.82	691	91	1471.78	1501	1443.20	1442.97	1419
47	760.56	789	731.98	731.56	707	92	1487.94	1518	1459.36	1459.36	1436
48	776.72	806	748.14	748.14	723	93	1504.11	1534	1475.53	1475.31	1452
49	792.88	822	764.30	763.89	740	94	1520.28	1550	1491.70	1491.70	1468
50	809.04	838	780.46	780.46	756	95	1536.45	1566	1507.86	1507.65	1484
51	825.20	854	796.62	796.23	772	96	1552.61	1582	1524.03	1524.03	1500
52	841.36	870	812.78	812.78	788	97	1568.78	1598	1540.20	1539.99	1516
53	857.52	887	828.94	828.56	804	98	1584.94	1615	1556.36	1556.36	1533
54	873.68	903	845.10	845.10	821	99	1601.11	1631	1572.53	1572.33	1549
55	889.84	919	861.26	860.90	837	100	1617.28	1647	1588.70	1588.70	1565

146. 스프로킷 기준치수(호칭번호 200)

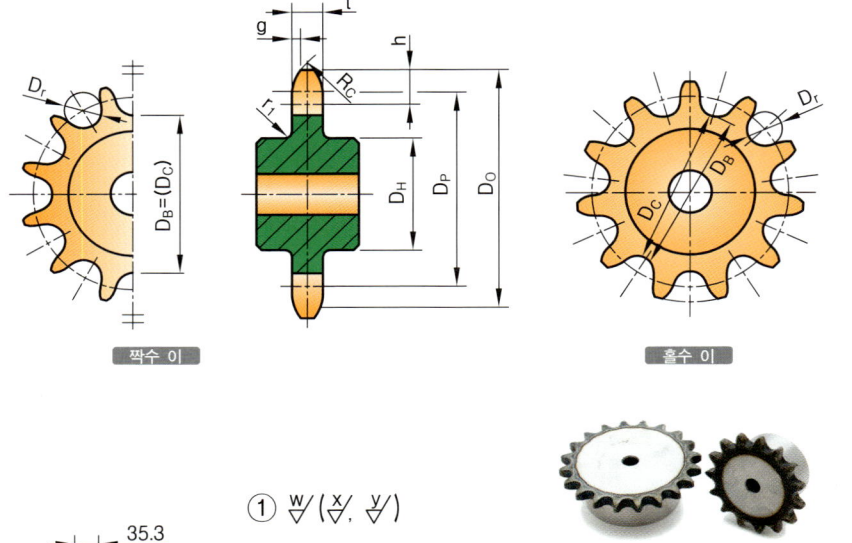

짝수 이 / 홀수 이

체인과 스프로킷 요목표

종류	구분	품번	1
롤러체인	호칭		200
	원주 피치(P)		63.50
	롤러 외경(D_r)		⌀39.68
스프로킷	잇수(N)		85
	피치원 지름(D_P)		⌀1718.47
	이뿌리원지름(D_B)		⌀1678.79
	이뿌리 거리(D_C)		1678.50

호칭번호	가로 치형				치폭 t(최대)			가로피치 허용차 t, M	가로피치 P_t	적용 롤러 체인(참고)		
	모떼기 나비 g (약)	모떼기 깊이 h (약)	모떼기 반경 R_c (최소)	둥글기 r_f (최대)	단열	2열 3열	4열 이상			원주피치 P	롤러외경 D_r (최대)	안쪽 링크 안쪽 나비 b_1 (최소)
200	7.9	31.8	67.5	2.5	35.3	34.1	32.5	0 / −0.55	71.6	63.50	39.68	37.85

146. 스프로킷 기준치수(호칭번호 200)

체인 호칭번호 200용 스프로킷 기준치수

잇수 N	피치원 지 름 D_p	바깥 지름 D_o	이뿌리 원지름 D_B	이뿌리 거 리 D_c	최대보스 지 름 D_H	잇수 N	피치원 지 름 D_p	바깥 지름 D_o	이뿌리 원지름 D_B	이뿌리 거 리 D_c	최대보스 지 름 D_H
11	225.39	254	185.71	183.41	152	56	1132.50	1169	1092.82	1092.82	1066
12	245.34	275	205.66	205.66	173	57	1152.71	1189	1113.03	1112.59	1087
13	265.34	296	225.66	223.72	193	58	1172.91	1209	1133.23	1133.23	1107
14	285.37	316	245.69	245.69	214	59	1193.11	1230	1153.43	1153.01	1127
15	305.42	337	265.74	264.07	235	60	1213.31	1250	1173.63	1173.63	1147
16	325.49	357	285.81	285.81	255	61	1233.52	1270	1193.84	1193.43	1168
17	345.58	378	305.90	304.43	275	62	1253.72	1290	1214.04	1214.04	1188
18	365.68	398	326.00	326.00	296	63	1273.92	1310	1234.24	1233.85	1208
19	385.79	419	346.11	344.80	316	64	1294.13	1331	1254.45	1254.45	1228
20	405.92	439	366.24	366.24	337	65	1314.34	1351	1274.66	1274.27	1249
21	426.05	459	386.37	385.18	357	66	1334.54	1371	1294.86	1294.86	1269
22	446.20	480	406.52	406.52	377	67	1354.75	1391	1315.07	1314.69	1289
23	466.34	500	426.66	425.57	398	68	1374.95	1412	1335.27	1335.27	1309
24	486.49	520	446.81	446.81	418	69	1395.16	1432	1355.48	1355.12	1329
25	506.65	541	466.97	465.97	438	70	1415.36	1452	1375.68	1375.68	1350
26	526.81	561	487.13	487.13	459	71	1435.57	1472	1395.89	1395.53	1370
27	546.98	581	507.30	506.37	479	72	1455.78	1493	1416.10	1416.10	1390
28	567.14	602	527.46	527.46	499	73	1475.98	1513	1436.30	1435.96	1410
29	587.32	622	547.64	546.77	520	74	1496.19	1533	1456.51	1456.51	1431
30	607.49	642	567.81	567.81	540	75	1516.39	1553	1476.71	1476.38	1451
31	627.67	663	587.99	587.18	560	76	1536.60	1573	1496.92	1496.92	1471
32	647.85	683	608.17	608.17	580	77	1556.81	1594	1517.13	1516.81	1491
33	668.03	703	628.35	627.59	601	78	1577.02	1614	1537.34	1537.34	1511
34	688.21	723	648.53	648.53	621	79	1597.22	1634	1557.54	1557.22	1532
35	708.39	744	668.71	668.00	641	80	1617.43	1654	1577.75	1577.75	1552
36	728.58	764	688.90	688.90	662	81	1637.64	1674	1597.96	1597.65	1572
37	748.77	784	709.09	708.41	682	82	1657.85	1695	1618.17	1618.17	1592
38	768.96	804	729.28	729.28	702	83	1678.06	1715	1638.38	1638.07	1613
39	789.15	825	749.47	748.82	722	84	1698.26	1735	1658.58	1658.58	1633
40	809.34	845	769.66	769.66	743	85	1718.47	1755	1678.79	1678.50	1653
41	829.53	865	789.85	789.24	763	86	1738.67	1776	1698.99	1698.99	1673
42	849.73	885	810.05	810.05	783	87	1758.89	1796	1719.21	1718.92	1693
43	869.92	906	830.24	829.66	803	88	1779.09	1816	1739.41	1739.41	1714
44	890.11	926	850.43	850.43	824	89	1799.30	1836	1759.62	1759.34	1734
45	910.31	946	870.63	870.08	844	90	1819.51	1856	1779.83	1779.83	1754
46	930.50	966	890.82	890.82	864	91	1839.72	1877	1800.04	1799.76	1774
47	950.70	987	911.02	910.50	884	92	1859.93	1897	1820.25	1820.25	1795
48	970.90	1007	931.22	931.22	905	93	1880.14	1917	1840.46	1840.19	1815
49	991.10	1027	951.42	950.91	925	94	1900.35	1937	1860.67	1860.67	1835
50	1011.30	1047	971.62	971.62	945	95	1920.55	1958	1880.87	1880.61	1855
51	1031.50	1068	991.82	991.33	965	96	1940.76	1978	1901.08	1901.08	1875
52	1051.70	1088	1012.02	1012.02	986	97	1960.98	1998	1921.30	1921.03	1896
53	1071.90	1108	1032.22	1031.75	1006	98	1981.18	2018	1941.50	1941.50	1916
54	1092.10	1128	1052.42	1052.42	1026	99	2001.39	2038	1961.71	1961.46	1936
55	1112.30	1149	1072.62	1072.17	1046	100	2021.60	2059	1981.92	1981.92	1956

147. 스프로킷 기준치수(호칭번호 240)

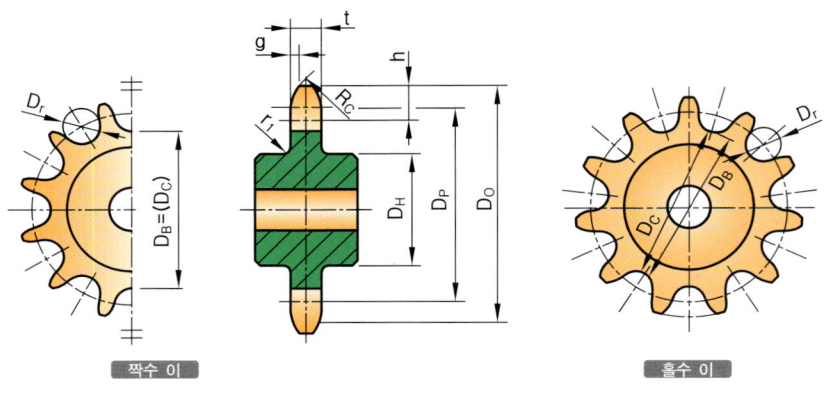

짝수 이 / 홀수 이

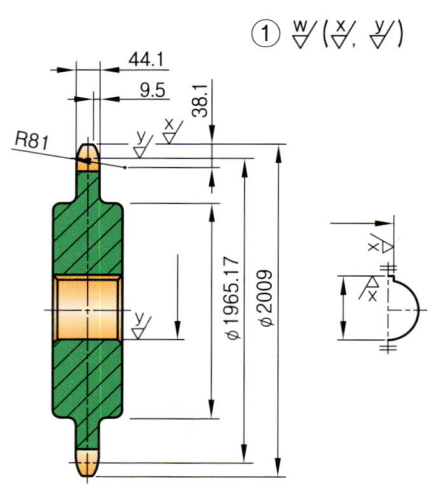

도면적용 예

체인과 스프로킷 요목표

종류	구분	품번	1
롤러체인		호칭	240
		원주 피치(P)	76.20
		롤러 외경(D_r)	∅47.63
스프로킷		잇수(N)	81
		피치원 지름(D_P)	∅1965.17
		이뿌리원지름(D_B)	∅1917.54
		이뿌리 거리(D_C)	1917.16

호칭 번호	가로 치형						가로 피치	적용 롤러 체인(참고)		
	모떼기 나비 g (약)	모떼기 깊이 h (약)	모떼기 반경 R_c (최소)	둥글기 r_f (최대)	치폭 t(최대)		t, M 허용차	P_t	원주피치 P	롤러외경 D_r (최대)	안쪽 링크 안쪽 나비 b_1 (최소)
					단열	2열 3열	4열 이상					
240	9.5	38.1	81.0	3.0	44.1	42.7	40.7	$^{0}_{-0.65}$	87.8	76.20	47.63	47.35

147. 스프로킷 기준치수(호칭번호 240)

체인 호칭번호 240용 스프로킷 기준치수

잇수 N	피치원 지름 D_p	바깥 지름 D_o	이뿌리 원지름 D_B	이뿌리 거리 D_c	최대보스 지름 D_H	잇수 N	피치원 지름 D_p	바깥 지름 D_o	이뿌리 원지름 D_B	이뿌리 거리 D_c	최대보스 지름 D_H
11	270.47	305	222.84	220.08	183	56	1359.00	1403	1311.37	1311.37	1280
12	294.41	330	246.78	246.78	207	57	1383.25	1427	1335.62	1335.10	1304
13	318.41	355	270.78	268.46	232	58	1407.49	1451	1359.86	1359.86	1328
14	342.44	380	294.81	294.81	257	59	1431.73	1475	1384.10	1383.60	1353
15	366.50	404	318.87	316.87	282	60	1455.97	1500	1408.34	1408.34	1377
16	390.59	429	342.96	342.96	306	61	1480.22	1524	1432.59	1432.10	1401
17	414.70	453	367.07	365.30	331	62	1504.47	1548	1456.84	1456.84	1426
18	438.82	478	391.19	391.19	355	63	1528.71	1573	1481.08	1480.61	1450
19	462.95	502	415.32	413.75	380	64	1552.96	1597	1505.33	1505.33	1474
20	487.11	527	439.48	439.48	404	65	1577.20	1621	1529.57	1529.12	1498
21	511.26	551	463.63	462.20	429	66	1601.45	1645	1553.82	1553.82	1523
22	535.43	576	487.80	487.80	453	67	1625.70	1670	1578.07	1577.62	1542
23	559.61	600	511.98	510.67	477	68	1649.94	1694	1602.31	1602.31	1571
24	583.79	625	536.16	536.16	502	69	1674.19	1718	1626.56	1626.13	1595
25	607.98	649	560.35	559.15	526	70	1698.44	1742	1650.81	1650.81	1620
26	632.17	673	584.54	584.54	551	71	1722.68	1767	1675.05	1674.63	1644
27	656.37	698	608.74	607.63	575	72	1746.93	1791	1699.30	1699.30	1668
28	680.57	722	632.94	632.94	599	73	1771.18	1815	1723.55	1723.14	1693
29	704.78	746	657.15	656.12	624	74	1795.43	1840	1747.79	1747.79	1717
30	728.99	771	681.36	681.36	648	75	1819.68	1864	1772.04	1771.65	1741
31	753.20	795	705.57	704.60	672	76	1843.93	1888	1796.29	1796.29	1765
32	777.42	819	729.79	729.79	697	77	1868.17	1912	1820.54	1820.15	1790
33	801.63	844	754.00	753.09	721	78	1892.42	1937	1844.79	1844.79	1814
34	825.86	868	778.23	778.23	745	79	1916.67	1961	1869.04	1868.66	1838
35	850.07	892	802.44	801.59	770	80	1940.91	1985	1893.28	1893.28	1862
36	874.30	917	826.67	826.67	794	81	1965.17	2009	1917.54	1917.16	1887
37	898.52	941	850.89	850.08	818	82	1989.41	2034	1941.78	1941.78	1911
38	922.75	965	875.12	875.12	843	83	2013.67	2058	1966.04	1965.67	1935
39	946.98	990	899.35	898.58	867	84	2037.92	2082	1990.29	1990.29	1960
40	971.21	1014	923.58	923.58	891	85	2062.16	2106	2014.53	2014.19	1984
41	995.44	1038	947.81	947.08	916	86	2086.41	2131	2038.78	2038.78	2008
42	1019.67	1063	972.04	972.04	940	87	2110.66	2155	2063.03	2062.69	2032
43	1043.90	1087	996.27	995.58	964	88	2134.91	2179	2087.28	2087.28	2057
44	1068.13	1111	1020.50	1020.50	988	89	2159.17	2204	2111.54	2111.19	2081
45	1092.37	1135	1044.74	1044.08	1013	90	2183.41	2228	2135.78	2135.78	2105
46	1116.60	1160	1068.97	1068.97	1037	91	2207.67	2252	2160.04	2159.70	2129
47	1140.84	1184	1093.21	1092.58	1061	92	2231.91	2276	2184.28	2184.28	2154
48	1165.08	1208	1117.45	1117.45	1086	93	2256.17	2301	2208.54	2208.21	2178
49	1189.32	1233	1141.69	1141.08	1110	94	2280.41	2325	2232.78	2232.78	2202
50	1213.56	1257	1165.93	1165.93	1134	95	2304.66	2349	2257.03	2256.72	2226
51	1237.80	1281	1190.17	1189.58	1158	96	2328.92	2373	2281.29	2281.29	2251
52	1262.04	1305	1214.41	1214.41	1183	97	2353.17	2398	2305.54	2305.23	2275
53	1286.28	1330	1238.65	1238.08	1207	98	2377.42	2422	2329.79	2329.79	2299
54	1310.52	1354	1262.89	1262.89	1231	99	2401.67	2446	2354.04	2353.74	2323
55	1334.76	1378	1287.13	1286.59	1256	100	2425.92	2470	2378.29	2378.29	2348

148. 롤러체인용 스프로킷 기준치수 계산식

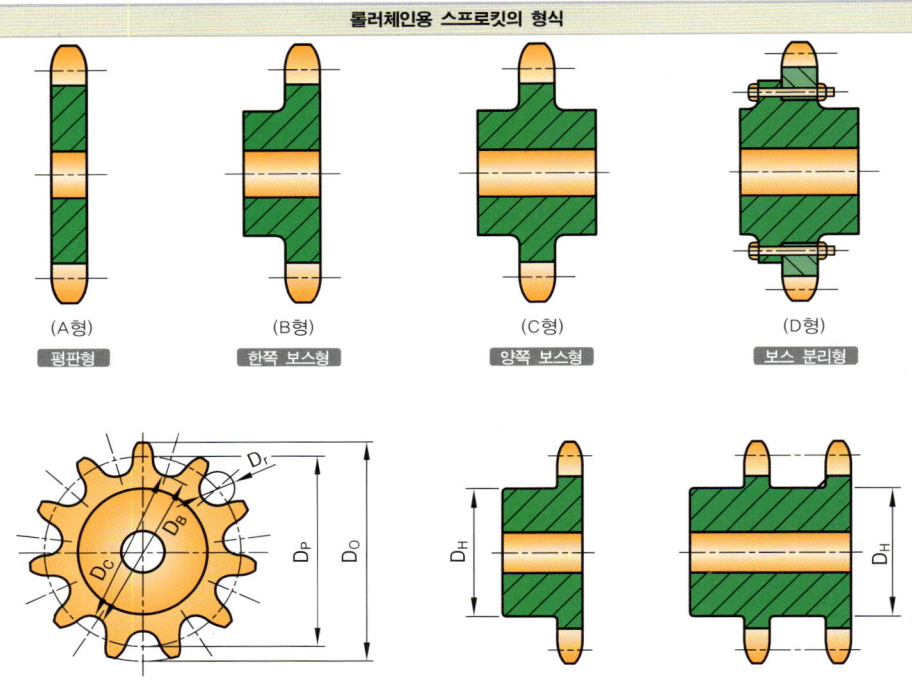

기준치수 계산식

항목	계산식
피치원 직경 D_p	$D_p = \dfrac{P}{\sin\dfrac{180°}{N}}$
표준 외경 D_O	$D_O = p\left(0.6 + \cot\dfrac{180°}{N}\right)$
치저원 직경 D_B	$D_B = D_p - D_r$
치저거리 D_C	$D_C = D_B$ (짝수치) $D_C = D_p \cos\dfrac{90°}{N} - D_r$ (홀수치) $\quad = p \cdot \dfrac{1}{2\sin\dfrac{180°}{2N}} - D_r$
최대 보스 직경 및 최대 홈 직경 D_H	$D_H = p\left(\cot\dfrac{180°}{N} - 1\right) - 0.76$

p = 피치, D_r = 롤러 외경, N = 치수

비고
기준치수표에 없는 치수는 다음 계산식을 이용하여 치수를 결정한다.

149, 150. 천장 크레인용 로프 휠

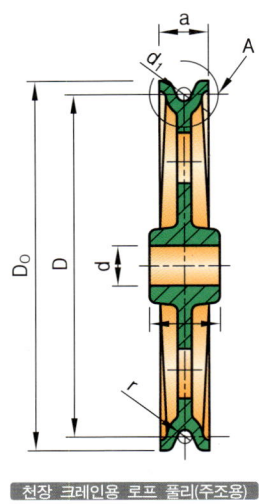

천장 크레인용 로프 풀리(주조용)

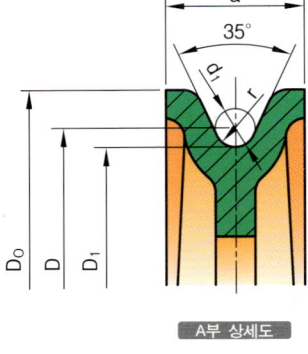

A부 상세도

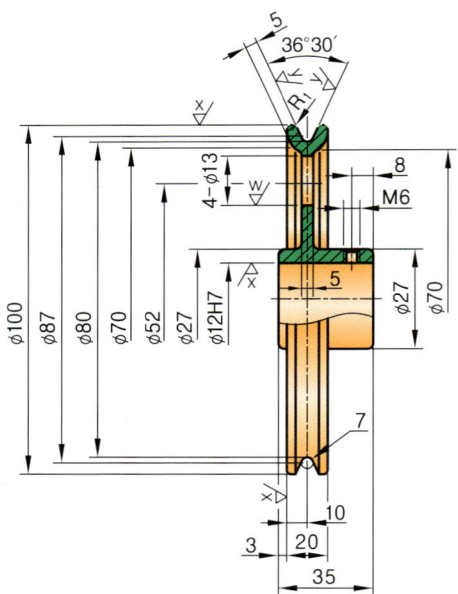

적용 예
로프의 경우 규격품의 치수가 크기 때문에 주어진 도면과 크기가 맞지 않을 경우 도면 치수를 직접 측정하여 치수기입형식에 맞게 기입한다.

KS B 6407 : 2001(2006 확인)

149. 천장 크레인용 로프 휠(20형)

20형 (휠의 피치원 지름이 로프 지름의 20배인 것)

호칭	적용하는 로프지름 d_1	로프 지름	로프휠 피치원 지름 D	바깥 지름 D_0	홈밑 지름 D_1	나비 (최대) a	홈 밑 반지름 r	축구멍 지름 d 기준치수	허용차 (H10)	보스의 길이 l 기준치수	허용차	(참고) 적용하는 휠 열수
200	9 초과 10 이하	10	200	226	190	31.5	6.3	45	+0.1 0	50	0 -0.3	2
								50		50		3
								56		40		4
224	10 초과 11.2 이하	11.2	224.2	253	213	35.5	7.1	50	+0.12 0	40		2
								56		63		3
								63		50		4
250	11.2 초과 12.5 이하	12.5	250.5	278	238	35.5	7.1	56		63		2
								63		63		3
								71		50		4
280	12.5 초과 14 이하	14	280	311	266	40	8	63		80	0 -0.5	2
								71		63	0 -0.3	3
								80		63		4
								90	+0.14 0	50		5
320	14 초과 16 이하	16	320	354	304	45	9	71	+0.12 0	80	0 -0.5	2
								80		80		3
								90	+0.14 0	63	0 -0.3	4
								100		63		5
360	16 초과 18 이하	18	360	398	342	50	10	80	+0.12 0	100	0 -0.5	2
								90	+0.14 0	80		3
								100		80		4
								112		63	0 -0.3	5
400	18 초과 20 이하	20	400	443	380	56	11.2	90		100	0 -0.5	2
								100		100		3
								112		80		4
								125	+0.16 0	80		5
450	20 초과 22.4 이하	22.4	450.4	499	428	63	12.5	100	+0.14 0	125		2
								112		100		3
								125	+0.16 0	100		4
								140		80		5
500	22.4 초과 25 이하	25	500	555	475	71	14	112	+0.14 0	125		2
								125	+0.16 0	125		3
								140		100		4
								160		100		5
560	25 초과 28 이하	28	560	622	532	80	16	125		160		2
								140		125		3
								160		125		4
								180		100		5

적용 예
1. 와이어로프 규격 : KS D 3514
2. 로프 휠 재질 : GC200

KS B 6407 : 2001(2006확인)

150. 천장 크레인용 로프 휠(25형)

25형 (휠의 피치원 지름이 로프 지름의 25배인 것)

호칭	적용하는 로프지름 d_1	로프지름	로프휠 피치원 지름 D	바깥 지름 D_0	홈밑 지름 D_1	나비(최대) a	홈 밑 반지름 r	축구멍 지름 d 기준치수	허용차 (H10)	보스의 길이 l 기준치수	허용차	(참고) 적용하는 휠 열수
250	9 초과 10 이하	10	250	276	240	31.5	6.3	45	+0.1 0	50	0 -0.3	2
								50		50		3
								56	+0.12 0	40		4
280	10 초과 11.2 이하	11.2	280.2	309	269	35.5	7.1	50	+0.1 0	63		2
								56	+0.12 0	50		3
								63		50		4
315	11.2 초과 12.5 이하	12.5	315.5	343	303	35.5	7.1	56		63		2
								63		63		3
								71		50		4
355	12.5 초과 14 이하	14	355	386	341	40	8	63		80	0 -0.5	2
								71		63	0 -0.3	3
								80		63		4
								90	+0.14 0	50		5
400	14 초과 16 이하	16	400	434	384	45	9	71	+0.12 0	80	0 -0.5	2
								80		80		3
								90	+0.14 0	63	0 -0.3	4
								100		63		5
450	16 초과 18 이하	18	450	488	432	50	10	80	+0.12 0	100	0 -0.5	2
								90	+0.14 0	80		3
								100		80		4
								112		63	0 -0.3	5
500	18 초과 20 이하	20	500	543	480	56	11.2	90	+0.14 0	100	0 -0.5	2
								100		100		3
								112		80		4
								125	+0.16 0	80		5
560	20 초과 22.4 이하	22.4	560.4	609	538	63	12.5	100	+0.14 0	125		2
								112		100		3
								125	+0.16 0	100		4
								140		80		5

[적용 예]
1. 와이어로프 규격 : KS D 3514
2. 로프 휠 재질 : GC200

MEMO

151. 스퍼기어 제도·요목표

단위 : mm

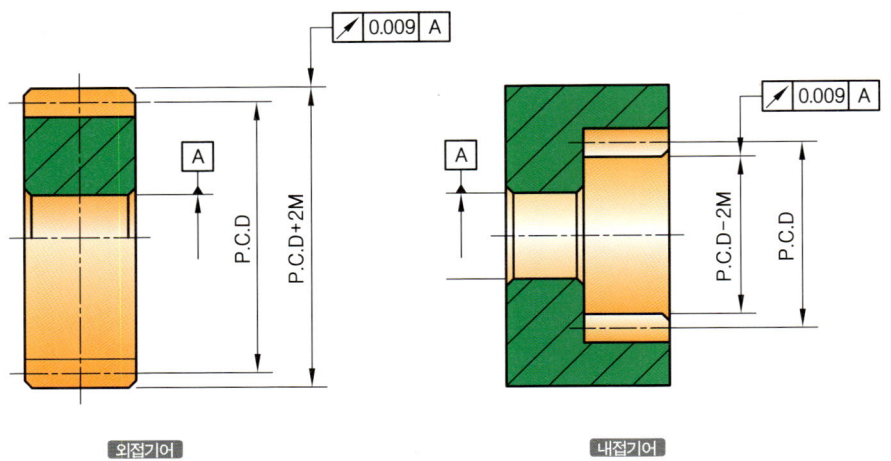

외접기어 / 내접기어

구분	스퍼기어 요목표		
	품번	○	○
공구	기어치형	표준	
	치형	보통 이	
	모듈	☐	
	압력각	20°	
	잇수	☐	☐
	피치원 지름	☐	☐
	전체 이 높이	☐	
	다듬질방법	호브 절삭	
	정밀도	KS B ISO 1328-1, 4급	

스퍼어기어 도시법
1. 피치원 : 가는1점쇄선(빨강/흰색)으로 작도한다.
2. 이뿌리원 : 가는실선(빨강/흰색)으로 작도하고, 단면투상시 외형선(초록색)으로 작도한다.
3. 이끝원 : 외형선(초록색)으로 작도한다.

요목표
1. 요목표 테두리선(바깥선)은 외형선(초록색)으로 작도한다.
2. 요목표 안쪽선은 가는실선(빨강/흰색)으로 작도한다.

151. 스퍼기어 제도·요목표

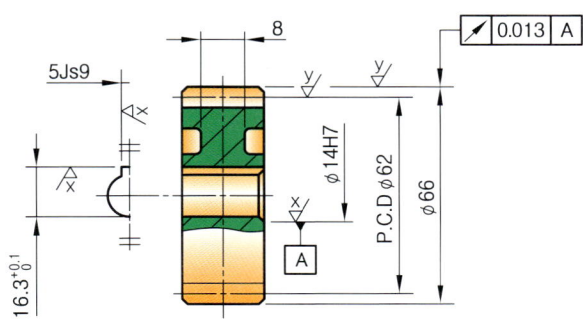

스퍼기어 요목표		
기어치형		표준
공구	치형	보통 이
	모듈	2
	압력각	20°
잇수		31
피치원 지름		62
전체 이 높이		4.5
다듬질 방법		호브 절삭
정밀도		KS B ISO 1328-1, 4급

적용 예	스퍼어기어 계산식	
1. 모듈(M)이 2이고 잇수(Z)가 31인 경우 2. $PCD = 2 \times 31 = 62$ 3. 이끝원 지름 = $62 + (2 \times 2) = 66$ 4. 재질 : SCM415, 대형기어 : SC450	피치원 지름($P.C.D$)	$PCD = M \times Z$
	이끝원 지름(D)	(외접기어) $D = PCD + (2M)$ (내접기어) $D = PCD - (2M)$
	전체 이 높이(h)	$h = 2.25 \times M$
	M : 모듈, Z : 잇수	

152. 헬리컬기어 제도 · 요목표

단위 : mm

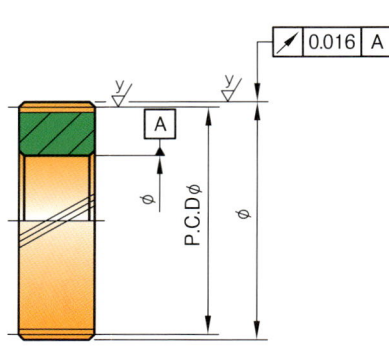

헬리컬기어 요목표

구분		품번	○
기준 래크	기어치형		표준
	치형		보통 이
	모듈		M_t (이직각)
	압력각		20°
잇수			□
치형 기준면			치직각
비틀림각			□
리드			□
방향			좌 또는 우
피치원 지름			P.C.D⌀
전체 이 높이			$2.25 \times M_t$
다듬질 방법			호브 절삭
정밀도			KS B ISO 1328-1, 4급

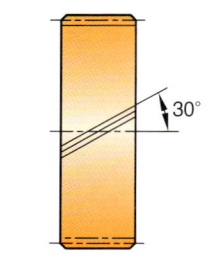

비틀림 방향이 왼쪽인 경우

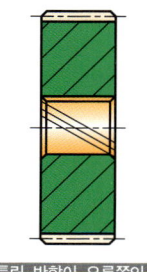

비틀림 방향이 오른쪽인 경우

헬리컬기어 도시법
1. 피치원(가는1점쇄선), 이뿌리원(가는실선, 단면투상시 외형선), 이끝원(외형선)
2. 잇줄의 방향은 단면을 하지 않는 경우 3개의 가는실선으로 표현하며 단면을 한 경우는 3개의 가는이점쇄선으로 표현한다. 이때 비틀림각과 상관없이 잇줄은 중심선에 대하여 30°로 그린다.

152. 헬리컬기어 제도 · 요목표

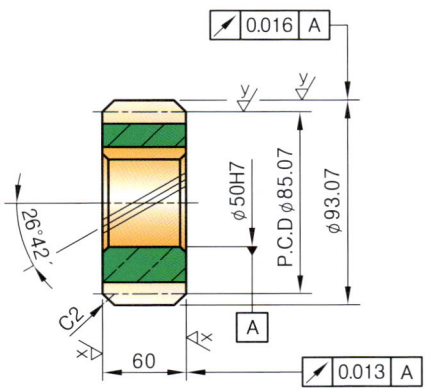

헬리컬기어 요목표		
기어치형		표준
기준래크	치형	보통 이
	모듈	4
	압력각	20°
잇수		19
치형 기준면		치직각
비틀림각		26.7°
리드		531.39
방향		좌
피치원 지름		85.07
전체 이 높이		9.40
다듬질 방법		호브 절삭
정밀도		KS B ISO 1328-1, 4급

적용 예

1. 이 직각 모듈(Mt)이 4이고 잇수가 19인 경우
2. 재질 : SCM435, SNCM415, 대형기어 : SC450
3. 치부 침탄퀜칭 HRC55~61, 깊이 0.8~1.2

헬리컬기어 계산식

① 모듈(M) : 치직각 모듈(M_t), 축직각 모듈(M_s)

$$M_t = M_s \times \cos\beta, \quad M_s = \frac{M_t}{\cos\beta}$$

② 잇수(Z)

$$Z = \frac{PCD}{M_s} = \frac{PCD \times \cos\beta}{M_t}$$

③ 피치원 지름(PCD) = $Z \times M_s = \dfrac{Z \times M_t}{\cos\beta}$

④ 비틀림각(β) = $\tan^{-1}\dfrac{3.14 \times PCD}{L}$

⑤ 리드(L) = $\dfrac{3.14 \times PCD}{\tan\beta}$

⑥ 전체 이 높이 = $2.25 M_t = 2.25 \times M_s \times \cos\beta$

153. 웜과 웜휠 제도 · 요목표

단위 : mm

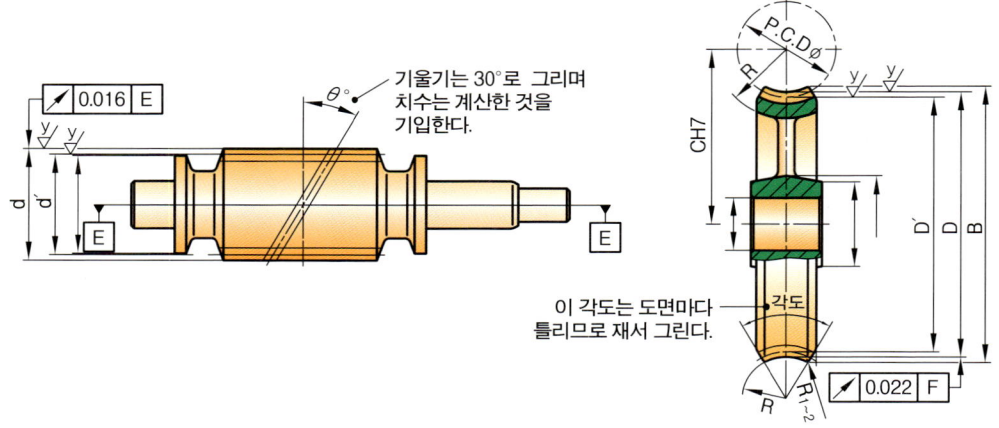

웜과 웜휠 요목표

품번	○웜	○웜휠
치형기준단면	축직각	
원주 피치	-	□
리드	□	-
줄수와 방향	줄, 좌 또는 우	
모듈	□	
압력각	20°	
잇수	-	□
피치원 지름	□	□
진행각	□	
다듬질 방법	호브 절삭	연삭

웜과 웜휠 계산식

1. 원주 피치 $P = \pi M = 3.14 \times M$
2. 리드 (L) : 1줄인 경우 $L=P$, 2줄인 경우 $L=2P$, 3줄인 경우 $L3P$
3. 피치원 지름 (PCD)
   웜축 (d') $= \dfrac{L}{\pi \tan \theta}$,
   바깥 지름 (d) $d' + 2M$
   웜휠 (D'), $= M \times Z$ 모듈×잇수
   $D = D' + 2M$
4. 진행각 $\theta = \dfrac{L}{\pi d'}$
5. 중심거리 $C = \dfrac{D' + d'}{2}$
6. 웜휠의 최대 지름 (B)
   $B = D + (d' - 2M)\left(1 - \cos \dfrac{\lambda}{2}\right)$

주
1. 이때 θ값이 주어지지 않았을 때는 d'값을 도면에서 측정하여 진행각(θ)을 결정한다.
2. 웜 휠의 페이스각 λ는 보통 60~80°이며 도면에서 측정한다.

153. 웜과 웜휠 제도 · 요목표

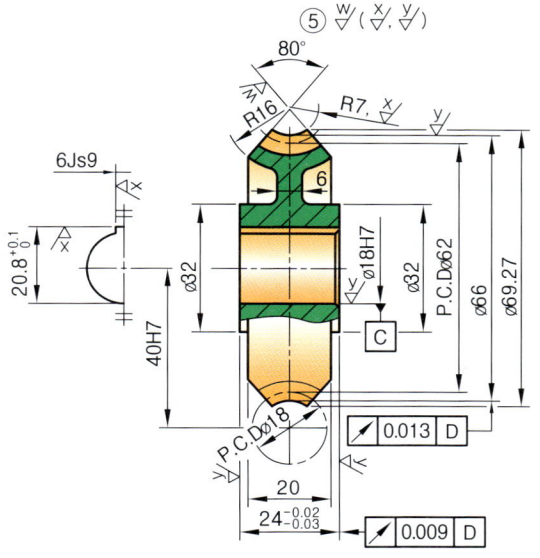

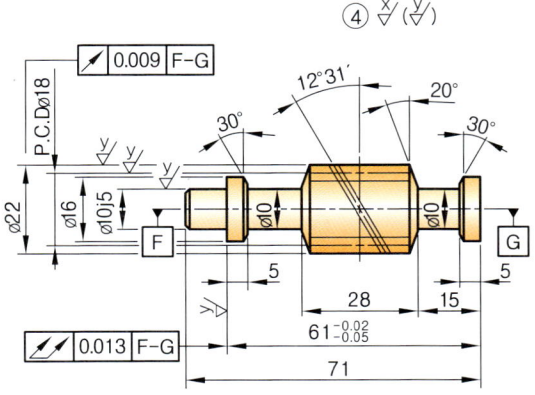

웜과 웜 휠 요목표		
품번	4	5
치형기준단면	축직각	
원주 피치	-	6.25
리드	12.56	-
줄수와 방향	2줄, 우	
모듈	2	
압력각	20°	
잇수	-	31
피치원 지름	∅18	∅62
진행각	12°31′	
다듬질 방법	호브 절삭	연삭

적용 예
1. 모듈(M)=2 : 줄수(N)=2이며 웜 휠의 잇수(Z)=31
2. 재질 : 웜축(SCM435, SM48C), 웜휠(PBC2B)
3. 웜축 표면경도 : HRC50~55

154. 베벨기어 제도 · 요목표

단위 : mm

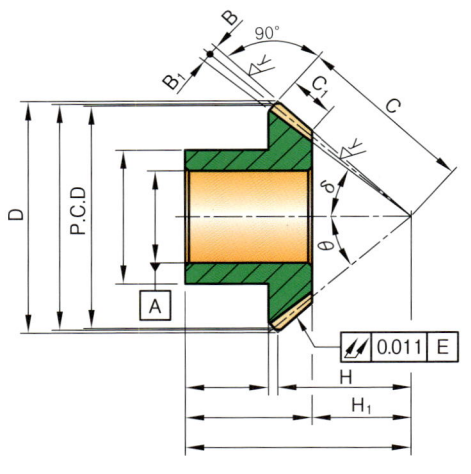

베벨기어 요목표	
치형	그리슨식
축각	90°
모듈	☐
압력각	20°
피치원추각	☐
잇수	☐
피치원 지름	☐
다듬질 방법	절삭
정밀도	KS B 1412, 5급

베벨기어 계산식

1. 이뿌리 높이 $A = M \times 1.25$ (M : 모듈)
2. 피치원 지름($P.C.D$)
   $PCD = M \times Z$(잇수)
3. 바깥끝 원뿔거리(C)
   ① $C = \sqrt{(P.C.D_1{}^2 + PCD_2{}^2)}/2$
   (PCD : 큰 기어, PCD_2 : 작은 기어)
   ② $C = \dfrac{PCD}{2\sin\theta}$
   (기어가 1개인 경우 θ는 피치원추각)
4. 이의 나비(C_1)
   $C_1 \leqq \dfrac{C}{3}$
5. 이끝각(B)
   $B = \tan^{-1}\dfrac{M}{C}$
6. 이뿌리각(B_1)
   $B_1 = \tan^{-1}\dfrac{A}{C}$
7. 피치원추각(θ)
   ① $\theta = \sin^{-1}\left(\dfrac{PCD}{2C}\right)$ (기어가 1개인 경우)
   ② $\theta_1 = \tan^{-1}\left(\dfrac{Z_1}{Z_2}\right)$
   $\theta_2 = 90° - \theta_1$ (기어가 2개인 경우 Z_1 : 작은 기어 잇수, Z_2 : 큰 기어 잇수, θ_1 : 작은 기어, θ_2 : 큰 기어)
8. 바깥 지름(D)
   $D = PCD + (2M\cos\theta)$
9. 이끝원추각(δ)
   $\delta = \theta + B = $ 피치원추각+이끝각
10. 대단치 끝높이(H)
    $H = (C \times \cos\delta)$
    소단치 끝높이(H_1)
    $H_1 = (C - C_1) \times \cos\delta$

베벨기어 도시법

1. 피치원(가는1점쇄선), 이뿌리원(단면투상 및 외형선), 이끝원(외형선)

154. 베벨기어 제도 · 요목표

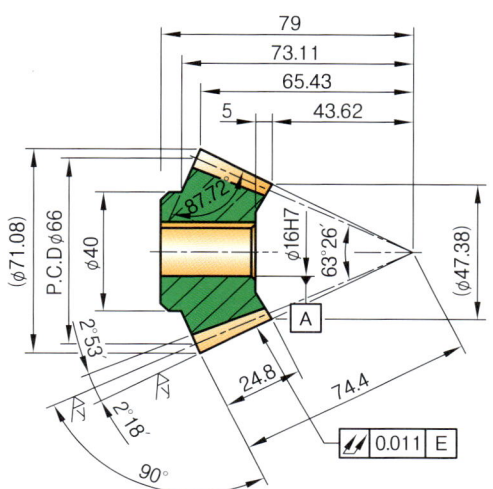

베벨기어 요목표	
치형	그리슨식
압력각	20°
모듈	3
잇수	22
피치원 지름	∅66
피치원추각	63°26′
축각	90°
다듬질 방법	절삭
정밀도	KS B 1412, 4급

마이터 베벨기어

스파이럴 베벨기어

앵글러 마이터 베벨기어

직선 베벨기어

적용 예
1. 재료 : SCM415, SM45C
2. 열처리 : 치부열처리 HRC60±3

155. 래크 및 피니언 제도 · 요목표

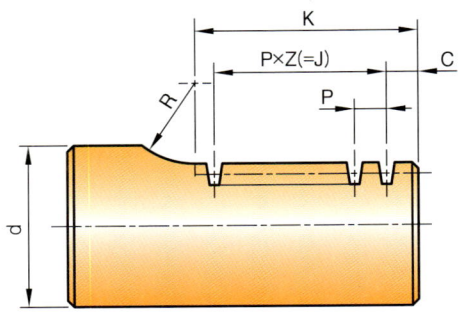
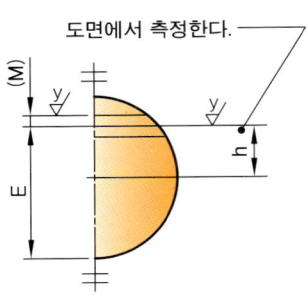

구분	래크, 피니언 요목표		
	품번	○래크	○피니언
	기어치형	표준	
기준 래크	치형	보통 이	
	모듈	☐	
	압력각	20°	
	잇수	☐	☐
	피치원 지름	-	☐
	전체 이 높이	☐	
	다듬질방법	호브 절삭	
	정밀도	KS B ISO 1328-1, 4급	

래크, 피니언 계산식 항목	계산식
원주 피치(P)	$P = M \times \pi$
치형시작치수(C)	$C = \dfrac{P}{2}$
래크 길이(J)	$J = P \times Z$
기어중심거리(h)	도면에서 측정하여 기입
E	$E = (d \div 2) + h$ d : 축 지름
K	도면에서 측정하여 기입
R	도면에서 측정하여 기입
피니언 피치원 지름	$PCD = M \times Z$
피니언 바깥 지름	$D = PCD + 2M$
전체 이 높이	$h = 2.25 \times M$

래크 및 피니언 도시법
1. 피치원 : 가는 1점쇄선(빨강/흰색)으로 작도한다.
2. 이뿌리원 : 가는실선(빨강/흰색)으로 작도하고, 단면투상시 외형선(초록색)으로 작도한다.
3. 이끝원 : 외형선(초록색)으로 작도한다.

155. 래크 및 피니언 제도 · 요목표

래크, 피니언 요목표			
구분	품번	3	4
기어치형		표준	
기준 래크	치형	보통 이	
	모듈	1.5	
	압력각	20°	
잇수		7	12
피치원 지름		–	⌀18
전체 이 높이		3.38	
다듬질 방법		호브 절삭	
정밀도		KS B ISO 1328-1, 4급	

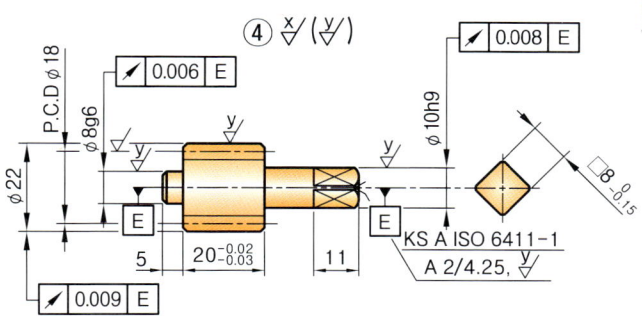

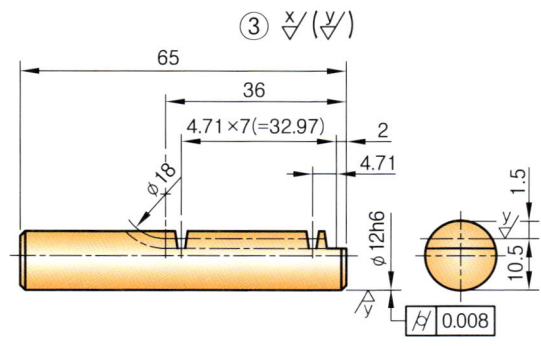

적용 예
1. 모듈(M)=1.5, 잇수(Z) : 피니언(12개), 래크(7개)
2. 재질 : 피니언, 래크 모두 SCM415, SCM435
3. 전체 경화처리 : HRC55~61

156. 기어등급 설정(용도에 따른 분류)

사용 기어 \ 등급	0급	1급	2급	3급	4급	5급	6급	7급	8급
검사용 모기어	●	●	●						
계측용 기어			●	●					
고속감속기용 기어	●	●	●						
증속용 기어	●	●	●						
항공기용 기어	●	●	●	●					
영화기계용 기어		●	●	●	●				
인쇄기계용 기어			●	●	●				
철도차량용 기어			●	●	●	●			
공작기계용 기어		●	●	●	●				
사진기용 기어				●	●	●			
자동차용 기어				●	●	●			
기어식 펌프용 기어			●	●	●	●			
변속기용 기어				●	●	●			
압연기용 기어					●	●	●		
범용 감속기용 기어					●	●	●		
권상기용 기어					●	●	●	●	
기중기용 기어					●	●	●	●	
제지기계용 기어				●	●	●			
분쇄기용 대형 기어					●	●	●	●	
농기구용 기어						●	●	●	
섬유기계용 기어				●	●	●			
회전 및 선회용 대형 기어						●	●	●	
캡왈츠용 기어					●	●	●		
수동용 기어								●	●
내기어(대형을 제외)						●	●	●	
대형 내기어							●	●	●

MEMO

157. 래칫 휠·제도 요목표

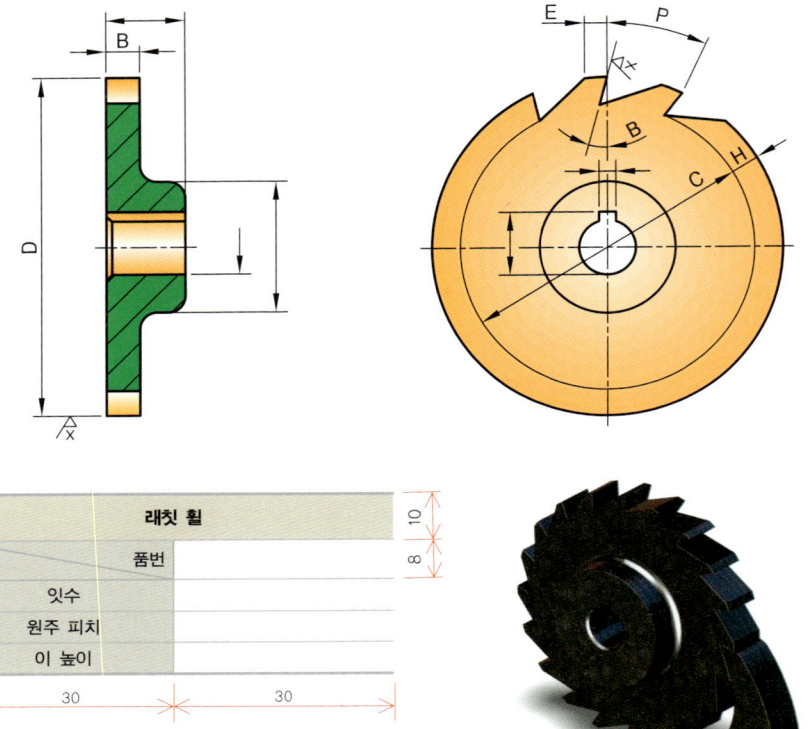

구분	래칫 휠
품번	
잇수	
원주 피치	
이 높이	

래칫 휠 계산식

① 모듈(M)

$M = \dfrac{D}{Z}$ (D : 바깥지름, Z : 잇수)

※ 도면에 잇수와 모듈이 주어지지 않았을 경우 도면에 있는 외경(D)을 측정하고 피치각(P)을 측정하여 잇수(Z)를 구한 후 모듈(M)을 계산한다.

② 잇수(Z) $Z = \dfrac{360}{\text{피치각}(P)}$

③ 이 높이(H) : 도면에서 측정, 측정할 수 없을 때는
   $H = 0.35P$

④ 이 뿌리 지름(C)
   $C = D - 2H$

⑤ 이 나비(E) : 도면에서 측정, 측정할 수 없을 때는 $E = 0.5P$(주철), $E = 0.3 \sim 0.5P$(주강)

⑥ 톱니각(B) : 15~20°

래칫 휠 도시법

이뿌리원 : 가는실선(빨강/흰색)으로 작도하고, 단면투상시 외형선(초록색)으로 작도한다.

157. 래칫 휠 · 제도 요목표

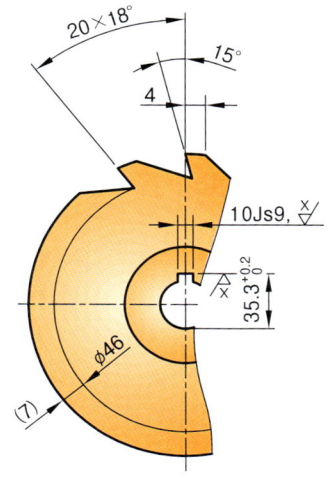

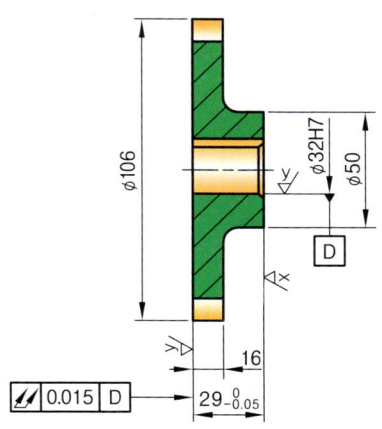

래칫 휠 요목표	
구분　　　　　품번	
잇수	20
원주 피치	16.65
이 높이	7

적용 예
1. 재질 : SCM415
2. 표면경화 : HRC50±2
3. 모듈$(M) = \dfrac{외경}{잇수} = \dfrac{106}{20} = 5.3$

158. 등속 판캠 제도

캠 선 도

회전각	종동절
0~180°	등속운동 상승 24mm
180~360°	등속운동 하강 24mm

적용 예
① 재질 : SM15CK
② 표면처리부 침탄 HRC50±2, 깊이 0.6~1

작동순서
① 회전축을 중심으로 30° 각도로 원주를 등분한다.
② 롤러의 중심 위치를 30° 각도로 표시한다.
③ 캠선도를 그리기 위한 보조 등분선을 12등분(30°)한다.
④ 각 각도에 맞는 롤러의 중심을 연결하여 보조 등분선까지 연장한다.
⑤ 해당하는 각도와 교점을 체크하여 각 점을 연결하면 캠선도 완성

159. 단현운동 판캠 제도

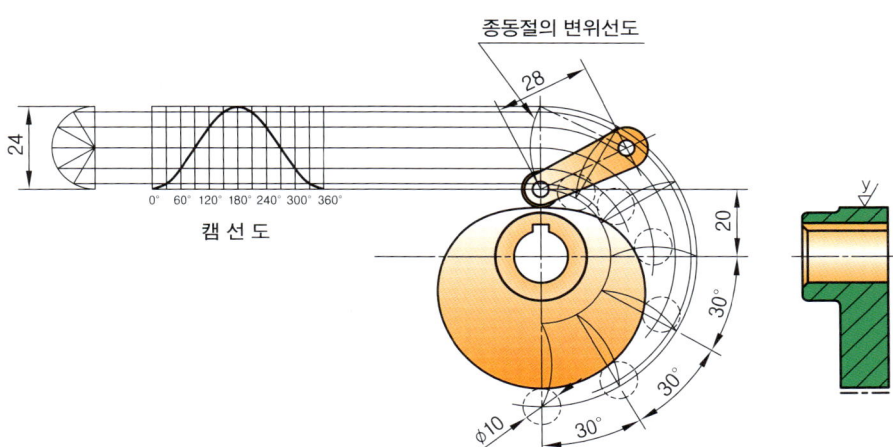

캠 선 도

캠	종동절
기초원의 반지름 20	종동절의 길이 L=28, 롤러 지름 ∅10
180° 회전	단현운동각 180° 변위 24mm까지 상승
180° 회전	단현운동각 180° 변위 24mm까지 하강

[적용 예]
① 재질 : SM15CK
② 표면처리부 침탄 HRC50±2, 깊이 0.6~1

[작동순서]
① 회전축을 중심으로 30° 각도로 원주를 등분한다.
② 롤러의 중심 위치를 30° 각도로 표시한다.
③ 캠선도를 그리기 위한 보조 등분선을 12등분(30°)한다.
④ 각 각도에 맞는 롤러의 중심을 연결하여 보조 등분선까지 연장한다.
⑤ 해당하는 각도와 교점을 체크하여 각 점을 연결하면 캠선도 완성

160. 등가속 판캠 제도

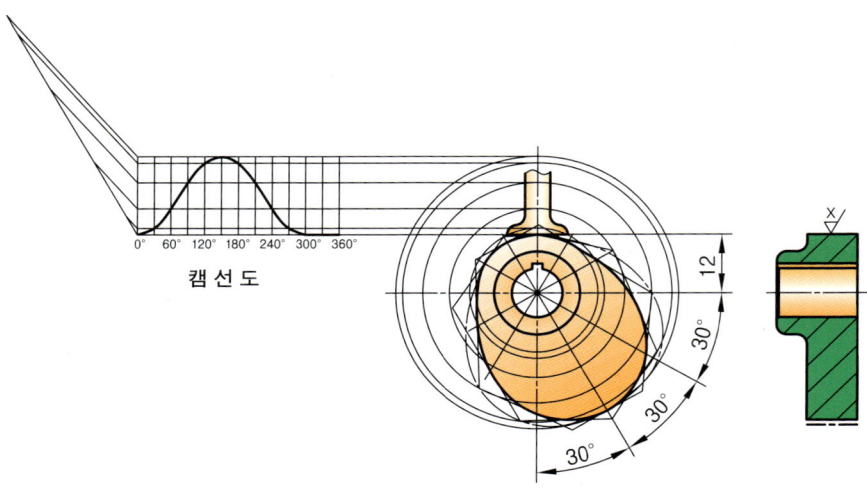

캠 선 도

캠	종동절
기초원의 반지름 12	캠축 0의 축상에서 선단평형
150° 회전	등가속으로 변위 24mm까지 상승
150° 회전	등가속으로 변위 24mm까지 하강
60°	정지

적용 예
① 재질 : SM15CK
② 표면처리부 침탄 HRC50±2, 깊이 0.6~1

KS 미제정(실무데이터)

161. 원통 캠 제도

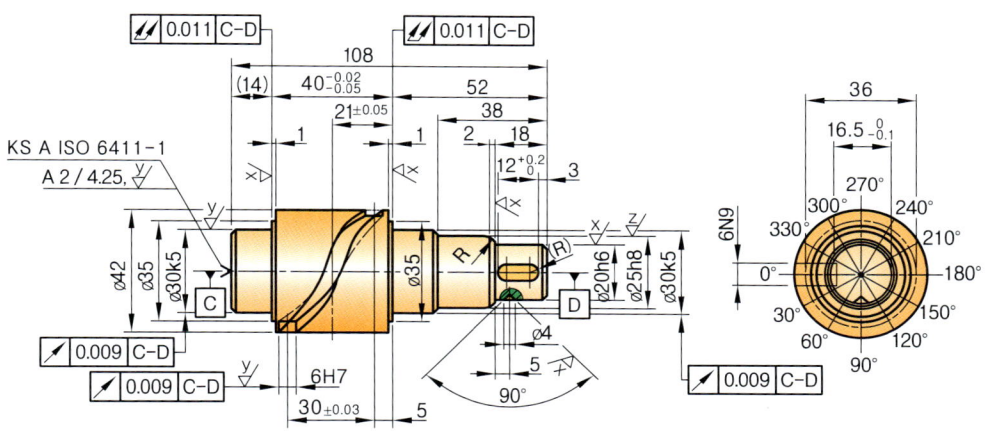

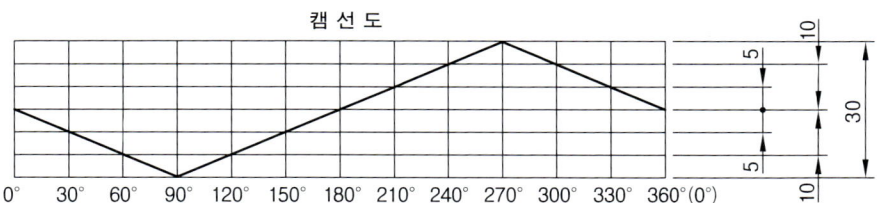

캠 선 도

적용 예
① 재질 : SM15CK
② 표면처리부 침탄 HRC50±2, 깊이 0.6~1

162. 문자, 눈금 각인 요목표

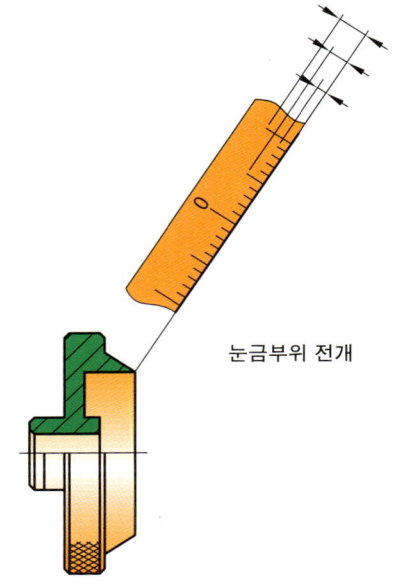

눈금부위 전개

문자, 눈금 각인 요목표			
품번			
구분	종류	눈금	숫자
숫자높이		-	
각 인		음각	
선 폭		0.2	
선 깊이		0.2	
글 체		-	고딕
도 장		흑색, 0은 적색	

주) 요목표의 크기는 도면의 배치에 맞게 설정하여도 된다.

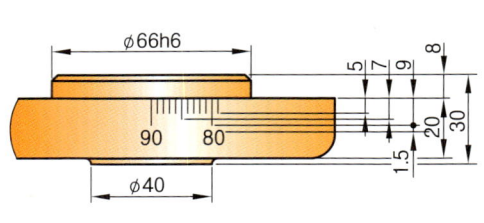

눈금, 각인 요목표			
품 번		①, ⑥	
구분	종류	눈금	숫자
숫자높이		-	3.5
각 인		음각	
선 폭		0.2	
선 깊이		0.2	
체		-	고딕
도 장		흑색, 0은 적색	

※ 문자는 1°마다 각인하고 숫자는 10°마다 각인한다.(상, 하)

적용 예

※ 눈금은 원주를 100등분하여 각인하고 10등분마다 숫자 각인
  ① 각인이란?
     눈금이나 글자를 새기는 것을 말하며 음각은 오목(凹)하게 파는 것이고 양각은 볼록(凸)하게 만드는 것을 의미한다.
  ② 도장이란?
     일종의 페인트칠을 하는 것으로 문자나 눈금에 색을 입히는 것을 말한다.

MEMO

163. 압축코일 스프링 제도 · 요목표

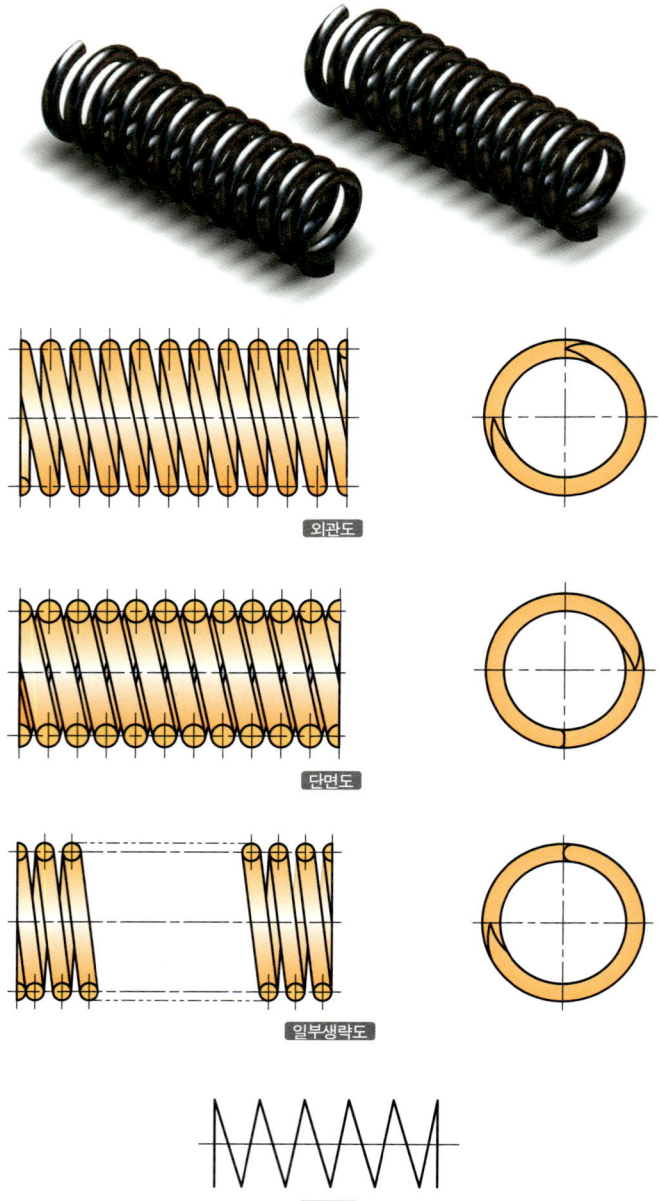

외관도

단면도

일부생략도

간략도

163. 압축코일 스프링 제도 · 요목표

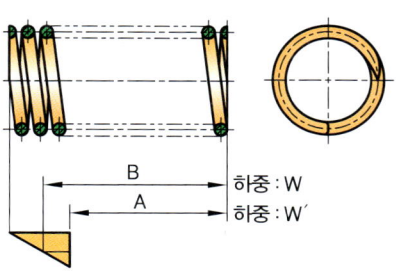

스프링 요목표	
품번 구분	
재료 지름	d
코일 평균 지름	D
총 감긴 수	
유효감긴 수	
감긴 방향	오른쪽 또는 왼쪽
자유높이	L
표면처리	쇼트피닝
방청처리	방청유 도포

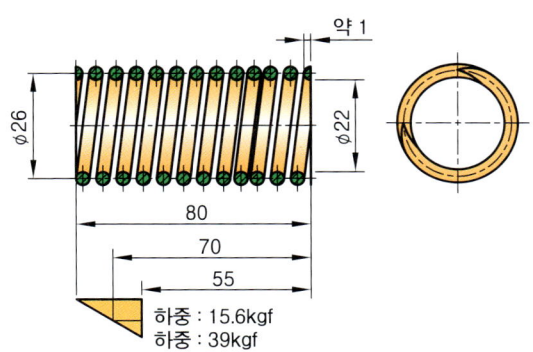

스프링 요목표	
품번 구분	
재료 지름	⌀4
코일 평균 지름	⌀26
총 감긴 수	11.5
유효감긴 수	9.5
감긴 방향	오른쪽
자유높이	80
표면처리	쇼트피닝
방청처리	방청유 도포

[적용 예]
1. 재료 : SPS8(스프링 강재)
2. 감긴 방향 : 오른쪽
3. 스프링 상수 $= \frac{39}{80-55} = 1.56$

[계산식]
하중을 받고 있는 상태의 길이 A 또는 B를 측정한 뒤 스프링 상수(K)를 구한다.

① 스프링 상수$(K) = \frac{하중(W)}{변위량(\delta)} = \frac{스프링에 가해지는 하중(W\ or\ W')}{스프링의 자유길이(L) - 하중 시의 길이(A\ or\ B)}$

② 하중(W) = 변위량(δ) × 스프링 상수(K)(스프링 상수가 주어질 경우)
③ 총 감긴 수 : 코일에서 끝까지 감긴 수
④ 유효감긴 수 : 스프링의 기능을 발휘하는 감긴 수
  ※ 하중을 받지 않을 경우에는 A 또는 B 값을 생략한다.

164. 각 스프링 제도 · 요목표

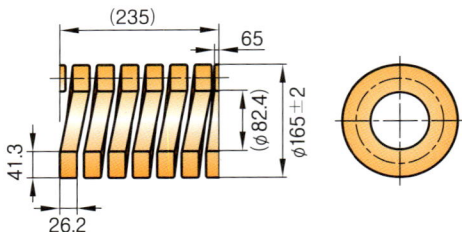

스프링 요목표		
	재료	SPS9
	재료의 치수	41.3×26.2
	코일 평균 지름	123.8
	코일 바깥 지름	165±2
	총 감김수	7.25±0.25
	자리 감김수	각 0.75
	유효 감김수	5.75
	감김 방향	오른쪽
	자유 길이	(235)
	스프링상수	1,570
지정	하중([1])(N)	49,000
	하중 시의 길이	203±3
	응력(N/mm^2)	596
최대 압축	하중(N)	73,500
	하중 시의 길이	188
	응력(N/mm^2)	894
	경도(HBW)	388~461
	코일 끝부분의 모양	맞댐끝(테이퍼 후 연삭)
표면 처리	재료의 표면가공	연삭
	성형 후의 표면가공	쇼트피닝
	방청 처리	흑색 에나멜 도장

주
([1]) 수치보기는 하중을 기준으로 하였다.

비고
1. 기타 항목 : 세팅한다.
2. 용도 또는 사용조건 : 상온, 반복하중
3. 1N/mm^2 = 1MPa

165. 이중 코일 스프링 제도 · 요목표

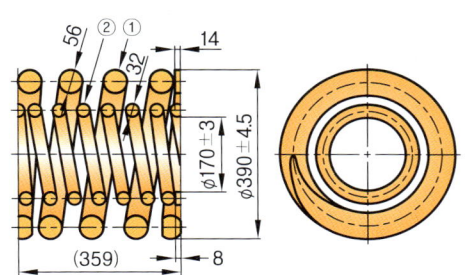

스프링 요목표			
조합 No.		①	②
재료		SPS11A	SPS9A
재료의 지름		56	32
코일 평균 지름(mm)		334	202
코일 안지름(mm)		278	170±3
코일 바깥 지름(mm)		390±4.5	234
총 감김수		4.75	7.75
자리 감김수		각 1	각 1
유효 감김수		2.75	5.75
감김 방향		오른쪽	왼쪽
자유 길이(mm)		(359)	(359)
스프링상수(N/mm)		1,086	
		883	203
지정	하중([1])(N)	88,260	
		71,760	16,500
	하중 시의 길이(mm)	277.5±4.5	
		277.5	277.5
	응력(N/mm²)	435	321
최대 압축	하중(N)	131,360	
		106,800	24,560
	하중 시의 길이(mm)	238	
		238	238
	응력(N/mm²)	648	478
밀착 길이(mm)		(238)	(232)
코일 바깥쪽면의 경사(mm)		6.3	6.3
경도(HBW)		388~461	
코일 끝부분의 모양		맞댐끝(테이퍼 후 연삭)	
표면 처리	재료의 표면가공	연삭	
	성형 후의 표면가공	쇼트피닝	
	방청 처리	흑색 에나멜 도장	

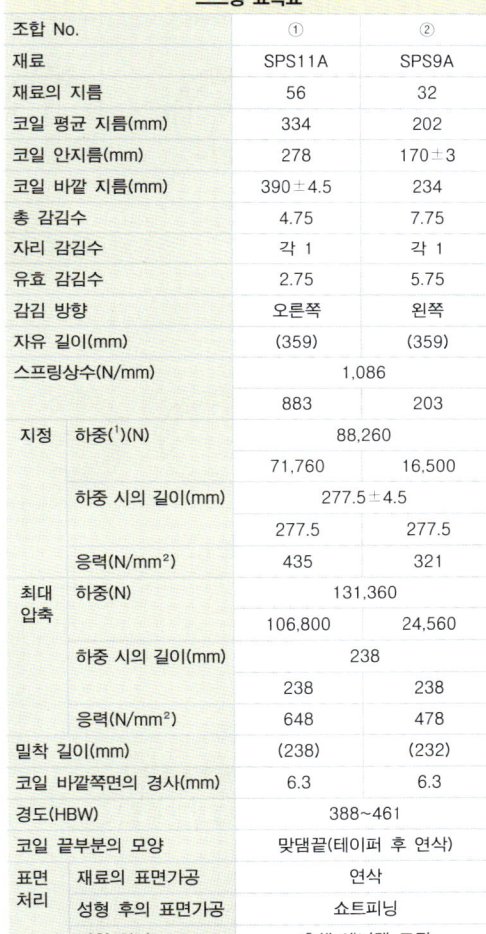

주
([1]) 수치보기는 하중을 기준으로 하였다.

비고
1. 기타 항목 : 세팅한다.
2. 용도 또는 사용조건 : 상온, 반복하중
3. 1N/mm² = 1MPa

166. 인장 코일 스프링 제도 · 요목표

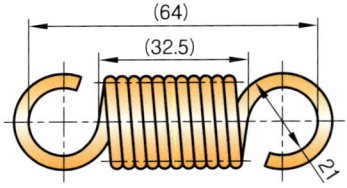 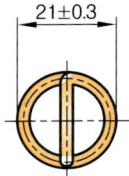 

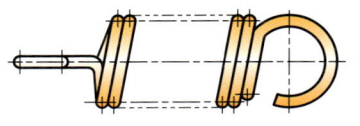 

일부 생략도

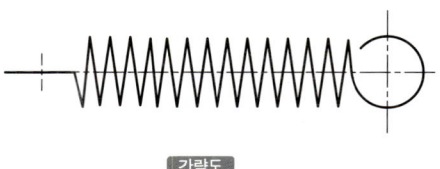

간략도

스프링 요목표		
재료		HSW-3
재료의 지름		2.6
코일 평균 지름		18.4
코일 바깥지름		21±0.3
총 감김수		11.5
감김 방향		오른쪽
자유 길이		(64)
스프링상수(N/mm)		6.28
초장력(N)		(26.8)
지정	하중(N)	-
	하중 시의 길이	-
	길이 시의 하중(N)	165±10%
	응력(N/mm²)	532
	최대 허용 인장 길이	92
	고리의 모양	둥근 고리
표면 처리	성형 후의 표면가공	-
	방청 처리	방청유 도포

비고
1. 기타 항목 : 세팅한다.
2. 용도 또는 사용조건 : 상온, 반복하중
3. 1N/mm² = 1MPa

167. 비틀림 코일 스프링 제도 · 요목표

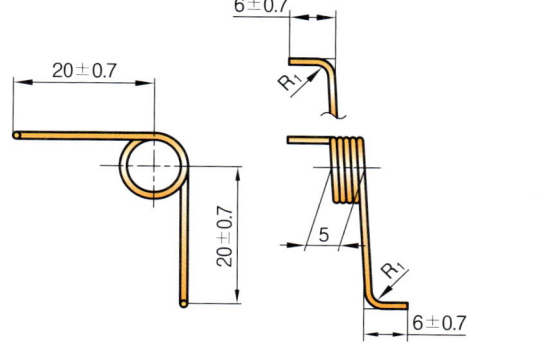

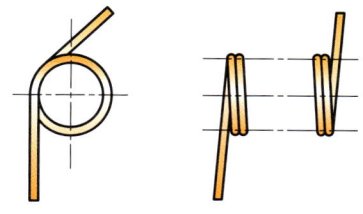

일부 생략도

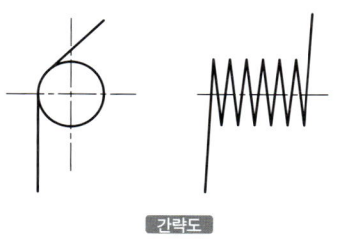

간략도

스프링 요목표		
	재료	STS 304-WPB
	재료의 지름	1
	코일 평균 지름	9
	코일 안 지름	8±0.3
	총 감김수	4.25
	감김 방향	오른쪽
	자유 각도([1])(°)	90±15
지정	나선각(°)	–
	나선각 시의 토크(N·mm)	–
	안내봉의 지름	6.8
	사용 최대 토크 시의 응력(N/mm²)	–
	표면처리	–

주
([1]) 수치보기는 자유시 모양을 기준으로 하였다.

비고
1. 기타 항목 : 세팅한다.
2. 용도 또는 사용조건 : 상온, 반복하중
3. 1N/mm² = 1MPa

168. 지지, 받침 스프링 제도 · 요목표

※ 이 그림은 스프링이 수평인 경우를 나타낸다.

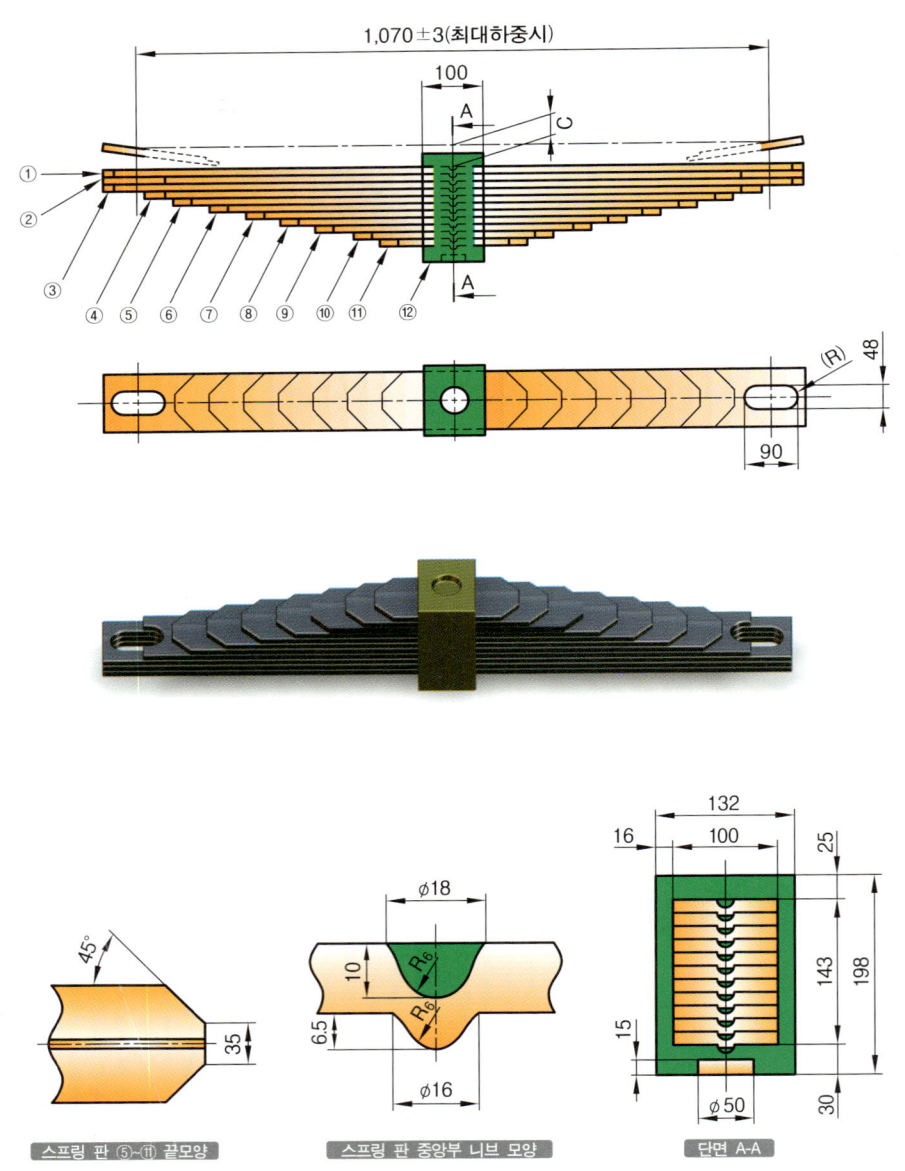

168. 지지, 받침 스프링 제도 · 요목표

스프링 요목표

스프링 판

재료	SPS 3				
치수 · 모양	번호	길이	판두께	판나비	단면모양
	1	1,190	13	100	KS D 3701의 A종
	2	1,190			
	3	1,190			
	4	1,050			
	5	950			
	6	830			
	7	710			
	8	590			
	9	470			
	10	350			
	11	250			

부속품

번호	명칭	재료	개수
12	허리죔 띠	SM 10C	1

하중 특성

	하중(N)	뒤말림(mm)	스팬(mm)	응력(N/mm²)
무하중 시	0	38	-	0
표준하중 시	45,990	5	-	343
최대하중 시	52,560	0±3	1070±3	392
시험하중 시	91,990	-	-	686

비고

1. 기타 항목
   a) 스프링 판의 경도 : 331~401HBW
   b) 첫 번째 스프링 판의 텐션면 및 허리죔 띠에 방청 도장한다.
   c) 완성 도장 : 흑색도장
   d) 스프링판 사이에 도포한다.
2. 1N/mm² = 1MPa

KS B 0005 : 2001

169. 테이퍼 판 스프링 제도·요목표

※ 이 그림은 스프링이 수평인 경우를 나타낸다.

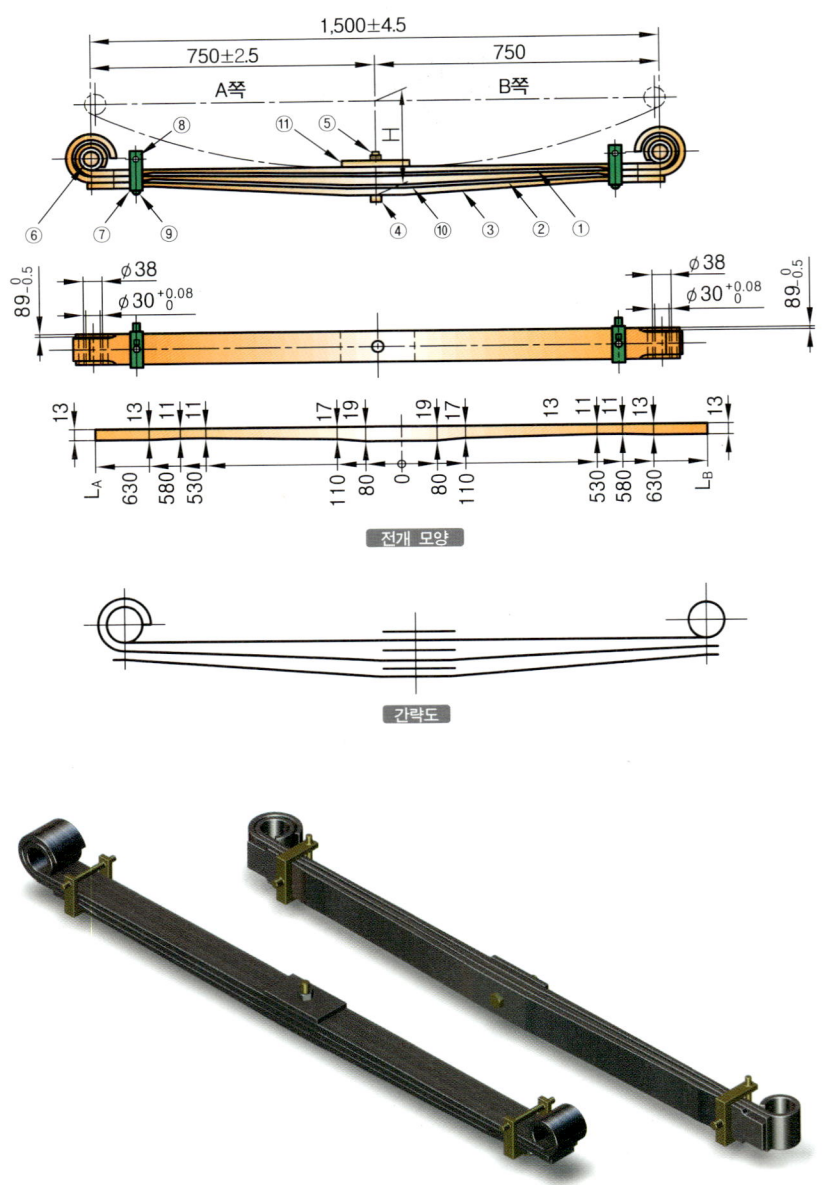

KS B 0005 : 2001

169. 테이퍼 판 스프링 제도 · 요목표

스프링 요목표

번호	전개길이			판 나비	재료
	L_A(A쪽)	L_B(B쪽)	계		
1	916	916	1832	90	SPS11A
2	950	765	1715		
3	765	765	1530		

번호	명칭	수량
4	센터 볼트	1
5	너트, 센터 볼트	1
6	부시	2
7	클립	2
8	클립 볼트	2
9	리벳	2
10	인터리프	3
11	스페이서	1

스프링 상수(N/mm)			250	
하중(N)	높이(mm)	스팬(mm)		응력(N/mm²)
무하중 시	0	180	–	0
지정 하중 시	22,000	92±6	1498	535
시험 하중 시	37,010	35	–	900

비고
1. 경도 : 388~461HBW
2. 쇼트피닝 : No. 1~3 리프
3. 완성 도장 : 흑색 도장
4. 1N/mm² = 1MPa

170. 겹판 스프링 제도 · 요목표

※ 이 그림은 스프링이 수평인 경우를 나타낸다.

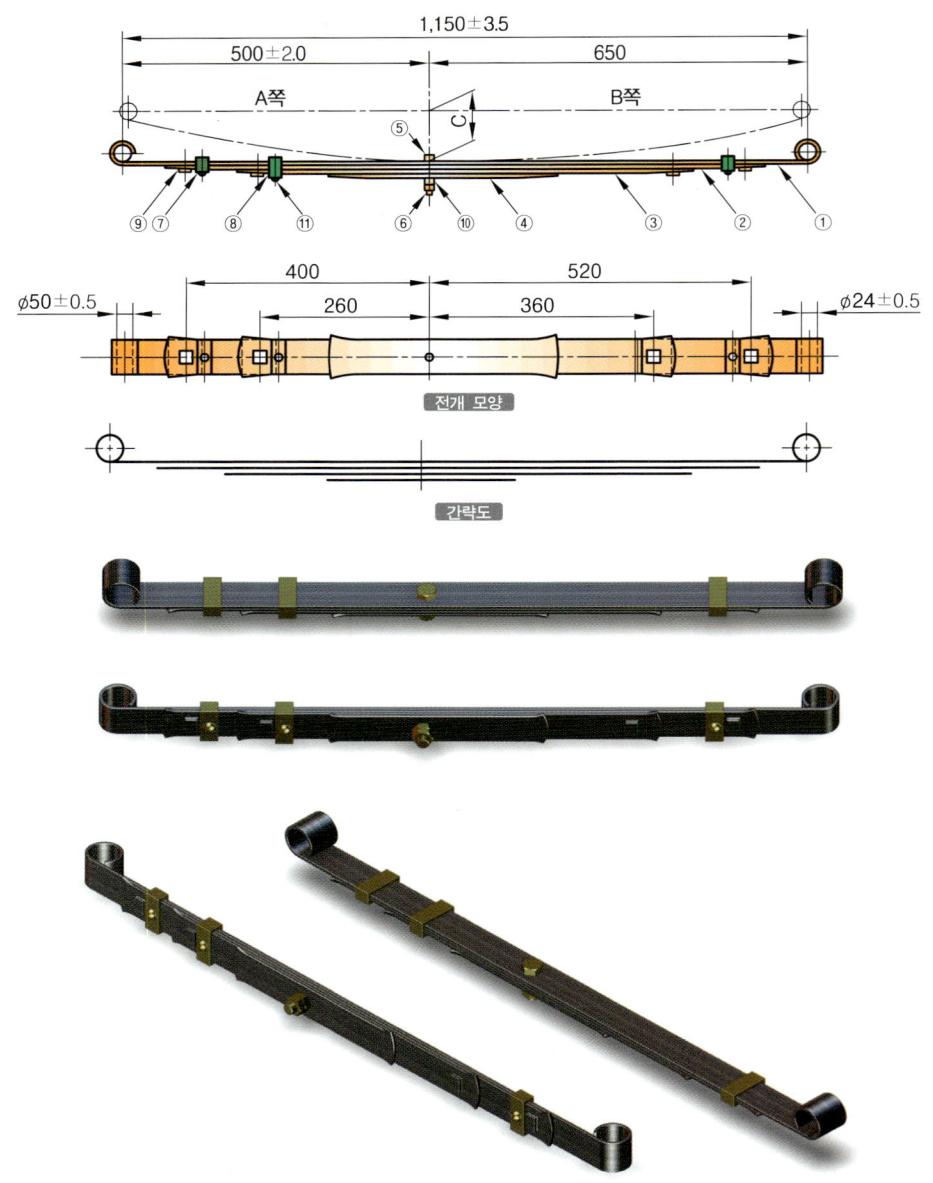

KS B 0005 : 2001

170. 겹판 스프링 제도 · 요목표

스프링 요목표

번호	전개길이			판두께	판나비	재료
	A쪽	B쪽	계			
1	676	748	1,424	6	60	SPS6
2	430	550	980			
3	310	390	700			
4	160	205	365			

번호	명칭	수량
5	센터 볼트	1
6	너트, 센터 볼트	1
7	클립	2
8	클립	1
9	라이너	4
10	디스턴스 피스	1
11	리벳	3

스프링 상수(N/mm)		250		
하중(N)		뒤말림(mm)	스팬(mm)	응력(N/mm^2)
무하중 시	0	112	–	0
지정하중 시	2,300	6±5	1,152	451
시험하중 시	5,100	–	–	1,000

비고
1. 경도 : 388~461HBW
2. 쇼트피닝 : No. 1~4 리프
3. 완성 도장 : 흑색 도장
4. 1N/mm^2=1MPa

KS B 0005 : 2001

171. 이중 스프링 제도

※ 이 그림은 스프링이 수평인 경우를 나타낸다.

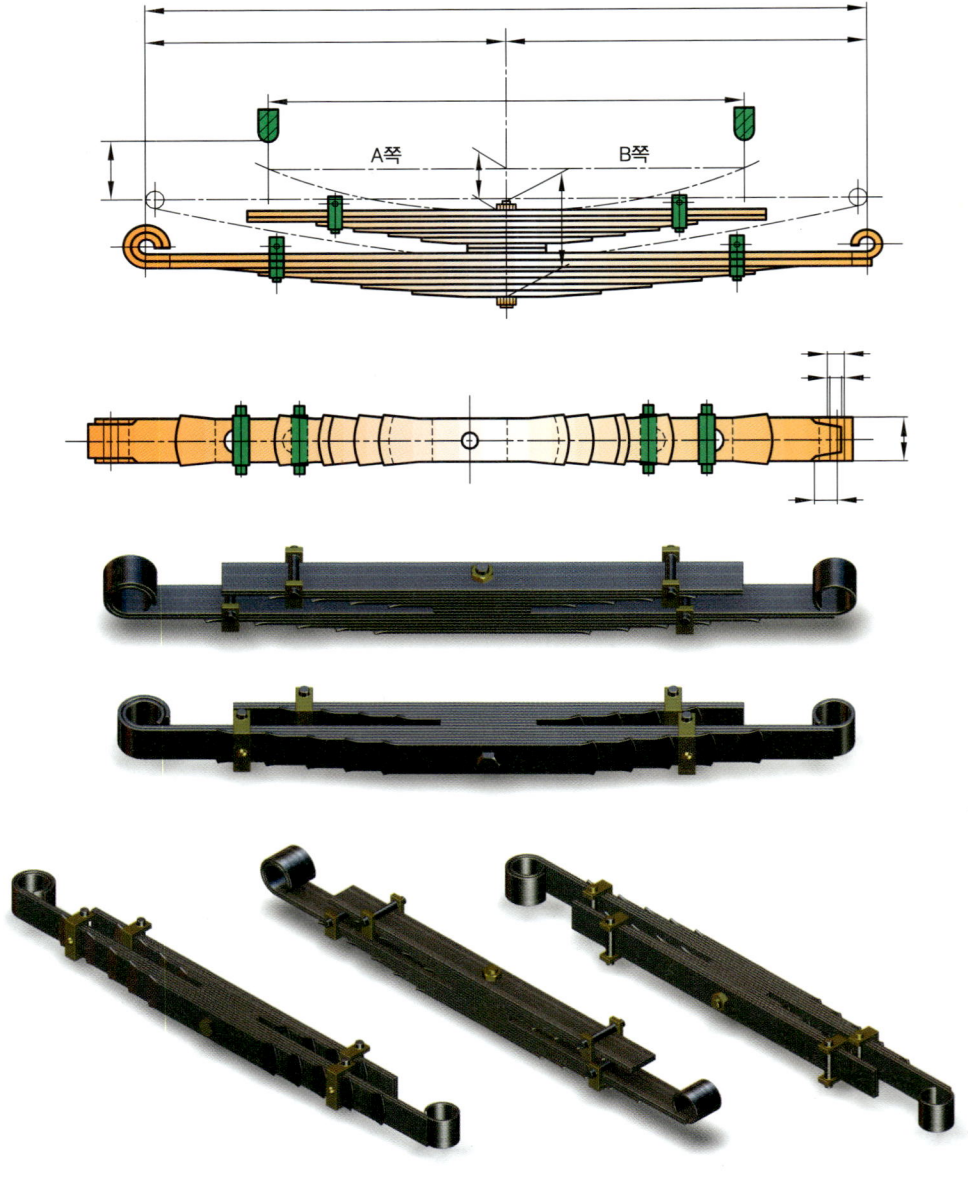

172. 토션바 제도·요목표

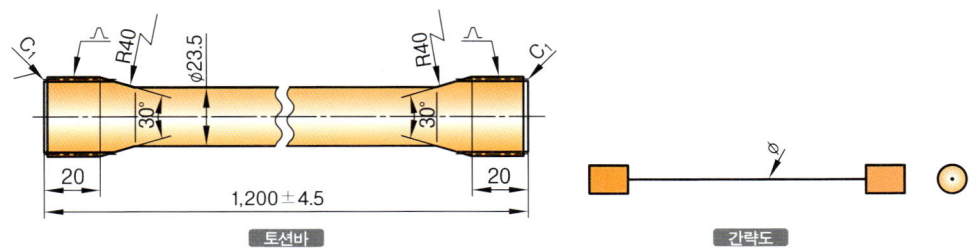

토션바 / 간략도

토션바 요목표		
재료		SPS12
바의 지름		23.5
바의 길이		1,200±4.5
손잡이 부분의 길이		20
손잡이 부분의 모양 및 치수	모양	인벌류트 세레이션
	모듈	0.75
	압력각(°)	45
	잇수	40
	큰 지름	30.75
스프링 상수(N·m/도)		35.8±1.1
표준	토크(N·m)	1,270
	응력(N/mm²)	500
최대	토크(N·m)	2,190
	응력(N/mm²)	855
경도(HBW)		415~495
표면 처리	재료의 표면가공	연삭
	성형 후의 표면가공	쇼트피닝
	방청처리	흑색 에나멜 도장

비고
1. 기타 항목 : 세팅한다.(세팅 방향을 지정하는 경우에는 방향을 명기한다.)
2. 1N/mm²=1MPa

173. 벌류트 스프링 제도 · 요목표

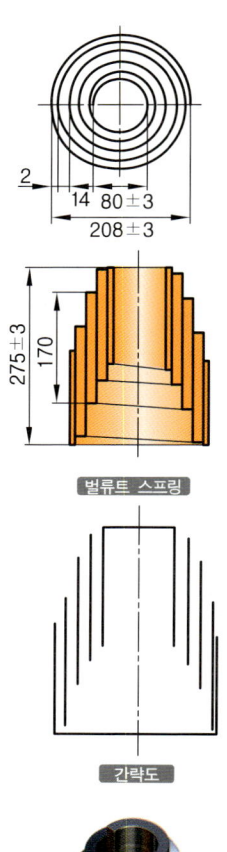

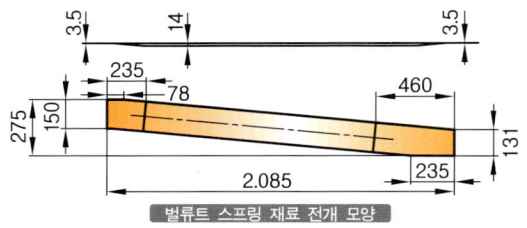

벌류트 스프링 재료 전개 모양

벌류트 스프링 요목표		
재료		SPS9 또는 SPS 9A
재료사이즈(판나비×판두께)		170×14
안 지름		80±3
바깥 지름		208±3
총 감김수		4.5
자리 감김수		각 0.75
유효 감김수		3
감김 방향		오른쪽
자유 길이		275±3
스프링상수(처음 접착까지)(N/mm)		1,290
지정	길이	245
	길이시의 하중(N)	39,230±15%
	응력(N/mm²)	390
최대 압축	길이	194
	길이시의 하중(N)	111,800
	응력(N/mm²)	980
처음 접합 하중(N)		85,710
경도(HBW)		341~444
표면 처리	성형 후의 표면가공	쇼트피닝
	방청 처리	흑색 에나멜 도장

비고
1. 기타 항목 : 세팅한다.
2. 용도 또는 사용 조건 : 상온, 반복 하중
3. 1N/mm²=1MPa

174. 스파이럴 스프링 제도·요목표

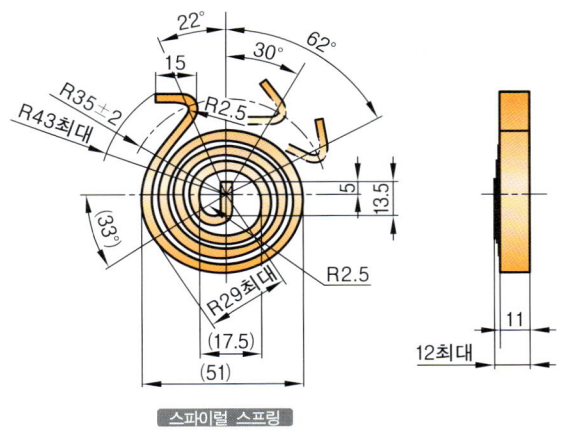

스파이럴 스프링

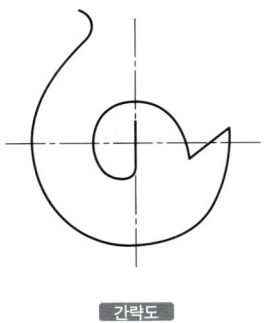

간략도

스파이럴 스프링 요목표	
재료	HSWR 62A
판두께	3.4
판나비	11
감김수	약 3.3
전체 길이	410
축지름	$\phi 14$
사용범위(°)	30~62
지정 토크(N·m)	7.9±4.0
지정 응력(N/mm²)	764
경도(HRC)	35~43
표면처리	인산염 피막

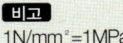
1N/mm²=1MPa

175. S자형 스파이럴 스프링 제도 · 요목표

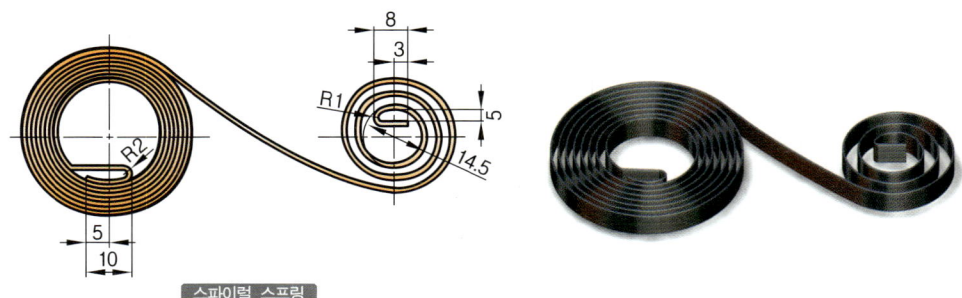

스파이럴 스프링

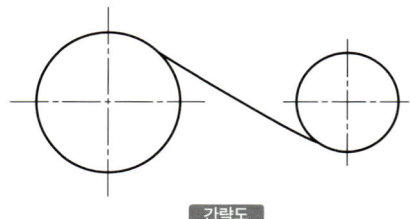

간략도

S자형 스파이럴 스프링 요목표	
재료	STS301 - CSP
판두께	0.2
판나비	7.0
전체 길이	4,000
경도(HV)	490 이상
10회전 시 되감기 토크(N · mm)	69.6
10회전 시 응력(N/mm²)	1,486
감김 축지름	14
스프링 상자의 안지름	50
표면처리	-

비고
$1 N/mm^2 = 1 MPa$

176. 접시 스프링 제도 · 요목표

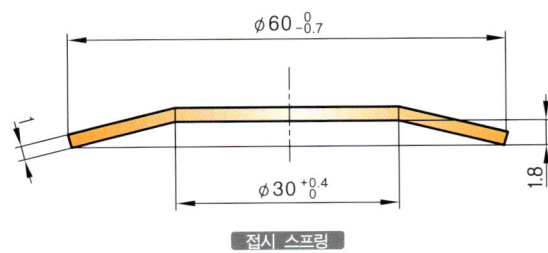

접시 스프링

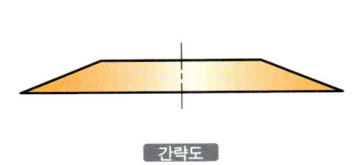

간략도

재료		STC5 - CSP
안 지름		$30^{+0.4}_{0}$
바깥 지름		$60^{0}_{-0.7}$
판두께		1
길이		1.8
지정	휨	1.0
	하중(N)	766
	응력(N/mm²)	1,100
최대 압축	휨	1.4
	하중(N)	752
	응력(N/mm²)	1,410
경도(HV)		400~480
표면 처리	성형 후의 표면가공	쇼트피닝
	방청 처리	방청유 도포

비고
1N/mm²=1MPa

177. 동력전달장치의 부품별 재료표

품명	재료 기호	재료명	비고
본체(하우징) 또는 몸체, 커버 류	GC 200	회 주철품	일반적인 동력전달 장치 및 편심구동장치 외면 명적색 또는 명회색 도장.
	GC 250		
	SC 450	탄소강 주강품	펌프 등의 본체에 사용, 강도를 요하는 곳
축류	SCM 435	크롬 몰리브덴강	강도 경도를 요하는 축 재질
	SCM 415		
	SM 35C	기계구조용 탄소강	일반적인 축 재질 SM28C 이상 재질에서 열처리(퀜칭·템퍼링) 가능
	SM 40C		
	SM 45C		
	SM 15CK	침탄용 기계구조용강	강도 경도를 요하는 축 재질(침탄 열처리용)
스퍼기어 및 헬리컬 기어, 스프로킷	SCM 435	크롬 몰리브덴강	기어 치면 퀜칭 템퍼링 HB 241~302
	SNCM 415	니켈 크롬 몰리브덴강	기어 치면 침탄 퀜칭 HRC 55~61, 경화층 깊이: 0.8~1.2
	SC 480	탄소강 주강품	암이 있는 대형 기어 재질 주조후 치면 열처리
베벨, 스파이럴, 하이포이드 기어	SCM 420 H	크롬 몰리브덴강	기어 치면 침탄 퀜칭 템퍼링 HRC 60±3, 경화층 깊이: 0.9~1.4
웜 축	SM 48C	기계 구조용 탄소강	기어 치면 고주파 퀜칭 HRC 50~55
웜 휠	CAC402	청동주물	밸브, 기어, 펌프 등
	CAC502A	인청동주물	웜기어, 베어링부시
래크	SNC 415	니켈 크롬강	
피니언	SNC 415		
래칫	SM 15CK	침탄용 기계구조용강	침탄 열처리용
제네바 기어, 링크	SCM 415	크롬 몰리브덴강	표면경화 HRC50±2
V벨트 풀리 및 로프 풀리	GC 250	회 주철품	
	SC 415	탄소주강품	
	SC 450		
커버	GC 200	회 주철품	본체와 같은 재질사용 외면 명회색 도장
	GC 250		
	SC 450	탄소강 주강품	
클러치	SC 480	탄소강 주강품	
베어링용 부시	CAC502A	인청동주물	웜기어, 베어링부시
	WM 3	화이트 메탈	고속 중하중용
칼라	SM 45C	기계구조용강	간격유지용
스프링	SPS 3	실리콘 망간강재	겹판, 코일, 비틀림막대 스프링
	SPS 6	크롬 바나듐강재	코일, 비틀림막대 스프링
	SPS 8	실리콘 크롬강재	코일 스프링
	PW 1	피아노선	스프링용

178. 지그 · 유공압기구 부품별 재료표

지그 부품별 재료표

부품명	재료 기호	재료명	비고
베이스	SCM415	크롬 몰리브덴강	기계가공용
	STC105	탄소공구강재	
	SM45C	기계구조용강	
하우징, 몸체	SC46	주강	주물용
가이드부시(공구 안내용)	STC105	탄소공구강재	드릴, 앤드밀 등의 안내용
	SK3	탄소공구강	
플레이트	SM45C	기계구조용강	
스프링	SPS3	실리콘 망간강재	겹판, 코일, 비틀림막대 스프링
	SPS6	크롬 바나듐강재	코일, 비틀림막대 스프링
	SPS8	실리콘 크롬강재	코일 스프링
	PW1	피아노선	스프링용
서포트	STC105	탄소공구강재	
가이드블록	SCM430	크롬 몰리브덴강	
베어링부시	CAC502A	인청동주물	
	WM3	화이트 메탈	
V블록	STC105	탄소공구강	지그 고정구용
조			
로케이터	SCM430	크롬 몰리브덴강	
측정핀			
슬라이더			
고정대			

유공압기구 부품별 재료표

부품명	재료 기호	재료명	비고
하우징	ALDC7	알루미늄합금 다이캐스팅	
	AC4C	알루미늄합금 주물	
	AC5C		
레버형 핑거	SCM430	크롬 몰리브덴강	
프레스 축	SCM430		
커버	ALDC6	알루미늄합금 다이캐스팅	
실린더	ALDC6		
피스톤	CAC502A	인청동주물	
코일 스프링	PW1	피아노선	
롤러	SM45C	기계구조용강	

179. 기계 재료 기호

KS D	명칭	종(류)별		기호		인장강도(N/mm²)	용도 및 특성
3501 (2008)	열간 압연 연강판 및 강대	1종		SPHC		-	일반용
		2종		SPHD		-	드로잉용
		3종		SPHE		-	딥드로잉용
3503 (2008)	일반 구조용 압연 강재	1종		SS 330		330~430	강판, 강대, 평강 및 봉강
		2종		SS 400		400~510	강판, 강대, 형강, 평강 및 봉강
		3종		SS 490		490~610	
		4종		SS 540		540 이상	두께 40mm 이하의 강판, 강대, 형강, 평강 및 지름, 변 또는 맞변거리 40mm 이하의 봉강
		5종		SS 590		590 이상	
3507 (2008)	배관용 탄소 강관	1종		SPP	흑관	294 이상	아연 도금을 하지 않는 관 흑관, 흑관에 아연 도금을 한 관을 백관, 비교적 낮은, 증기, 물, 기름, 가스, 공기 등의 배관 재료로 사용됨
					백관		
3510 (2007)	경강선	A종		SW-A		상세규격 표 참조	일반 스프링용 ■적용 선 지름 : 0.08mm~10.0mm 이하
		B종		SW-B			주로 정하중을 받는 스프링용 ■적용 선 지름 : 0.08mm~13.0mm 이하
		C종		SW-C			
3511 (2007)	재생 강재	평강 및 ㄱ형강	1종	SRB 330		330~400	재생 강재의 봉강, 평강 및 ㄱ형강 재료로 사용됨
			2종	SRB 380		380~520	
			3종	SRB 480		480~620	
		봉강	1종	SRB 330		330~400	
			2종	SRB 380		380~520	
			3종	SRB 480		480~620	
3512 (2007)	냉간 압연 강판 및 강대	1종		SPCC		-	일반용
		2종		SPCD		270 이상	드로잉용
		3종		SPCE		270 이상	딥드로잉용
		4종		SPCF		270 이상	비시효성 딥드로잉
		5종		SPCG		270 이상	비시효성 초(超) 딥드로잉
3515 (2008)	용접 구조용 압연 강재	1종	A	SM 400 A		400~510	다리, 선박, 차량, 석유저장조, 용기, 기타 구조물에 사용하는 열간 압연 강재 특히 용접성이 우수함
			B	SM 400 B			
			C	SM 400 C			
		2종	A	SM 490 A		490~610	
			B	SM 490 B			
			C	SM 490 C			
		3종	A	SM 490 YA		490~610	
			B	SM 490 YB			
		4종	B	SM 520 B		520~640	
			C	SM 520 C			
		5종		SM 570		570~720	

179. 기계 재료 기호

KS D	명칭	종(류)별		기호	인장강도(N/mm²)	용도 및 특성
3517 (2008)	기계 구조용 탄소강 강관	11종	A	STKM 11 A	290 이상	주로 기계, 자동차, 자전거, 가구, 기구, 기타 기계 부품 재료로 사용됨.
		12종	A	STKM 12 A	340 이상	
			B	STKM 12 B	390 이상	
			C	STKM 12 C	470 이상	
		13종	A	STKM 13 A	370 이상	A : 열간가공한 채 또는 열 처리한 것 C : 냉간가공한 채 또는 응력 제거 어닐링을 한 것 B : "A", "C" 이외의 것
			B	STKM 13 B	440 이상	
			C	STKM 13 C	510 이상	
		14종	A	STKM 14 A	410 이상	
			B	STKM 14 B	500 이상	
			C	STKM 14 C	550 이상	
		15종	A	STKM 15 A	470 이상	
			C	STKM 15 C	580 이상	
		16종	A	STKM 16 A	510 이상	
			C	STKM 16 C	620 이상	
		17종	A	STKM 17 A	550 이상	
			C	STKM 17 C	650 이상	
		18종	A	STKM 18 A	440 이상	
			B	STKM 18 B	490 이상	
			C	STKM 18 C	510 이상	
		19종	A	STKM 19 A	490 이상	
			C	STKM 19 C	550 이상	
		20종	A	STKM 20 A	540 이상	
3519 (2008)	자동차 구조용 열간 압연 강판 및 강대	1종		SAPH 310	310 이상	주로 자동차의 프레임, 바퀴 등에 사용되는 프레스 가공성을 가지는 구조용 열간 압연 강판 및 강대 재료로 사용됨
		2종		SAPH 370	370 이상	
		3종		SAPH 400	400 이상	
		4종		SAPH 440	440 이상	
3522 (2008)	고속도 공구강 강재	텅스텐계		SKH 2	HRC 63 이상	일반 절삭용, 기타 각종 공구 재료
				SKH 3	HRC 64 이상	고속 중절삭용, 기타 각종 공구 재료
				SKH 4	HRC 64 이상	난삭재 절삭용, 기타 각종 공구 재료
				SKH 10	HRC 64 이상	고난삭재 절삭용, 기타 각종 공구 재료
		분말야금 몰리브덴계		SKH 40	HRC 65 이상	경도, 인성, 내마모성을 필요로 하는 일반절삭용, 기타 각종 공구 재료
		몰리브덴계		SKH 50	HRC 63 이상	연성을 필요로 하는 일반절삭용, 기타 각종 공구 재료
				SKH 51	HRC 64 이상	
				SKH 52	HRC 64 이상	비교적 인성을 필요로 하는 고속 중절삭용 기타 각종 공구 재료
				SKH 53	HRC 64 이상	
				SKH 54	HRC 64 이상	고난삭재 절삭용, 기타 각종 공구 재료
				SKH 55	HRC 64 이상	비교적 인성을 필요로 하는 고속 중절삭용 기타 각종 공구 재료
				SKH 56	HRC 64 이상	
				SKH 57	HRC 64 이상	고난삭재 절삭용, 기타 각종 공구 재료
				SKH 58	HRC 64 이상	인성을 필요로 하는 일반 절삭용 기타 각종 공구 재료
				SKH 59	HRC 66 이상	비교적 인성을 필요로 하는 고속 중절삭용 기타 각종 공구 재료

179. 기계 재료 기호

KS D	명칭	종(류)별	기호	인장강도(N/mm^2)	용 도 및 특성
3523 (2007)	중공강 강재	3종	SKC 3	HB 229~302	로드용
		11종	SKC 11	HB 285~375	로드 또는 인서트 비트용
		24종	SKC 24	HB 269~352	로드 또는 인서트 비트용
		31종	SKC 31	-	로드 또는 인서트 비트용
3525 (2007)	고탄소 크롬 베어링 강재	1종	STB 1	-	주로 구름베어링 재료로 사용됨 (표준지름 15~130mm)
		2종	STB 2	-	
		3종	STB 3	-	
		4종	STB 4	-	
		5종	STB 5	-	
3526 (2007)	마봉강용 일반 강재	A종	SGD A	290~390	열간압연에 의해 제조된 일반 강재로 사용하고, SGD 1, SGD 2, SGD 3 및 SGD 4에 대하여 킬드강을 지정할 경우는 각각 기호의 뒤에 K를 붙인다.
		B종	SGD B	400~510	
		1종	SGD 1	-	
		2종	SGD 2	-	
		3종	SGD 3	-	
		4종	SGD 4	-	
3533 (2008)	고압 가스 용기용 철판 및 강대	1종	SG 255	400 이상	LP 가스, 아세틸렌, 각종 프레온 가스 등의 고압 가스를 충전시키는 내용적 500L 이하의 용접 용기 재료로 사용됨
		2종	SG 295	440 이상	
		3종	SG 325	490 이상	
		4종	SG 365	540 이상	
3534 (2007)	스프링용 스테인리스 강대	오스테 나이트계	STS 301-CSP	1320 이상(H)	주로 박판 스프링, 태엽 스프링 등의 재료로 사용됨(표준두께 0.10~1.60mm)
			STS 304-CSP	1130 이상(H)	
		마텐사이트계	STS 420J2-CSP	-	
		석출 경화계	STS 631-SCP	1420 이상(H)	
3542 (2008)	고 내후성 압연 강재	1종	SPA-H	490 이상	차량, 건축, 철탑 기타 구조물에 사용하는 특히 내후성이 우수한 재료로 사용됨 (H : 16mm 이하의 열간 압연 강판, 강대 및 형강) (C : 0.6mm 이상, 2.3 이하의 냉간 압연 강판 및 강대)
		2종	SPA-C	450 이상	

179. 기계 재료 기호

KS D	명칭	종(류)별	기호	인장강도(N/mm²)	용도 및 특성
3551 (2007)	특수 마대강 (냉연 특수 강대)	탄소강	S 30 CM	HV 160 이하	리테이너
			S 35 CM	HV 170 이하	사무용 부품, 프리 쿠션 플레이트 등
			S 45 CM	HV 170 이하	클러치부품, 체인부품, 리테이너, 와셔 등
			S 50 CM	HV 180 이하	카메라 등 구조부품, 체인부품, 스프링, 양산 살대, 클러치부품, 와셔, 안전 버클 등
			S 55 CM	HV 180 이하	스프링, 안전화, 깡통따개, 톱슨날, 카메라 등 구조 부품 등
			S 60 CM	HV 190 이하	체인부품, 목공용 톱, 안전화, 스프링, 사무용기부품, 와셔 등
			S 65 CM	HV 190 이하	안전화, 클러치부품, 스프링, 와셔 등
			S 70 CM	HV 190 이하	와셔, 목공용 톱, 사무기 부품, 스프링 등
			S 75 CM	HV 200 이하	클러치부품, 와셔, 스프링 등
		탄소공구강	SK 2 M	HV 220 이하	면도날, 칼날, 쇠톱, 셔터, 태엽 등
			SK 3 M	HV 220 이하	쇠톱날, 칼, 스프링 등
			SK 4 M	HV 210 이하	펜촉, 태엽, 게이지, 스프링, 칼날, 메리야스용 바늘
			SK 5 M	HV 200 이하	태엽, 스프링, 칼날, 메리야스용 바늘, 게이지, 클러치부품, 목공용 및 제재용 띠톱, 둥근 톱, 사무기 부품 등
			SK 6 M	HV 190 이하	스프링, 칼날, 클러치부품, 와셔, 구두밑창, 혼
			SK 7 M	HV 190 이하	스프링, 칼날, 혼, 목공용 톱, 와셔, 구두밑창, 클러치 부품 등
		합금공구강	SKS 2 M	HV 230 이하	메탈 밴드 톱, 쇠톱, 칼날 등
			SKS 5 M	HV 200 이하	칼날, 둥근톱, 목공용 및 제재용 띠톱 등
			SKS 51 M	HV 200 이하	칼날, 목공용 둥근톱, 목공용 및 제재용 띠톱
			SKS 7 M	HV 250 이하	메탈 밴드 톱, 쇠톱, 칼날 등
			SKS 95 M	HV 200 이하	클러치 부품, 스프링, 칼날 등
		크 롬 강	SCr 420 M	HV 180 이하	체인 부품
			SCr 435 M	HV 190 이하	체인 부품, 사무기 부품 등
			SCr 440 M	HV 200 이하	
		니켈 크롬강	SNC 415 M	HV 170 이하	사무용 부품
			SNC 631 M	HV 180 이하	
			SNC 836 M	HV 190 이하	
		니켈 크롬 몰리브덴강	SNCM 220 M	HV 180 이하	체인 부품
			SNCM 415 M	HV 170 이하	안전 버클, 체인 부품 등
		크롬 몰리브덴강	SCM 415 M	HV 170 이하	체인 부품, 톱슨 날 등
			SCM 430 M	HV 180 이하	체인 부품, 사무기 부품 등
			SCM 435 M	HV 190 이하	
			SCM 440 M	HV 200 이하	
		스프링강	SUP 6 M	HV 210 이하	스프링
			SUP 9 M	HV 200 이하	
			SUP 10 M	HV 200 이하	
		망 간 강	SMn 438 M	HV 200 이하	체인 부품
			SMn 443 M	HV 200 이하	

179. 기계 재료 기호

KS D	명칭	종(류)별	기호	인장강도(N/mm²)	용도 및 특성	
3552 (2008)	철선(연강선)	보통 철선	SWM-B	320~1270	일반용, 철망용	■ 선지름(mm) 1.80~18.00
			SWM-F	320~1270	후(後)도금용, 용접용	
		못용 철선	SWM-N	490~1270	못용	■ 기타 상세규격참조
		어닐링 철선	SWM-A	260~590	일반용, 철망용	
		용접철망용 철선	SWM-P	540 이상	용접철망용, 콘크리트 보강용	
			SWM-R	540 이상		
			SWM-I	540 이상		
3556 (2007)	피아노선	1종	PW 1	1420~3190	주로 동하중을 받는 스프링용 (적용 선지름 : 0.08~10.0mm 이하)	
		2종	PW 2	1620~3480		
		3종	PW 3	1520~2210	밸브 스프링용 (적용 선지름 : 1.00~6.00mm 이하)	
3557 (2007)	리벳용 원형강	1종	SV 330	330~400	리벳의 재료로 사용됨	
		2종	SV 400	400~490		
3560 (2007)	보일러 및 압력 용기용 탄소강 및 몰리브덴 강 강판	1종	SB 410	410~550	적용 두께 6~200mm 이하	
		2종	SB 450	450~590		
		3종	SB 480	480~620		
		4종	SB 450 M	450~590	적용 두께 6~150mm 이하	
		5종	SB 480 M	480~620		
3561 (2007)	마봉강	탄소강 · 마봉강	SGD 290-D	380~740	원형 5~20mm 이하	기계 구조용 및 각종 부품에 사용됨
					6각 5.5~80mm 이하	
				340~640	원형 20~100mm 이하	
			SGD 400-D	500~850	원형 5~20mm 이하	
					6각 5.5~80mm 이하	
				450~760	원형 20~100mm 이하	
3562 (2009)	압력 배관용 탄소 강관	1종	SPPS 380	380 이상	350℃ 정도 이하에서 사용하는 압력 배관 재료로 사용됨	
		2종	SPPS 420	420 이상		
3563 (2006)	보일러 및 열교환기용 탄소 강관	1종	STBH 340	340 이상	보일러 수관, 연관, 과열관, 공기 예열관, 화학공업, 석유 공업의 열 교환기관, 콘덴서관, 촉매관 등의 재료로 사용됨	
		2종	STBH 410	410 이상		
		3종	STBH 510	510 이상		
3564 (2009)	고압 배관용 탄소 강관	1종	SPPH 380	380 이상	350℃ 정도 이하에서 사용 압력이 높은 배관 재료로 사용됨	
		2종	SPPH 420	420 이상		
		3종	SPPH 490	490 이상		
3566 (2007)	일반 구조용 탄소 강관	1종	STK 290	290 이상	토목, 건축, 철탑, 발판, 지주, 지면 미끄럼 방지 말뚝, 그 밖의 구조물 재료로 사용됨 단, 바깥지름 318.5mm 이상의 용접 강관의 기초 말뚝 및 지면 미끄럼 방지 말뚝에는 적용하지 않는다.	
		2종	STK 400	400 이상		
		3종	STK 490	490 이상		
		4종	STK 500	500 이상		
		5종	STK 540	540 이상		
		6종	STK 590	590 이상		

179. 기계 재료 기호

KS D	명칭	종(류)별	기호	인장강도(N/mm^2)	용도 및 특성
3568 (2007)	일반 구조용 각형 강관	1종	SPSR 400	400 이상	토목, 건축 및 기타 구조물 재료로 사용됨
		2종	SPSR 490	490 이상	
		3종	SPSR 540	540 이상	
		4종	SPSR 590	590 이상	
3569 (2008)	저온 배관용 탄소 강관	1종	SPLT 390	390 이상	빙점 이하의 특히 낮은 온도에서 배관에 사용되는 강관 재료로 사용됨
		2종	SPLT 460	460 이상	
		3종	SPLT 700	700 이상	
3597 (2009)	스프링용 냉간 압연 강대	1종	S50C-CSP	HV 180 이하	박판 스프링 및 용수철 스프링 재료로 사용됨
		2종	S55C-CSP		
		3종	S60C-CSP	HV 190 이하	다만, 강대로부터 절단한 절단판에 대하여도 이 표준을 적용한다.
		4종	S65C-CSP		
		5종	S70C-CSP		
		6종	SK85-CSP		
		7종	SK95-CSP	HV 200 이하	
		8종	SUP10-CSP	HV 190 이하	
3701 (2007)	스프링 강재	실리콘 망간 강재	SPS 6	-	주로 겹판 스프링, 코일 스프링 및 비틀림 막대 스프링 재료로 사용됨
			SPS 7	-	
		망간 크롬 강재	SPS 9	-	
			SPS 9A	-	
		크롬 바나듐 강재	SPS 10	-	주로 코일 스프링 및 비틀림 막대 스프링용 재료로 사용됨
		망간 크롬 보륨 강재	SPS 11A	-	주로 대형 겹판 스프링, 코일 스프링 및 비틀림 막대 스프링 재료로 사용됨
		실리콘 크롬 강재	SPS 12	-	주로 코일 스프링 재료로 사용됨
		크롬 몰리브덴 강재	SPS 13	-	주로 대형 겹판 스프링, 코일 스프링 재료로 사용됨
3710 (2006)	탄소강 단강품	1종	SF 340 A	340~440	일반적인 기계 구조물 재료로 사용됨
		2종	SF 390 A	390~490	
		3종	SF 440 A	440~540	■열처리의 종류
		4종	SF 490 A	490~590	A : 어닐링, 노멀라이징 또는 노멀라이징 템퍼링
		5종	SF 540 A	540~640	B : 퀜칭 템퍼링
		6종	SF 590 A	590~690	
		7종	SF 540 B	540~690	
		8종	SF 590 B	590~740	
		9종	SF 640 B	640~780	

179. 기계 재료 기호

KS D	명칭	종(류)별	기호	인장강도(N/mm^2)		용도 및 특성
3751 (2008)	탄소 공구강 강재	1종	STC 140	HRC 63 이상		칼줄, 벌줄 등
		2종	STC 120	HRC 62 이상		드릴, 철공용 줄, 소형 펀치, 면도날, 태엽, 쇠톱 등
		3종	STC 105	HRC 61 이상		나사 가공 다이스, 쇠톱, 프레스형틀, 게이지, 태엽, 끌, 치공구 등
		4종	STC 95	HRC 61 이상		태엽, 목공용 드릴, 도끼, 끌, 메리야스 바늘, 면도칼, 목공용 띠톱, 펜촉, 게이지, 프레스형틀 등
		5종	STC 90	HRC 60 이상		프레스형틀, 태엽, 게이지, 침 등
		6종	STC 85	HRC 59 이상		각인, 프레스형틀, 태엽, 띠톱, 치공구, 원형톱, 펜촉, 등사판 줄, 게이지 등
		7종	STC 80	HRC 58 이상		각인, 프레스형틀, 태엽 등
		8종	STC 75	HRC 57 이상		각인, 스냅, 원형톱, 태엽, 프레스형틀, 등사판줄 등
		9종	STC 70	HRC 57 이상		각인, 스냅, 프레스형틀, 태엽 등
		10종	STC 65	HRC 56 이상		각인, 스냅, 프레스형틀, 나이프 등
		11종	STC 60	HRC 55 이상		각인, 스냅, 프레스형틀 등
3752 (2007)	기계 구조용 탄소 강재	1종	SM 10C	N	314 이상	이 규격은 열간압연, 열간단조 등 열간가공에 의해 제조한 것으로, 보통 다시 단조, 절삭 등의 가공 및 열처리를 하여 기계구조용 재료로 사용됨
		2종	SM 12C	N	373 이상	
		3종	SM 15C			
		4종	SM 17C	N	402 이상	
		5종	SM 20C			
		6종	SM 22C	N	441 이상	
		7종	SM 25C	N	441 이상	이 규격은 열간압연, 열간단조 등 열간가공에 의해 제조한 것으로, 보통 다시 단조, 절삭 등의 가공 및 열처리를 하여 기계구조용 재료로 사용됨 ■ 열처리 노멀라이징(N : 불림/공냉) 어닐링(A : 풀림/노냉) 퀜칭·템퍼링(H : 경질/수냉)
		8종	SM 28C	N	471 이상	
		9종	SM 30C	H	539 이상	
		10종	SM 33C	N	510 이상	
		11종	SM 35C	H	569 이상	
		12종	SM 38C	N	539 이상	
		13종	SM 40C	H	608 이상	
		14종	SM 43C	N	569 이상	
		15종	SM 45C	H	686 이상	
		16종	SM 48C	N	608 이상	
		17종	SM 50C	H	735 이상	
		18종	SM 53C	N	647 이상	
		19종	SM 55C	H	785 이상	
		20종	SM 58C	N	647 이상	
				H	785 이상	
		침탄용	SM 9CK	H	932 이상	
			SM 15CK	H	490 이상	
			SM 20CK	H	539 이상	

179. 기계 재료 기호

KS D	명칭	종(류)별	기호	인장강도(N/mm²)		용도 및 특성	
3753 (2008)	합금공구강	1종	STS 11	HRC 62 이상		주로 절삭 공구강용으로 사용됨	
		2종	STS 2	HRC 61 이상			
		3종	STS 21	HRC 61 이상			
		4종	STS 5	HRC 45 이상			
		5종	STS 51	HRC 45 이상			
		6종	STS 7	HRC 62 이상			
		7종	STS 81	HRC 63 이상			
		8종	STS 8	HRC 63 이상			
		9종	STS 4	HRC 56 이상		주로 내충격 공구강용으로 사용됨	
		10종	STS 41	HRC 53 이상			
		11종	STS 43	HRC 63 이상			
		12종	STS 44	HRC 60 이상			
		13종	STS 3	HRC 60 이상		주로 냉간 금형용으로 사용됨	
		14종	STS 31	HRC 61 이상			
		15종	STS 93	HRC 63 이상			
		16종	STS 94	HRC 61 이상			
		17종	STS 95	HRC 59 이상			
		18종	STD 1	HRC 62 이상			
		19종	STD 2	HRC 62 이상			
		20종	STD 10	HRC 61 이상			
		21종	STD 11	HRC 58 이상			
3753 (2008) <계속>	합금공구강	22종	STD 12	HRC 60 이상			
		23종	STD 4	HRC 42 이상		주로 열간 금형용으로 사용됨	
		24종	STD 5	HRC 48 이상			
		25종	STD 6	HRC 48 이상			
		26종	STD 61	HRC 50 이상			
		27종	STD 62	HRC 48 이상			
		28종	STD 7	HRC 46 이상			
		39종	STD 8	HRC 48 이상			
		30종	STF 3	HRC 42 이상			
		31종	STF 4	HRC 42 이상			
		32종	STF 6	HRC 52 이상			
3755 (2008)	고온 합금강 볼트재	1종	SNB 5	690 이상	⌀100 이하	주로 고온에서 사용되는 압력용기, 밸브, 플랜지 및 이음쇠 재료로 사용됨	
		2종	SNB 7	860 이상	⌀63 이하		
				800 이상	⌀63~100 이하		
				690 이상	⌀100~120 이하		
		3종	SNB 16	860 이상	⌀63 이하		
				760 이상	⌀63~100 이하		
				690 이상	⌀100~120 이하		
3756 (2005)	알루미늄 크롬 몰리브덴 강재	표면 질화용	SAlCrMo	–		열간(압연, 단조) 등 열간가공에 의해 만들어져서 다시 단조, 절삭 등의 가공과 열처리를 하고, 주로 기계 구조용 재료로 사용됨	

179. 기계 재료 기호

KS D	명칭	종(류)별	기호	인장강도(N/mm²)	용도 및 특성
3867 (2007)	기계구조용 합금강 강재	망간강	SMn 420	-	주로 표면 경화용으로 사용됨
			SMn 433	-	Ds : 열간(압연, 단조)가공에 의해 만들어진 것으로, 보통 다시 단조, 절삭, 냉간 인발 등의 가공과 퀜칭 템퍼링, 노멀라이징, 침탄 퀜칭의 열처리를 하여 주로 기계구조용 재료로 사용됨
			SMn 438	-	
			SMn 443	-	
		망간 크롬강	SMnC 420	-	
			SMnC 443	-	주로 표면 경화용으로 사용됨
		크롬강	SCr 415	-	주로 표면 경화용으로 사용됨
			SCr 420	-	
			SCr 430	-	Ds, 내용과 동일
			SCr 435	-	
			SCr 440	-	
			SCr 445	-	
		크롬 몰리브덴강	SCM 415	-	주로 표면 경화용으로 사용됨
			SCM 418	-	
			SCM 420	-	
			SCM 421	-	
			SCM 425	-	Ds, 내용과 동일
			SCM 430	-	
			SCM 432	-	
			SCM 435	-	
			SCM 440	-	
			SCM 445	-	
			SCM 822	-	주로 표면 경화용으로 사용됨
		니켈 크롬강	SNC 236	-	Ds, 내용과 동일
			SNC 415	-	주로 표면 경화용으로 사용됨
			SNC 631	-	Ds, 내용과 동일
			SNC 815	-	주로 표면 경화용으로 사용됨
			SNC 836	-	Ds, 내용과 동일
		니켈 크롬 몰리브덴강	SNCM 220	-	주로 표면 경화용으로 사용됨
			SNCM 240	-	Ds, 내용과 동일
			SNCM 415	-	주로 표면 경화용으로 사용됨
			SNCM 420	-	
			SNCM 431	-	Ds, 내용과 동일
			SNCM 439	-	
			SNCM 447	-	주로 표면 경화용으로 사용됨
			SNCM 616	-	
			SNCM 625	-	Ds, 내용과 동일
			SNCM 630	-	
			SNCM 818	-	주로 표면 경화용으로 사용됨

179. 기계 재료 기호

KS D	명칭	종(류)별		기호	인장강도(N/mm^2)	용도 및 특성
4101 (2005)	탄소강 주강품	1종		SC 360	360 이상	일반 구조용, 전동기 부품용 재료로 사용됨
		2종		SC 410	410 이상	일반 구조용 재료로 사용됨
		3종		SC 450	450 이상	
		4종		SC 480	480 이상	
4102 (2005)	구조용 고장력 탄소강 및 저합금강 주강품	3종	A	SCC 3A	520 이상	구조용
			B	SCC 3B	620 이상	
		5종	A	SCC 5A	620 이상	구조용, 내마모용
			B	SCC 5B	690 이상	
		1종	A	SCMn 1A	540 이상	구조용
			B	SCMn 1B	590 이상	
		2종	A	SCMn 2A	590 이상	
			B	SCMn 2B	640 이상	
		3종	A	SCMn 3A	640 이상	
			B	SCMn 3B	690 이상	
		5종	A	SCMn 5A	690 이상	구조용, 내마모용
			B	SCMn 5B	740 이상	
		2종	A	SCSiMn 2A	590 이상	구조용 (주로 앵커 체인용)
			B	SCSiMn 2B	640 이상	
			A	SCMnCr 2A	590 이상	구조용
		2종	B	SCMnCr 2B	640 이상	
		3종	A	SCMnCr 3A	640 이상	구조용
			B	SCMnCr 3B	690 이상	
		4종	A	SCMnCr 4A	690 이상	구조용, 내마모용
			B	SCMnCr 4B	740 이상	
		3종	A	SCMnM 3A	690 이상	구조용, 강인재용
			B	SCMnM 3B	740 이상	
		1종	A	SCCrM 1A	590 이상	
			B	SCCrM 1B	690 이상	
		3종	A	SCCrM 3A	690 이상	
			B	SCCrM 3B	740 이상	
		2종	A	SCMnCrM 2A	690 이상	
			B	SCMnCrM 2B	740 이상	
		3종	A	SCMnCrM 3A	740 이상	
			B	SCMnCrM 3B	830 이상	
		2종	A	SCNCrM 2A	780 이상	
			B	SCNCrM 2B	880 이상	

■ 열처리

A : 노멀라이징 후 템퍼링
(1) 노멀라이징 온도 : 850~950℃

(2) 템퍼링 온도 : 550~650℃

B : 퀜칭 후 템퍼링
(1) 퀜칭온도 : 850~950℃

(2) 템퍼링 온도 : 550~650℃

179. 기계 재료 기호

KS D	명칭	종(류)별		기호	인장강도(N/mm^2)	용도 및 특성
4104 (2005)	고망간강 주강품	1종		SCMnH 1	-	일반 보통부품 재료로 사용됨
		2종		SCMnH 2	740 이상	일반 고급부품, 비자성부품 재료로 사용됨
		3종		SCMnH 3		주로 테일 크로싱용 재료로 사용됨
		11종		SCMnH 11		고내력 고내마모용(해머, 조, 플레이트 등)
		21종		SCMnH 21		주로 무한궤도용 재료로 사용됨
4106 (2007)	용접 구조용 주강품	1종		SCW 410	410 이상	압연 강재, 주강품 또는 다른 주강품의 용접 구조에 사용하는 것으로서 특히 용접성이 우수
		2종		SCW 450	450 이상	
		3종		SCW 480	480 이상	
		4종		SCW 550	550 이상	
		5종		SCW 620	620 이상	
4107 (2007)	고온 고압용 주강품	1종		SCPH 1	410 이상	고온에서 사용되는 밸브, 플랜지, 케이싱 기타 고압 부품용 주강품 재료 사용됨
		2종		SCPH 2	480 이상	
		11종		SCPH 11	450 이상	
		21종		SCPH 21	480 이상	
		22종		SCPH 22	550 이상	
		23종		SCPH 23	550 이상	
		32종		SCPH 32	480 이상	
		61종		SCPH 61	620 이상	
4111 (2005)	저온 고압용 주강품	1종		SCPL 1	450 이상	저온에서 사용되는 밸브, 플랜지, 실린더, 그 밖의 고압 부품용 주강품 재료로 사용됨
		11종		SCPL 11		
		21종		SCPL 21	480 이상	
		31종		SCPL 31		
4114 (2005)	크롬 몰리덴강 단강품	축상 단강품	1종	SFCM 590 S	590~740	봉, 축, 크랭크, 피니언, 기어, 플랜지, 링, 휠, 디스크 등 일반용으로 사용하는 축상, 원통상, 링상 및 디스크상으로 성형제품 재료로 사용됨
			2종	SFCM 640 S	640~780	
			3종	SFCM 690 S	690~830	
			4종	SFCM 740 S	740~880	■ 용어의 뜻
			5종	SFCM 780 S	780~930	(1) 축상 : 직축, 단붙이축, 플랜지붙이축, 축붙이 피니언 등의 원형단면인 것으로서 그 축 방향의 길이가 바깥지름을 초과하는 것. 축의 변형으로 보이는 모양인 것도 포함한다.
			6종	SFCM 830 S	830~980	
			7종	SFCM 880 S	880~1030	
			8종	SFCM 930 S	930~1080	
			9종	SFCM 980 S	980~1130	

179. 기계 재료 기호

KS D	명칭	종(류)별		기호	인장강도(N/mm²)	용도 및 특성
4114 (2005) (계속)	크롬 몰리덴강 단강품 (계속)	링상 단강품	1종	SFCM 590 R	590~740	(2) 링상 : 단조모양이 링모양으로 그 축방향의 길이가 바깥지름 이하인 것. 다만, 링상 단강품은 구멍 넓히기 단련을 필요로 하는 것으로서 단순히 펀치 또는 기계가공으로 천공하여 링모양으로 한 것은 포함하지 않는다.
			2종	SFCM 640 R	640~780	
			3종	SFCM 690 R	690~830	
			4종	SFCM 740 R	740~880	
			5종	SFCM 780 R	780~930	
			6종	SFCM 830 R	830~980	
			7종	SFCM 880 R	880~1030	
			8종	SFCM 930 R	930~1080	(3) 디스크상 : 단조모양이 원판상 및 이에 준하는 것(부분적으로 요철이 있는 것도 포함한다.)으로서 그 축방향의길이가 바깥지름 이하인 것. 다만, 디스크상 단강품은 최종공정에 업세팅단련을 필요로 하는 것으로서 축상인것을 절단하여 원판상으로 한 것은 포함하지 않는다.
			9종	SFCM 980 R	980~1130	
		디스크상 단강품	1종	SFCM 590 D	590~740	
			2종	SFCM 640 D	640~780	
			3종	SFCM 690 D	690~830	
			4종	SFCM 740 D	740~880	
			5종	SFCM 780 D	780~930	
			6종	SFCM 830 D	830~980	
			7종	SFCM 880 D	880~1030	
			8종	SFCM 930 D	930~1080	
			9종	SFCM 980 D	980~1130	
4117 (2006)	니켈-크롬 몰리브덴강 단강품	축상 단강품	1종	SFNCM 690 S	690~830	봉, 축, 크랭크, 피니언, 기어, 플랜지, 링, 휠, 디스크 등 일반용으로 사용하는 축상, 환상 및 원판상으로 성형한 제품 재료로 사용됨
			2종	SFNCM 740 S	740~880	
			3종	SFNCM 780 S	780~930	
			4종	SFNCM 830 S	830~980	■ 용어의 뜻
			5종	SFNCM 880 S	880~1030	(1) 축상 : 직축, 단붙이축, 플랜지붙이축, 축붙이 피니언 등의 원형단면인 것으로서 그 축방향의 길이가 바깥지름을 초과하는 것. 축의 변형으로 보이는 모양인 것도 포함한다.
			6종	SFNCM 930 S	930~1080	
			7종	SFNCM 980 S	980~1130	
			8종	SFNCM 1030 S	1030~1180	
			9종	SFNCM 1080 S	1080~1230	(2) 환상 : 축방향의 높이가 바깥지름보다 작은 것, 다만, 환상 단강품은 구멍 넓히기 단조를 필요로 하고, 최종 공정에서 펀칭 또는 기계가공에 의하여 구멍을 뚫어서 환상으로 한 것은 포함하지 않는다.
		환상 단강품	1종	SFNCM 690 R	690~830	
			2종	SFNCM 740 R	740~880	
			3종	SFNCM 780 R	780~930	
			4종	SFNCM 830 R	830~980	봉, 축, 크랭크, 피니언, 기어, 플랜지, 링, 휠, 디스크 등 일반용으로 사용하는 축상, 환상 및 원판상으로 성형한 제품 재료로 사용됨
			5종	SFNCM 880 R	880~1030	
			6종	SFNCM 930 R	930~1080	
			7종	SFNCM 980 R	980~1130	
			8종	SFNCM 1030 R	1030~1180	
			9종	SFNCM 1080 R	1080~1230	

179. 기계 재료 기호

KS D	명칭	종(류)별		기호	인장강도(N/mm²)	용도 및 특성
4117 (2006) ⟨계속⟩	니켈-크롬 몰리브덴강 단강품 (계속)	원판상 단강품	1종	SFNCM 690 D	690~830	(3) 원판상 : 원판상의 모양 및 이에 준하는 것(부분적으로 요철이 있는 것을 포함한다.) 으로서 축방향의 높이가 바깥지름보다 작은 모양의 것. 다만, 원판상 단강품은 최종 공정에서 업셋 단조를 필요로 하며, 축상의 것을 절단하여 원판상으로 한 것은 포함하지 않는다.
			2종	SFNCM 740 D	740~880	
			3종	SFNCM 780 D	780~930	
			4종	SFNCM 830 D	830~980	
			5종	SFNCM 880 D	880~1030	
			6종	SFNCM 930 D	930~1080	
			7종	SFNCM 980 D	980~1130	
			8종	SFNCM 1030 D	1030~1180	
			9종	SFNCM 1080 D	1080~1230	
4301 (2006)	회 주철품		1종	GC 100	100 이상	편상 흑연을 함유한 주철품으로 일반 기계 주조물 재료로 사용됨(주철품은 인수·인도 당사자 사이의 협의에 따라 응력 제거 어닐링, 기타 열처리를 할 수 있다.)
			2종	GC 150	150 이상	
			3종	GC 200	200 이상	
			4종	GC 250	250 이상	
			5종	GC 300	300 이상	
			6종	GC 350	250 이상	
4302 (2006)	구상 흑연 주철품		1종	GCD 350-22	350 이상	이 규격은 구상(球狀) 흑연 주철품(이하 주철품이라 한다.)에 대하여 규정한다. ■ 기호 L: 저온 충격값이 규정된 것임을 나타낸다.
			2종	GCD 350-22L		
			3종	GCD 400-18	400 이상	
			4종	GCD 400-18L		
			5종	GCD 400-15		
			6종	GCD 450-10	450 이상	
			7종	GCD 500-7	500 이상	
			8종	GCD 600-3	600 이상	
			9종	GCD 700-2	700 이상	
			10종	GCD 800-2	800 이상	
4318 (2006)	오스템퍼 구상 흑연 주철품		1종	GCAD 900-4	900 이상	■ 오스템퍼 처리: 열처리 전의 주철품을 오스테나이트화 온도 구역에서 가열유지한 후, 베이나이트 변태 온도 구역으로 유지되어 있는 염욕로, 유조 또는 유동상로 등으로 이동시켜 연속적으로 베이나이트 변태온도 구역에 일정 시간 유지하고, 실온까지 적당한 방법으로 냉각하는 처리
			2종	GCAD 900-8	900 이상	
			3종	GCAD 1000-5	1000 이상	
			4종	GCAD 1200-2	1200 이상	
			5종	GCAD 1400-1	1400 이상	

179. 기계 재료 기호

KS D	명칭	종(류)별	기호	인장강도(N/mm^2)	용도 및 특성
4319 (2006)	오스테나이트 주철품	편상 흑연계	GCA-NiMn 13 7	140~220	비자성 주물 보기 : 터빈 발전기용 압력 커버, 차단기 상자, 절연 플랜지, 터미널, 덕트 등
			GCA-NiCuCr 15 6 2	170~210	펌프, 밸브, 노부품, 부싱, 경합금 피스톤용 내마모관, 탁수용 펌프, 펌프용 케이싱 비자성 주물 등
			GCA-NiCuCr 15 6 3	190~240	펌프, 밸브, 노부품, 부싱, 경합금 피스톤용 내마모관 등
			GCA-NiCr 20 2	170~210	GCA-NiCuCr 15 6 2와 동등. 다만, 알칼리 처리 펌프, 수산화나트륨 보일러에 적당. 비누, 식품 제조, 인견 및 플라스틱 공업에 사용되며, 일반적으로 구리를 함유하지 않는 재료가 요구되는 곳에 적당하다.
			GCA-NiCr 20 3	190~240	GCA-NiCr 20 2와 동등. 다만, 고온에서 사용하는 경우에 좋다.
			GCA-NiSiCr 20 5 3	190~280	펌프 부품, 공업로용 밸브 주물 등
			GCA-NiCr 30 3	190~240	펌프, 압력 용기의 밸브, 필터 부품, 이그조스트 매니폴드, 터보차저 하우징
			GCA-NiSiCr 30 5 5	170~240	펌프 부품, 공업로용 밸브 주물 등
			GCA-Ni 35	120~180	열적인 치수 변동을 기피하는 부품(예를 들면, 공작 기계, 이과학기기, 유리용 금형 등)
		구상 흑연계	GCDA-NiMn 13 7	390~460	비자성 주물 보기 : 터빈 발동기용 압력 커버차단기 상자, 절연 플랜지, 터미널, 덕트 등
			GCDA-NiCr 20 2	370~470	펌프, 밸브, 컴프레서, 부싱, 터보차저 하우징, 이그조스트 매니폴드, 캐빙 머신용 로터리 테이블, 엔진용 터빈 하우징, 밸브용 요크슬리브, 비자성 주물 등
			GCDA-NiCrNb 20 2	370~480	
			GCDA-NiCr 20 3	390~490	펌프, 펌프용 케이싱, 밸브, 컴프레서, 부싱,터보차저 하우징, 이그조스트 매니폴드 등
			GCDA-NiSiCr 20 5 2	370~430	펌프 부품, 밸브, 높은 기계적 응력을 받는 공업로용 주물 등
			GCDA-Ni 22	370~440	펌프, 밸브, 컴프레서, 부싱, 터보차저 하우징, 이그조스트 매니폴드, 비자성 주물 등
			GCDA-NiMn 23 4	440~470	-196℃까지 사용되는 경우의 냉동기 기류 주물

179. 기계 재료 기호

KS D	명칭	종(류)별	기호		인장강도(N/mm²)	용도 및 특성
4319 (2006) (계속)	오스테 나이트 주철품 (계속)	구상 흑연계 (계속)	GCDA - NiCr 30 1		370~440	펌프, 보일러 필터 부품, 이그조스트 매니폴드, 밸브, 터보차저 하우징 등
			GCDA - NiCr 30 3		370~470	펌프, 보일러, 밸브, 필터 부품, 이그조스트 매니폴드, 터보차저 하우징
			GCDA - NiSiCr 30 5 2		380~500	펌프 부품, 이그조스트 매니폴드, 터보차저 하우징, 공업로용 주물 등
			GCDA - NiSiCr 30 5 5		390~490	펌프 부품, 밸브, 공업로용 주물 중 높은 기계적 응력을 받는 부품 등
			GCDA - Ni 35		370~410	온도에 따른 치수 변화를 기피하는 부품에 적용 (예를 들면, 공작 기계, 이과학기기, 유리용 금형)
			GCDA - NiCr 35 3		370~440	가스 터빈 하우징 부품, 유리용 금형, 엔진용 터보차저 하우징 등
			GCDA - NiSiCr 35 5 2		370~500	가스 터빈 하우징 부품, 이그조스트 매니폴드, 터보차저 하우징 등
5506 (2009)	인청동 및 약백의 판 및 띠	인청동 P : 판 R : 띠	C 5111 P	C 5111 R	295 이상	전연성·내피로성·내식성이 좋다. C 5191·C 5212는 용수철 재료에 적합. 다만, 특히 고성능의 탄력성을 요구하는 것은 용수철용 인청동을 사용하는 것이 좋다. 전자, 전기 기기용 용수철, 스위치, 리드 프레임, 커넥터, 다이어프램, 베로, 퓨즈 클립, 섭동편, 볼베어링, 부시, 타악기 등
			C 5102 P	C 5102 R	305 이상	
			C 5191 P	C 5191 R	315 이상	
			C 5212 P	C 5212 R	345 이상	
		양백 P : 판 R : 띠	C 7351 P	C 7351 R	325 이상	광택이 아름답고, 전연성·내피로성·내식성이 좋다. C 7351·C 7521은 수축성이 풍부 수정 발진자 케이스, 트랜지스터캡, 볼륨용 섭동편, 시계 문자판, 장식품, 양식기, 의료 기기, 건축용 관악기 등
			C 7451 P	C 7451 R	325 이상	
			C 7521 P	C 7521 R	375 이상	
			C 7541 P	C 7541 R	355 이상	

179. 기계 재료 기호

KS D	명칭	종(류)별	기호	인장강도(N/mm²)	용도 및 특성
5603 (2008)	듀 멧 선	선1종 1	DW1-1	640 이상	전자관, 전구, 방전 램프 등의 관구류
		선1종 2	DW1-2		
		선2종	DW2		다이오드, 서미스터 등의 반도체 장비류
5604 (2009)	티타늄 및 티타늄 합금 봉 ■질별 H : 열간 압연 C : 냉간 압연	1종	TB 270 H	270~410	공업용 타이타늄 내식성, 특히 내해수성이 좋다. 화학 장치, 석유 정제 장치, 펄프 제지 공업 장치 등
			TB 270 C		
		2종	TB 340 H	340~510	
			TB 340 C		
		3종	TB 480 H	480~620	
			TB 480 C		
		4종	TB 550 H	550~750	
			TB 550 C		
		11종	TB 270 Pd H	270~410	내식 타이타늄 내식성, 특히 내틈새부식성이 좋다. 화학 장치, 석유 정제 장치, 펄프 제지 공업 장치 등
			TB 270 Pd C		
		12종	TB 340 Pd H	340~510	
			TB 340 Pd C		
		13종	TB 480 Pd H	480~620	
			TB 480 Pd C		
		14종	TB 345 NPRC H	345 이상	
			TB 345 NPRC C		
		15종	TB 450 NPRC H	450 이상	
			TB 450 NPRC C		
		16종	TB 343 Ta H	343~481	
			TB 343 Ta C		
		17종	TB 240 Pd H	240~380	
			TB 240 Pd C		
		18종	TB 345 Pd H	345~515	
			TB 345 Pd C		
		19종	TB 345 PCo H	345~515	
			TB 345 PCo C		
		20종	TB 450 PCo H	450~590	
			TB 450 PCo C		
		21종	TB 275 RN H	275~450	
			TB 275 RN C		
		22종	TB 410 RN H	410~530	
		23종	TB 410 RN C	483~630	

179. 기계 재료 기호

KS D	명칭	종(류)별	기호	인장강도(N/mm^2)	용도 및 특성
5604 (2009) 〈계속〉	티타늄 및 티타늄 합금 봉 (계속) ■질별 H : 열간 압연 C : 냉간 압연	50종	TAB 1500 H TAB 1500 C	345 이상	α합금(Ti-1.5Al) 내식성이 우수하고 특히 내해수성이 우수하다. 내수소흡수성 및 내열성이 좋다. 이륜차의 머플러 등
		60종	TAB 6400 H	895 이상	α-β합금(Ti-6Al-4V) 고강도로 내식성이 좋다. 화학 공업, 기계 공업, 수송 기기 등의 구조재. 대형 증기터빈 날개, 선박용 스크루, 자동차용 부품, 의료 재료 등
		60E종	TAB 6400E H	825 이상	α-β합금(Ti-6Al-4V ELIa) 고강도로 내식성이 우수하고 극저온까지 인성을 유지한다. 저온, 극저온에서도 사용할 수 있는 구조재. 유인 심해 조사선의 내압 용기, 의료 재료 등
		61종	TAB 3250 H	620 이상	α-β합금(Ti-3Al-2.5V) 중강도로 내식성, 용접성, 성형성이 좋다. 냉간 가공이 우수하다. 의료 재료, 레저용품 등
		61F종	TAB 3250F H	650 이상	α-β합금(절삭성이 좋은 Ti-3Al-2.5V) 중강도로 내식성, 열간가공성이 좋고 절삭성이 우수하다. 자동차 엔진용 콘로드, 시프트 노브, 너트 등
		80종	TAB 4220 H	640~900	β합금(Ti-4Al-22V) 고강도로 내식성이 우수하고 상온에서 프레스 가공성이 좋다. 자동차 엔진용 리테너, 볼트, 골프 클럽의 헤드 등
6003 (2002)	화이트 메탈	1종	WM1	-	고속 고하중용
		2종	WM2	-	
		2종B	WM2B	-	
		3종	WM3	-	고속 중하중용
		4종	WM4	-	중속 중하중용
		5종	WM5	-	
		6종	WM6	-	고속 중하중용
		7종	WM7	-	중속 중하중용
		8종	WM8	-	
		9종	WM9	-	중속 소하중용
		10종	WM10	-	
		11종	WM11 (L13910)	-	항공기 엔진용
		12종	WM12 (SnSb8Cu4)	-	고속 중하중용(자동차엔진용)
		13종	WM13 (SnSb12Cu6Pb)	-	고저속 중하중용
		14종	WM14 (PbSb15Sn10)	-2,770	중속 중하중용

179. 기계 재료 기호

KS D	명칭	종(류)별	기호	인장강도(N/mm^2)	용도 및 특성
6003 (2002) 〈계속〉	화이트 메탈 (계속)	납 주물 합금	PbSb15SnAs	축의 최소 경도 HB 160	랩 부위, 벽 두께 3mm까지의 박벽 베어링 라이너, 스러스트 와셔, 내연기관의 캠 샤프트 부시, 기어 부시, 소형 피스톤 압축기의 커넥팅 로드 및 메인 베어링에 사용됨
			PbSb15Sn10	축의 최소 경도 HB 160	평균 응력의 평면 베어링, 틸팅 패드 베어링, 크로스 헤드 베어링 및 콘브레이커에 사용됨
			PbSb10Sn6	축의 최소 경도 HB 160	적당한 충격 응력. 내장성이 좋음
		주석 주물 합금	SnSb12Cu6Pb	축의 최소 경도 HB160	거친 저널(회주철)의 경우 내마모성이 높음. 터빈, 압축기, 전기 기계 및 기어의 평면 베어링에 사용됨
			SnSb8Cu4	축의 최소 경도 HB 160	고부하 압연기 베어링에 사용됨 랩 부시, 벽 두께 3mm까지의 얇은 벽 베어링 라이너의 생산에 사용됨
		동-납-주석 주물합금	CuPb9Sn5	축의 최소 경도 HB 250	중하중과 중~고 미끄럼 속도에 적절한 연동 베어링 합금. 주석의 함량을 높이면 경도가 높아지고 내마모성이 좋아진다.
			CuPb10Sn10		
			CuPb15Sn8	축의 최소 경도 HB 250	
			CuPb20Sn5	축의 최소 경도 HB 200	
		동-알루미늄 주물 합금	CuAl10Fe5Ni5	축의 최소 경도 HB 55	미끄럼 조건하의 구조재를 위한 매우 경한 합금 해양 환경에 적합하다. 경화된 축을 사용하여야 한다. 내장성이 상대적으로 나쁘다.
		동-주석-아연 주물 합금	CuSn8Pb2	축의 최소 경도 HB 300	저~중 하중을 받는 비임계용 : 적절한 윤활
			CuSn10P	축의 최소 경도 HB 55	윤활이 적절하고 조립이 잘 되었을 때 고하중, 고 미끄럼 속도, 충격 하중 또는 가격(pounding)을 복합적으로 받는 축을 위한 재료로 사용됨
			CuSn12Pb2		
			CuPb5Sn5Zn5	축의 최소 경도 HB 250	저하중을 받는 비임계용
6005 (2006)	아연합금 다이캐스팅	1종	ZDC1	325	기계적 성질 및 내식성이 우수하다. 자동차 브레이크 피스톤, 시트밸브 감김쇠, 캠버스 플라이어 등
		2종	ZDC2	285	자동차 라디에이터, 그릴몰 및 카뷰레터, VTR 드럼베이스 및 테이프 헤드, CP커넥터

179. 기계 재료 기호

KS D	명칭	종(류)별	기호	인장강도(N/mm²)	용도 및 특성
6006 (2009)	다이캐스팅용 알루미늄합금	1종	ALDC 1	-	내식성, 주조성은 좋다. 항복 강도는 어느 정도 낮다.
		3종	ALDC 3	-	충격값과 항복 강도가 좋고 내식성도 1종과 거의 동등하지만, 주조성은 좋지 않다.
		5종	ALDC 5	-	내식성이 가장 양호하고 연신율, 충격값이 높지만 주조성은 좋지 않다.
		6종	ALDC 6	-	내식성은 5종 다음으로 좋고, 주조성은 5종보다 약간 좋다.
		10종	ALDC 10	-	기계적 성질, 피삭성 및 주조성이 좋다.
		10종 Z	ALDC 10 Z	-	10종보다 주조 갈라짐성과 내식성은 약간 좋지 않다.
		12종	ALDC 12	-	기계적 성질, 피삭성, 주조성이 좋다.
		12종 Z	ALDC 12 Z	-	12종보다 주조 갈라짐성 및 내식성이 떨어진다.
		14종	ALDC 14	-	내마모성, 유동성은 우수하고 항복 강도는 높으나, 연신율이 떨어진다.
		Si9종	Al Si9	-	내식성이 좋고, 연신율, 충격치도 어느 정도 좋지만, 항복 강도가 어느 정도 낮고 유동성이 좋지 않다.
		Si12Fe종	Al Si12(Fe)	-	내식성, 주조성이 좋고, 항복 강도가 어느 정도 낮다.
		Si10MgFe종	Al Si10Mg(Fe)	-	충격치와 항복 강도가 높고, 내식성도 1종과 거의 동등하며, 주조성은 종보다 약간 좋지 않다.
		Si8Cu3종	Al Si8Cu3	-	10종보다 주조 갈라짐 및 내식성이 나쁘다.
		Si9Cu3Fe종	Al Si9Cu3(Fe)	-	
		Si9Cu3FeZn종	Al Si9Cu3(Fe)(Zn)	-	
		Si11Cu2Fe종	Al Si11Cu2(Fe)	-	기계적 성질, 피삭성, 주조성이 좋다.
		Si11Cu3Fe종	Al Si11Cu3(Fe)	-	
		Si12Cu1Fe종	Al Si12Cu1(Fe)	-	12종보다 연신율이 어느 정도 높지만, 항복 강도는 다소 낮다.
		Si17Cu4Mg종	Al Si17Cu4Mg	-	내마모성, 유동성이 좋고, 항복 강도가 높지만, 연신율은 낮다.
		Mg9종	Al Mg9	-	5종과 같이 내식성이 좋지만, 주조성이 나쁘고, 응력부식균열 및 경시변화에 주의가 필요하다.

179. 기계 재료 기호

KS D	명칭	종(류)별	기호	인장강도(N/mm²)		용도 및 특성
6008 (2002)	알루미늄 합금 주물	1종A	AC1A-F	금형	150 이상	가선용 부품, 자전거부품, 항공기용 유압부품, 전송품 등
				사형	130 이상	
		1종B	AC1B-F	금형	170 이상	가선용 부품, 중전기부품, 자전거 부품, 항공기 부품 등
				사형	150 이상	
	■질별 F : 주조한 그대로 T5 : 시효 경화 처리 O : 어닐링	2종A	AC2A-F	금형	180 이상	매니폴드, 디프캐리어, 펌프 보디, 실린더 헤드, 동차용 하체 부품 등
				사형	150 이상	
		2종B	AC2B-F	금형	150 이상	실린더헤드, 밸브보디, 크랭크 케이스, 클러치 하우징 등
				사형	130 이상	
		3종A	AC3A-F	금형	170 이상	케이스류, 커버류, 하우징류의 얇은 것, 복잡한 모양의 것, 장막벽 등
				사형	140 이상	
		4종A	AC4A-F	금형	170 이상	매니폴드, 브레이크드럼, 미션 케이스, 크랭크 케이스, 기어 박스, 선박용·차량용 엔진 부품 등
				사형	130 이상	
		4종B	AC4B-F	금형	170 이상	크랭크케이스, 실린더헤드, 매니폴드, 항공기용 전장품 등
				사형	140 이상	
		4종C	AC4C-F	금형	150 이상	유압 부품, 미션 케이스, 플라이 휠 하우징, 항공기 부품, 소형용 엔진 부품, 전장품 등
				사형	130 이상	
		4종CH	AC4CH-F	금형	160 이상	자동차용 바퀴, 가선용 쇠붙이, 항공기용 엔진 부품, 전장품 등
				사형	140 이상	
		4종D	AC4D-F	금형	170 이상	수랭 실린더 헤드, 크랭크 케이스, 실린더 블록, 연료펌프 보디, 블로어 하우징, 항공기용 유압 부품 및 전장품 등
				사형	130 이상	
		5종A	AC5A-F	금형	180 이상	공랭 실린더 헤드, 디젤 기관용 피스톤, 항공기용 엔진 부품 등
			AC5A-O	사형	130 이상	
		7종A	AC7A-F	금형	210 이상	가선용 쇠붙이, 선박용 부품, 조각 소재건축용 쇠붙이, 사무기기, 의자, 항공기용 전장품 등
				사형	140 이상	
		8종A	AC8A-F	금형	170 이상	자동차·디젤 기관용 피스톤, 선박용 피스톤, 도르래, 베어링 등
		8종B	AC8B-F	금형	170 이상	자동차용 피스톤, 도르래, 베어링 등
		8종C	AC8C-F	금형	170 이상	자동차용 피스톤, 도르래, 베어링 등
		9종A	AC9A-T5	금형	150 이상	피스톤(공랭 2사이클용) 등
		9종B	AC9B-T5	금형	170 이상	피스톤(디젤 기관용, 수랭 2사이클용), 공랭 실린더 등

179. 기계 재료 기호

KS D	명칭	종(류)별	기호	인장강도(N/mm^2)		용도 및 특성
6016 (2007)	마그네슘 합금 주물 ■질별 F : 주조한 그대로 T5 : 시효경화 처리	1종	MgC1-F	사형	177 이상	일반용 주물, 3륜차용 하부 휨, 텔레비전 카메라용 부품, 쌍안경 몸체, 직기용 부품 등
				금형		
		2종	MgC2-F	사형	157 이상	일반용 주물, 크랭크 케이스, 트랜스미션, 기어 박스, 텔레비전 카메라용 부품, 레이더용 부품, 공구용 지그 등
				금형		
		3종	MgC3-F	사형	157 이상	일반용 주물, 엔진용 부품, 인쇄용 새들 등
				금형		
		5종	MgC5-F	금형	137 이상	일반용 주물, 엔진용 부품
		6종	MgC6-T5	사형	235 이상	고력 주물, 경기용 차륜산소통 브래킷 등
		7종	MgC7-T5	사형	265 이상	고력 주물, 인렛 하우징 등
		8종	MgC8-T5	사형	137 이상	내열용 주물, 엔진용 부품 기어 케이스, 컴프레서 케이스 등
6018 (2007)	경연 주물	8종	HPbC 8	49 이상		주로 화학 공업에 사용됨
		10종	HPbC 10	50 이상		
6023 (2007)	니켈 및 니켈합금 주물 ■질별 F : 주조한 그대로 S : 용체화 처리	니켈주물	NC-F	345 이상		수산화나트륨, 탄산나트륨 및 염화암모늄을 취급하는 제조장치의 밸브·펌프 등
		니켈-구리합금 주물	NCuC-F	450 이상		해수 및 염수, 중성염, 알칼리염 및 플루오르산을 취급하는 화학 제조 장치의 밸브·펌프 등
		니켈-몰리브덴 함금 주물	NMC-S	525 이상		염수, 황산 인산, 아세트산 및 염화수소가스를 취급하는 제조 장치의 밸브·펌프 등
		니켈-몰리브덴-크롬합금 주물	NMCrC-S	495 이상		산화성산, 플루오르산, 포름산 무수아세트산, 해수 및 염수를 취급하는 제조 장치의 밸브 등
		니켈-크롬-철합금 주물	NCrFC-F	485 이상		질산, 지방산, 암모늄수 및 염화성 약품을 취급하는 화학 및 식품 제조 장치의 밸브 등

179. 기계 재료 기호

KS D	명칭	종(류)별	기호	인장강도(N/mm^2)	용도 및 특성
6024 (2009)	구리 주물	1종	CAC101	175 이상	송풍구, 대송풍구, 냉각판, 열풍 밸브, 전극 홀더, 일반 기계 부품 등(주조/도전/열전도성 우수)
		2종	CAC102	155 이상	송풍구, 전기용 터미널, 분기 슬리브, 콘택트, 도체, 일반 전기 부품 등(CAC101보다 도전/열전도성 우수)
		3종	CAC103	135 이상	전로용 랜스 노즐, 전기용 터미널, 분기 슬리브, 통전 서포트, 도체, 일반전기 부품 등(구리 주물 중에서는 도전/열전도성이 가 우수)
	황동 주물	1종	CAC201	145 이상	플랜지류, 전기 부품, 장식용품 등(납땜하기 쉽다.)
		2종	CAC202	195 이상	전기 부품, 제기 부품, 일반 기계 부품 등(황동 주물 중 비교적 주조가 용이)
		3종	CAC203	245 이상	급배수 쇠붙이, 전기 부품, 건축용 쇠붙이, 일반기계 부품, 일용품, 잡품 등(CAC202보다 기계적 성질 우수)
		4종	CAC204	241 이상	일반 기계 부품, 일용품, 잡품 등(기계적 성질이 우수)
	고력 황동 주물	1종	CAC301	430 이상	선박용 프로펠러, 프로펠러 보닛, 베어링, 밸브시트, 밸브봉, 베어링 유지기, 레버 암, 기어, 선박용 의장품 등 (강도, 경도가 높고 내식성, 인성 우수)
		2종	CAC302	490 이상	선박용 프로펠러, 베어링, 베어링 유지기, 슬리퍼, 엔드 플레이트, 밸브시트, 밸브봉, 특수 실린더, 일반 기계 부품 등(강도가 높고 내마모성 우수. 경도는 CAC301보다 높고 강성이 있다.)
		3종	CAC303	635 이상	저속 고하중의 미끄럼부품, 대형 밸브, 스템, 부시, 웜 기어, 슬리퍼, 캠, 수압 실린더 부품 등(특히 강도, 경도가 높고 고하중의 경우에도 내마모성 우수)
		4종	CAC304	755 이상	저속 고하중의 미끄럼부품, 교량용 지지판, 베어링, 부시, 너트, 웜 기어, 내마모판 등(고력 황동 주물 중에서 특히 강도, 경도가 높고 고하중의 경우에도 내마모성 우수)
	청동 주물	1종	CAC401	165 이상	베어링, 명판, 일반 기계부품 등(용탕 흐름, 피삭성이 우수)
		2종	CAC402	245 이상	베어링, 슬리브, 부시, 펌프 몸체, 임펠러, 밸브, 기어, 선박용 둥근 창, 전동 기기 부품 등(내압/내마모/내식성이 좋고 기계적 성질도 우수)
		3종	CAC403	245 이상	베어링, 슬리브, 부싱, 펌프, 몸체 임펠러, 밸브, 기어, 선박용 등근 창, 전동 기기 부품, 일반 기계 부품 등(내압/내마모/기계적 성질우수. 내식성이 CAC402보다 우수)
		6종	CAC406	195 이상	밸브, 펌프 몸체, 임펠러, 급수 밸브, 베어링, 슬리브, 부시, 일반 기계 부품, 경관 주물, 미술 주물 등(내압/내마모/피삭/주조성 우수)
		7종	CAC407	215 이상	베어링, 소형 펌프 부품, 밸브, 연료 펌프, 일반기계 부품 등 (기계적 성질이 CAC406보다 우수)
		8종 (함연 단동)	CAC408	207 이상	저압 밸브, 파이프 연결구, 일반 기계 부품 등(내마모/피삭성 우수(일반용 쾌삭 청동).)
		9종	CAC409	248 이상	포금용, 베어링 등(기계적 성질이 좋고, 가공/완전성 우수)

179. 기계 재료 기호

KS D	명칭	종(류)별	기호	인장강도(N/mm²)	용도 및 특성
6024 (2009) 〈계속〉	인청동 주물	2종 A	CAC502A	195 이상	기어, 웜 기어, 베어링, 부싱, 슬리브, 임펠러, 일반 기계 부품 등(내식/내마모성 우수)
		2종 B	CAC502B	295 이상	
		3종 A	CAC503A	195 이상	미끄럼 부품, 유압 실린더, 슬리브, 기어, 제지용각종 롤러 등 (경도가 높고 내마모성 우수)
		3종 B	CAC503B	265 이상	
	납청동 주물	2종	CAC602	195 이상	중고속·고하중용 베어링, 실린더, 밸브 등(내압/내마모성 우수)
		3종	CAC603	175 이상	중고속·고하중용 베어링, 대형 엔진용 베어링(면압이 높은 베어링에 적합하고 친밀성 우수)
	납청동 주물	4종	CAC604	165 이상	중고속·중하중용 베어링, 차량용 베어링, 화이트 메탈의 뒤판 등(CAC603보다 친밀성 우수)
		5종	CAC605	145 이상	중고속·저하중용 베어링, 엔진용 베어링 등(납청동 주물 중에서 친밀/내소부성이 특히 우수)
		6종	CAC606	165 이상	경하중 고속용 부싱, 베어링, 철도용 차량, 파쇄기, 콘베어링 등(불규칙한 운동 또는 불완전한 끼움으로 인하여 베어링 메탈이 다소 변형되지 않으면 안 될 곳에 사용되는 베어링 라이너용)
		7종	CAC607	207 이상	일반 베어링, 병기용 부싱 및 연결구, 중하중용 정밀 베어링, 조립식 베어링 등(강도, 경도 및 내충격성 우수)
		8종	CAC608	193 이상	경하중 고속용 베어링, 일반 기계 부품 등(경하중 고속용)
	알루미늄 청동 주물	1종	CAC701	440 이상	내산 펌프, 베어링, 부싱,기어, 밸브 시트, 플런저, 제지용 롤러 등(강도, 인성이 높고 굽힘에도 강하다. 내식/내열/내마모성, 저온 특성 우수)
		2종	CAC702	490 이상	선박용 소형 프로펠러, 베어링, 기어, 부싱, 밸브시트, 임펠러, 볼트 너트, 안전 공구, 스테인리스강용 베어링 등(강도가 높고 내식/내마모성 우수)
		3종	CAC703	590 이상	선박용 프로펠러, 임펠러, 밸브, 기어, 펌프 부품, 화학 공업용 기기 부품, 테인리스강용 베어링, 식품 가공용 기계 부품 등(대형 주물에 적합하고 강도가 특히 높고 내식/내마모성 우수)
		4종	CAC704	590 이상	선박용 프로펠러, 슬리브, 기어, 화학용 기기부품 등(단순 모양의 대형 주물에 적합하고 강도가 특히 높고 내식/내마모성 우수)
		5종	CAC705	620 이상	중하중을 받는 총포 슬라이드 및 지지부, 기어, 부싱, 베어링, 프로펠러날개 및 허브, 라이너 베어링 플레이트용 등(신뢰도가 높고 강도가 크며 경도는 망간 청동과 같으며, 내식성 및 내피로도가 우수, 고온에서도 내마모성이 좋다. 용접성은 좋지 않다.)
		6종	CAC706	450 이상	

179. 기계 재료 기호

KS D	명칭	종(류)별	기호	인장강도(N/mm^2)	용도 및 특성
6024 (2009) 〈계속〉	실리콘 청동 주물	1종	CAC801	345 이상	선박용 의장품, 베어링, 기어 등(용탕 흐름이 좋다. 강도가 높고 내식성 우수)
		2종	CAC802	440 이상	선박용 의장품, 베어링, 기어, 보트용 프로펠러 등(CAC801보다 강도가 우수)
		3종	CAC803	390 이상	선박용 의장품, 베어링, 기어 등(용탕 흐름이 좋다. 어닐링 취성이 적다. 강도가 높고 내식성이 우수)
		4종	CAC804	310 이상	선박용 의장품, 베어링, 기어 등(강도와 인성이 크고 내식성 우수, 완전하고 균질한 주물이 필요한 곳에 사용)
		5종	CAC805	300 이상	급수장치 기구류(수도미터, 밸브류, 이음류, 수전밸브 등) 납 용출량은 거의 없다. 유동성 우수. 강도, 연신율이 높고 내식성 양호. 피삭성은 CAC406보다 낮다.)
	니켈 주석 청동 주물	1종	CAC901	310 이상	팽창부 연결품, 관 이음쇠, 기어 볼트, 너트, 펌프 피스톤, 부싱, 베어링 등(강도가 크고 내염수성 우수)
		2종	CAC902	276 이상	팽창부 연결품, 관 이음쇠, 기어 볼트, 너트, 펌프 피스톤, 부싱, 베어링 등(CAC901보다 강도는 낮고 절삭성 우수)
		3종	CAC903	311 이상	스위치 및 스위치 기어, 단로기, 전도 장치 등(전기 전도도가 좋고 적당한 강도 및 경도 우수)
		4종	CAC904	518 이상	부싱, 캠, 베어링, 기어, 안전 공구 등(높은 강도와 함께 우수한 내식/내마모성 우수)
		5종	CAC905	552 이상	높은 경도와 최대의 강도가 요구되는 부품 등(높은 경도와 최대의 강도)
	베리륨 청동 주물	6종	CAC906 (CAC906HT)	(1139 이상)	높은 인장 강도 및 내력과 함께 최대의 경도가 요구되는 부품 등(높은 인장 강도 및 내력과 함께 최대의 경도)

179. 기계 재료 기호

KS D	명칭	종(류)별	기호	인장강도(N/mm²)	용도 및 특성
6763 (2007)	알루미늄 및 알루미늄합금 봉 및 선 BE : 압출봉 BD : 인발봉 W : 인발선 ■질별 H : 가공경화 O : 어닐링 T : 시효처리	1070	A 1070 BE	54 이상(H112)	순 알루미늄으로 강도는 낮으나 열이나 전기의 전도성은 높고, 용접성, 내식성이 양호하다. : 용접선 등
			A 1070 BD	84 이상(H14)	
			A 1070 W		
		1050	A 1050 BE	64 이상(H112)	
			A 1050 BD	94 이상(H14)	
			A 1050 W		
		1100	A 1100 BE	74 이상(H112)	강도는 비교적 낮으나 용접성, 내식성이 양호하다. : 열교환기 부품 등
			A 1100 BD	108 이하(H14)	
			A 1100 W		
		1200	A 1200 BE	74 이상(H112)	
			A 1200 BD	108 이하(H14)	
			A 1200 W		
		2011	A 2011 BD	275 이상(T4)	절삭 가공성이 우수한 쾌삭합금으로 강도가 높다. : 볼륨축, 광학부품, 나사류 등
			A 2011 W		
		2014	A 2014 BE	245 이상(O^b)	열처리합금으로 강도가 높고 단조품에도 적용된다. : 항공기, 유압부품 등
			A 2014 BD		
		2017	A 2017 BE	245 이상(O^b)	내식성, 용접성은 나쁘지만 강도가 높고 절삭 가공성도 양호하다. : 스핀들, 항공기용재, 자동차용 부재 등
			A 2017 BD	245 이하(O^b)	
			A 2017 W		
		2117	A 2117 W	265 이상(T4)	용체화 처리 후 코킹하는 리벳용재로 상온 시효속도를 느리게 한 합금이다. : 리벳용재 등
		2024	A 2024 BE	245 이하(O^b)	2017보다 강도가 높고 절삭 가공성이 양호하다. : 스핀들, 항공기용재, 볼트재 등
			A 2024 BD		
			A 2024 W		
		3003	A 3003 BE	94 이상(H112)	1100보다 약간 강도가 높고, 용접성, 내식성이 양호하다. : 열교환기 부품 등
			A 3003 BD	96 이상(H112)	
			A 3003 W		
		5052	A 5052 BE	177 이상((H112)	중간 정도의 강도가 있고, 내식성, 용접성이 양호하다. : 리벳용재, 일반기계 부품 등
			A 5052 BD	255 이상(H36)	
			A 5052 W		
		5N02	A 5N02 BD	226 이상(O)	리벳용 합금으로 내식성이 양호하다. : 리벳용재 등
			A 5N02 W		
		5056	A 5056 BE	245 이상(H112)	내식성, 절삭 가공성, 양극 산화처리성이 양호하다. : 광학기기, 통신기기 부품, 파스너 등
			A 5056 BD	314 이상(O)	
			A 5056 W		

KS D ■■

179. 기계 재료 기호

KS D	명칭	종(류)별	기호	인장강도(N/mm²)	용도 및 특성
6763 (2007) 〈계속〉	알루미늄 및 알루미늄합금 봉 및 선	5083	A 5083 BE	275 이상(H112)	비열처리 합금 중에서 가장 강도가 크고, 내식성, 용접성이 양호하다. : 일반기계 부품 등
			A 5083 BD		
			A 5083 W		
		6061	A 6061 BE	147 이하(O⁰)	열처리형 내식성 합금이다. : 리벳용재, 자동차용 부품 등
			A 6061 BD		
			A 6061 W		
	BE : 압출봉	6063	A 6063 BE	131 이하(O)	6061보다 강도는 낮으나, 내식성, 표면처리성이 양호하다. : 열교환기 부품 등
	BD : 인발봉	6066	A 6066 BE	200 이하(O)	열처리형 합금으로 내식성이 양호하다.
	W : 인발선	6262	A 6262 BD	290 이상(T6)	
			A 6262 W		
		7003	A 7003 BE	284 이상(T5)	7N01보다 강도는 약간 낮으나, 압출성이 양호하다. 용접구조용 재료 등
		7N01	A 7N01 BE	245 이상(O)	강도가 높고, 내식성도 양호한 용접구조용 합금이다. 일반기계용 부품 등
		7075	A 7075 BE	539 이상(T6)	알루미늄합금 중 가장 강도가 큰 합금의 하나이다. : 항공기 부품 등
			A 7075 BD	530 이상(T6)	
		7178	A 7178 BE	118 이하(O)	고강도 알루미늄합금으로 구조용 재료 등에 활용된다.
	주) "질별"이란 제조 과정에서의 가공·열처리 조건의 차에 의해 얻어진 기계적 성질의 구분을 말한다.(KS D 0004)					
6770 (2008)	알루미늄 및 알루미늄합금 단조품	1100	A 1100 FD	HB 20 이상(H112)	내식성, 열간·냉간 가공성이 좋다. : 전산기용 메모리 드럼 등
		1200	A 1200 FD		
		2014	A 2014 FD	HB 100 이상(T4)	강도가 높고, 단조성, 연성이 뛰어나다. : 항공기용 부품, 차량, 자동차용 부품, 일반구조부품 등
	■ 제조방법		A 2014 FH	–	
	FD : 형(틀) 단조품	2017	A 2017 FD	HB 90 이상((T4)	강도가 높다. : 항공기용 부품, 잠수용 수중 고압용기, 자전거용 허브재 등
	FH : 자유 단조품	2018	A 2018 FD	HB 100 이상(T61)	단조성이 뛰어나고, 고온온도가 높으므로 내열성이 요구되는 단조품에 사용된다. : 실린더 헤드, 피스톤, VTR실린더 등
		2218	A 2218 FD	HB 61 이상(T61)	
		2219	A 2219 FD	HB 100 이상(T6)	고온강도, 내 크리프성이 뛰어나고 용접성이 좋다. : 로켓 등의 항공기용 부품 등
			A 2219 FH	–	
		2025	A 2025 FD	HB 100 이상(T6)	단조성이 좋고 강도가 높다. : 프로펠러, 자기드럼 등
			A 2025 FH	–	
		2618	A 2618 FD	HB 115 이상(T61)	고온강도가 뛰어나다. : 피스톤, 고무서형용 금형, 일반 내열용도 부품 등
			A 2618 FH	–	
		2N01	A 2N01 FD	HB 110 이상(T6)	내열성이 있고, 강도도 높다. 유압부품 등
			A 2N01 FH	–	
		4032	A 4032 FD	HB 115 이상(T6)	중온(약 200℃)에서 강도가 높고, 열팽창 계수가 작고, 내마모성이 뛰어나다. : 피스톤 등
		5052	A 5052 FH	–	중강도 합금으로 내식성, 가공성이 좋다. : 항공기용 부품 등
		5056	A 5056 FD	HB 50 이상(H112)	내식성, 절삭 가공성, 양극산화 처리성이 좋다. : 광학기기·통신기기 부품, 지퍼 등
		5083	A 5083 FD	HB 60 이상(112)	내식성, 용접성 및 저온에서 기계적 성질이 우수하다. : LNG용 플랜지 등
			A 5083 FH	–	

179. 기계 재료 기호

KS D	명칭	종(류)별		기호	인장강도(N/mm^2)	용도 및 특성
6770 (2008) ⟨계속⟩	알루미늄 및 알루미늄합금 단조품 ■제조방법 FD : 형(틀) 단조품 FH : 자유 단조품	6151		A 6151 FD	HB 90 이상(T6)	6061보다 강도가 약간 높고, 연성, 인성, 내식성도 좋고, 복잡한 모양의 단조용에 적당하다. 과급기의 휀, 자동차 휠 등
				A 6151 FH	–	
		6061		A 6061 FD	HB 80 이상(T6)	연성, 인성, 내식성이 좋다. 이화학용 로터, 자동차용 휠, 리시버 탱크 등
				A 6061 FH	–	
		7050		A 7050 FD	HB 135 이상(T74)	연성, 인성, 내응력 부식 깨짐성이 우수하다. 특히 두꺼운 물건강도가 뛰어나다. 항공기용 부품, 고속 회전체 등
				A 7050 FH	–	
		7075		A 7075 FD	HB 135 이상(T6)	단조합금 중 최고의 강도를 가진다. 항공기용 부품, 선박용 부품, 자동차용 부품 등
				A 7075 FH	–	
		7N01		A 7N01 FD	HB 90 이상(T6)	강도가 높고, 내식성도 좋은 용접구조용 합금이다. 항공기용 부품 등
				A 7N01 FH	–	
7046 (2007)	기계 구조 부품용 소결 재료	1종	1호	SMF 1010	98 이상	작고 높은 정밀도 부품에 적당하다. 자화철심으로서 사용가능 스페이서, 폴 피스 등
			2호	SMF 1015	147 이상	
			3호	SMF 1020	196 이상	
		2종	1호	SMF 2015	147 이상	일반구조용 부품에 적당하다. 침탄 퀜칭해서 내모성을 향상 래칫, 키, 캠 등
			2호	SMF 2025	245 이상	
			3호	SMF 2030	294 이상	
		3종	1호	SMF 2010	98 이상	일반구조용 부품에 적당하다. 퀜칭 템퍼링에 의하여 강도 향상 스러스트 플레이트, 피니언, 충격흡수피스톤 등
			2호	SMF 2020	196 이상	
			3호	SMF 3030	294 이상	
			4호	SMF 3035	343 이상	
		4종	1호	SMF 4020	196 이상	일반구조용 부품에 적당하다. 내마모성 있음. 퀜칭 템퍼링에 의하여 강도 향상 기어, 오일 펌프로터, 볼 시트 등
			2호	SMF 4030	294 이상	
			3호	SMF 4040	392 이상	
			4호	SMF 4050	490 이상	
		5종	1호	SMF 5030	294 이상	고강도 구조 부품에 적당하다. 퀜칭 템퍼링처리 가능 기어, 싱크로나이저허브, 스로킷 등
			2호	SMF 5040	392 이상	
		6종	1호	SMF 6040	392 이상	고강도, 내마모성, 열전도성이 뛰어나다. 기밀성 있음. 퀜칭 템퍼링처리 가능 밸브 플레이트, 펌프기어 등
			2호	SMF 6055	539 이상	
			3호	SMF 6065	637 이상	
		7종	1호	SMF 7020	196 이상	인성있음. 침탄 퀜칭에 의하여 내마모성 향상 래칫폴, 캠, 솔레노이드 폴, 미캐니컬 실 등
			2호	SMF 7025	245 이상	
		8종	1호	SMF 8035	343 이상	퀜칭 템퍼링에 의하여 고강도 구조부품에 적당하다. 인성 있음. 기어, 롤러, 스프로킷 등
			2호	SMF 8040	392 이상	
		1종	1호	SMS 1025	245 이상	특히 내식성 및 내열성 있음. 자성이 약간 있음 너트, 미캐니컬 실, 실 밸브, 콕, 노즐 등
			2호	SMS 1035	343 이상	
		2종	1호	SMS 2025	245 이상	내식성 및 내열성 있음 너트, 미캐니컬 실, 실 밸브, 콕, 노즐 등
			2호	SMS 2035	343 이상	
		1종	1호	SMK 1010	98 이상	연하고 융합이 쉽다. 내식성 있음 링암 원 휠 등
			2호	SMK 1015	147 이상	

MEMO

KS B ISO/TR 10108 : 2003(2008확인)

180. 강-경도값의 인장강도값 변환

1. 적용범위

이 기술 보고서는 브리넬 및 비커스 경도값으로 설정된 경도의 인장강도 변환표와 사용규정에 대해 기술한다. 여기에서 정의된 변환표는 가공 경화가 일어나지 않은 균질한 고상 제품(두께 2mm 이상)의 모든 강에 대해 적용한다.

브리넬 경도 - 인장강도 변환-산포도(Scatter Band) 한계값(95% 신뢰도)

브리넬 경도 HBS 또는 HBW	최소 인장강도 $R_{m,\min}$ N/mm²(¹)	최대 인장강도 $R_{m,\max}$ N/mm²(¹)	브리넬 경도 HBS 또는 HBW	최소 인장강도 $R_{m,\min}$ N/mm²(¹)	최대 인장강도 $R_{m,\max}$ N/mm²(¹)
85	270	470	275	830	1,030
90	280	480	280	840	1,040
95	290	490	285	860	1,060
100	310	510	290	880	1,080
105	320	520	295	890	1,090
110	330	530	300	910	1,110
115	350	550	310	950	1,150
120	360	560	320	980	1,180
125	370	570	330	1,020	1,220
130	390	590	340	1,050	1,250
135	400	600	350	1,090	1,290
140	410	610	360	1,120	1,320
145	430	630	370	1,160	1,360
150	440	640	380	1,200	1,400
155	460	660	390	1,240	1,440
160	470	670	400	1,270	1,470
165	490	690	410	1,310	1,510
170	500	700	420	1,350	1,550
175	510	710	430	1,390	1,590
180	530	730	440	1,430	1,630
185	540	740	450	1,470	1,670
190	560	760	460	1,510	1,710
195	570	770	470	1,550	1,750
200	590	790	480	1,590	1,790
205	600	800	490	1,630	1,830
210	620	820	500	1,680	1,880
215	630	830	510	1,720	1,920
220	650	850	520	1,760	1,960
225	670	870	530	1,800	2,000
230	680	880	540	1,850	2,050
235	700	900	550	1,890	2,090
240	710	910	560	1,940	2,140
245	730	930	570	1,980	2,180
250	750	950	580	2,030	2,230
255	760	960	590	2,070	2,270
260	780	980	600	2,120	2,320
265	790	990	610	2,160	2,360
270	810	1,010	620	2,210	2,410

주
(¹) 1N/mm² = 1MPa

비고
변환으로 얻어진 인장 강도값은 어떠한 경우에도 제품 규격에서 규정된 값을 대치할 수 없으며, 인장시험을 회피할 의도로 이 변환값을 사용할 수 없다.

KS B ISO/TR 10108 : 2003(2008확인)

180. 강-경도값의 인장강도값 변환

비커스 경도 - 인장 강도 변환−산포도 한계값(95% 신뢰도 한계)

비커스 경도 HV	최소 인장강도 $R_{m,\ min}$ N/mm²(¹)	최대 인장강도 $R_{m,\ max}$ N/mm²(¹)	비커스 경도 HV	최소 인장강도 $R_{m,\ min}$ N/mm²(¹)	최대 인장강도 $R_{m,\ max}$ N/mm²(¹)
85	200	420	275	770	990
90	220	430	280	790	1,000
95	230	440	285	800	1,020
100	240	460	290	820	1,030
105	260	470	295	840	1,050
110	270	490	300	850	1,070
115	290	500	310	880	1,100
120	300	520	320	920	1,130
125	320	530	330	950	1,160
130	330	540	340	980	1,200
135	340	560	350	1,020	1,230
140	360	570	360	1,050	1,260
145	370	590	370	1,080	1,300
150	390	600	380	1,120	1,330
155	400	620	390	1,150	1,370
160	420	630	400	1,190	1,400
165	430	650	410	1,220	1,430
170	450	660	420	1,250	1,470
175	460	680	430	1,290	1,500
180	480	690	440	1,320	1,540
185	490	710	450	1,360	1,570
190	510	720	460	1,400	1,610
195	520	740	470	1,430	1,650
200	540	750	480	1,470	1,680
205	550	770	490	1,500	1,720
210	570	780	500	1,540	1,750
215	580	800	510	1,580	1,790
220	600	810	520	1,610	1,830
225	610	830	530	1,650	1,860
230	630	840	540	1,690	1,900
235	650	860	550	1,720	1,940
240	660	880	560	1,760	1,980
245	680	890	570	1,800	2,010
250	690	910	580	1,840	2,050
255	710	920	590	1,880	2,090
260	720	940	600	1,910	2,130
265	740	950	610	1,950	2,170
270	760	970	620	1,990	2,210

(¹) 1N/mm² = 1MPa

비고
변환으로 얻어진 인장 강도값은 어떠한 경우에도 제품 규격에서 규정된 값을 대치할 수 없으며, 인장시험을 회피할 의도로 이 변환값을 사용할 수 없다.

181. 금속 재료의 물리적 특성

원소기호	금속명	원자량	비중	용점	비점	비열	열전도율	원자번호
Ag	은	107.880	10.49	960.80	2,210	0.056(0′)	1.0(0′C)	47
Al	알루미늄	26.97	2.699	660.2	2,060	0.233	0.53	13
As	비소	74.91	5.73	814	610	0.082	–	33
Au	금	197.21	9.32	1063.0	2,970	0.031	0.71	79
B	붕소	10.82	2.3	2,300±300	2,550	0.309	–	5
Be	베륨	9.02	1.848	1,277	2,770	0.52	0.038	4
Ba	바륨	137.36	33.74	704±20	1,640	0.068	–	56
Bi	비스무스	209.0	9.80	271.30	1,420	0.034	0.020	83
C	탄소	12.010	2.22	3,700±100	4,830	0.165	0.057	6
Ca	칼슘	40.8	1.55	850±20	1,440	0.149	0.30	20
Cd	카드뮴	112.41	8.65	320.9	765	0.055	0.22	48
Ce	세륨	140.13	6.9	600±50	1,440	0.042	–	58
Co	코발트	58.94	8.85	1,499±1	2,900	0.099	0.165	27
Cr	크롬	52.01	77.19	1,875	2,500	0.11	0.16	24
Cs	세슘	132.91	1.9	28+2	690	0.052	–	55
Cu	구리	63.54	8.96	1,083.0	2,600	0.092	0.94	29
Fe	철	55.85	7.896	1,536.0	2,740	0.11	0.18	26
Ga	칼륨	69.73	5.91	29.87	2,070	0.079	–	31
Ge	게르마늄	72.60	5.36	958±10	2,700	0.073	–	32
Hg	수은	200.61	13.546	38.36	357	0.033	0.0210	80
In	인	114.76	7.31	156.4	1,450	0.057	0.057	49
Ir	이리듐	193.1	22.5	2,454±3	5,300	0.031	0.147	7
K	칼륨	39.096	0.86	63.7	770	0.177	0.24	19
La	란타륨	138.92	6.15	826±5	1,800	0.045	–	57
Li	리튬	6.940	0.535	186±5	1,370	0.79	0.17	3
Mg	마그네슘	24.32	1.74	650±2	1,110	0.25	0.38	12
Mn	망간	53.93	7.43	1,245	2,150	0.115	–	25
Mo	몰리브덴	95.95	10.22	2,610	3,700	0.061	0.35	42
Na	나트륨	22.997	0.971	92.82	892	0.295	0.32	11
Nb	니오븀	92.91	8.57	2,468±10	>3,300	0.065(0′C)	–	41
Ni	니켈	58.69	8.902	1,453	2,730	0.112	0.198	28

181. 금속 재료의 물리적 특성

원소기호	금속명	원자량	비중	용점	비점	비열	열전도율	원자번호
Os	오스뮴	190.2	22.5	2,700±200	5,500	0.031	–	76
P	인듐	30.98	1.82	441	280	0.017	–	15
Pb	납	207.21	11.36	327.4258	1,740	0.031	0.08	82
Pd	팔라듐	106.7	12.03	1,544	4,000	0.058(0℃)	0.17	46
Pt	백금	195.23	21.45	1,769	4,410	0.032	0.17	78
Rb	루비듐	85.48	1.53	39±1	680	0.080	–	37
Rn	로듐	102.91	12.44	1,966±3	4,500	0.059	0.21	45
Ru	루테늄	101.7	12.2	2,500±100	4,900	0.057(0℃)	–	44
S	황	32.066	2.07	119.0	444.6	0.175	–	16
Sb	안티몬	121.76	6.62	630.5	1,440	0.049	0.045	51
Se	셀렌	78.96	4.81	220±5	680	0.084	–	34
Si	규소	28.06	2.33	1,430±20	2,300	0.162(0℃)	0.20	14
Sn	주석	118.70	7.298	231.9	2,270	0.054	0.16	50
Sr	스트론튬	87.63	2.6	770±10	1,380	0.176	–	38
Ta	탄탈	180.88	16.654	2,996±50	>4,100	0.036(0℃)	0.13	73
Tc	델루르	127.61	6.235	450±10	1,390	0.047	0.014	52
Th	토륨	232.12	11.66	1,750	>3,000	0.126	–	22
Ti	티탄	47.90	4.507	1,688±10	>3,000	0.126	–	22
Tl	탈륨	204.39	11.85	300±3	1,460	0.031	0.093	81
U	우라늄	238.07	19.07	1,132±5	–	0.028	0.064	92
V	바라듐	50.95	6.1	1,900+25	3,460	0.120	–	23
W	텅스텐	183.92	19.03	3,410	5,930	0.032	0.48	74
Zn	아연	65.38	7.133	419.505	906	0.0915	0.27	30
Zr	지르코늄	91.22	6.489	6.489	>2,900	0.066	–	40

KS B 0401 : 1988(2003 확인) ■■■

182. 치수공차와 끼워맞춤

IT 기본 공차로 치수공차와 끼워맞춤에 있어서 정해진 모든 치수공차를 의미하는 것으로 국제 표준화 기구(ISO)공차 방식에 따라 분류하며, IT01부터 IT18까지 20등급으로 구분하여 KS B 0401에 규정하고 있다.

01 기본공차의 수치

기준 치수의 구분(mm)		공차등급(IT)																		
		01	0	1	2	3	4	5	6	7	8	9	10	11	12	13	14	15	16	17	18
초과	이하	기본 공차의 수치(μm)													기본 공차의 수치(μm)						
-	3([1])	0.3	0.5	0.8	1.2	2	3	4	6	10	14	25	40	60	0.10	0.14	0.26	0.40	0.60	1.00	1.40
3	6	0.4	0.6	1	1.5	2.5	4	5	8	12	18	30	48	75	0.12	0.18	0.30	0.48	0.75	1.20	1.80
6	10	0.4	0.6	1	1.5	2.5	4	6	9	15	22	36	58	90	0.15	0.22	0.36	0.58	0.90	1.50	2.20
10	18	0.5	0.8	1.2	2	3	5	8	11	18	27	43	70	110	0.18	0.27	0.43	0.70	1.10	1.80	2.70
18	30	0.6	1.0	1.5	2.5	4	6	9	13	21	33	52	84	130	0.21	0.33	0.52	0.84	1.30	2.10	3.30
30	50	0.6	1.0	1.5	2.5	4	7	11	16	25	39	62	100	160	0.25	0.39	0.62	1.00	1.60	2.50	3.90
50	80	0.8	1.2	2	3	5	8	13	19	30	46	74	120	190	0.30	0.46	0.74	1.20	1.90	3.00	4.60
80	120	1.0	1.5	2.5	4	6	10	15	22	35	54	87	140	220	0.35	0.54	0.87	1.40	2.20	3.50	5.40
120	180	1.2	2.0	3.5	5	8	12	18	25	40	63	100	160	250	0.40	0.63	1.00	1.60	2.50	4.00	6.30
180	250	2.0	3.0	4.5	7	10	14	20	29	46	72	115	185	290	0.46	0.72	1.15	1.85	2.90	4.60	7.60
250	315	2.5	4.0	6	8	12	16	23	32	52	81	130	210	320	0.52	0.81	1.30	2.10	3.20	5.20	8.10
315	400	3.0	5.0	7	9	13	18	25	36	57	89	140	230	360	0.57	0.89	1.40	2.30	3.60	5.70	8.90

주
([1]) 공차등급 IT 14~IT 18은 기준 치수 1mm 이하에는 적용하지 않는다.

2 구멍의 기초가 되는 치수 허용차 수치

단위: μm

치수의 구분(mm) 초과	이하	A[1]	B[1]	C	CD	D	E	EF	F	FG	G	H	JS[2]	J			K[4]		M[4]		N[4] 5)		P~ZC	P	R	S	T	U	V	X	Y	Z	ZA	ZB	ZC
														6	7	8	≤8	>8	≤8	>8	≤8	>8													
—	3	+270	+140	+60	+34	+20	+14	+10	+6	+4	+2	0		+2	+4	+6	0	0	−2	−2	−4	−4		−6	−10	−14		−18		−20		−26	−32	−40	−60
3	6	+270	+140	+70	+46	+30	+20	+14	+10	+6	+4	0		+5	+6	+10	−1+Δ		−4+Δ	−4	−8+Δ	0		−12	−15	−19		−23		−28		−35	−42	−50	−80
6	10	+280	+150	+80	+56	+40	+25	+18	+13	+8	+5	0		+5	+8	+12	−1+Δ		−6+Δ	−6	−10+Δ	0		−15	−19	−23		−28		−34		−42	−52	−67	−97
10	14	+290	+150	+95		+50	+32		+16		+6	0		+6	+10	+15	−1+Δ		−7+Δ	−7	−12+Δ	0		−18	−23	−28		−33		−40		−50	−64	−90	−130
14	18																												−39	−45		−60	−77	−108	−150
18	24	+300	+160	+110		+65	+40		+20		+7	0		+8	+12	+20	−2+Δ		−8+Δ	−8	−15+Δ	0		−22	−28	−35		−41	−47	−54	−63	−73	−93	−136	−188
24	30																											−41	−48	−55	−64	−75	−88	−118	−160	−218
30	40	+310	+170	+120		+80	+50		+25		+9	0		+10	+14	+24	−2+Δ		−9+Δ	−9	−17+Δ	0		−26	−34	−43	−48	−60	−68	−80	−94	−112	−148	−200	−274
40	50	+320	+180	+130																							−54	−70	−81	−97	−114	−136	−180	−242	−325
50	65	+340	+190	+140		+100	+60		+30		+10	0		+13	+18	+28	−2+Δ		−11+Δ	−11	−20+Δ	0		−32	−41	−53	−66	−87	−102	−122	−144	−172	−226	−300	−405
65	80	+360	+200	+150																						−43	−59	−75	−102	−120	−146	−174	−210	−274	−360	−480
80	100	+380	+220	+170		+120	+72		+36		+12	0		+16	+22	+34	−3+Δ		−13+Δ	−13	−23+Δ	0		−37	−51	−71	−91	−124	−146	−178	−214	−258	−335	−445	−585
100	120	+410	+240	+180																						−54	−79	−104	−144	−172	−210	−254	−310	−400	−525	−690
120	140	+460	+260	+200		+145	+85		+43		+14	0		+18	+26	+41	−3+Δ		−15+Δ	−15	−27+Δ	0		−43	−63	−92	−122	−170	−202	−248	−300	−365	−470	−620	−800
140	160	+520	+280	+210																						−65	−100	−134	−190	−228	−280	−340	−415	−535	−700	−900
160	180	+580	+310	+230																						−68	−108	−146	−210	−252	−310	−380	−465	−600	−780	−1,000
180	200	+660	+340	+240		+170	+100		+50		+15	0		+22	+30	+47	−4+Δ		−17+Δ	−17	−31+Δ	0		−50	−77	−122	−166	−236	−284	−350	−425	−520	−670	−860	−1,150
200	225	+740	+380	+260																						−80	−130	−180	−258	−310	−385	−470	−575	−740	−960	−1,250
225	250	+820	+420	+280																						−84	−140	−196	−284	−340	−425	−520	−640	−820	−1,050	−1,350
250	280	+920	+480	+300		+190	+110		+56		+17	0		+25	+36	+55	−4+Δ		−20+Δ[3]	−20	−34+Δ	0		−56	−94	−158	−218	−315	−385	−475	−580	−710	−920	−1,200	−1,550
280	315	+1,050	+540	+330																						−98	−170	−240	−350	−425	−525	−650	−790	−1,000	−1,300	−1,700
315	355	+1,200	+600	+360		+210	+125		+62		+18	0		+29	+39	+60	−4+Δ		−21+Δ	−21	−37+Δ	0		−62	−108	−190	−268	−390	−475	−590	−730	−900	−1,150	−1,500	−1,900
355	400	+1,350	+680	+400																						−114	−208	−294	−435	−530	−660	−820	−1,000	−1,300	−1,650	−2,100
400	450	+1,500	+760	+440		+230	+135		+68		+20	0		+33	+43	+66	−5+Δ		−23+Δ	−23	−40+Δ	0		−68	−126	−232	−330	−490	−595	−740	−920	−1,100	−1,450	−1,880	−2,400
450	500	+1,650	+840	+480																						−132	−252	−360	−540	−660	−820	−1,000	−1,250	−1,600	−2,100	−2,600
500	560					+260	+145		+76		+22	0					−26			−44		0		−78	−150	−280	−400	−600							
560	630																								−155	−310	−450	−660								
630	710					+290	+160		+80		+24	0					−30			−50		0		−88	−175	−340	−500	−740							
710	800																								−185	−380	−560	−840								
800	900					+320	+170		+86		+26	0					−34			−56		0		−100	−210	−430	−620	−940							
900	1,000																								−220	−470	−680	−1,050								
1,000	1,120					+350	+195		+98		+28	0					−40			−66		0		−120	−250	−520	−780	−1,150							
1,120	1,250																								−260	−580	−840	−1,300								
1,250	1,400					+390	+220		+110		+30	0					−48			−78		0		−140	−300	−640	−960	−1,450							
1,400	1,600																								−330	−720	−1,050	−1,600								
1,600	1,800					+430	+240		+120		+32	0					−58			−92		0		−170	−370	−820	−1,200	−1,850							
1,800	2,000																								−400	−920	−1,350	−2,000								
2,000	2,240					+480	+260		+130		+34	0					−68			−110		0		−195	−440	−1,000	−1,500	−2,300							
2,240	2,500																								−460	−1,100	−1,650	−2,500								
2,500	2,800					+520	+290		+145		+38	0					−76			−135		0		−240	−550	−1,250	−1,900	−2,900							
2,800	3,150																								−580	−1,400	−2,100	−3,200								

전체의 공차 등급 / 공차 등급 8 이상

기초가 되는 치수 허용차=아래 치수 허용차 EI / 기초가 되는 치수 허용차=위 치수 허용차 ES

공차역의 위치 / 공차역의 위치

JS[2]: 치수허용차 = ±$\frac{IT_n}{2}$

공차 등급	3	4	5	6	7	8
	Δ의 수치					
	0	0	0	0	0	0
	0	1.5	1	3	4	6
	0	1.5	2	3	6	7
	1	2	3	3	7	9
	1.5	2	3	4	8	12
	1.5	3	4	5	9	14
	2	3	5	6	11	16
	2	4	5	7	13	19
	3	4	6	7	15	23
	3	4	6	9	17	26
	4	4	7	9	20	29
	4	5	7	11	21	32
	5	5	7	13	23	34

비고

1) A 및 B 구멍은 기준 치수 1mm 이하에는 사용하지 않는다.
2) 공차역 클래스 JS7~JS11에서는 기본 공차 IT의 수치가 홀수인 경우에는 치수 허용차, 즉 ±IT/2가 마이크로미터 단위의 정수가 되도록 IT의 수치를 바로 아래의 짝수로 맞춘다.
3) 예외로서 공차역 클래스 M6의 경우에는 ES는 −20+9 = −11μm가 아니고 −9μm이다.
4) 공차등급 IT 8 이하의 K, M및 N 구멍 및 공차 등급 IT 7 이하의 P~ZC 구멍의 경우, 우측의 표에서 Δ의 수치를 읽고 기초가 되는 치수 허용차를 선정한다.
   [보기] 18~30mm의 K7의 경우: Δ=8μm ∴ ES = −2+8 = +6μm
   18~30mm의 S6의 경우: Δ=4μm ∴ ES = −35+4 = −31μm
5) 공차등급 IT 9 이상의 N구멍은 기준 치수 1mm 이하에는 사용하지 않는다.

03 축의 기초가 되는 치수 허용차의 수치

단위: μm

기준 치수의 구분(mm)		전체의 공차 등급 기초가 되는 치수 허용차=위치수 허용차 es 공차역의 위치												공차 등급 5,6 / 7 / 8 / 4,5 6,7 / 3 이하 및 8 이상 기초가 되는 치수 허용차 공차역의 위치					전체의 공차 등급 기초가 되는 치수 허용차=아래 치수 허용차 ei 공차역의 위치									
초과	이하	a[1]	b[1]	c	cd	d	e	ef	f	fg	g	h	js^{2}	j	k	m	n	p	r	s	t	u	v	x	y	z	za	zb	zc
-	3	-270	-140	-60	-34	-20	-14	-10	-6	-4	-2	0	치수허용차 = $\pm \frac{IT_n}{2}$	-2	0	+2	+4	+6	+10	+14		+18		+20		+26	+32	+40	+60
3	6	-270	-140	-70	-46	-30	-20	-14	-10	-6	-4	0		-2	+1	+4	+8	+12	+15	+19		+23		+28		+35	+42	+50	+80
6	10	-280	-150	-80	-56	-40	-25	-18	-13	-8	-5	0		-2	+1	+6	+10	+15	+19	+23		+28		+34		+42	+52	+67	+97
10	14	-290	-150	-95		-50	-32		-16		-6	0		-3	+1	+7	+12	+18	+23	+28		+33		+40		+50	+64	+90	+130
14	18	-290	-150	-95		-50	-32		-16		-6	0		-3	+1	+7	+12	+18	+23	+28		+33	+39	+45		+60	+77	+108	+150
18	24	-300	-160	-110		-65	-40		-20		-7	0		-4	+2	+8	+15	+22	+28	+35		+41	+47	+54	+63	+73	+98	+136	+188
24	30	-300	-160	-110		-65	-40		-20		-7	0		-4	+2	+8	+15	+22	+28	+35	+41	+48	+55	+64	+75	+88	+118	+160	+218
30	40	-310	-170	-120		-80	-50		-25		-9	0		-5	+2	+9	+17	+26	+34	+43	+48	+60	+68	+80	+94	+112	+148	+200	+274
40	50	-320	-180	-130		-80	-50		-25		-9	0		-5	+2	+9	+17	+26	+34	+43	+54	+70	+81	+97	+114	+136	+180	+242	+325
50	65	-340	-190	-140		-100	-60		-30		-10	0		-7	+2	+11	+20	+32	+41	+53	+66	+87	+102	+122	+144	+172	+226	+300	+405
65	80	-360	-200	-150		-100	-60		-30		-10	0		-7	+2	+11	+20	+32	+43	+59	+75	+102	+120	+146	+174	+210	+274	+360	+480
80	100	-380	-220	-170		-120	-72		-36		-12	0		-9	+3	+13	+23	+37	+51	+71	+91	+124	+146	+178	+214	+258	+335	+445	+585
100	120	-410	-240	-180		-120	-72		-36		-12	0		-9	+3	+13	+23	+37	+54	+79	+104	+144	+172	+210	+254	+310	+400	+525	+690
120	140	-460	-260	-200		-145	-85		-43		-14	0		-11	+3	+15	+27	+43	+63	+92	+122	+170	+202	+248	+300	+365	+470	+620	+800
140	160	-520	-280	-210		-145	-85		-43		-14	0		-11	+3	+15	+27	+43	+65	+100	+134	+190	+228	+280	+340	+415	+535	+700	+900
160	180	-580	-310	-230		-145	-85		-43		-14	0		-11	+3	+15	+27	+43	+68	+108	+146	+210	+252	+310	+380	+465	+600	+780	+1,000
180	200	-660	-340	-240		-170	-100		-50		-15	0		-13	+4	+17	+31	+50	+77	+122	+166	+236	+284	+350	+425	+520	+670	+880	+1,150
200	225	-740	-380	-260		-170	-100		-50		-15	0		-13	+4	+17	+31	+50	+80	+130	+180	+258	+310	+385	+470	+575	+740	+960	+1,250
225	250	-820	-420	-280		-170	-100		-50		-15	0		-13	+4	+17	+31	+50	+84	+140	+196	+284	+340	+425	+520	+640	+820	+1,050	+1,350
250	280	-920	-480	-300		-190	-110		-56		-17	0		-16	+4	+20	+34	+56	+94	+158	+218	+315	+385	+475	+580	+710	+920	+1,200	+1,550
280	315	-1,050	-540	-330		-190	-110		-56		-17	0		-16	+4	+20	+34	+56	+98	+170	+240	+350	+425	+525	+650	+790	+1,000	+1,300	+1,700
315	355	-1,200	-600	-360		-210	-125		-62		-18	0		-18	+4	+21	+37	+62	+108	+190	+268	+390	+475	+590	+730	+900	+1,150	+1,500	+1,900
355	400	-1,350	-680	-400		-210	-125		-62		-18	0		-18	+4	+21	+37	+62	+114	+208	+294	+435	+530	+660	+820	+1,000	+1,300	+1,650	+2,100
400	450	-1,500	-760	-440		-230	-135		-68		-20	0		-20	+5	+23	+40	+68	+126	+232	+330	+490	+595	+740	+920	+1,100	+1,450	+1,850	+2,400
450	500	-1,650	-840	-480		-230	-135		-68		-20	0		-20	+5	+23	+40	+68	+132	+252	+360	+540	+660	+820	+1,000	+1,250	+1,600	+2,100	+2,600
500	560					-260	-145		-76		-22	0			0	+26	+44	+78	+150	+280	+400	+600							
560	630					-260	-145		-76		-22	0			0	+26	+44	+78	+155	+310	+450	+660							
630	710					-290	-160		-80		-24	0			0	+30	+50	+88	+175	+340	+500	+740							
710	800					-290	-160		-80		-24	0			0	+30	+50	+88	+185	+380	+560	+840							
800	900					-320	-170		-86		-26	0			0	+34	+56	+100	+210	+430	+620	+940							
900	1,000					-320	-170		-86		-26	0			0	+34	+56	+100	+220	+470	+680	+1,050							
1,000	1,120					-350	-195		-98		-28	0			0	+40	+66	+120	+250	+520	+780	+1,150							
1,120	1,250					-350	-195		-98		-28	0			0	+40	+66	+120	+260	+580	+840	+1,300							
1,250	1,400					-390	-220		-110		-30	0			0	+48	+78	+140	+300	+640	+960	+1,450							
1,400	1,600					-390	-220		-110		-30	0			0	+48	+78	+140	+330	+720	+1,050	+1,600							
1,600	1,800					-430	-240		-120		-32	0			0	+58	+92	+170	+370	+820	+1,200	+1,850							
1,800	2,000					-430	-240		-120		-32	0			0	+58	+92	+170	+400	+920	+1,350	+2,000							
2,000	2,240					-480	-260		-130		-34	0			0	+68	+110	+195	+440	+1,000	+1,500	+2,300							
2,240	2,500					-480	-260		-130		-34	0			0	+68	+110	+195	+460	+1,100	+1,650	+2,500							
2,500	2,800					-520	-290		-145		-38	0			0	+76	+135	+240	+550	+1,250	+1,900	+2,900							
2,800	3,150					-520	-290		-145		-38	0			0	+76	+135	+240	+580	+1,400	+2,100	+3,200							

비고
1) a 및 b축은 기준 치수 1mm 이하에는 사용하지 않는다.
2) 공차역 클래스 js7~js11에서는 기준 공차 IT의 수치가 홀수인 경우에는 치수 허용차, 즉 ±IT/2가 마이크로미터 단위의 정수가 되도록 IT의 수치를 바로 아래의 짝수로 맞춤한다.

183. 상용하는 끼워맞춤과 치수허용차

01 상용하는 구멍 기준 끼워맞춤

기준 구멍	축의 공차역 클래스															
	헐거운 끼워맞춤						중간 끼워맞춤			억지 끼워맞춤						
H6						g5	h5	js5	k5	m5						
					f6	g6	h6	js6	k6	m6	n6(¹)	p6(¹)				
H7					f6	g6	h6	js6	k6	m6	n6(¹)	p6(¹)	r6(¹)	s6	t6	u6	x6
				e7	f7		h7	js7								
H8					f7		h7									
				e8	f8		h8									
			d9	e9												
H9			d8	e8			h8									
		c9	d9	e9			h9									
H10	b9	c9	d9													

주
(¹) 이들의 끼워맞춤은 치수의 구분에 따라 예외가 생긴다.

02 상용하는 축 기준 끼워맞춤

기준축	구멍의 공차역 클래스																
	헐거운 끼워맞춤						중간 끼워맞춤				억지 끼워맞춤						
h5							H6	JS6	K6	M6	N6¹⁾	P6					
h6					F6	G6	H6	JS6	K6	M6	N6	P6¹⁾					
					F7	G7	H6	JS7	K7	M7	N7	P7¹⁾	R7	S7	T7	U7	K7
h7					F7		H7										
					F8		H8										
h8			D8	E8	F8		H8										
			D9	E9			H9										
h9			D8	E8			H8										
		C9	D9	E9			H9										
	B10	C10	D10														

주

(¹) 이들의 끼워맞춤은 치수의 구분에 따라 예외가 생긴다.

상용하는 끼워맞춤 축의 치수 허용차(KS B 0401)

단위: μm

치수의 구분(mm)		b 9	c 9	d 8	d 9	e 7	e 8	e 9	f 6	f 7	f 8	g 4	g 5	g 6	h 4	h 5	h 6	h 7	h 8	h 9	js 4	js 5	js 6	js 7	k 4	k 5	k 6	m 4	m 5	m 6	n 6	p 6	r 6	s 6	t 6	u 6	x 6	치수의 구분(mm)	
초과	이하																																					초과	이하
—	3	−140 −165	−60 −85	−20 −34	−20 −45	−14 −24	−14 −28	−14 −39	−6 −12	−6 −16	−6 −20	−2 −5	−2 −6	−2 −8	0 −3	0 −4	0 −6	0 −10	0 −14	0 −25	±1.5	±2	±3	±5	+3 0	+4 0	+6 0	+5 +2	+6 +2	+8 +2	+10 +4	+12 +6	+16 +10	+20 +14	—	+24 +18	+26 +20	—	3
3	6	−140 −170	−70 −100	−30 −48	−30 −60	−20 −32	−20 −38	−20 −50	−10 −18	−10 −22	−10 −28	−4 −8	−4 −9	−4 −12	0 −4	0 −5	0 −8	0 −12	0 −18	0 −30	±2	±2.5	±4	±6	+5 +1	+6 +1	+9 +1	+8 +4	+9 +4	+12 +4	+16 +8	+20 +12	+23 +15	+27 +19	—	+31 +23	+36 +28	3	6
6	10	−150 −186	−80 −116	−40 −62	−40 −76	−25 −40	−25 −47	−25 −61	−13 −22	−13 −28	−13 −35	−5 −9	−5 −11	−5 −14	0 −4	0 −6	0 −9	0 −15	0 −22	0 −36	±2	±3	±4.5	±7.5	+5 +1	+7 +1	+10 +1	+10 +6	+12 +6	+15 +6	+19 +10	+24 +15	+28 +19	+32 +23	—	+37 +28	+43 +34	6	10
10	14	−150 −193	−95 −138	−50 −77	−50 −93	−32 −50	−32 −59	−32 −75	−16 −27	−16 −34	−16 −43	−6 −11	−6 −14	−6 −17	0 −5	0 −8	0 −11	0 −18	0 −27	0 −43	±2.5	±4	±5.5	±9	+6 +1	+9 +1	+12 +1	+12 +7	+15 +7	+18 +7	+23 +12	+29 +18	+34 +23	+39 +28	—	+44 +33	+51 +40	10	14
14	18																																				+56 +45	14	18
18	24	−160 −212	−110 −162	−65 −98	−65 −117	−40 −61	−40 −73	−40 −92	−20 −33	−20 −41	−20 −53	−7 −13	−7 −16	−7 −20	0 −6	0 −9	0 −13	0 −21	0 −33	0 −52	±3	±4.5	±6.5	±10.5	+8 +2	+11 +2	+15 +2	+14 +8	+17 +8	+21 +8	+28 +15	+35 +22	+41 +28	+48 +35	—	+54 +41	+67 +54	18	24
24	30																																		+54 +41	+61 +48	+77 +64	24	30
30	40	−170 −232	−120 −182	−80 −119	−80 −142	−50 −75	−50 −89	−50 −112	−25 −41	−25 −50	−25 −64	−9 −16	−9 −20	−9 −25	0 −7	0 −11	0 −16	0 −25	0 −39	0 −62	±3.5	±5.5	±8	±12.5	+9 +2	+13 +2	+18 +2	+16 +9	+20 +9	+25 +9	+33 +17	+42 +26	+50 +34	+59 +43	+64 +48	+76 +60	—	30	40
40	50	−180 −242	−130 −192																																+70 +54	+86 +70	—	40	50
50	65	−190 −264	−140 −214	−100 −146	−100 −174	−60 −90	−60 −106	−60 −134	−30 −49	−30 −60	−30 −76	−10 −18	−10 −23	−10 −29	0 −8	0 −13	0 −19	0 −30	0 −46	0 −74	±4	±6.5	±9.5	±15	+10 +2	+15 +2	+21 +2	+19 +11	+24 +11	+30 +11	+39 +20	+51 +32	+60 +41	+72 +53	+85 +66	+106 +87	—	50	65
65	80	−200 −274	−150 −224																														+62 +43	+78 +59	+94 +75	+121 +102	—	65	80
80	100	−220 −307	−170 −257	−120 −174	−120 −207	−72 −107	−72 −126	−72 −159	−36 −58	−36 −71	−36 −90	−12 −22	−12 −27	−12 −34	0 −10	0 −15	0 −22	0 −35	0 −54	0 −87	±5	±7.5	±11	±17.5	+13 +3	+18 +3	+25 +3	+23 +13	+28 +13	+35 +13	+45 +23	+59 +37	+73 +51	+93 +71	+113 +91	+146 +124	—	80	100
100	120	−240 −327	−180 −267																														+76 +54	+101 +79	+126 +104	+166 +144	—	100	120
120	140	−260 −360	−200 −300	−145 −208	−145 −245	−85 −125	−85 −148	−85 −185	−43 −68	−43 −83	−43 −106	−14 −26	−14 −32	−14 −39	0 −12	0 −18	0 −25	0 −40	0 −63	0 −100	±6	±9	±12.5	±20	+15 +3	+21 +3	+28 +3	+27 +15	+33 +15	+40 +15	+52 +27	+68 +43	+88 +63	+117 +92	+147 +122	—	—	120	140
140	160	−280 −380	−210 −310																														+90 +65	+125 +100	+159 +134	—	—	140	160
160	180	−310 −410	−230 −330																														+93 +68	+133 +108	+171 +146	—	—	160	180
180	200	−340 −455	−240 −355	−170 −242	−170 −285	−100 −146	−100 −172	−100 −215	−50 −79	−50 −96	−50 −122	−15 −29	−15 −35	−15 −44	0 −14	0 −20	0 −29	0 −46	0 −72	0 −115	±7	±10	±14.5	±23	+18 +4	+24 +4	+33 +4	+31 +17	+37 +17	+46 +17	+60 +31	+79 +50	+106 +77	+151 +122	—	—	—	180	200
200	225	−380 −495	−260 −375																														+109 +80	+159 +130	—	—	—	200	225
225	250	−420 −535	−280 −395																														+113 +84	+169 +140	—	—	—	225	250
250	280	−480 −610	−300 −430	−190 −271	−190 −320	−110 −162	−110 −191	−110 −240	−56 −88	−56 −108	−56 −137	−17 −33	−17 −40	−17 −49	0 −16	0 −23	0 −32	0 −52	0 −81	0 −130	±8	±11.5	±16	±26	+20 +4	+27 +4	+36 +4	+36 +20	+43 +20	+52 +20	+66 +34	+88 +56	+126 +94	—	—	—	—	250	280
280	315	−540 −670	−330 −460																														+130 +98	—	—	—	—	280	315
315	355	−600 −740	−360 −500	−210 −299	−210 −350	−125 −182	−125 −214	−125 −265	−62 −98	−62 −119	−62 −151	−18 −36	−18 −43	−18 −54	0 −18	0 −25	0 −36	0 −57	0 −89	0 −140	±9	±12.5	±18	±28.5	+22 +4	+29 +4	+40 +4	+39 +21	+46 +21	+57 +21	+73 +37	+98 +62	+144 +108	—	—	—	—	315	355
355	400	−680 −820	−400 −540																														+150 +114	—	—	—	—	355	400
400	450	−760 −915	−440 −595	−230 −327	−230 −385	−135 −198	−135 −232	−135 −290	−68 −108	−68 −131	−68 −165	−20 −40	−20 −47	−20 −60	0 −20	0 −27	0 −40	0 −63	0 −97	0 −155	±10	±13.5	±20	±31.5	+25 +5	+32 +5	+45 +5	+43 +23	+50 +23	+63 +23	+80 +40	+108 +68	+168 +126	—	—	—	—	400	450
450	500	−840 −995	−480 −635																														+172 +132	—	—	—	—	450	500

04 상용하는 끼워맞춤 구멍의 치수 허용차(KS B 0401)

단위: μm

치수의 구분(mm)		B		C		D			E			F			G			H						Js			K			M			N			P	R	S	T	U	X	치수의 구분(mm)	
초과	이하	10	9	10	9	8	9	10	7	8	9	6	7	8	6	7	6	7	8	9	10	5	6	7	6	7	5	6	7	6	7	6	7	6	7	7	7	7	초과	이하
-	3	+180/+140	+85/+60	+100/+60	+100/+60	+34/+20	+45/+20	+60/+20	+24/+14	+28/+14	+39/+14	+12/+6	+16/+6	+20/+6	+8/+2	+12/+2	+6/0	+10/0	+14/0	+25/0	+40/0	±2	±3	±5	0/-6	0/-10	-2/-8	-2/-8	-4/-10	-4/-10	-6/-16	-6/-12	-6/-16	-10/-20	-	-	-	-18/-28	-20/-30	-	3
3	6	+180/+140	+100/+70	+118/+70	+118/+70	+48/+30	+60/+30	+78/+30	+32/+20	+38/+20	+50/+20	+18/+10	+22/+10	+28/+10	+12/+4	+16/+4	+8/0	+12/0	+18/0	+30/0	+48/0	±2.5	±4	±6	+2/-6	+3/-9	-1/-9	0/-12	-5/-13	-4/-16	-8/-20	-9/-17	-11/-23	-15/-27	-19/-31	-	-	-19/-31	-24/-36	3	6
6	10	+208/+150	+116/+80	+138/+80	+138/+80	+62/+40	+76/+40	+98/+40	+40/+25	+47/+25	+61/+25	+22/+13	+28/+13	+35/+13	+14/+5	+20/+5	+9/0	+15/0	+22/0	+36/0	+58/0	±3	±4.5	±7.5	+2/-7	+5/-10	-3/-12	-3/-15	-7/-16	-4/-19	-9/-24	-12/-21	-13/-28	-19/-37	-22/-37	-	-	-22/-37	-28/-43	6	10
10	14	+220/+150	+138/+95	+165/+95	+165/+95	+77/+50	+93/+50	+120/+50	+50/+32	+59/+32	+75/+32	+27/+16	+34/+16	+43/+16	+17/+6	+24/+6	+11/0	+18/0	+27/0	+43/0	+70/0	±4	±5.5	±9	+2/-9	+6/-12	-4/-15	-4/-17	-9/-20	-5/-23	-11/-29	-15/-26	-16/-34	-23/-41	-26/-44	-	-	-26/-44	-33/-51	10	14
14	18	+220/+150	+138/+95	+165/+95	+165/+95	+77/+50	+93/+50	+120/+50	+50/+32	+59/+32	+75/+32	+27/+16	+34/+16	+43/+16	+17/+6	+24/+6	+11/0	+18/0	+27/0	+43/0	+70/0	±4	±5.5	±9	+2/-9	+6/-12	-4/-15	-4/-17	-9/-20	-5/-23	-11/-29	-15/-26	-16/-34	-23/-41	-26/-44	-	-	-32/-50	-38/-56	14	18
18	24	+244/+160	+162/+110	+194/+110	+194/+110	+98/+65	+117/+65	+149/+65	+61/+40	+72/+40	+92/+40	+33/+20	+41/+20	+53/+20	+20/+7	+28/+7	+13/0	+21/0	+33/0	+52/0	+84/0	±4.5	±6.5	±10.5	+2/-11	+6/-15	-5/-17	-4/-20	-11/-24	-7/-28	-14/-35	-18/-31	-20/-41	-28/-48	-33/-54	-	-	-39/-60	-46/-67	18	24
24	30	+244/+160	+162/+110	+194/+110	+194/+110	+98/+65	+117/+65	+149/+65	+61/+40	+72/+40	+92/+40	+33/+20	+41/+20	+53/+20	+20/+7	+28/+7	+13/0	+21/0	+33/0	+52/0	+84/0	±4.5	±6.5	±10.5	+2/-11	+6/-15	-5/-17	-4/-20	-11/-24	-7/-28	-14/-35	-18/-31	-20/-41	-28/-48	-33/-54	-33/-54	-40/-61	-45/-66	-56/-77	24	30
30	40	+270/+170	+182/+120	+220/+120	+220/+120	+119/+80	+142/+80	+180/+80	+75/+50	+89/+50	+112/+50	+41/+25	+50/+25	+64/+25	+25/+9	+34/+9	+16/0	+25/0	+39/0	+62/0	+100/0	±5.5	±8	±12.5	+3/-13	+7/-18	-6/-20	-4/-24	-12/-28	-8/-33	-17/-42	-21/-37	-25/-50	-34/-59	-39/-64	-51/-76	-55/-86	-55/-86	-71/-96	30	40
40	50	+280/+180	+192/+130	+230/+130	+230/+130	+119/+80	+142/+80	+180/+80	+75/+50	+89/+50	+112/+50	+41/+25	+50/+25	+64/+25	+25/+9	+34/+9	+16/0	+25/0	+39/0	+62/0	+100/0	±5.5	±8	±12.5	+3/-13	+7/-18	-6/-20	-4/-24	-12/-28	-8/-33	-17/-42	-21/-37	-25/-50	-34/-59	-45/-70	-61/-86	-70/-95	-70/-95	-80/-108	40	50
50	65	+310/+190	+214/+140	+260/+140	+260/+140	+146/+100	+174/+100	+220/+100	+90/+60	+106/+60	+134/+60	+49/+30	+60/+30	+76/+30	+29/+10	+40/+10	+19/0	+30/0	+46/0	+74/0	+120/0	±6.5	±9.5	±15	+4/-15	+9/-21	-8/-24	-5/-28	-14/-33	-9/-39	-21/-51	-26/-45	-30/-60	-41/-72	-54/-85	-76/-106	-87/-121	-87/-121	-94/-133	50	65
65	80	+320/+200	+224/+150	+270/+150	+270/+150	+146/+100	+174/+100	+220/+100	+90/+60	+106/+60	+134/+60	+49/+30	+60/+30	+76/+30	+29/+10	+40/+10	+19/0	+30/0	+46/0	+74/0	+120/0	±6.5	±9.5	±15	+4/-15	+9/-21	-8/-24	-5/-28	-14/-33	-9/-39	-21/-51	-26/-45	-30/-60	-48/-78	-64/-94	-91/-121	-102/-139	-102/-139	-114/-148	65	80
80	100	+360/+220	+257/+170	+310/+170	+310/+170	+174/+120	+207/+120	+260/+120	+107/+72	+126/+72	+159/+72	+58/+36	+71/+36	+90/+36	+34/+12	+47/+12	+22/0	+35/0	+54/0	+87/0	+140/0	±7.5	±11	±17.5	+4/-18	+10/-25	-9/-28	-6/-33	-16/-38	-10/-45	-24/-59	-30/-52	-38/-73	-58/-93	-78/-113	-111/-146	-124/-159	-	-	80	100
100	120	+380/+240	+267/+180	+320/+180	+320/+180	+174/+120	+207/+120	+260/+120	+107/+72	+126/+72	+159/+72	+58/+36	+71/+36	+90/+36	+34/+12	+47/+12	+22/0	+35/0	+54/0	+87/0	+140/0	±7.5	±11	±17.5	+4/-18	+10/-25	-9/-28	-6/-33	-16/-38	-10/-45	-24/-59	-30/-52	-38/-73	-66/-101	-91/-126	-131/-166	-144/-159	-	-	100	120
120	140	+420/+260	+300/+200	+360/+200	+360/+200	+208/+145	+245/+145	+305/+145	+125/+85	+148/+85	+185/+85	+68/+43	+83/+43	+106/+43	+39/+14	+54/+14	+25/0	+40/0	+63/0	+100/0	+160/0	±9	±12.5	±20	+4/-21	+12/-28	-11/-33	-8/-39	-20/-45	-12/-52	-28/-68	-36/-61	-48/-88	-77/-117	-107/-147	-	-	-	-	120	140
140	160	+440/+280	+310/+210	+370/+210	+370/+210	+208/+145	+245/+145	+305/+145	+125/+85	+148/+85	+185/+85	+68/+43	+83/+43	+106/+43	+39/+14	+54/+14	+25/0	+40/0	+63/0	+100/0	+160/0	±9	±12.5	±20	+4/-21	+12/-28	-11/-33	-8/-39	-20/-45	-12/-52	-28/-68	-36/-61	-48/-88	-85/-125	-119/-159	-	-	-	-	140	160
160	180	+470/+310	+330/+230	+390/+230	+390/+230	+208/+145	+245/+145	+305/+145	+125/+85	+148/+85	+185/+85	+68/+43	+83/+43	+106/+43	+39/+14	+54/+14	+25/0	+40/0	+63/0	+100/0	+160/0	±9	±12.5	±20	+4/-21	+12/-28	-11/-33	-8/-39	-20/-45	-12/-52	-28/-68	-36/-61	-48/-88	-93/-133	-131/-171	-	-	-	-	160	180
180	200	+525/+340	+355/+240	+425/+240	+425/+240	+242/+170	+285/+170	+355/+170	+146/+100	+172/+100	+215/+100	+79/+50	+96/+50	+122/+50	+44/+15	+61/+15	+29/0	+46/0	+72/0	+115/0	+185/0	±10	±14.5	±23	+5/-24	+13/-33	-13/-37	-8/-46	-22/-51	-14/-60	-33/-79	-41/-70	-60/-106	-105/-151	-	-	-	-	-	180	200
200	225	+565/+380	+375/+260	+445/+260	+445/+260	+242/+170	+285/+170	+355/+170	+146/+100	+172/+100	+215/+100	+79/+50	+96/+50	+122/+50	+44/+15	+61/+15	+29/0	+46/0	+72/0	+115/0	+185/0	±10	±14.5	±23	+5/-24	+13/-33	-13/-37	-8/-46	-22/-51	-14/-60	-33/-79	-41/-70	-63/-109	-113/-159	-	-	-	-	-	200	225
225	250	+605/+420	+395/+280	+465/+280	+465/+280	+242/+170	+285/+170	+355/+170	+146/+100	+172/+100	+215/+100	+79/+50	+96/+50	+122/+50	+44/+15	+61/+15	+29/0	+46/0	+72/0	+115/0	+185/0	±10	±14.5	±23	+5/-24	+13/-33	-13/-37	-8/-46	-22/-51	-14/-60	-33/-79	-41/-70	-67/-113	-123/-169	-	-	-	-	-	225	250
250	280	+690/+480	+430/+300	+510/+300	+510/+300	+271/+190	+320/+190	+400/+190	+162/+110	+191/+110	+240/+110	+88/+56	+108/+56	+137/+56	+49/+17	+69/+17	+32/0	+52/0	+81/0	+130/0	+230/0	±11.5	±16	±26	+5/-27	+16/-36	-13/-41	-9/-52	-25/-57	-14/-66	-36/-88	-47/-79	-74/-126	-	-	-	-	-	-	250	280
280	315	+750/+540	+460/+330	+540/+330	+540/+330	+271/+190	+320/+190	+400/+190	+162/+110	+191/+110	+240/+110	+88/+56	+108/+56	+137/+56	+49/+17	+69/+17	+32/0	+52/0	+81/0	+130/0	+230/0	±11.5	±16	±26	+5/-27	+16/-36	-13/-41	-9/-52	-25/-57	-14/-66	-36/-88	-47/-79	-78/-130	-	-	-	-	-	-	280	315
315	355	+830/+600	+500/+360	+590/+360	+590/+360	+299/+210	+350/+210	+440/+210	+182/+125	+214/+125	+265/+125	+98/+62	+119/+62	+151/+62	+54/+18	+75/+18	+36/0	+57/0	+89/0	+140/0	+250/0	±12.5	±18	±28.5	+7/-29	+17/-40	-14/-46	-10/-57	-26/-62	-16/-73	-41/-98	-55/-87	-87/-144	-	-	-	-	-	-	315	355
355	400	+910/+680	+540/+400	+630/+400	+630/+400	+299/+210	+350/+210	+440/+210	+182/+125	+214/+125	+265/+125	+98/+62	+119/+62	+151/+62	+54/+18	+75/+18	+36/0	+57/0	+89/0	+140/0	+250/0	±12.5	±18	±28.5	+7/-29	+17/-40	-14/-46	-10/-57	-26/-62	-16/-73	-41/-98	-55/-87	-93/-150	-	-	-	-	-	-	355	400
400	450	+1,010/+760	+595/+440	+690/+440	+690/+440	+327/+230	+385/+230	+480/+230	+198/+135	+232/+135	+290/+135	+108/+68	+131/+68	+165/+68	+60/+20	+83/+20	+40/0	+63/0	+97/0	+155/0	+250/0	±13.5	±20	±31.5	+8/-32	+18/-45	-16/-50	-10/-63	-27/-67	-17/-80	-45/-108	-55/-103	-103/-166	-	-	-	-	-	-	400	450
450	500	+1,090/+840	+635/+480	+730/+480	+730/+480	+327/+230	+385/+230	+480/+230	+198/+135	+232/+135	+290/+135	+108/+68	+131/+68	+165/+68	+60/+20	+83/+20	+40/0	+63/0	+97/0	+155/0	+250/0	±13.5	±20	±31.5	+8/-32	+18/-45	-16/-50	-10/-63	-27/-67	-17/-80	-45/-108	-55/-103	-109/-172	-	-	-	-	-	-	450	500

비고

표 속의 각 단에서 위쪽의 수치는 윗치수허용차, 아래쪽의 수치는 아래치수허용차

KS B 0420 : 1971(2010 확인)

184. 중심거리의 허용차

(1) 적용범위
   이 규격은 다음에 표시하는 중심거리의 허용차(이하 허용차라 한다.)에 대하여 규정한다.
   ① 기계부품에 뚫린 두 구멍의 중심거리
   ② 기계부품에 있어서 두 축의 중심거리
   ③ 기계부품에 가공된 두 홈의 중심거리
   ④ 기계부품에 있어서 구멍과 축, 구멍과 홈 또는 축과 홈의 중심거리
   • 비고 : 여기서 구멍, 축 및 홈은 그 중심선에 서로 평행하고 구멍과 축은 원형 단면이며 테이퍼가 없고, 홈은 양측면이 평행한 조건이다.

(2) 용어의 뜻
   중심거리 : 구멍, 축 또는 홈의 중심선에 직각인 단면 내에서 중심부터 중심까지의 거리

(3) 등급
   허용차의 등급은 1~4급까지 4등급으로 한다. 또 0급을 참고로 표에 표시한다.

(4) 허용차
   허용차의 수치는 다음 표에 따른다.

단위 : μm

중심거리의 구분(mm)		등급				4급 (mm)
초과	이하	0급(참고)	1급	2급	3급	
-	3	±2	±3	±7	±20	±0.05
3	6	±3	±4	±9	±24	±0.06
6	10	±3	±5	±11	±29	±0.08
10	18	±4	±6	±14	±35	±0.09
18	30	±5	±7	±17	±42	±0.11
30	50	±6	±8	±20	±50	±0.13
50	80	±7	±10	±23	±60	±0.15
80	120	±8	±11	±27	±70	±0.18
120	180	±9	±13	±32	±80	±0.20
180	250	±10	±15	±36	±93	±0.23
250	315	±12	±16	±41	±105	±0.26
315	400	±13	±18	±45	±115	±0.29
400	500	±14	±20	±49	±125	±0.32
500	630	-	±22	±55	±140	±0.35
630	800	-	±25	±63	±160	±0.40
800	1,000	-	±28	±70	±180	±0.45
1,000	1,250	-	±33	±83	±210	±0.53
1,250	1,600	-	±29	±98	±250	±0.63
1,600	2,000	-	±46	±120	±300	±0.75
2,000	2,500	-	±55	±140	±350	±0.88
2,500	3,150	-	±68	±170	±430	±1.05

185. 제도-모서리, 버, 언더컷, 패싱 지시 방법

1. 적용범위
이 규격은 모서리 상태를 정의하는 용어를 정의하고, 제도에서 상세히 도시가 되지 않은 미정의 모서리 모양 상태를 표시하는 규칙을 규정한다. 도식적 기호의 비례와 치수 또한 규정된다.

용어와 정의

- **모서리(Edge)** : 두 면이 교차하는 곳
- **미정의 모서리(Edge of Undefined Shape)** : 그림에서 상세하게 도시가 되지 않는 모서리의 모양
- **예리한 모서리(Sharp Edge)** : 기하학적 모양에서 오차가 거의 없는 부품의 외부 및 내부 구석 모서리

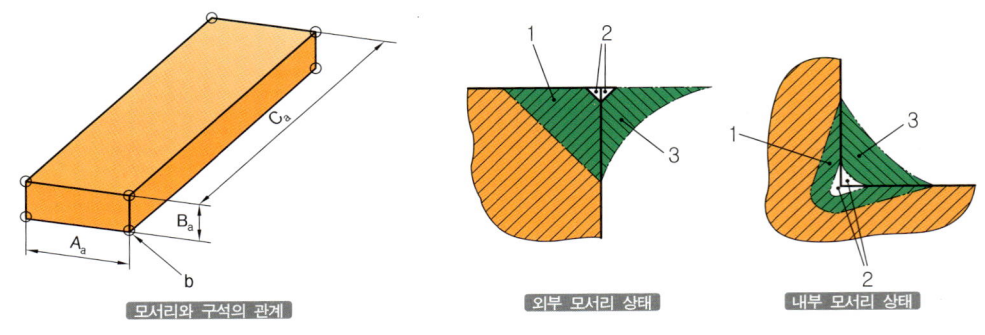

a : 모서리 길이, b : 구석   1 : 언더컷의 크기, 2 : 예리한 모서리의 크기, 3 : 버의 크기

- **버(Burr : 거스러미)** : 외부 모서리의 이상적인 기하학적 모양 밖에서 거친 버가 남아 있는 것

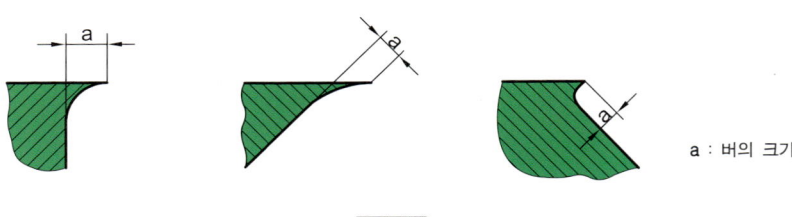

버의 예   a : 버의 크기

- **언더컷(Undercut)** : 내부 구석모서리의 이상적인 기하학적 모양 안에서의 오차

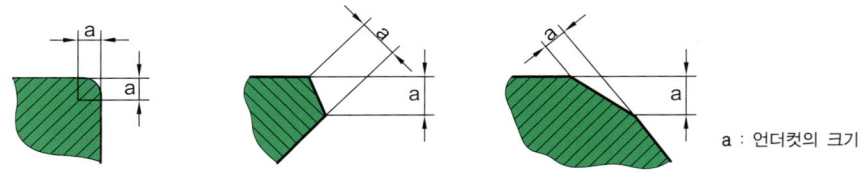

외부 모서리에서 언더컷의 예   a : 언더컷의 크기

185. 제도-모서리, 버, 언더컷, 패싱 지시 방법

용어와 정의(계속)

- **언더컷(Undercut)** : 내부 구석 모서리의 이상적인 기하학적 모양 안에서의 오차

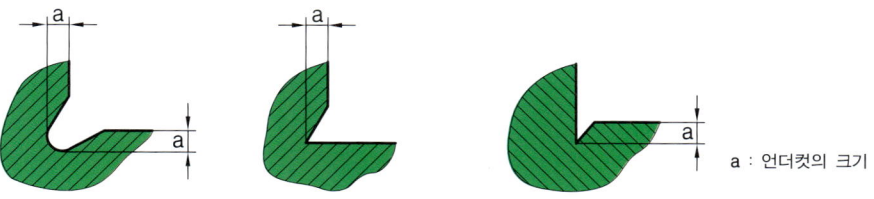

내부 모서리에서 언더컷의 예

- **패싱(Passing)** : 내부 구석 모서리의 이상적인 기하학적 모양 안에서의 오차

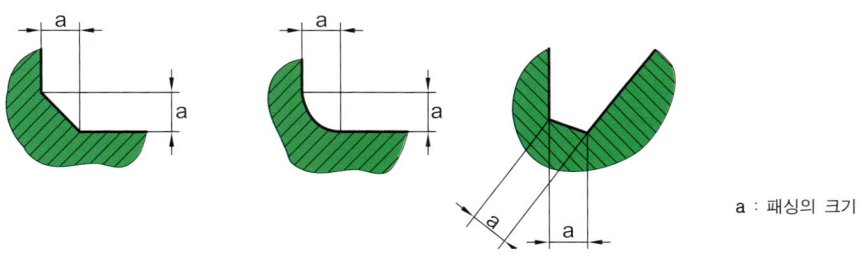

외부 모서리에서 언더컷의 예

모서리 크기의 추천값

a	적용
+2.5 +1 +0.5 +0.3 +0.1	버 또는 패싱이 허용된 모서리 : 언더컷은 허용되지 않는다.
+0.05 +0.02	예리한 모서리
-0.02 -0.05	
-0.1 -0.3 -0.5 -1 -2.5	언더컷이 허용된 모서리 : 버 또는 패싱은 허용되지 않는다.

185. 제도-모서리, 버, 언더컷, 패싱 지시 방법

기본 기호 및 위치

1. 한개 모서리에 대하여 하나의 지시
2. 부품의 표시된 윤곽을 따른 모든 모서리에 대하여 각 개별 지시
3. 부품의 모서리의 전체 또는 대부분에 공통적인 집합 지시

기호크기 및 굵기

기호, 문자 높이(h)	3.5mm	5mm	7mm
기호 및 문자 굵기	0.35mm	0.5mm	0.7mm
기호 높이(H)	5mm	7mm	10mm

비고
1. "원" 사용은 선택적이다.
2. 지시선의 길이는 1.5×h와 같거나 커야 한다.

모서리 모양에 대한 기호 요소

기호요소		외부 모서리	내부 구석 모서리
⌐+	+	버는 허용되나 언더컷은 허용되지 않는다.	패싱은 허용되나 언더컷은 허용되지 않는다.
⌐-	−	언더컷은 요구되나 버는 허용되지 않는다.	언더컷은 요구되나 패싱은 허용되지 않는다.
⌐±0.3	±(¹)	버 또는 언더컷 허용	언더컷 또는 패싱 허용

주
(¹) 크기의 지시를 할 때에만 사용한다.

버 또는 언더컷의 방향

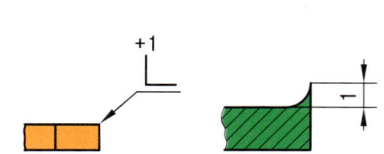

외부 모서리상의 버 방향

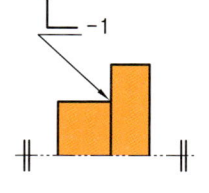
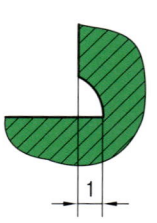

내부 구석 모서리상의 언더컷 방향

185. 제도-모서리, 버, 언더컷, 패싱 지시 방법

도면상 지시 의미

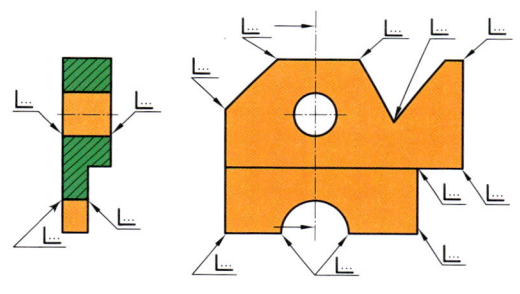

투상면에 수직인 모서리 지시법

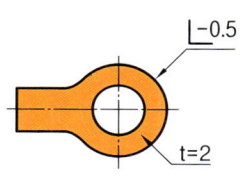

부품형상에 따른 모든 모서리 지시법

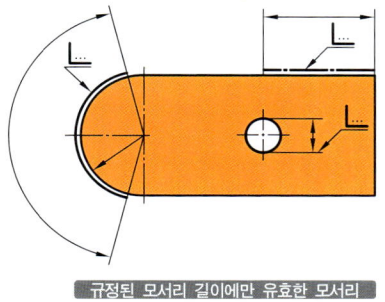

규정된 모서리 길이에만 유효한 모서리

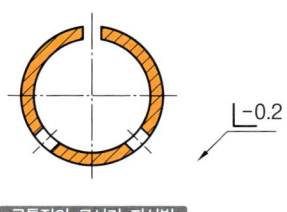

공통적인 모서리 지시법

185. 제도-모서리, 버, 언더컷, 패싱 지시 방법

모서리 상태에 따른 적용 예

번호	지시	의미	설명
1	+0.3		0.3mm까지 용인되는 버가 있는 외부 모서리 : 버 방향 미정
2	+		용인된 버가 있는 외부 모서리 : 버의 크기와 방향 미정
3	+0.3		0.3mm까지 용인되는 버가 있는 외부 모서리 : 버 방향 정의
4	+0.3		
5	-0.3		버는 없고, 0.3mm까지 언더컷이 있는 외부 모서리
6	-0.1 / -0.5		버는 없고 0.1~0.5mm의 영역에서 언더컷이 있는 외부 모서리
7	-		버는 없고 언더컷은 용인되며, 크기는 미정인 외부 모서리
8	±0.05		0.05mm까지의 버가 용인되거나 0.05mm까지의 언더컷(예리한 모서리)이 있는 외부 모서리 : 버 방향 미정

185. 제도-모서리, 버, 언더컷, 패싱 지시 방법

모서리 상태에 따른 적용 예(계속)

번호	지시	의미	설명
9	+0.3 / −0.1		0.3mm까지의 버가 용인되거나 0.1mm까지의 언더컷이 있는 외부 모서리 : 버 방향 미정
10	−0.3		0.3mm까지의 언더컷이 용인된 내부 모서리 : 언더컷 방향 미정
11	−0.1 / −0.5		0.1~0.5mm의 영역에서 용인된 언더컷이 있는 내부 모서리 : 언더컷 방향 정의
12	−0.3		0.3mm까지 용인되는 언더컷이 있는 내부 모서리 : 언더컷 방향 정의
13	+0.3		0.3mm까지 용인된 패싱이 있는 내부 모서리
14	+1 / +0.3		0.3~1mm의 영역에서 용인된 패싱이 있는 내부 모서리
15	±0.05		0.05mm까지 용인된 언더컷이나, 0.05mm까지 용인된 패싱이 있는 내부 모서리(예리한 모서리) : 언더컷 방향은 미정
16	+0.1 / −0.3		0.1mm까지 용인된 패싱이나 0.3mm까지 용인된 언더컷이 있는 내부 모서리 : 언더컷 방향 미정

KS B ISO 2768-1 : 2002(2007 확인)

186. 일반공차

1. **일반공차** : 개별 공차표시가 없는 선형 치수 및 각도 치수에 대한 공차

2. **적용 범위**
   이 규격은 제도 표시를 단순화하기 위한 것으로 공차 표시가 없는 선형 및 치수에 대한 일반 공차를 4개의 공차 등급으로 나누어 규정한다. 일반 공차는 금속 파편이 제거된 제품 또는 박판 금속으로 형성된 제품에 대하여 적용한다.

3. **도면상의 지시** : 이 규격에 따른 일반 공차가 적용되어야 하는 경우 주석문에 표기한다.
   [보기] KS B ISO 2768-m

4. **일반공차**

파손된 가장자리를 제외한 선형 치수에 대한 일반공차									단위 : mm
공차 등급		보통 치수에 대한 허용 편차							
호칭	설명	0.5([1])에서 3 이하	3 초과 6 이하	6 초과 30 이하	30 초과 120 이하	120 초과 400 이하	400 초과 1000 이하	1000 초과 2000 이하	2000 초과 4000 이하
f	정밀	±0.05	±0.05	±0.1	±0.15	±0.2	±0.3	±0.5	-
m	중간	±0.1	±0.1	±0.2	±0.3	±0.5	±0.8	±1.2	±2
c	거침	±0.2	±0.3	±0.5	±0.8	±1.2	±2	±3	±4
v	매우 거침	-	±0.5	±1	±1.5	±2.5	±4	±6	±8

파손된 가장자리에 대한 일반공차(바깥 반지름 및 모따기 높이)					단위 : mm
공차 등급		보통 치수에 대한 허용 편차			
호칭	설명	0.5([1])에서 6 이하	3 초과 6 이하	6 초과	
f	정밀	±0.2	±0.5	±1	
m	중간				
c	거침	±0.4	±1	±2	
v	매우 거침				

주
([1]) 0.5mm 미만의 공칭 크기에 대해서는 편차가 관련 공칭 크기에 근접하게 표시되어야 한다.

5. **각도의 허용 편차**

공차 등급		보통 치수에 대한 허용 편차				
호칭	설명	10 이하	10 초과 50 이하	50 초과 120 이하	120 초과 400 이하	400 초과
f	정밀	±1°	±0°30′	±0°20′	±0°10′	±0°5′
m	중간					
c	거침	±1°30′	±1°	±0°30′	±0°15′	±0°10′
v	매우 거침	±3°	±2°	±1°	±0°30′	±0°20′

KS B 0250 : 2000(2005 확인), (KS B ISO 8062 : 2002)

187. 주조품-치수 공차 및 절삭여유 방식

1. 적용범위
이 규격은 주조품의 치수 공차 및 요구하는 절삭 여유 방식에 대하여 규정하고, 금속 및 합금을 여러 가지 방법으로 주조한 주조품의 치수에 적용한다.

2. 기준 치수
절삭 가공 전의 주조한 대로의 주조품(Raw Casting)의 치수이고[그림 1], 필요한 최소 절삭 여유(Machining Allowance)를 포함한 치수이다[그림 2].

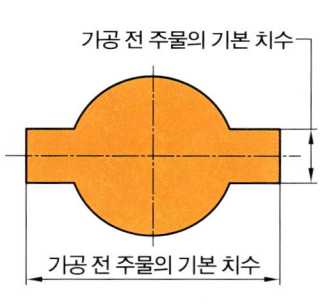

[그림 1] 도면 지시

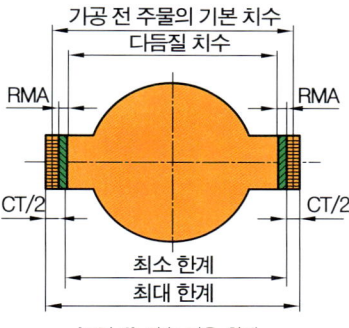

[그림 2] 치수 허용 한계

주조품의 치수 공차

전체 주조 공차   단위 : mm

주조한 대로의 주조품의 기준 치수		주조 공차 등급 CT															
초과	이하	1	2	3	4	5	6	7	8	9	10	11	12	13	14	15	16
−	10	0.09	0.13	0.18	0.26	0.36	0.52	0.74	1	1.5	2	2.8	4.2	−	−	−	−
10	16	0.1	0.14	0.2	0.28	0.38	0.54	0.78	1.1	1.6	2.2	3	4.4	−	−	−	−
16	25	0.11	0.15	0.22	0.3	0.42	0.58	0.82	1.2	1.7	2.4	3.2	4.6	6	8	10	12
25	40	0.12	0.17	0.24	0.32	0.46	0.64	0.9	1.3	1.8	2.6	3.6	5	7	9	11	14
40	63	0.13	0.18	0.26	0.36	0.5	0.7	1	1.4	2	2.8	4	5.6	8	10	12	16
63	100	0.14	0.2	0.28	0.4	0.56	0.78	1.1	1.6	2.2	3.2	4.4	6	9	11	14	18
100	160	0.15	0.22	0.3	0.44	0.62	0.88	1.2	1.8	2.5	3.6	5	7	10	12	16	20
160	250	−	0.24	0.34	0.5	0.7	1	1.4	2	2.8	4	5.6	8	11	14	18	22
250	400	−	−	0.4	0.56	0.78	1.1	1.6	2.2	3.2	4.4	6.2	9	12	16	20	25
400	630	−	−	−	0.64	0.9	1.2	1.8	2.6	3.6	5	7	10	14	18	22	28
630	1000	−	−	−	−	1	1.4	2	2.8	4	6	8	11	16	20	25	32
1000	1600	−	−	−	−	−	1.6	2.2	3.2	4.6	7	9	13	18	23	29	37
1600	2500	−	−	−	−	−	−	2.6	3.8	5.4	8	10	15	21	26	33	42
2500	4000	−	−	−	−	−	−	−	4.4	6.2	9	12	17	24	30	38	49
4000	6300	−	−	−	−	−	−	−	−	7	10	14	20	28	35	44	56
6300	10000	−	−	−	−	−	−	−	−	−	11	16	23	32	40	50	64

도면상(주석문)에 표기방법

주물 공차는 다음 중 하나의 방식으로 도면에 설명되어야 한다.
[보기1] 일반 공차 KS B 0250-CT12
[보기2] 일반 공차 KS B ISO 8062-CT12

187. 주조품-치수 공차 및 절삭여유 방식

주철품의 여유 기울기 보통 허용값

단위 : mm

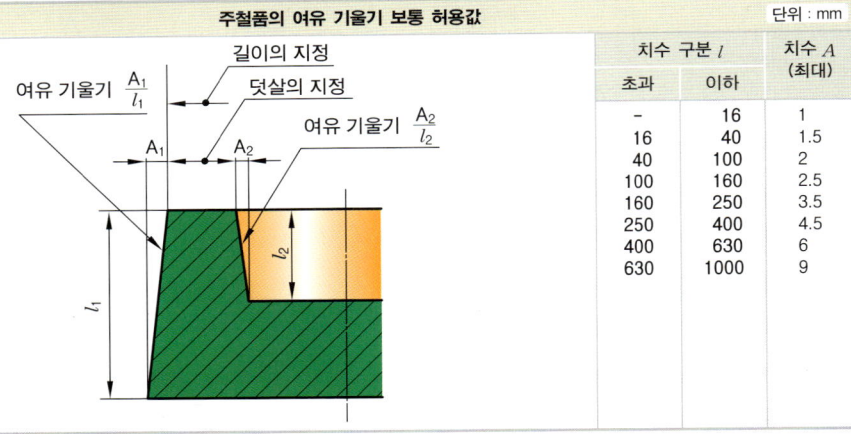

치수 구분 l		치수 A (최대)
초과	이하	
-	16	1
16	40	1.5
40	100	2
100	160	2.5
160	250	3.5
250	400	4.5
400	630	6
630	1000	9

비고
1. l은 그림에서 l_1, l_2를 의미한다.
2. A는 그림에서 A_1, A_2를 의미한다.

알루미늄합금 주물의 여유 기울기

여유 기울기의 구분	밖	안
모래형·금형 주물	2	3

비고
이 표의 숫자는 기울기부의 길이 400mm 이하에 적용한다.

다이캐스팅의 여유 기울기

치수 구분 l(mm)		각도(도)	
초과	이하	알루미늄 합금	아연 합금
-	3	10	6
3	10	5	3
10	40	3	2
40	460	2	1.5
460	630	1.5	1

KS B 0250 : 2000(2005 확인), (KS B ISO 8062 : 2002)

187. 주조품-치수 공차 및 절삭여유 방식

3. 요구하는 절삭 여유(RMA)

특별히 지정한 경우를 제외하고 절삭 여유는 주조한 대로의 주조품의 최대 치수에 대하여 변화한다. 즉, 최종 절삭 가공 후 완성한 주조품의 최대 치수에 따른 적절한 치수 구분에서 선택한 1개의 절삭 여유만 절삭 가공되는 모든 표면에 적용된다.

형체의 최대 치수는 완성한 치수에서 요구하는 절삭 여유와 전체 주조 공차를 더한 값을 넘지 않아야 한다. [그림 3~6 참조]

요구하는 절삭 여유(RMA) 단위 : mm

최대 치수[1]		요구하는 절삭 여유 절삭 여유의 등급									
초과	이하	A[2]	B[2]	C	D	E	F	G	H	J	K
–	40	0.1	0.1	0.2	0.3	0.4	0.5	0.5	0.7	1	1.4
40	63	0.1	0.2	0.3	0.3	0.4	0.5	0.7	1	1.4	2
63	100	0.2	0.3	0.4	0.5	0.7	1	1.4	2	2.8	4
100	160	0.3	0.4	0.5	0.8	1.1	1.5	2.2	3	4	6
160	250	0.3	0.5	0.7	1	1.4	2	2.8	4	5.5	8
250	400	0.4	0.7	0.9	1.3	1.8	2.5	3.5	5	7	10
400	630	0.5	0.8	1.1	1.5	2.2	3	4	6	9	12
630	1000	0.6	0.9	1.2	1.8	2.5	3.5	5	7	10	14
1000	1600	0.7	1	1.4	2	2.8	4	5.5	8	11	16
1600	2500	0.8	1.1	1.6	2.2	3.2	4.5	6	9	13	18
2500	4000	0.9	1.3	1.8	2.5	3.5	5	7	10	14	20
4000	6300	1	1.4	2	2.8	4	5.5	8	11	16	22
6300	10000	1.1	1.5	2.2	3	4.5	6	9	12	17	24

주
[1] 절삭 가공 후의 주조품 최대 치수
[2] 등급 A 및 B는 특별한 경우에 한하여 적용한다. 예를 들면, 고정 표면 및 데이텀 표면 또는 데이텀 타깃에 관하여 대량 생산 방식으로 모형, 주조 방법 및 절삭 가공 방법을 포함하여 인수·인도 당사자 사이의 협의에 따른 경우

공차 및 절삭 여유 표시방법

[보기1] KS B 0250 - CT12 - RMA 6(H)
[보기1] KS B ISO 8062 - CT12 - RMA 6(H)
400mm 초과 630mm까지의 최대 치수 구분 주조품에 대하여 등급 H에서의 6mm의 절삭 여유(주조품에 대한 보통 공차에서 KS B 0250 - CT12)를 지시하고 있다.

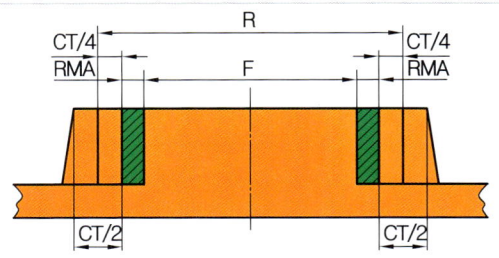

R : 주조한 대로의 주조품의 기준 치수
F : 완성 치수
RMA : 절삭 여유

$$R = F + 2RMA + \frac{CT}{2}$$

[그림 3] 보스의 바깥쪽 절삭 가공

187. 주조품-치수 공차 및 절삭여유 방식

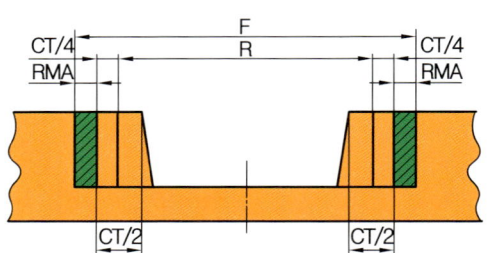

[그림 4] 안쪽의 절삭 가공

R : 주조한 대로의 주조품의 기준 치수
F : 완성 치수
RMA : 절삭 여유

$$R = F - 2RMA - \frac{CT}{2}$$

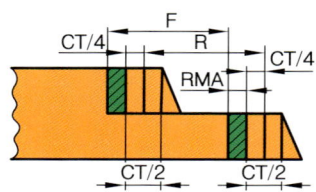

[그림 5] 단차 치수의 절삭 가공

R : 주조한 대로의 주조품의 기준 치수
F : 완성 치수
RMA : 절삭 여유

$$R = F$$
$$= F - RMA + RMA - \frac{CT}{4} + \frac{CT}{4}$$

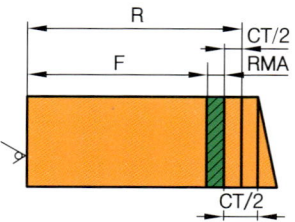

[그림 6] 형체의 한 방향 쪽 절삭 가공

R : 주조한 대로의 주조품의 기준 치수
F : 완성 치수
RMA : 절삭 여유

$$R = F + RMA + \frac{CT}{2}$$

KS B 0250 : 2000(2005 확인), (KS B ISO 8062 : 2002) ■■

188. 주조품 공차(부속서 A : 참고)

주조 방법	장기간 제조하는 주조한 대로의 주조품에 대한 공차 등급									
	공차 등급 CT								
	강철 (주강)	회주철	가단 주철	구상흑연 주철	구리 합금	아연 합금	경금속 합금	니켈 합금	코발트 합금
모래형 주조 수동 주입	11~14	11~14	11~14	11~14	10~13	10~13	9~12	11~14	11~14
모래형 주조 기계 주입 및 셀 몰드	8~12	8~12	8~12	8~12	8~10	8~10	7~9	8~12	8~12
금형 주조 (중력법 및 저압법)	적절한 표를 확정하는 조사 연구를 하고 있다. 당분간 인수·인도 당사자 사이에 협의하는 것이 좋다.								
압력 다이캐스팅									
인베스트먼트 주조									

비고
이 표에 나타내는 공차는 장기간에 제조하는 주조품으로 주조품의 치수 정밀도에 영향을 주는 생산 요인을 충분히 해결하고 있는 경우에 적용한다.

주조 방법	주형 재료	단기간 또는 1회에 한하여 제조하는 주조한 대로의 주조품에 대한 공차 등급								
		공차 등급 CT								
		강철 (주강)	회주철	가단 주철	구상흑연 주철	구리 합금	아연 합금	경금속 합금	니켈 합금	코발트 합금
모래형 주조 수동 주입	그대로	13~15	13~15	13~15	13~15	13~15	11~13	13~15	13~15
	자경성 주형	12~14	11~13	11~13	11~13	10~12	10~12	12~14	12~14

비고
1. 이 표에 나타내는 공차는 단기간 또는 1회에 한하여 제조하는 모래형 주조품으로 주조품의 치수 정밀도를 주는 생산 요인을 충분히 해결하고 있는 경우에 보통 적용한다.
2. 이 표의 수치는 일반적으로 25mm를 넘는 기준 치수에 적용한다. 이것보다 작은 기준 치수에 대해서는 보통 다음과 같은 작은 공차로 한다.
   a) 기준 치수 10mm까지 : 3등급 작은 공차
   b) 기준 치수 10mm를 초과하고 16mm까지 : 2등급 작은 공차
   c) 기준 치수 16mm를 초과하고 25mm까지 : 1등급 작은 공차

KS B 0250 : 2000(2005 확인)

189. 금형 주조품 · 다이캐스팅 · 알루미늄합금(참고)

1. 금형 주조품, 다이캐스팅품 및 알루미늄합금 주물에 대하여 권장하는 주조품 공차

주조 방법	장기간 제조하는 주조한 대로의 주조품에 대한 공차 등급									
	공차 등급 CT									
	강철 (주강)	회주철	구상흑연 주철	가단 주철	구리 합금	아연 합금	경금속 합금	니켈 합금	코발트 합금
금형 주조(저압 주조 포함)		7~9	7~9	7~9	7~9	7~9	6~8		
다이캐스팅					6~8	4~6	5~7		
인베스트먼트 주조	4~6	4~6	4~6		4~6		4~6	4~6	4~6

비고
이 표에 나타내는 공차는 장기간에 제조하는 주조품으로 주조품의 치수 정밀도에 영향을 주는 생산 요인을 충분히 해결하고 있는 경우에 보통 적용한다.

부속서 B(참고) 요구하는 절삭 여유의 등급(RMA), [KS B 0250, KS B ISO 8062]

주조 방법	주조한 대로의 주조품에 필요한 절삭 여유의 등급								
	공차 등급 CT								
	강철 (주강)	회주철	가단 주철	구상흑 연주철	구리 합금	아연 합금	경금속 합금	니켈 합금	코발트 합금
모래형 주조 수동 주입	G~K	F~H	F~H	F~H	F~H	F~H	F~H	G~K	G~K
모래형 주조 기계 주입 및 셀 몰드	F~H	E~G	E~G	E~G	E~G	E~G	E~G	F~H	F~H
금형 주조 (중력법 및 저압법)	-	D~F	D~F	D~F	D~F	D~F	D~F	-	-
입력 다이캐스팅	-	-	-	-	B~D	B~D	B~D	-	-
인베스트먼트 주조	E	E	E	-	E	-	E	E	E

비고
100mm 이하의 철제(주강, 회주철, 가단 주철, 구상 흑연 주철) 및 경금속의 모래형 주조품 및 금형 주조품에 대하여 이 표의 절삭 여유 등급이 작은 경우에는 2~3등급 큰 절삭 여유 등급을 지정하는 것이 좋다

KS B 0250 : 2000(2005 확인)

190. 주철품의 보통 치수 공차(부속서 1)

1. 적용 범위
모래형(정밀 주형 및 여기에 준한 것 제외)에 따른 회 주철품 및 구상 흑연 주철품의 길이 및 살두께의 주조한 대로의 치수의 보통 공차에 대하여 규정한다.

길이의 허용차
단위 : mm

치수의 구분	회 주철품		구상 흑연 주철품	
	정밀급	보통급	정밀급	보통급
120 이하	±1	±1.5	±1.5	±2
120 초과 250 이하	±1.5	±2	±2	±2.5
250 초과 400 이하	±2	±3	±2.5	±3.5
400 초과 800 이하	±3	±4	±3	±5
800 초과 1600 이하	±4	±6	±4	±7
1600 초과 3150 이하	-	±10	-	±10

살두께의 허용차
단위 : mm

치수의 구분	회 주철품		구상 흑연 주철품	
	정밀급	보통급	정밀급	보통급
10 이하	±1	±1.5	±1.2	±2
10 초과 18 이하	±1.5	±2	±1.5	±2.5
18 초과 30 이하	±2	±3	±2	±3
30 초과 50 이하	±2	±3.5	±2.5	±4

KS B 0250 : 2000(2005 확인)

191. 알루미늄합금 주물의 보통 치수 공차(부속서 2)

1. 적용 범위

이 부속서 2는 모래형(셸형 주물을 포함한다.) 및 금형(저압 주조를 포함한다.)에 따른 알루미늄합금 주물의 길이 및 살두께의 치수 보통 공차에 대하여 규정한다. 다만 로스트 왁스법 등의 정밀 주형에 따른 주물에는 적용하지 않는다.

길이의 허용차   단위 : mm

종류	호칭 치수의 구분	50 이하		50 초과 120 이하		120 초과 250 이하		250 초과 400 이하		250 초과 800 이하		800 초과 1600 이하		1600 초과 3150 이하		(참고)해당 공차 등급	
		정밀급	보통급	정밀급	보통급	정밀급	보통급	정밀급	보통급	정밀급	보통급	정밀급	보통급	정밀급	보통급	정밀급	보통급
모래형 주물	틀 분할면을 포함하지 않은 부분	±0.5	±1.1	±0.7	±1.2	±0.9	±1.4	±1.1	±1.8	±1.6	±2.5	-	±4	-	±7	15	16
	틀 분할면을 포함하는 부분	±0.8	±1.5	±1.1	±1.8	±1.4	±2.2	±1.8	±2.8	±2.5	±4.0	-	±6	-	-	16	17
금형 주물	틀 분할면을 포함하지 않은 부분	±0.3	±0.5	±0.45	±0.7	±0.55	±0.9	±0.7	±1.1	±1.0	±1.6	-	-	-	-	14	15
	틀 분할면을 포함하는 부분	±0.5	±0.6	±0.7	±0.8	±0.9	±1.0	±1.1	±1.2	±1.6	±1.8	-	-	-	-	15	15

살두께의 허용차   단위 : mm

종류	호칭 치수의 구분	50 이하		50 초과 120 이하		120 초과 250 이하		250 초과 400 이하		250 초과 800 이하	
		정밀급	보통급	정밀급	보통급	정밀급	보통급	정밀급	보통급	정밀급	보통급
모래형 주물	120 이하	±0.6	±1.2	±0.7	±1.4	±0.8	±1.6	±0.9	±1.8	-	-
	120 초과 250 이하	±0.7	±1.3	±0.8	±1.5	±0.9	±1.7	±1.0	±1.9	±1.2	±2.3
	250 초과 400 이하	±0.8	±1.4	±0.9	±1.6	±1.0	±1.8	±1.1	±2.0	±1.3	±2.4
	400 초과 800 이하	±1.0	±1.6	±1.1	±1.8	±1.2	±2.0	±1.3	±2.2	±1.5	±2.6
금형 주물	120 이하	±0.3	±0.7	±0.4	±0.9	±0.5	±1.1	±0.6	±1.3	-	-
	120 초과 250 이하	±0.4	±0.8	±0.5	±1.0	±0.6	±1.2	±0.7	±1.4	±0.9	±1.8
	250 초과 400 이하	±0.5	±0.9	±0.6	±1.1	±0.7	±1.3	±0.8	±1.5	±1.0	±1.9

KS B 0250 : 2000(2005 확인)

192. 다이캐스팅의 보통 치수 공차(부속서 3)

1. 적용 범위
아연합금 다이캐스팅, 알루미늄합금 다이캐스팅 등의 주조한 대로의 치수의 보통 공차에 대하여 규정한다.

단위 : mm

치수의 구분	틀 분할면과 평행 방향 l_1	고정형 및 가동형으로 만드는 부분 틀 분할면과 직각 방향[1] l_2 틀 분할면과 직각 방향의 주물 투영 면적[2] cm²		가동 내부로 만드는 부분 l_3 가동 내부의 이동 방향과 직각인 주물 부분의 투영 면적 cm²	
		600 이하	600 초과 2400 이하	150 이하	150 초과 600 이하
30 이하	±0.25	±0.5	±0.6	±0.5	±0.6
30 초과 50 이하	±0.3	±0.5	±0.6	±0.5	±0.6
50 초과 80 이하	±0.35	±0.6	±0.6	±0.6	±0.6
80 초과 120 이하	±0.45	±0.7	±0.7	±0.7	±0.7
120 초과 180 이하	±0.5	±0.8	±0.8	±0.8	±0.8
180 초과 250 이하	±0.55	±0.9	±0.9	±0.9	±0.9
250 초과 315 이하	±0.6	±1	±1	±1	±1
315 초과 400 이하	±0.7	-	-	-	-
400 초과 500 이하	±0.8	-	-	-	-
500 초과 630 이하	±0.9	-	-	-	-
630 초과 800 이하	±1	-	-	-	-
800 초과 1000 이하	±1.1	-	-	-	-

주
[1] 틀 분할면이 길이에 영향을 주지 않는 치수 부분에는 l_1의 치수 공차를 적용한다. 이 경우의 l_1 등의 기호는 [그림 1]에 따른다.
[2] 주물의 투영 면적이란 주조한 대로의 주조품의 바깥 둘레 내 투영 면적을 나타낸다.

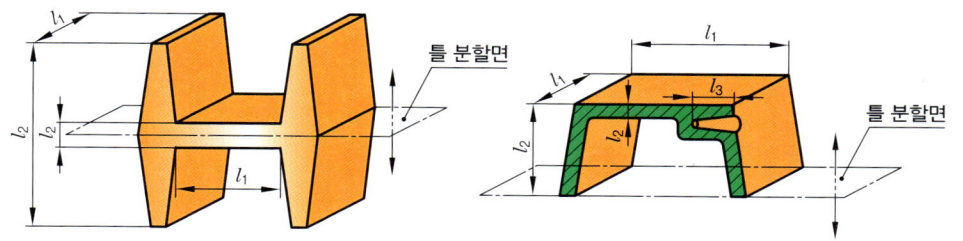

[그림 1] 치수를 나타내는 기호

193. 금속판 셰어링 보통 공차

1. 적용 범위
이 규격은 갭 시어, 스퀘어 시어 등 곧은 날 절단기로 절단한 두께 12mm 이하의 금속판 절단 나비의 보통 치수 공차와 진직도 및 직각도의 보통 공차에 대하여 규정한다.

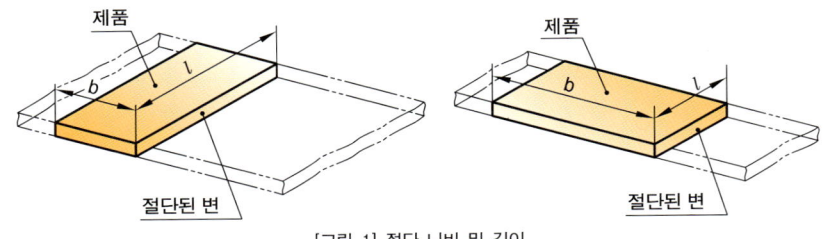

[그림 1] 절단 나비 및 길이

비고
1. 절단 나비 : 시어의 날로 절단된 변과 맞변의 거리(그림 1의 b)
2. 절단 길이 : 시어의 날로 절단된 변의 길이(그림 1의 l)

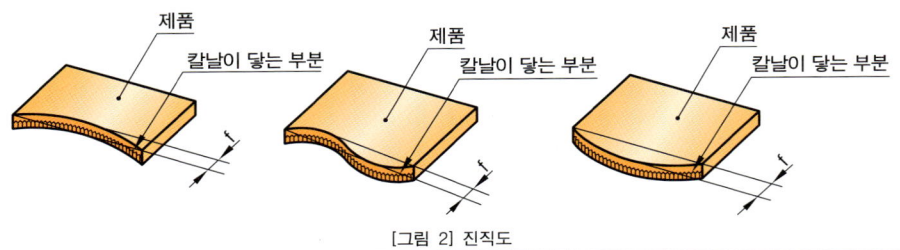

[그림 2] 진직도

비고
진직도 : 절단된 변의 칼날이 닿는 부분에 기하학적으로 정확한 직선에서 어긋남의 크기(그림 2의 f)

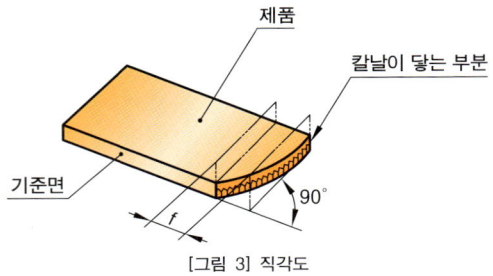

[그림 3] 직각도

비고
직각도 : 긴 변을 기준면으로 하고 이 기준면에 대하여 직각인 기하학적 평면에서 짧은 변의 칼날이 닿는 부분의 어긋남의 크기(그림 3의 f)

KS B 0416 : 2001(2006 확인)

193. 금속판 셰어링 보통 공차

1. **도면상의 지시** : 도면 또는 관련 문서에는 이 규격의 규격 번호 및 등급을 지시한다.
[보기 1] 절단 나비의 보통 치수 공차 KS B 0416 - A급
[보기 2] 직직도 및 직각도의 보통 공차 KS B 0416 - B급

절단 나비의 보통 공차
단위 : mm

기준 치수의 구분	$t \leq 1.6$		$1.6 < t \leq 3$		$3 < t \leq 6$		$6 < t \leq 12$	
	A급	B급	A급	B급	A급	B급	A급	B급
30 이하	±0.1	±0.3	-	-	-	-	-	-
30 초과 120 이하	±0.2	±0.5	±0.3	±0.5	±0.8	±1.2	-	±1.5
120 초과 400 이하	±0.3	±0.8	±0.4	±0.8	±1	±1.5	-	±2
400 초과 1000 이하	±0.5	±1	±0.5	±1.2	±1.5	±2	-	±2.5
1000 초과 2000 이하	±0.8	±1.5	±0.8	±2	±2	±3	-	±3
2000 초과 4000 이하	±1.2	±2	±1.2	±2.5	±3	±4	-	±4

진직도의 보통 공차
단위 : mm

절단 길이의 호칭 치수 구분	$t \leq 1.6$		$1.6 < t \leq 3$		$3 < t \leq 6$		$6 < t \leq 12$	
	A급	B급	A급	B급	A급	B급	A급	B급
30 이하	0.1	0.2	-	-	-	-	-	-
30 초과 120 이하	0.2	0.3	0.2	0.3	0.5	0.8	-	1.5
120 초과 400 이하	0.3	0.5	0.3	0.5	0.8	1.5	-	2
400 초과 1000 이하	0.5	0.8	0.5	1	1.5	2	-	3
1000 초과 2000 이하	0.8	1.2	0.8	1.5	2	3	-	4
2000 초과 4000 이하	1.2	2	1.2	2.5	3	5	-	6

직각도의 보통 공차
단위 : mm

짧은 변의 호칭 길이 구분	$t \leq 3$		$3 < t \leq 6$		$6 < t \leq 12$	
	A급	B급	A급	B급	A급	B급
30 이하	-	-	-	-	-	-
30 초과 120 이하	0.3	0.5	0.5	0.8	-	1.5
120 초과 400 이하	0.8	1.2	1	1.5	-	2
400 초과 1000 이하	1.5	3	2	3	-	3
1000 초과 2000 이하	3	6	4	6	-	6
2000 초과 4000 이하	6	10	6	10	-	10

194. 주강품의 보통 공차

1. 보통 공차 등급 : A급(정밀급), B급(중급), C급(보통급)의 3등급으로 한다.
2. 도면상의 지시 : 도면 또는 관련 문서에는 이 규격의 규격 번호 및 등급을 지시한다.
[보 기] KS B 0418 - A급

단위 : mm

주강품 덧살의 보통 허용차			
치수 구분 \ 등급	A급	B급	C급
18 이하	±1.4	±2.2	±3.5
18 초과 50 이하	±2	±3	±5
50 초과 120 이하	-	±4.5	±7
120 초과 250 이하	-	±5.5	±9
250 초과 400 이하	-	±7	±11
400 초과 630 이하	-	±9	±14
630 초과 1,000 이하	-	-	±18

주강품 길이의 보통 허용차			
치수 구분 \ 등급	A급	B급	C급
120 이하	±1.8	±2.8	±4.5
120 초과 315 이하	±2.5	±4	±6
315 초과 630 이하	±3.5	±5.5	±9
630 초과 1,250 이하	±5	±8	±12
1,250 초과 2,500 이하	±9	±14	±22
2,500 초과 5,000 이하	-	±20	±35
5,000 초과 10,000 이하	-	-	±63

빠짐 기울기를 주기 위한 치수	
치수구분 l	치수 A(최대)
18 이하	1.4
18 초과 50 이하	2
50 초과 120 이하	2.8
120 초과 250 이하	3.5
250 초과 400 이하	4.5
400 초과 630 이하	5.5
630 초과 1,000 이하	7

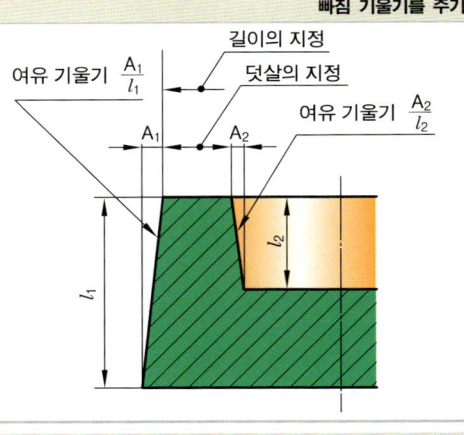

비고
l은 그림의 l_1, l_2를 뜻한다. A는 그림의 A_1, A_2를 뜻한다.

195. 용접기호

기본기호

번호	명칭	그림	기호
1	플랜지형 맞대기 용접		⌒⌒
2	평행(I형) 맞대기 용접		‖
3	V형 맞대기 용접		∨
4	일면 개선형 맞대기 용접		⋁
5	넓은 루트면이 있는 V형 맞대기 용접		Y
6	넓은 루트면이 있는 한면 개선형 맞대기 용접		Y
7	U형 맞대기 용접(평행 또는 경사면)		⋃
8	J형 맞대기 용접		⋃
9	이면 용접		⌣
10	필릿 용접		△
11	플러그 용접 : 플러그 또는 슬롯 용접(미국)		⊓

195. 용접기호

번호	명칭	그림	기호
		기본기호(계속)	
12	점 용접		◯
13	심(Seam) 용접		⊖
14	개선 각이 급격한 V형 맞대기 용접		\/
15	개선 각이 급격한 일면 개선형 맞대기 용접		|/
16	가장자리(Edge) 용접		|||
17	표면 육성		◠◠
18	표면(Surface) 접합부		=
19	경사 접합부		//
20	겹침 접합부		⊋

KS B 0052 : 2007

195. 용접기호

양면 용접부 조합 기호		
명칭	그림	기호
양면 V형 맞대기 용접(X용접)		X
K형 맞대기 용접		K
넓은 루트면이 있는 양면 V형 용접		Y
넓은 루트면이 있는 K형 맞대기 용접		K
양면 U형 맞대기 용접		X

195. 용접기호

보조기호	
용접부 표면 또는 용접부 형상	기호
a) 평면(동일한 면으로 마감 처리)	─
b) 볼록형	⌒
c) 오목형	⌣
d) 토우를 매끄럽게 함	⌄
e) 영구적인 이면 판재(backing strip) 사용	M
f) 제거 가능한 이면 판재 사용	MR

보조기호 적용		
명칭	그림	기호
평면 마감 처리한 V형 맞대기 용접		▽
볼록 양면 V형 용접		✕
오목 필릿 용접		⌒
이면 용접이 있으며 표면 모두 평면 마감 처리한 V형 맞대기 용접		▽
넓은 루트면이 있고 이면 용접된 V형 맞대기 용접		Y
평면 마감 처리한 V형 맞대기 용접		▽
매끄럽게 처리한 필릿 용접		⌒

195. 용접기호

도면에서 기호의 위치 및 화살표와 접합부의 관계

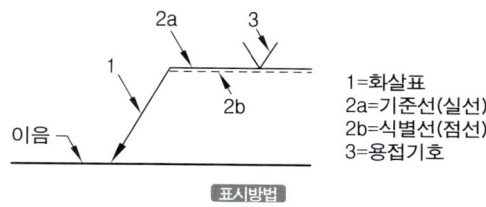

한쪽 면 필릿 용접의 T 접합부

양면 필릿 용접의 십자(+)형 접합부

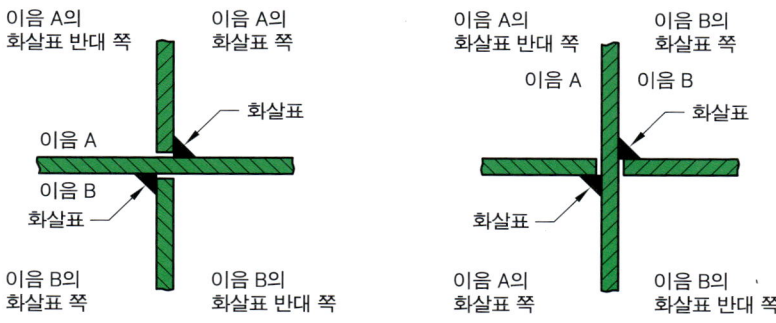

195. 용접기호

필릿 용접부 치수표시 방법

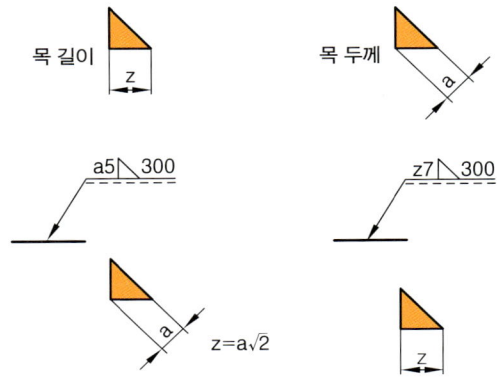

비고
문자 a 또는 z는 항상 해당되는 치수의 앞에 다음과 같이 표시한다.

필릿 용접의 용입 깊이의 치수표시 방법

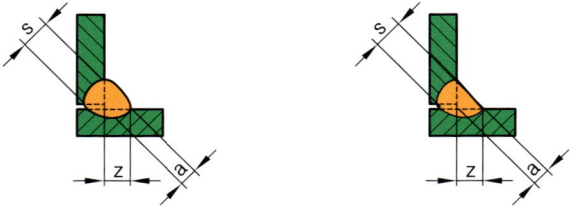

비고
1. 필릿 용접부에서 깊은 용입을 나타내는 경우 목두께는 s가 된다.
2. 필릿 용접부의 용입 깊이에 대해서는, 예를 들면 s8a6〉와 같이 표시한다.

195. 용접기호

KS B 0052 : 2007

번호	명칭	정의	주요치수 그림	표시
1	맞대기 용접	s : 얇은 부재의 두께보다 커질 수 없는 거리로서, 부재의 표면부터 용입의 바닥까지의 최소 거리	(그림)	$\vee$ / $s\,\|\|$ / $_s Y$
2	플랜지형 맞대기 용접	s : 용접부 외부 표면부터 용입의 바닥까지의 최소 거리	(그림)	$s\,\|\|$
3	연속 필릿 용접	a : 단면에서 표시될 수 있는 최대 이등변삼각형의 높이 z : 단면에서 표시될 수 있는 최대 이등변삼각형의 변	(그림)	$a \triangleright$ / $z \triangleright$
4	단속 필릿 용접	l : 용접 길이(크레이터 제외) (e) : 인접한 용접부 간격 n : 용접부 수 a : 3번 참조 z : 3번 참조	(그림)	$a \triangleright\ n \times l\,(e)$ $z \triangleright\ n \times l\,(e)$
5	지그재그 단속필릿 용접	l : 4번 참조 (e) : 4번 참조 n : 4번 참조 a : 3번 참조 z : 3번 참조	(그림)	$a \triangleright\ n \times l\ (e)$ $a \triangleright\ n \times l\ (e)$ $z \triangleright\ n \times l\ (e)$ $z \triangleright\ n \times l\ (e)$

195. 용접기호

주요치수(계속)

번호	명칭	정의	그림	표시
6	플러그 또는 슬롯용접	l : 4번 참조 (e) : 4번 참조 n : 4번 참조 c : 슬롯의 나비		c ⌐⌐ n×l(e)
7	심 용접	l : 4번 참조 (e) : 4번 참조 n : 4번 참조 c : 용접부 나비		c ⊖ n×l(e)
8	플러그 용접	l : 4번 참조 (e) : 간격 d : 구멍의 지름		d ⌐⌐ n(e)
9	점 용접	l : 4번 참조 (e) : 간격 d : 점(용접부)의 지름		d ○ n(e)

195. 용접기호

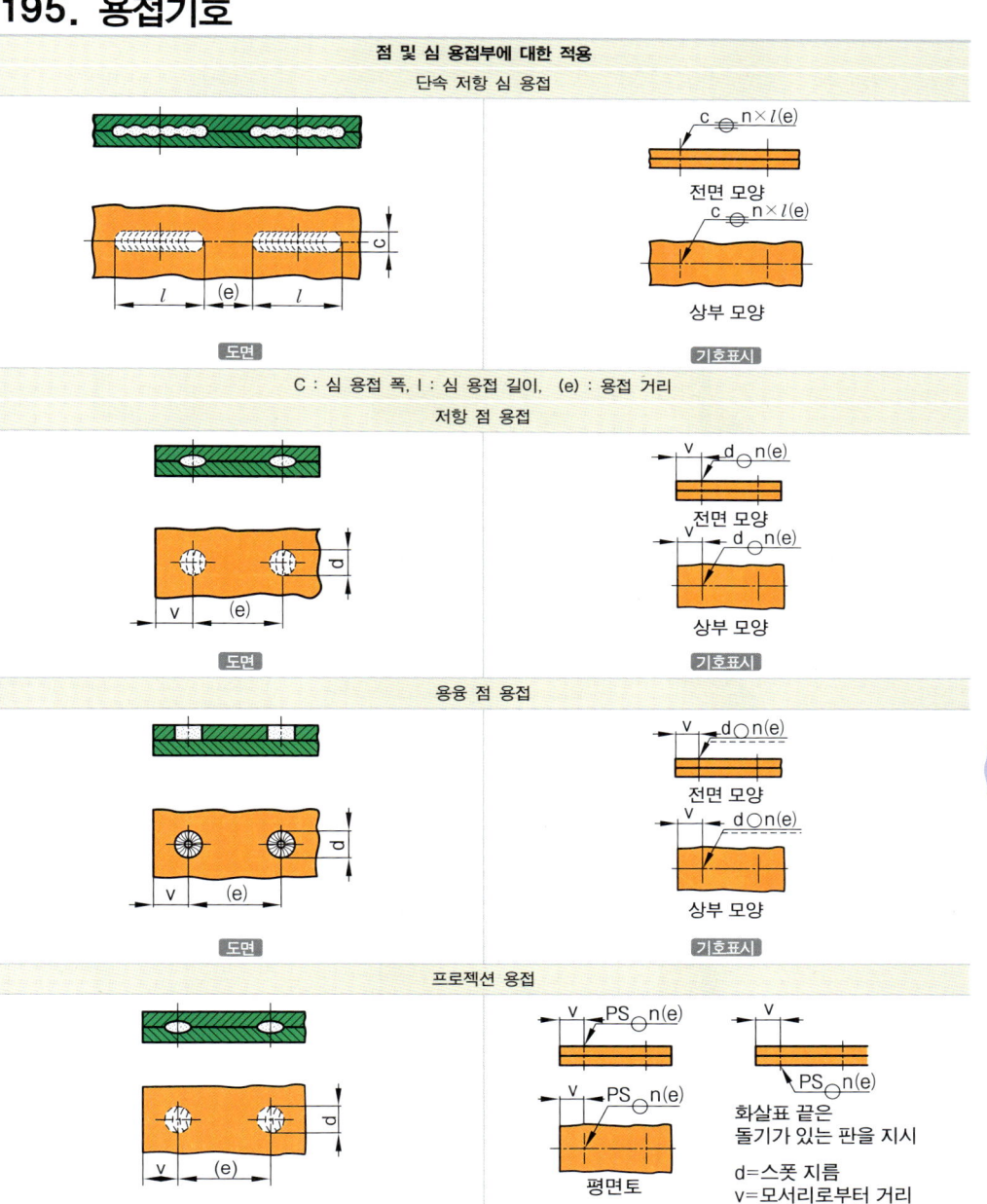

195. 용접기호

번호	명칭, 기호	그림	기본기호 적용 표시	투상도 및 치수기입 정면도 기입 예	측면도 기입 예
1	플랜지형 맞대기 용접 ⋀				
2	I형 맞대기 용접 ∥				
3					
4					
5	V형 맞대기 용접 V				
6					

/ KS B 0052 : 2007

195. 용접기호

기본기호 적용(계속)

번호	명칭, 기호	그림	표시	투상도 및 치수기입 정면도 기입 예	측면도 기입 예
7	한면 개선형 맞대기 용접 ∨				
8					
9					
10					
11	넓은 루트면이 있는 V형 맞대기 용접 Y				
12	넓은 루트면이 있는 일면 개선형 맞대기 용접 Y				
13					

195. 용접기호

기본기호 적용(계속)

번호	명칭, 기호	그림	표시	투상도 및 치수기입 정면도 기입 예	측면도 기입 예
14	U형 맞대기 용접 ㅛ				
15	J형 맞대기 용접 ㅏ				
16					
17	필릿 용접 ▷				
18					
19					

195. 용접기호

번호	명칭, 기호	그림	표시	투상도 및 치수기입 정면도 기입 예	측면도 기입 예
20	필릿 용접 (계속)				
21					
22	플러그 용접				
23					
24	점 용접				
25					

Korean Industrial Standard | 331

195. 용접기호

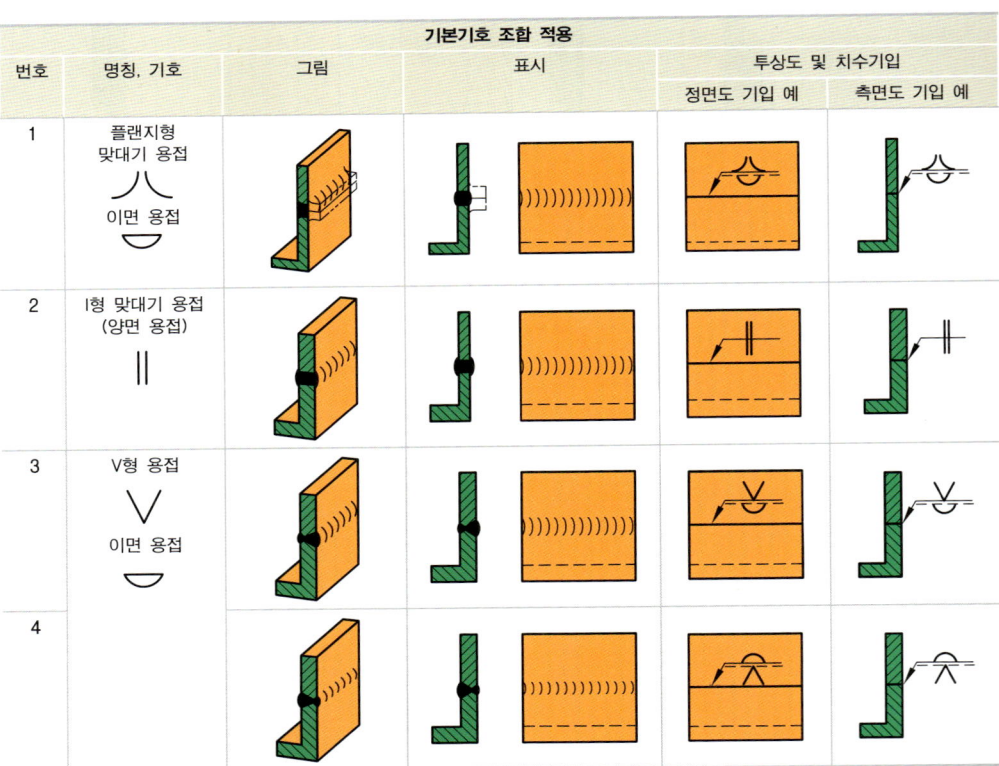

KS B 0052 : 2007

195. 용접기호

기본기호 조합 적용(계속)

번호	명칭, 기호	그림	표시	투상도 및 치수기입 정면도 기입 예	측면도 기입 예
5	양면 V형 맞대기 용접 ∨ (X형 용접)				
6	K형 맞대기 용접 ∨ (K형 용접)				
7					
8	넓은 루트면이 있는 양면 V형 맞대기 용접 Y				
9	넓은 루트면이 있는 K형 맞대기 용접 Y				
10	양면 U형 맞대기 용접 Y				
11	양면 J형 맞대기 용접 Y				

195. 용접기호

기본기호 조합 적용(계속)

번호	명칭, 기호	그림	표시	투상도 및 치수기입 정면도 기입 예	측면도 기입 예
12	일면 V형 맞대기 용접 ∨ 일면 U형 맞대기 용접 Y				
13	필릿 용접 ▷ 필릿 용접 ▷				
14					

KS B 0052 : 2007

195. 용접기호

			기본기호와 보조기호 조합 적용		
번호	기호	그림	표시	투상도 및 치수기입	
				정면도 기입 예	측면도 기입 예
1					
2					
3					
4					

195. 용접기호

기본기호와 보조기호 조합 적용

번호	기호	그림	표시	투상도 및 치수기입 정면도 기입 예	측면도 기입 예
5					
6					
7					
8	V[MR]				

KS B 0054 : 1987(2007 확인)

196. 유 · 공기압 도면 기호

기호요소

번호	명칭	기호	용도	비고
1-1	선			
1-1.1	실선	———————	(1) 주 관로 (2) 파일럿 밸브에의 고급 관로 (3) 전기신호선	• 귀환 관로를 포함 • 2-3.1을 추가 기입하여 관로와 구별을 명확히 한다.
1-1.2	파선	- - - - - -	(1) 파일럿 조작 관로 (2) 드레인 관로 (3) 필터 (4) 밸브의 과도 위치	• 내부 파일럿 • 외부 파일럿
1-1.3	1점 쇄선	-·-·-·-·-	포위선	• 2개 이상의 기능을 갖는 유닛을 나타내는 포위선
1-1.4	복선		기계적 결합	• 회전축, 레버, 피스톤 로드 등
1-2	원			
1-2.1	대원		에너지 변환기기	• 펌프, 압축기, 전동기 등
1-2.2	중간원	$\frac{1}{2} \sim \frac{3}{4}\ell$	(1) 계측기 (2) 회전 이음	
1-2.3	소원	$\frac{1}{4} \sim \frac{1}{3}\ell$	(1) 체크 밸브 (2) 링크 (3) 롤러	• 롤러 : 중앙에 ⊙점을 찍는다.
1-2.4	점	$\frac{1}{8} \sim \frac{1}{5}\ell$	(1) 관로의 접촉 (2) 롤러의 축	
1-3	반원		회전 각도가 제한을 받는 펌프 또는 액추에이터	
1-4	정사각형			
1-4.1			(1) 제어기기 (2) 전동기 이외의 원동기	• 접속구가 변과 수직으로 교차한다.
1-4.2			유체 조정 기기	• 접속구가 각을 두고 변과 교차한다. • 필터, 드레인 분리기, 주유기, 열 교환기 등
1-4.3			(1) 실린더 내의 쿠션 (2) 어큐뮬레이터(축압기) 내의 추	

KS B 0054 : 1987(2007확인)

196. 유·공기압 도면 기호

기호요소(계속)

번호	명칭	기호	용도	비고
1-5	직사각형			
1-5.1			(1) 실린더 (2) 밸브	• $m > l$
1-5.2			피스톤	
1-5.3			특정의 조작방법	• $l \leq m \leq 2l$
1-6	기타			
1-6.1	요형(대)		유압유 탱크(통기식)	• $m > l$
1-6.2	요형(소)		유압유 탱크(통기식)의 국소 표시	
1-6.3	캡슐형		(1) 유압유 탱크(밀폐식) (2) 공기압 탱크 (3) 어큐뮬레이터(축압기) (4) 보조가스용기	

비고
차수 l은 공통의 기준 차수로 그 크기는 임의로 정하여도 좋다. 또, 필요상 부득이한 경우에는 기준 차수를 대상에 따라 변경하여도 좋다.

기능요소

번호	명칭	기호	용도	비고
2-1	정삼각형	→ 유체 에너지의 방향 → 유체의 종류 → 에너지원의 표시		
2-1.1	흑		유압	
2-1.2	백		공기압 또는 기타의 기체압	• 대기 중에의 배출을 포함
2-2	화살표 표시			
2-2.1	직선 또는 사선		(1) 직선 운동 (2) 밸브 내의 유체의 경로와 방향 (3) 열류의 방향	
2-2.2	곡선		회전운동	• 화살표는 축의 자유단에서 본 회전방향을 표시
2-2.3	사선		가변 조작 또는 조정 수단	• 적당한 길이로 비스듬히 그린다. • 펌프, 스프링, 가변식 전자 액추에이터

196. 유·공기압 도면 기호

기능요소(계속)

번호	명칭	기호	용도	비고
2-3	기타			
2-3.1			전기	
2-3.2			폐로 또는 폐쇄 접속구	폐로 접속구
2-3.3			전자 액추에이터	
2-3.4			온도 지시 또는 온도 조정	
2-3.5			원동기	
2-3.6			스프링	• 11-3, 11-4 참조 • 산의 수는 자유
2-3.7			교축	
2-3.8			체크밸브의 간략 기호의 밸브 시트	

관로

번호	명칭	기호	비고
3-1.1	접속		
3-1.2	교차		• 접속하고 있지 않음
3-1.3	처짐 관로		• 호스(통상 가동 부분에 접속된다.)

KS B 0054 : 1987(2007확인)

196. 유·공기압 도면 기호

접속구

번호	명칭	기호	비고
4-1	공기구멍		
4-1.1			• 연속적으로 공기를 빼는 경우
4-1.2			• 어느 시기에 공기를 빼고 나머지 시간은 닫아 놓은 경우
4-1.3			• 필요에 따라 체크 기구를 조작하여 공기를 빼는 경우
4-2	배기구	공기압 전용	
4-2.1			• 접속구가 없는 것
4-2.2			• 접속구가 있는 것
4-3	급속이음		
4-3.1		떨어진 상태	• 체크 밸브 없음
4-3.2		접속상태	• 체크 밸브 붙이(셀프 실 이음)
4-4	회전 이음	스위블 조인트 및 로터리 조인트	
4-4.1	1관로	※	• 1방향 회전
4-4.2	3관로	※	• 2방향 회전

기계식 구성부품

번호	명칭	기호	비고
5-1	로드		• 2방향 조작 • 화살표의 기입은 임의
5-2	회전축		• 2방향 조작 • 화살표의 기입은 임의

196. 유·공기압 도면 기호

기계식 구성부품(계속)

번호	명칭	기호	비고
5-3	멈춤쇠	※	• 2방향 조작 • 고정용 그루브 위에 그린 세로선은 고정구를 나타낸다.
5-4	래치	※	• 1방향 조작 • ※ 해제의 방법을 표시하는 기호
5-5	오버 센터 기구	※	• 2방향 조작

조작 방식

번호	명칭	기호	비고
6-1	인력조작	※	• 조작 방법을 지시하지 않은 경우, 또는 조작 방향의 수를 특별히 지정하지 않은 경우의 일반 기호
6-1.1	누름버튼	※	• 1방향 조작
6-1.2	당김 버튼	※	• 1방향 조작
6-1.3	누름-당김 버튼	※	• 2방향 조작
6-1.4	레버	※	• 2방향 조작(회전 운동을 포함)
6-1.5	페달	※	• 1방향 조작(회전 운동을 포함)
6-1.6	2방향 페달	※	• 2방향 조작(회전 운동을 포함)

KS B 0054 : 1987(2007확인)

196. 유·공기압 도면 기호

조작방식(계속)

번호	명칭	기호	비고
6-2	기계 조작		
6-2.1	플런저		• 1방향 조작
6-2.2	가변 행정 제한기구		• 2방향 조작
6-2.3	스프링		• 1방향 조작
6-2.4	롤러		• 2방향 조작
6-2.5	편측 작동 롤러		• 화살표는 유효 조작 방향을 나타낸다. 기입을 생략하여도 좋다. • 1방향 조작
6-3	전기조작		
6-3.1	직선형 액추에이터		• 솔레노이드, 토크 모터 등
6-3.1.1	단동 솔레노이드		
6-3.1.2	복동 솔레노이드		• 1방향 조작 • 사선은 위로 넓어져도 좋다.
6-3.1.3	단동 가변식 전자 액추에이터		• 1방향 조작 • 비례식 솔레노이드, 포스 모터 등
6-3.1.4	복동 가변식 전자 액추에이터		• 2방향 조작 • 토크 모터
6-3.2	회전형 전기 액추에이터		• 2방향 조작 • 전동기
6-4	파일럿 조작		
6-4.1	직접 파일럿 조작		
6-4.1.1			
6-4.1.2			• 수압면적이 상이한 경우, 필요에 따라 면적비를 나타내는 숫자를 직사각형 속에 기입한다.

KS B 0054 : 1987(2007 확인)

196. 유·공기압 도면 기호

조작방식(계속)

번호	명칭	기호	비고
6-4.1.3	내부 파일럿		• 조작 유로는 기기의 내부에 있음
6-4.1.4	외부 파일럿		• 조작 유로는 기기의 외부에 있음
6-4.2	간접 파일럿 조작		
6-4.2.1	압력을 가해 조작하는 방식		
(1)	공기압 파일럿		• 내부 파일럿 • 1차 조작 없음
(2)	유압 파일럿		• 외부 파일럿 • 1차 조작 없음
(3)	유압 2단 파일럿		• 내부 파일럿, 내부 드레인 • 1차 조작 없음
(4)	공기압, 유압 파일럿		• 외부 공기압 파일럿, 내부 유압 파일럿, 외부 드레인 • 1차 조작 없음
(5)	전자, 공기압 파일럿		• 단동 솔레노이드에 의한 1차 조작 붙이 • 내부 파일럿
(6)	전자, 유압 파일럿		• 단동 솔레노이드에 의한 1차 조작 붙이 • 외부 파일럿, 내부 드레인
6-4.2.2	압력을 빼내어 조작하는 방식		
(1)	유압 파일럿		• 내부 파일럿, 내부 드레인 • 1차 조작 없음 • 내부 파일럿 • 원격 조작용 벤트 포트 붙이
(2)	전자, 유압 파일럿		• 단동 솔레노이드에 의한 1차 조작 붙이 • 외부파일럿, 외부 드레인
(3)	파일럿 작동형 압력제어 밸브		• 압력 조정용 스프링 붙이 • 외부 드레인 • 원격 조작용 벤트 폴트 붙이
(4)	파일럿 작동형 비례 전자식 압력 제어 밸브		• 단동 비례식 액추에이터 • 내부 드레인

KS B 0054 : 1987(2007확인)

196. 유·공기압 도면 기호

조작방식(계속)

번호	명칭	기호	비고
6-5	피드백		
6-5.1	전기식 피드백		• 일반 기호 • 전위차 계, 차동 변압기 등의 위치 검출기
6-5.2	기계식 피드백		• 제어 대상과 제어 요소의 가동 부분 간의 기계적 접속은 1-1.4에 표시 (1) 제어대상 (2) 제어 요소

펌프 및 모터

번호	명칭	기호	비고
7-1	펌프 및 모터	유압펌프 / 공기압 모터	• 일반기호
7-2	유압펌프		• 1방향 유동 • 정용량형 • 방향 회전형
7-3	유압모터		• 1방향 유동 • 가변용량형 • 조작기구를 특별히 지정하지 않는 경우 • 외부 드레인 • 1방향 회전형 • 양축형
7-4	공기압 모터		• 2방향 유동 • 정용량형 • 2방향 회전형
7-5	정용량형 펌프·모터		• 1방향 유동 • 정용량형 • 1방향 회전형
7-6	가변용량형 펌프·모터(인력조작)		• 2방향 유동 • 가변용량형 • 외부 드레인 • 2방향 회전형
7-7	요동형 액추에이터		• 공기압 • 정각도 • 2방향의 요동형 • 축의 회전 방향과 유동 방향과의 관계를 나타내는 화살표의 기입은 임의(부속서 참조)

KS B 0054 : 1987(2007 확인)

196. 유·공기압 도면 기호

펌프 및 모터(계속)

번호	명칭	기호	비고
7-8	유압 전도장치		• 1방향 회전형 • 가변용량형 펌프 • 일체형
7-9	가변용량형 펌프 (압력보상 제어)		• 1방향 유동 • 압력 조정 가능 • 외부드레인(부속서 참조)
7-10	가변용량형 펌프, 모터(파일럿 조작)		• 2방향 유동 • 2방향 회전형 • 스프링 힘에 의하여 중앙 위치(배제용적 0)로 되돌아오는 방식 • 파일럿 조작 • 외부드레인 • 신호 m은 M방향으로 변위를 발생시킴(부속서 참조)

실린더

번호	명칭	기호		비고
8-1	단동 실린더	상세기호	간략기호	• 공기압 • 압출형 • 편로드형 • 대기 중의 배기(유압의 경우는 드레인)
8-2	단동 실린더 (스프링 붙이)			• 유압 • 편로드형 • 드레인 측은 유압유 탱크에 개방 (1) 스풀이 힘으로 로드 압출 (2) 스프링 힘으로 로드 압출

8-3	복동 실린더	(1)
		(2)
				(1) 편로드
				  공기압
				(2) 양로드
				  공기압

8-4	복동 실린더 (쿠션 붙이)	상세기호 2:1	간략기호 2:1	• 유압 • 편로드형 • 양쿠션 조정형 • 피스톤 면적비 2:1

196. 유·공기압 도면 기호

실린더(계속)

번호	명칭	기호	비고
8-5	단동 텔레스코프형 실린더		• 공기압
8-6	복동 텔레스코프형 실린더		• 유압

특수 에너지 변환기기

번호	명칭	기호	비고
9-1	공기유압 변환기	단동형 / 연속형	
9-2	증기압	단동형 / 연속형	• 압력비 → 1:2 • 2종 유체용

에너지 용기

번호	명칭	기호	비고
10-1	어큐뮬레이터		• 일반기호 • 항상 세로형으로 표시 • 부하의 종류를 지시하지 않는 경우

196. 유 · 공기압 도면 기호

에너지 용기(계속)

번호	명칭	기호	비고
10-2	어큐뮬레이터	기체식 / 중량식 / 스프링식	• 부하의 종류를 지시하는 경우
10-3	보조 가스용기		• 항상 세로형으로 표시 • 어큐뮬레이터(축압기)와 조합하여 사용하는 보급용 가스 용기
10-4	공기탱크		

동력원

번호	명칭	기호	비고
11-1	유압(동력)원		• 일반기호
11-2	공기압(동력)원		• 일반기호
11-3	전동기	M	
11-4	원동기	M	• (전동기를 제외)

전환 밸브

번호	명칭	기호	비고
12-1	2포트 수동 전환 밸브		• 2위치 • 폐지 밸브
12-2	3포트 전자 전환 밸브		• 2위치 • 1과도 위치 • 전자조작 스프링 리턴
12-3	5포트 파일럿 전환 밸브		• 2위치 • 2방향 파일럿 조작

KS B 0054 : 1987(2007확인)

196. 유·공기압 도면 기호

전환 밸브(계속)

번호	명칭	기호	비고
12-4	4포트 전자 파일럿 전환 밸브	상세기호 / 간략기호	• 주밸브 - 3위치 - 스프링센터 - 내부 파일럿 • 파일럿 밸브 - 4포트 - 3위치 - 스프링 센터 - 전자 조작(단동 솔레노이드) - 수동 오버라이드 조작 붙이 - 외부드레인
12-5	4포트 전자 파일럿 전환 밸브	상세기호 / 간략기호	• 주밸브 - 3위치 - 프리셔 센터(스프링 센터 겸용) - 파일럿압을 제거할 때 작동위치로 전환된다. • 파일럿 밸브 - 4포트 - 3위치 - 스프링 센터 - 전자 조작(복동 솔레노이드) - 수동 오버라이드 조작붙이 - 외부 파일럿 - 내부 파일럿 - 내부 드레인
12-6	4포트 교축 전환 밸브	중앙위치 오버랩 / 중앙위치 오버랩	• 3위치 • 스프링 센터 • 무단계 중간 위치
12-7	서보밸브		• 대표 보기

체크밸브, 셔틀밸브, 배기밸브

번호	명칭	기호	비고
13-1	체크밸브	상세기호 / 간략기호	(스프링 없음)

KS B 0054 : 1987(2007 확인)

196. 유·공기압 도면 기호

체크밸브, 셔틀밸브, 배기밸브(계속)

번호	명칭	기호	비고
13-1		상세기호 / 간략기호	(스프링 붙이)
13-2	파일럿 조작 체크 밸브	상세기호 / 간략기호	• 파일럿 조작에 의하여 밸브 폐쇄 • 스프링없음
		상세기호 / 간략기호	• 파일럿 조작에 의하여 밸브열림 • 스프링 붙이
13-3	고압 우선형 셔틀밸브	상세기호 / 간략기호	• 고압 측의 입구가 출구에 접속되고, 저압쪽 측의 입구가 폐쇄된다.
13-4	저압 우선형 셔틀밸브	상세기호 / 간략기호	• 고압 측의 입구가 저압 우선 출구에 접속되고, 고압 측의 입구가 폐쇄된다.
13-5	급속 배기밸브	상세기호 / 간략기호	

압력밸브

번호	명칭	기호	비고
14-1	릴리프 밸브		• 직동형 또는 일반 기호
14-2	파일럿 작동형 릴리프 밸브	상세기호	• 원격 조작용 벤트포트 붙이

KS B 0054 : 1987(2007확인)

196. 유·공기압 도면 기호

압력밸브(계속)

번호	명칭	기호	비고
14-2	파일럿 작동형 릴리프 밸브	간략기호	
14-3	전자 밸브장착(파일럿 작동형) 릴리프 밸브		• 전자 밸브의 조작에 의하여 벤트포트가 열려 무부하로 된다.
14-4	비례 전자식 릴리프 (파일럿 작동형)		• 대표 보기
14-5	감압 밸브		• 직동형 또는 일반기호
14-6	파일럿 작동형 감압밸브		• 외부 드레인
14-7	릴리프 붙이 감압밸브		• 공기압용
14-8	비례 전자식 릴리프 감압 밸브(파일럿 작동형)		• 유압용 • 대표보기
14-9	일정비율 감압 밸브		• 감압비 : 1/3
14-10	시퀀스 밸브		• 직동형 또는 일반 기호 • 외부 파일럿 • 외부 드레인

196. 유·공기압 도면 기호

압력밸브(계속)

번호	명칭	기호	비고
14-11	시퀀스 밸브 (보조 조작 장착)		• 직동형 • 내부 파일럿 또는 외부 파일럿 조작에 의하여 밸브가 작동됨 • 파일럿 압의 수압 면적비가 1:8인 경우 • 외부 드레인
14-12	파일럿 작동형 시퀀스 밸브		• 내부 드레인 • 외부 드레인
14-13	무부하 밸브		• 직동형 또는 일반 기호 • 내부 드레인
14-14	카운터 밸런스 밸브		
14-15	무부하 릴리프 밸브		
14-16	양방향 릴리프 밸브		• 직동형 • 외부드레인
14-17	브레이크 밸브		• 대표 보기

KS B 0054 : 1987(2007확인)

196. 유·공기압 도면 기호

유량제어 밸브

번호	명칭	기호	비고
15-1	교축 밸브	상세기호 간략기호	• 간략 기호에서는 조작방법 및 밸브의 상태가 표시되어 있지 않음
15-1.1	가변 교축밸브		• 통상 완전히 닫혀진 상태는 없음
15-1.2	스톱 밸브	※	
15-1.3	감압 밸브(기계 조작 가변 교축 밸브)		• 롤러에 의한 기계 조작 • 스프링 부하
15-1.4	1방향 교축 밸브 속도 제어 밸브		• 가변 교축 장착 • 1방향으로 자유 유동, 반대 방향으로 제어유동
15-2	유량 조정 밸브	상세기호 간략기호	• 온도보상은 2-3.4에 표시된다. • 간략 기호에서 유로의 화살표는 압력의 보상을 나타낸다.
15-2.1	직렬형 유량 조정 밸브		
15-2.2	직렬형 유량 조정 밸브(온도보상 붙이)	상세기호 간략기호	• 온도보상은 2-3.4에 표시된다. • 간략 기호에서 유로의 화살표는 압력의 보상을 나타낸다.
15-2.3	바이패스형 유량 조정 밸브	상세기호 간략기호	• 간략 기호에서 유로의 화살표는 압력의 보상을 나타낸다.

KS B 0054 : 1987(2007 확인)

196. 유·공기압 도면 기호

유량제어 밸브(계속)

번호	명칭	기호	비고
15-2.4	체크 밸브 붙이 유량 조정 밸브(직렬형)	상세기호 / 간략기호	• 간략 기호에서 유로의 화살표는 압력의 보상을 나타낸다.
15-2.5	분류 밸브		• 화살표는 압력보상을 나타낸다.
15-2.6	집류 밸브		• 화살표는 압력보상을 나타낸다.

기름탱크

번호	명칭	기호	비고
16-1	기름 탱크(통기식)		• 관 끝을 액체 속에 넣지 않는 경우
			• 관 끝을 액체 속에 넣는 경우 • 통기용 필터(17-1)가 있는 경우
			• 관 끝을 밑바닥에 접하는 경우
			• 국소 표시 기호
16-2	기름 탱크(밀폐식)		• 3관로의 경우 • 가압 또는 밀폐된 것 • 각관 끝 액체 속에 집어넣는다. • 관로는 탱크의 긴 백에 수직

Korean Industrial Standard | 353

KS B 0054 : 1987(2007확인)

196. 유·공기압 도면 기호

유체조정기기

번호	명칭	기호	비고
17-1	필터		• 일반기호
		※	• 자석붙이
			• 눈 막힘 표시기 붙이
17-2	드레인 배출기	※	• 수동배출
		※	• 자동배출
17-3	드레인 배출기 붙이 필터		• 수동배출
			• 자동배출
17-4	기름 분무 분리기	※	• 수동배출
		※	• 자동배출
17-5	에어 드라이	※	
17-6	루브리케이터	※	
17-7	공기압 조정유닛	상세기호 상세기호	• 수식 화살표는 배출기를 나타낸다.

KS B 0054 : 1987(2007 확인) ■■■

196. 유·공기압 도면 기호

유체조정기기(계속)

번호	명칭	기호	비고
17-8	열교환기		
17-8.1	냉각기		• 냉각액용 관로를 표시하지 않는 경우
			• 냉각액용 관로를 표시하는 경우
17-8.2	가열기		
17-8.3	온도 조절기		• 가열 및 냉각

계측기 보조기기

번호	명칭	기호	비고
18-1	압력 계측기	※	• 계측은 되지 않고 단지 지시만 하는 표시기
18-1.1	압력 표시기		
18-1.2	압력계	※	
18-1.3	차압계	※	
18-2	유면계	※	• 평행선은 수평선으로 표시
18-3	온도계		
18-4	유량 계측기	※	
18-4.1	검류기		
18-4.2	유량계	※	
18-4.3	적산 유량계	※	

KS B 0054 : 1987(2007확인)

196. 유 · 공기압 도면 기호

계측기 보조기기(계속)

번호	명칭	기호	비고
18-5	회전 속도계	※	
18-6	토크계	※	

기타의 기기

번호	명칭	기호	비고
19-1	압력 스위치	※	• 오해의 염려가 없는 경우에는 다음과 같이 표시하여도 좋다. ※
19-2	리밋 스위치		• 오해의 염려가 없는 경우에는 다음과 같이 표시하여도 좋다.
19-3	아날로그 변환기	※	• 공기압
19-4	소음기	※	• 공기압
19-5	경음기	※	• 공기압용
19-6	마그넷 세퍼레이터	※	

196. 유·공기압 도면 기호

회전형 에너지 변환기기

번호	명칭	기호	비고
A-1	정용량형 유압모터		(1) 1방향 회전형 (2) 입구 포트가 고정되어 있으므로, 유동 방향과의 관계를 나타내는 회전 방향 화살표는 필요 없음
A-2	정용량형 유압 펌프 또는 유압 모터 (1) 가역 회전형 펌프		• 2방향 회전·양축형 • 입력축이 좌회전할 때 B포트가 송출구로 된다.
	(2) 가역 회전형 모터		• B포트가 유입구일 때 출력축은 좌회전이 된다.
A-3	가변 용량형 유압펌프		(1) 1방향 회전형 (2) 유동 방향과의 관계를 나타내는 회전 방향 화살표는 필요 없음 (3) 조작 요소의 위치 표시는 기능을 명시하기 위한 것으로서 생략하여도 좋다.
A-4	가변 용량형 유압모터		• 2방향 회전형 • B포트가 유입구일 때 출력축은 좌회전된다.
A-5	가변 용량형 유압 오버 센터 펌프		• 1방향 회전형 • 조작요소의 위치를 N의 방향으로 조작하였을 때, A포트가 송출구가 된다.
A-6	가변 용량형 유압펌프 또는 유압모터 (1) 가역 회전형 펌프		• 2방향 회전형 • 입력축이 우회전할 때, A포트가 송출구로 되고 이때의 가변 조작은 조작 요소의 위치 M의 방향으로 된다.
	(2) 가역 회전형 모터		• A포트가 유입구일 때 출력축은 좌회전이 되고, 이때의 가변 조작은 조작 요소의 위치 N의 방향으로 된다.
A-7	정용량형 유압 펌프·모터		• 2방향 회전형 • 펌프로서의 기능을 하는 경우 입력축이 우회전 할 때 A포트가 송출구로 된다.
A-8	가변 용량형 유압 펌프·모터		• 2방향 회전형 • 펌프 기능을 하고 있는 경우, 입력축이 우회전할 때 B포트가 송출구로 된다.

KS B 0054 : 1987(2007확인)

196. 유·공기압 도면 기호

회전형 에너지 변환기기(계속)

번호	명칭	기호	비고
A-9	가변 용량형 유압 펌프·모터		• 1방향 회전형 • 펌프 기능을 하고 있는 경우, 입력축이 우회전할 때 A포트가 송출구가 되고, 이때의 가변 조작은 조작 요소의 위치 M의 방향이 된다.
A-10	가변 용량형 가역 회전형 펌프·모터		• 2방향 회전형 • 펌프기능을 하고 있는 경우, 입·출력이 우회전할 때 A 포트가 송출구가 되고, 이때의 가변조작은 조작요소의 위치 N의 방향이 된다.
A-11	정용량·가변 용량 변환식 가역 회전형 펌프		• 2방향 회전형 • 입력축이 우회전일 때는 A포트를 송출구로 하는 가변 용량 펌프가 되고, 좌회전인 경우에는 배제 용적의 적용량 펌프가 된다.

197. 단위와 단위 환산

미터단위

척도					용적 및 두량				
	미크론(μ)	→	1/1,000	밀리미터		밀리리터(ml)	→	1/1,000	리터
	밀리미터(mm)	→	1/10	센티미터		데시리터(dl)	→	1/10	리터
	센티미터(cm)	→	1/100	미터		데카리터	→	10	리터
	데시미터(dm)	→	1/10	미터		헥트리터(hl)	→	100	리터
	데카미터	→	10	미터		킬로리터(kl)	→	1,000	리터
	헥트미터	→	100	미터					
	킬로미터(km)	→	1,000	미터	형량	밀리그램(mg)	→	1/1,000	그램
	해 리	→	1,852	미터		데키그램	→	10	그램
면적	센티아르	→	1	평방미터		헥트그램	→	100	그램
	아르(ARE)(a)	→	100	평방미터		톤(t)	→	1,000	킬로그램
	헥타아르(ha)	→	100	아 르		캐럿트	→	200	밀리그램

피트·파운드 단위

척도					약제용 액량				
	피 트(ft)	→	12	인 치		드 럼	→	1/8	온 스
	야 드(yd)	→	3	피 트		온 스	→	1/20	파 인 트
	폴	→	16	피 트		파 인 트	→	1/8	갤 런
	펄 롱	→	40	폴		[파인트 갤런은 보통 사용하는 두량과 같다.]			
	마 일	→	8	펄 롱	형량	온 스(oz)	→	1/16	파 운 드(lb)
	체 인	→	66	피 트		스 톤	→	14	파 운 드
	링 크	→	0.66	피 트		쿼 터	→	2	스 톤
	패 덤	→	6	피 트		헌드레드 웨이드	→	112	파 운 드
	해 리 (Nautical Mile)	→	6,080	피 트		톤	→	2,240	파 운 드
면적	퍼 치	→	$30\frac{1}{4}$	평방야드		그 레 인	→	1/7,000	파 운 드
	루 드	→	40	퍼 치		드 럼	→	1/16	온 스
	에 이 커	→	4	루 드	금·은용 형량	그 레 인	→	1/5,760	파 운 드
	써큘러 인치	→	0.7854	평방인		메니웨이트	→	24	그 레 인
						온 스	→	1/12	파 운 드
용적 및 두량	딜	→	1/4	파인트		[그레인은 보통 사용하는 형량과 같다.]			
	파 인 트	→	1/8	갤런		[175파운드→ 144 보통 사용하는 파운드]			
	쿼 터	→	1/4	갤런	약제용 형량	그 레 인	→	1/5,760	파 운 드
	베 셀	→	2	갤런		스쿠루 풀	→	20	그 레 인
	부 셀	→	4	베크		드 럼	→	3	스쿠루 풀
	쿼 트	→	8	부셀		온 스	→	8	드 럼
	배 럴	→	42	갤런(미국)			→	1/12	파 운 드
						[그레인은 보통 사용하는 형량과 같다.]			
						[175파운드→ 144 보통 사용하는 파운드]			

197. 단위와 단위 환산

척·관의 단위(尺貫單位)

척도					용적 및 두량				
	푼	→	1/10	치(寸)		작(勺)	→	1/10	홉(合)
	치(寸)	→	1/10	자(尺)		홉(合)	→	1/10	되(升)
	장(丈)	→	10	자(尺)		말(斗)	→	10	되(升)
	간(間)	→	6	자(尺)		섬(石)	→	10	말(斗)
	정(町)	→	60	간(間)→6		되(升)	→	64.827	입방치
	리(理)	→	3.927	km					
면적	평(坪)	→	36	평방척(平方尺)	형량	푼	→	1/10	돈(돈쭝)
	작(勺)	→	1/100	평(坪)		냥	→	10	돈(돈쭝)
	홉(合)	→	1/10	평(坪)		근(斤)	→	375	그램
	단(段)	→	10	평(坪)		관(貫)	→	3.75	킬로그램
	정(町)	→	10	단(段)[3,000평(坪)]					

[1관은 국제 킬로그램의 15/4, 즉 3.75kg
목재일석(木材一石)=10입방척]

길이

cm	m	km	in	ft	척(尺)
1	0.01	0.041	0.3937	0.0328	0.033
100	1	0.001	39.371	3.2809	3.3
100,000	1,000	1	39,371	3,280.9	3,300
2.54	0.02540	0.04254	1	0.08333	0.08382
30.48	0.3048	0.033048	12	1	1.0058
30.30	0.30303	0.033030	11.9303	0.9942	1

질량

gr	kg	t(tonne) (프랑스)	lb	ton(영국)	ton(미국)	관(貫)	근(斤)
1	0.001	0.0_51	0.002205	0.0_6984	0.0_51105	0.0_32667	0.00167
1,000	1	0.001	2.2046	0.0_3984	0.0_21102	0.2667	1.6667
$1×10^6$	1,000	1	2,204.6	0.9842	1.1023	266.67	1,666.7
453.6	0.4536	0.0_34536	1	0.0_3446	0.0_351	0.121	0.760
1,016,047	1,016.05	1.01605	2,240	1	1.12	270.94	1,693.4
907,185	907.185	0.90719	2,000	0.89286	1	241.91	1,519.8
3,750	3.75	0.00375	8.2673	0.0_23691	0.0_24134	1	6.25
600	0.6	0.0_36	1.3228	0.0_35905	0.0_36613	0.16	1

197. 단위와 단위 환산

시간

sec(초, 抄)	min(분, 分)	hr(시간, 時間)	day(일, 日)	yr(년, 年)
1	0.016667	$0.0_3 27778$	$0.0_4 11574$	0.073175
60	1	0.016667	$0.0_3 69444$	$0.0_5 1903$
3,600	60	1	0.041667	$0.0_3 1142$
86,400	1,440	24	1	0.00274
31,536,000	525,600	8,760	365	1

면적

cm^2	m^2	in^2	ft^2	척(尺)^2
1	$0.0_3 1$	0.1550	0.001076	0.001089
1×10^4	1	1,550.1	10.7643	10.89
6.4514	$0.0_3 6451$	1	0.006944	0.007026
929	0.0929	144	1	1.0117
918.27	0.09183	142.34	0.9885	1

체적

dm^3	m^3 혹은 kl	ft^3	gal(영국)	gal(미국)	석(石)	척^3(尺^3)
1	0.001	0.03532	0.220	0.2642	$0.0_2 5544$	0.03394
1,000	1	35.317	219.95	264.19	5.5435	35.937
28.315	0.02832	1	6.2279	7.4806	0.1570	1.0175
4.5465	$0.0_2 4547$	0.1606	1	1.2011	0.02520	0.1633
3.7852	$0.0_2 3785$	0.1337	0.8325	1	0.02098	0.1360
180.39	0.18039	6.3707	39.676	47.656	1	6.4827
27.826	0.02783	0.9827	6.1203	7.3514	0.15425	1

[참고]

$1 in^3 = 16.386 cm^3$ $1 ft^3 = 1,728 in^3$

속도

m/sec	m/hr	km/hr	ft/sec	ft/min	mile/hr
1	3,600	3.6	3.281	196.85	2.2370
$0.0_3 2778$	1	0.001	$0.0_3 9114$	0.05468	$0.0_3 621$
0.2778	1,000	1	0.9114	54.682	0.6214
0.3048	1,097.25	1.0973	1	60	0.68182
$0.0_2 5080$	18.287	0.01829	0.01667	1	0.01136
0.4470	1,609.31	1.6093	1.4667	88	1

197. 단위와 단위 환산

유량

1/sec	m³/hr	m³/sec	gal/min(영국)	gal/min(미국)	ft³/hr	ft³/sec
1	3.6	0.001	13.197	15.8514	127.14	0.03532
0.2778	1	0.0_32778	3.6658	4.4032	35.317	0.0_29801
1,000	3,600	1	13,197	15,851	127,150	35.3165
0.075775	0.27279	0.0_475775	1	1.2011	9.6342	0.0_22676
0.06309	0.2271	0.0_46304	0.8325	1	8.0208	0.0_22228
0.0_27865	0.02832	0.0_57865	0.1038	0.1247	1	0.0_32778
28.3153	101.935	0.02832	373.672	448.833	3,600	1

무게 또는 힘

gr	dyne	kg	lb	poundal
1	980.6	0.001	0.002205	0.07092
0.00102	1	0.0_5102	0.0_52248	0.0_47233
1,000	980,600	1	2.20462	70.9119
453.59	444,792	0.45359	1	32.17
14.102	13,825	0.014102	0.03109	1

압력

bar/cm² 또는 mgdyne/cm²	kg/cm²	lb/in²	atm	수은주		수주(15℃)	
				m	in	m	in
1	1.0197	14.50	0.9896	0.7500	29.55	10.21	401.8
0.9807	1	14.223	0.9678	0.7355	28.96	12.01	394.0
0.06895	0.07031	1	0.06804	0.05171	2.0355	0.7037	27.70
1.0333	1.0333	14.70	1	0.760	29.92	10.34	407.2
1.3333	1.3596	19.34	1.316	1	39.37	13.61	535.67
0.03386	0.03453	0.4912	0.03342	0.02540	1	0.3456	13.61
0.09798	0.09991	1.421	0.0967	0.07349	2.893	1	39.37
0.002489	0.002538	0.03609	0.002456	0.001867	0.07349	0.0254	1

비고

kg/cm² → 10,000kg/m², lb/in² → 144lb/ft²

밀도

gr/cm³	kg/m³ 또는 gr/1	gr/m³	lb/ft³	oz/ft³
1	1,000	1×10^6	62.43	998.82
0.001	1	1,000	0.06243	0.99882
0.0_51	0.001	1	0.0_46243	0.0_39988
0.01602	16.0194	16,019.4	1	16
0.001	1.0012	1,001.2	0.0625	1

197. 단위와 단위 환산

점도

poise = gr/cm·sec (c.g.s 단위임)	centipoise·cp	kg/m·sec	kg/m·hr	lb/ft·sec
1	100	0.1	360	0.0672
0.01	1	0.001	3.6	0.000672
10	1,000	1	3,600	0.672
0.00278	0.0278	0.0_3278	1	0.000187
14.88	1,488	1.488	5,356.8	1

일량 및 열량

줄	kg-m	ft-lb	kW-hr	p.s/hr	HP/hr	kcal	B.T.U	C.h.u
1	0.10197	0.73756	0.0_627778	0.0_637767	0.0_637251	0.0_32389	0.0_39486	0.0_3527
9.80665	1	7.23314	0.0_527241	0.0_537037	0.0_536528	0.0_22342	0.0_29293	0.0_25163
1.35582	0.13825	1	0.0_637661	0.0_351203	0.0_550505	0.0_33239	0.0_21285	0.0_371389
36×10^5	367,100	2,655,200	1	1.3_5963	1.34101	859.98	3,412	1,895.55
$2,648 \times 10^3$	27×10^4	1,952,900	0.73549	1	0.98635	632.54	2,509.7	1,394.27
2,684,500	273,750	198×10^4	0.74569	1.01383	1	641.33	2,544.4	1,313.55
4,186	426.85	3,087.4	0.0_211628	0.0_215809	0.0_215576	1	3.96832	2.20462
1,055	107.58	778.12	0.0_329305	0.0_339843	0.0_339258	0.2520	1	0.55556
1,899	193.65	1,400	0.0_352749	0.0_381717	0.0_370664	0.45359	1.8	1

동력

kW 또는 1,000 J/sec	kg-m/sec	ft-lb/sec	p.s	HP	kcal/sec	B.T.U/sec
1	101.97	735.56	1.3596	1.3410	0.2389	0.9486
0.0_29807	1	7.2331	0.01333	0.01315	0.0_22342	0.0_29293
0.0_21356	0.13825	1	0.0_21843	0.0_21818	0.0_33289	0.0_21285
0.7355	75	542.3	1	0.98635	0.17565	0.69686
0.74569	76.0375	550	1.01383	1	0.17803	0.70675
4.1860	426.85	3,087.44	5.69133	5.6135	1	3.9683
1.0550	107.58	778.17	1.4344	1.4148	0.2520	1

열전도율

kcal/m.hr.°C	cal/cm.sec.°C	B.T.U/ft.hr.°F	BTU/in.hr.°F
1	0.002778	0.67196	8.0635
360	1	241.9	2,903
1.488	0.004134	1	12
0.124	0.0_33445	0.8333	1

전열계수

kcal/m².hr.°C	cal/cm².sec.°C	B.T.U/ft².hr.°F
1	0.0_42778	0.2048
36,000	1	7,373
4.8836	0.0_21356	1

197. 단위와 단위 환산

그리스 문자

호칭방법	대문자	소문자	호칭방법	대문자	소문자	호칭방법	대문자	소문자
알 파	A	α	요 타	I	ι	로	P	ρ
베 타	B	β	카 파	K	κ	시그마	Σ	σ
감 마	Γ	γ	람 다	Λ	λ	타 우	T	τ
델 타	Δ	δ	뮤	M	μ	입실론	Y	υ
엡실론	E	ε, ϵ	뉴	N	ν	파 이	Φ	φ, ϕ
지 타	Z	ζ	크사이	Ξ	ξ	카 이	X	χ
이 타	H	η	오미크론	O	o	프사이	Ψ	ψ
시 타	Θ	∂, θ	파 이	Π	π	오메가	Ω	ω

단위계의 비교

계측량 단위계	길이	질량	시간	전류	열역학적 온도	물질량	광도
(1) SI 단위계	m	kg	s	A	K	mol	cd
(2) MKS 단위계	m	kg	s				
(3) CGS 단위계	cm	g	s				
(4) MKS A 단위계	m	kg	s	A			
(5) 푸트, 파운드 단위계	ft	1b	s				

접두어

접두어	배수	기호	접두어	배수	기호	접두어	배수	기호
exa	10^{18}	E	hecto	10^2	h	nano	10^{-9}	n
peta	10^{15}	P	deca	10^1	da	pico	10^{-12}	p
tera	10^{12}	T	deci	10^{-1}	d	femto	10^{-15}	f
giga	10^9	G	centi	10^{-2}	c	atto	10^{-18}	a
mega	10^6	M	milli	10^{-3}	m	–	–	–
kilo	10^3	k	micro	10^{-6}	μ	–	–	–

197. 단위와 단위 환산

SI 기본단위

계측량	단위의 명칭	단위기호	정의
길이	미터 (meter)	m	1미터는 진공에서 빛이 1/299,792,458초 동안 진행한 거리이다.
질량	킬로그램 (kilogram)	kg	1킬로그램(중량도, 힘도 아니다.)은 질량의 단위로서, 그것은 국제 킬로그램 원기의 질량과 같다.
시간	초 (second)	s	1초는 세슘 133의 원자 바닥 상태의 2개의 초미세준위 간의 전이에 대응하는 복사의 9,192,631,770주기의 지속 시간이다.
전류	암페어 (ampere)	A	1암페어는 진공 중에 1미터의 간격으로 평행하게 놓여진, 무한하게 작은 원형 단면적을 가지는 무한하게 긴 2개의 직선 모양 도체의 각각에 전류가 흐를 때, 이들 도체의 길이 미터마다 2×10^{-7}N의 힘을 미치는 불변의 전류이다.
열역학적 온도	켈빈 (kelvin)	K	1켈빈은 물의 3중점의 열역학적 온도의 $\frac{1}{273.16}$이다.
물질량	몰 (mol)	mol	① 1몰은 탄소 12의 0.012 킬로그램에 있는 원자의 개수와 같은 수의 구성요소를 포함한 어떤 계의 물질량이다. ② 몰을 사용할 때에는 구성 요소를 반드시 명시해야 하며, 이 구성요소는 원자, 분자, 이온, 전자, 기타 입자 또는 이 입자들의 특정한 집합체가 될 수 있다.
광도	칸델라 (candela)	cd	1칸델라는 주파수 540×10^{12} 헤르츠인 단색광을 방출하는 광원의 복사도가 어떤 주어진 방향으로 매스테라디안당 1/683와트일 때, 이 방향에 대한 광도이다.

SI 보조단위

계측면	단위의 명칭	단위기호	정의
평면각	라디안 (radian)	rad	1라디안은 원의 둘레 위에서의 반지름의 길이와 같은 길이의 호(弧)를 절취한 2개의 반지름 사이에 포함되는 평면각이다.
입체각	스테라디안 (steradian)	sr	1스테라디안은 구(球)의 중심을 정점으로 하고, 그 구의 반지름을 1변으로 하는 정사각형의 면적과 같은 면적을 구의 표면상에서 절취하는 입체각이다.

198. 각종 설계 계산식

평면 도형의 면적을 구하는 공식

정사각형
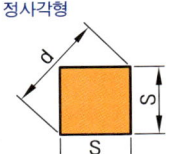

$A =$ 면적
$A = s^2$
$s = 0.071d = \sqrt{A}$
$d = 1.414s = 1.414\sqrt{A}$

사다리꼴형

$A =$ 면적
$A = \dfrac{(a+b)h}{2}$

직사각형
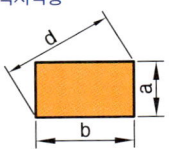

$A =$ 면적
$A = a \cdot b = a\sqrt{d^2 - a^2} = b\sqrt{d^2 - b^2}$
$d = \sqrt{a^2 + b^2}$
$a = \sqrt{d^2 - b^2} = A \div b$
$b = \sqrt{d^2 - a^2} = A \div a$

불평행사변형
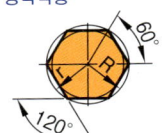

$A =$ 면적
$A = \dfrac{(H+h)a + bh + cH}{2}$
또 다른 방법은 파선으로 표시한 것처럼 2개의 삼각형으로 나누고 개개의 면적을 계산하여 그 합을 구하고 평행사변형의 면적을 구해도 됨

평행사변형
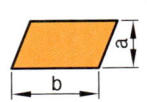

$A =$ 면적
$A = a \cdot b$ $a = A \div b$
$b = A \div a$ (a치수는 b변에 대해 직각으로 잰 것)

정육각형
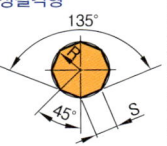

$A =$ 면적
$R =$ 외접원의 반지름
$r =$ 내접원의 반지름
$A = 2.598s^2 = 2.598R^2 = 3.464r^2$
$R = s = 1.155r$
$r = 0.866s = 0.866R$

직삼각형
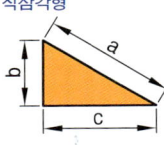

$A =$ 면적
$A = bc/2$
$a = \sqrt{b^2 + c^2}$
$b = \sqrt{a^2 + c^2}$
$c = \sqrt{a^2 - b^2}$

정팔각형
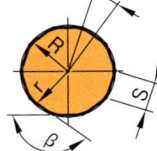

$A =$ 면적
$R =$ 외접원의 반지름
$r =$ 내접원의 반지름
$A = 2.828s^2 = 2.828R^2 = 3.314r^2$
$R = 1.307s = 1.082r$
$r = 1.207s = 0.924R$
$s = 0.765R = 0.828r$

예각삼각형
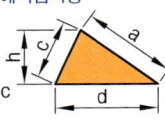

$A =$ 면적
$A = \dfrac{bh}{2} = \dfrac{b}{2}\sqrt{a^2 - \left(\dfrac{a^2 + b^2 - c^2}{2}\right)^2}$
만일 $s = \dfrac{1}{2}(a+b+c)$로 하면
$A = \sqrt{s(s-a)(s-b)(s-c)}$

정다각형

$A =$ 면적, $n =$ 변의 수
$a = 360 \div n$ $\beta = 180° - a$
$A = \dfrac{nsr}{2} = \dfrac{ns}{2}\sqrt{R^2 - \dfrac{s^2}{4}}$
$R = \sqrt{r^2 + \dfrac{s^2}{4}}$, $r = \sqrt{R^2 - \dfrac{s^2}{4}}$
$s = 2\sqrt{R^2 - r^2}$

둔각삼각형
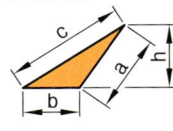 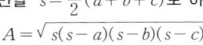

$A =$ 면적
$A = \dfrac{bh}{2} = \dfrac{b}{2}\sqrt{a^2 - \left(\dfrac{c^2 - a^2 - b^2}{2b}\right)^2}$
만일 $s = \dfrac{1}{2}(a+b+c)$로 하면
$A = \sqrt{s(s-a)(s-b)(s-c)}$

원
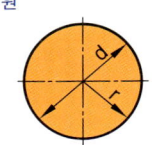

$A =$ 면적, $c =$ 원의 둘레
$A = \pi r^2 = 3.1416 r^2 = 0.7854 d^2$
$c = 2\pi r = 6.2832 r = 3.1416 d$
$r = c \div 6.2832 = \sqrt{A \div 3.1416}$
  $= 0.564\sqrt{A}$
$d = c \div 3.1416 = \sqrt{A \div 0.7854}$
  $= 1.128\sqrt{A}$
중심각의 1°에 대한 호의 길이
  $= 0.008727 d$
중심각의 n°에 대한 호의 길이
  $= 0.008727 nd$

198. 각종 설계 계산식

평면도형의 면적을 구하는 공식

원의 나눔 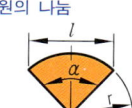	A=면적, l=호의 길이, α=각도 $l = \dfrac{r \times \alpha \times 3.1416}{180} = 0.01745 r\alpha$ $= \dfrac{2A}{r}$ $A = \dfrac{1}{2} rl = 0.08727 \alpha r^2$ $\alpha = \dfrac{57.296}{r}$, $r = \dfrac{2A}{l} = \dfrac{57.296}{\alpha}$	쌍곡선 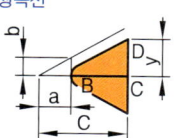	A=면적 BCD $A = \dfrac{xy}{2} - \dfrac{ab}{2} \log\left(\dfrac{x}{a} + \dfrac{y}{b}\right)$
원의 지름 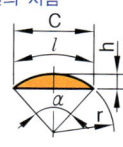	A=면적, l=호의 길이, α=각도 $c = 2\sqrt{h(2r-h)}$ $A = \dfrac{1}{2}[rl - c(r-h)]$ $r = c^2 \dfrac{4h^2}{8h}$, $l = 0.01745 \alpha r$ $h = r - \dfrac{1}{2}\sqrt{4r^2 - c^2}$, $\alpha = \dfrac{57.296 l}{r}$	포물선 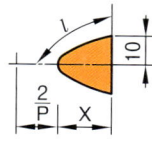	l=호의 길이 $= \dfrac{p}{2}\left[\sqrt{\dfrac{2x}{p}\left(1+\dfrac{2x}{p}\right)}\right.$ $\left. + hyp. \log\left(\dfrac{\sqrt{2x}}{\sqrt{p}} + \sqrt{1+\dfrac{2x}{p}}\right)\right]$ x가 y에 비해 작을 때의 $l = y\left[1 + \dfrac{2}{3}\left(\dfrac{x}{y}\right)^2 - \dfrac{2}{5}\left(\dfrac{x}{y}\right)^2\right]$ 또는 $l = \sqrt{y^2 + \dfrac{4}{3}x^2}$
고리형 	A=면적 $A = \pi(R^2 - r^2) = 3.1416(R^2 - r^2)$ $= 3.1416(R+r)(R-r)$ $= 0.7854(D^2 - d^2)$ $= 0.7854(D+d)(D-d)$	포물선 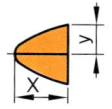	A=면적 $A = \dfrac{2}{3} xy$ (즉, x를 밑변으로 하고 y를 높이로 하는 X자형의 면적의 $\dfrac{2}{3}$와 같다.)
부채꼴형 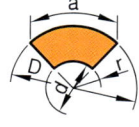	A=면적, α=각도 $A = \dfrac{\alpha \pi}{360}(R^2 - r^2)$ $= 0.00873 \alpha(R^2 - r^2)$ $= \dfrac{\alpha \pi}{4 \times 360}(D^2 - d^2)$ $= 0.00218 \alpha(D^2 - d^2)$	포물선의 조각 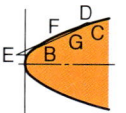	A=면적 $A = BFC =$(평행사변형 $BCDE$의 면적)$\times \dfrac{2}{3}$ BC에서 직각으로 잰 조각의 높이를 FC로 하면 $A = BFC = \dfrac{2}{3} BC \times FG$
각의 이음 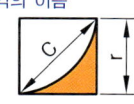	A=면적 $A = r^2 - \dfrac{\pi r^2}{4} = 0.215 r^2$ $= 0.1075 c^2$	사이클로이드 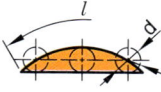	A=면적 l= 「사이클로이드」의 길이 $A = 3\pi r^2 = 9.4248 r^2$ $= 2.3562 d^2$ = (회전원의 면적)$\times 3$ $l = 8r = 4d$
타원 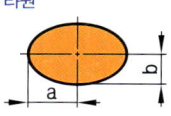	A=면적, P=타원의 둘레 $A = \pi a\,b = 3.1416 ab$ (1) $P = 3.1716\sqrt{2(a^2 + b^2)}$ (2) $P = 3.1416\sqrt{2(a^2 + b^2) - \dfrac{(a-b)^2}{22}}$		

198. 각종 설계 계산식

입체의 체적을 구하는 공식

구분	체적 구하는 공식	구분	체적 구하는 공식
정사각기둥 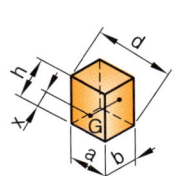	$V = a^2$ $S = 6a^2$ $A_a = 4d^2$ $x = \dfrac{a}{2}$ $d = \sqrt{3}\,a = 1.7321a$	정다각기둥 a = 변의 길이 n = 변의 수 A_b = 바닥(밑)면적	$V = A_b h$ $S = 2A_b + nha$ $A_s = nha$ $x = \dfrac{h}{2}$
직사각기둥 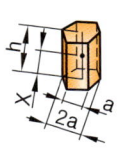	$V = abh$ $S = 2(ab + ah + bh)$ $A_a = 2h(a+b)$ $x = \dfrac{h}{2}$ $d = \sqrt{a^2 + b^2 + h^2}$	원기둥, 속이 빈 기둥 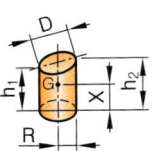	[원기둥] $V = \pi r^2 h = A_s h$ $S = 2\pi r(r+h)$ $A_s = 2\pi rh$ $x = \dfrac{h}{2}$	[속이 빈 원기둥] $V = \pi h(R^2 - r^2)$ $\quad = \pi h t(2R - t)$ $\quad = \pi h t(2r + t)$ $x = \dfrac{h}{2}$

구분	체적 구하는 공식	구분	체적 구하는 공식
정육각기둥 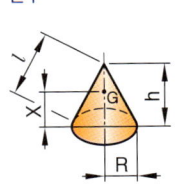	$V = 2.598 a^2 h$ $S = 5.1963 a^2 + 6ah$ $A_a = 6ah$ $x = \dfrac{h}{2}$ $d = \sqrt{h^2 + 4a^2}$	잘린 원추 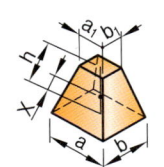	$V = \pi R^2 \dfrac{h_1 + h_2}{2}$ $A_s = \pi R(h_1 - h_2)$ $D = \sqrt{4R^2 + (h_2 - h_1)^2}$ $x = \dfrac{h_1 - h_2}{2}$
원추 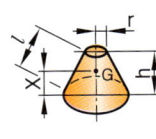	$V = \pi R^2 \dfrac{h}{3}$ $A_a = \pi R l$ $l = \sqrt{R^2 + h^2}$ $x = \dfrac{h}{4}$	잘린 정각 추 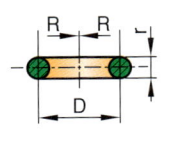	$V = \dfrac{h}{3}(A_b + A_{b1} + \sqrt{A_b A_{b1}})$ $A_b = \dfrac{3\sqrt{3}}{2} a^2 = 2.598 a^2$ $x = \dfrac{h}{4} \dfrac{A_b + 2\sqrt{A_b A_{B1}}}{A_b + \sqrt{A_b A_{b1}}} \dfrac{3A_{b1}}{A_b}$
끝이 잘린 원주	$V = \dfrac{\pi h}{3}(R^2 + Rr + r^2)$ $\quad = \dfrac{h}{4}\left[\pi a^2 + \dfrac{1}{3}\pi b^2\right]$ $A_a = \pi l a, \quad a = R + r$ $b = R - r, \quad l = \sqrt{b^2 + h^2}$ $x = \dfrac{h}{4} \dfrac{R^2 + 2Rr + 3r^2}{R^2 + Rr + r^2}$	잘린 직사각추	$V = \dfrac{h}{6}\left[(2a + a_1)b + (2a_1 + a)b_1\right]$ $\quad = \dfrac{h}{6}\left[ab + (a + a_1)(b + b_1) + a_1 b_1\right]$ $x = \dfrac{h}{2} \dfrac{ab + ab_1 + a_1 b + 3a_1 b_1}{2ab + ab_1 + a_1 b + 2a_1 b_1}$

V : 체적, S : 표면적, A_a : 측면적, A_b : 바닥(밑) 면적, X : 밑면에서 중심까지의 거리

198. 각종 설계 계산식

입체의 체적을 구하는 공식(계속)

구분	체적 구하는 공식	구분	체적 구하는 공식
정각추 	$V = \dfrac{A_b h}{3}$ $A_b = \dfrac{3\sqrt{3}}{2}\ a^2 = 2.598 a^2$ $x = \dfrac{h}{4}$	원형 단면 고리형 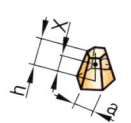	$V = 2\pi^2 R r^2 = 19.739 R r^2$ $= \dfrac{1}{4}\ \pi^2 D d^2 = 2.4674 D d^2$ $S = 4\pi^2 R r = 39.478 R r$ $= \pi^2 D d = 9.8696 D d$
구 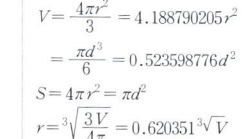	$V = \dfrac{4\pi r^3}{3} = 4.188790205 r^3$ $= \dfrac{\pi d^3}{6} = 0.523598776 d^3$ $S = 4\pi r^2 = \pi d^2$ $r = \sqrt[3]{\dfrac{3V}{4\pi}} = 0.620351 \sqrt[3]{V}$	구모양의 쐐기형 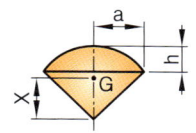	$V = \dfrac{2\pi r^2 h}{3}$ $= 2.0943951024 r^2 h$ $S = \pi r (2h + a)$ $x = \dfrac{3}{8}(2r - h)$
잘린 구 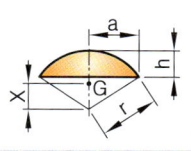	$V = \dfrac{\pi h}{6}(3a^2 + h^2) = \dfrac{\pi h^2}{3}(3r - h)$ $A = 2\pi V h = \pi(a^2 + h^2)$ $a^2 = h(2r - h)$ $x = \dfrac{3}{4}\dfrac{(2r-h)^2}{3r-h}$	위와 아래가 잘린 구 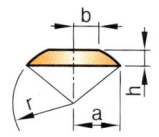	$V = \dfrac{\pi h}{6}(3a^2 + 3b^2 + h^2)$ $A_s = 2\pi r h$ $r^2 = a^2 + \left(\dfrac{a^2 - v_2 - h^2}{2h}\right)^2$

198. 각종 설계 계산식

휨과 휨각

번호	하중 및 탄성 곡선	휨 δ	휨각 i
1	외팔보 집중하중, $\alpha=\frac{1}{3}$, $\beta=-\frac{1}{2}$	$\delta = \frac{Wl^3}{3EI}\left(1 - \frac{3x}{2l} + \frac{x^3}{2l^3}\right)$ $x=0:-$ $\delta_{max} = \frac{Wl^3}{8EI} = \frac{\sigma l^2}{3Ee}$	$i = -\frac{Wl^2}{2EI}\left(1 - \frac{x^2}{l^1}\right)$ $x=0:-$ $i_{max} = -\frac{Wl^2}{2EI} = -\frac{3}{2l}\delta_{max}$
2	외팔보 분포하중 w(일정), $\alpha=\frac{l}{8}$, $\beta=-\frac{l}{6}$	$\delta = \frac{wl^4}{8EI}\left(1 - \frac{4x}{3l} + \frac{x^4}{3l^4}\right)$ $x=0:-$ $\delta_{max} = \frac{wl^4}{8EI} = \frac{\sigma l^2}{4Ee}$	$i = \frac{-wl^3}{6EI}\left(1 - \frac{x^3}{l^3}\right)$ $x=0:-$ $i_{max} = -\frac{wl^3}{6EI} = -\frac{4}{3l}\delta_{max}$
3	단순지지보 중앙 집중하중, $\alpha=\frac{1}{48}$, $\beta=\pm\frac{1}{16}$	$0 \leq x \leq \frac{l}{2}:-$ $\delta = \frac{Wl^3}{48EI}\left(\frac{3x}{l} - \frac{4x^3}{l^3}\right)$ $x=\frac{l}{2}:-$ $\delta_{max} = \frac{Wl^3}{48EI} = \frac{\sigma l^2}{12Ee}$	$0 \leq x \leq \frac{l}{2}:-$ $i = \frac{Wl^2}{16EI}\left(1 - \frac{4x^2}{l^2}\right)$ $\left.\begin{array}{l}x=0\\x=l\end{array}\right\}:-$ $i_{max} = \pm\frac{Wl^2}{24EI} = \pm\frac{3}{l}\delta_{max}$
4	단순지지보 분포하중 w(일정), $\alpha=\frac{5l}{384}$, $\beta=\pm\frac{l}{24}$	$\delta = \frac{wl^4}{24EI}\left(\frac{x}{l} - \frac{2x^3}{l^3} + \frac{x^4}{l^4}\right)$ $x=\frac{l}{2}:-$ $\delta_{max} = \frac{5wl^4}{384EI} = \frac{5\sigma l^2}{48Ee}$	$i = \frac{wl^3}{24EI}\left(1 - \frac{6x^2}{l^2} + \frac{4x^3}{l^3}\right)$ $\left.\begin{array}{l}x=0\\x=l\end{array}\right\}:-$ $i_{max} = \pm\frac{wl^3}{24EI} = \pm\frac{16}{5l}\delta_{max}$
5	양단고정보 중앙 집중하중	$0 \leq x \leq \frac{l}{2}:-$ $\delta = \frac{Wl^3}{16EI}\left(\frac{x^2}{l^2} - \frac{4x^3}{3l^3}\right)$ $x=\frac{l}{2}:-$ $\delta_{max} = \frac{Wl^3}{192EI} = \frac{\sigma^2}{24Ee}$	$0 \leq x \leq \frac{l}{2}:-$ $i = \frac{Wl^2}{8EI}\left(\frac{x}{l} - \frac{2x^2}{l^2}\right)$ $x=\frac{l}{4}:-$ $i_{max} = \pm\frac{Wl^2}{64EI}$
6	양단고정보 분포하중 w(일정), $\alpha=\frac{5l}{384}$, $\beta=\pm\frac{\sqrt{3}l}{216}$	$\delta = \frac{wl^4}{24EI}\left(\frac{x^2}{l^2} - \frac{2x^3}{l^3} + \frac{x^4}{l^4}\right)$ $x=\frac{l}{2}:-$ $\delta_{max} = \frac{wl^4}{384EI}$	$i = \frac{wl^3}{12EI}\left(\frac{x}{l} - \frac{3x^2}{l^2} + \frac{2x^3}{l^3}\right)$ $x = l\left(\frac{1}{2} \mp \frac{\sqrt{3}}{6}\right):-$ i_{max}, i_{min} $= \pm\frac{\sqrt{3}}{216} \cdot \frac{wl^3}{EI}$

주

W: 집중하중 w: 단위 길이에 가해진 분포하중 x: 단면까지의 거리 l: 보의 길이 E: 세로 탄성계수
I: 단면 2차 모멘트 δ: 휨 i: 휨각 e: 중립축으로부터의 도형의 가장자리까지의 거리

198. 각종 설계 계산식

간단한 모양의 중심(重心)

명칭	도형	중심위치
1. 선		
선 분		$x = \dfrac{l}{2}$
원 호		중심선위 ① $OG = \dfrac{rd}{l}$ ② $OG = \dfrac{2r}{\alpha} \sin \dfrac{\alpha}{2}$
반원호		$OG = \dfrac{2r}{\pi}$
2. 평면		
삼 각 형		세 중간선의 교차점 $y = \dfrac{h}{3}$
평행사변형		대각선의 교차점 $y = \dfrac{h}{2}$
사 다 리 꼴		$y_a = \dfrac{h}{3}\left(\dfrac{a+2b}{a+b}\right)$ $y_a = \dfrac{h}{3}\left(\dfrac{2a+b}{a+b}\right)$
부 채 꼴		중심선 위 ① $OG = \dfrac{2rd}{3l}$ ② $OG = \dfrac{4r}{3a_1} \sin \dfrac{\alpha}{2}$
반 원		$OG = \dfrac{4r}{3\pi}$
3. 곡면		
원 뿔 면		$OG = \dfrac{h}{3}$

198. 각종 설계 계산식

간단한 모양의 중심(重心)(계속)

명칭	도형	중심위치
반 구 면		$OG = \dfrac{r}{2}$
4. 입체		
원뿔 각뿔		$OG = \dfrac{h}{4}$
반구		$OG = \dfrac{3}{8}r$
꼭지를 자른 원뿔		$OG = \dfrac{h}{4} \cdot \dfrac{R^2 + 2Rr + 3r^2}{R^2 + Rr + r^2}$ $r=0$일 때 원뿔이 된다.
꼭지를 자른 각뿔		a, A를 아래, 위의 밑넓이로 하면 $OG = \dfrac{h}{4} \cdot \dfrac{A + 2\sqrt{Aa} + 3a}{A + \sqrt{Aa} + a}$ $a=0$일 때 각뿔이 된다.

간단한 모양의 관성 모멘트

구분	회전체의 형상	회전축 위치	J	K^2
가는 봉		봉에 수직으로 중심을 지난다.	$\dfrac{W}{g} \cdot \dfrac{l^2}{12}$	$\dfrac{l^2}{12}$
		봉에 수직으로 한쪽 끝을 지난다.	$\dfrac{W}{g} \cdot \dfrac{l^2}{3}$	$\dfrac{l^2}{3}$
얇은 직사각평판 (직사각형 물체포함)		변 b에 평행으로 중심을 지난다.	$\dfrac{W}{g} \cdot \dfrac{a^2}{12}$	$\dfrac{a^2}{12}$
		판의 중심을 지나고 판에 수직이다.	$\dfrac{W}{g} \cdot \dfrac{a^2 + b^2}{12}$	$\dfrac{a^2 + b^2}{12}$

198. 각종 설계 계산식

간단한 모양의 관성 모멘트(계속)

구 분	회전체의 형상	회전축 위치	J	K^2
얇은 원판		지 름	$\dfrac{W}{g} \cdot \dfrac{r^2}{4}$	$\dfrac{r^2}{4}$
원기둥(얇은 원판포함)		중심축	$\dfrac{W}{g} \cdot \dfrac{r^2}{2}$	$\dfrac{r^2}{2}$
가운데가 빈 원통 (가운데가 빈 원판 포함)		중심축	$\dfrac{W}{g} \cdot \dfrac{R^2+r^2}{2}$	$\dfrac{R^2+r^2}{2}$
완전한 구		지 름	$\dfrac{W}{g} \cdot \dfrac{2r^2}{5}$	$\dfrac{2r^2}{5}$

단면 2차 모멘트(I), 단면계수(Z), 단면 2차 반지름(k)

단면모양	I	Z	k^2
	$\dfrac{1}{12} bh^3$	$\dfrac{1}{6} bh^2$	$\dfrac{1}{12} h^2$ ($k = 0.289h$)
	$\dfrac{1}{12} b(h_2^3 - h_1^3)$	$\dfrac{1}{6} \cdot \dfrac{b(h_2^3 - h_1^3)}{h_2}$	$\dfrac{1}{12} \cdot \dfrac{(h_2^3 - h_1^3)}{h_2 - h_1}$
	$\dfrac{1}{12} h^4$	$\dfrac{1}{6} h^3$	$\dfrac{1}{12} h^2$
	$\dfrac{1}{12} h^4$	$\dfrac{\sqrt{2}}{12} h^3 = 0.1179 h^3$	$\dfrac{1}{12} h^2$

설계계산식

198. 각종 설계 계산식

단면 2차 모멘트(I), 단면계수(Z), 단면 2차 반지름(k) (계속)

단면모양	I	Z	k^2
(중공 정사각형)	$\frac{1}{12}(h_2^4 - h_1^4)$	$\frac{1}{6} \cdot \frac{h_2^4 - h_1^4}{h_2}$	$\frac{1}{12}(h_2^2 + h_1^2)$
(중공 마름모)	$\frac{1}{12}(h_2^4 - h_1^4)$	$\frac{\sqrt{2}}{12} \cdot \frac{h_2^4 - h_1^4}{h_2}$ $= 0.1179 \frac{h_2^4 - h_1^4}{h_2}$	$\frac{1}{12}(h_2^2 + h_1^2)$
(삼각형)	$\frac{1}{36}bh^3$	$e_1 = \frac{2}{3}h, \ e_2 = \frac{1}{3}h$ $Z_1 = \frac{1}{24}bh^2,$ $Z_2 = \frac{1}{12}bh^2$	$\frac{1}{18}h^2$ $(k = 0.236h)$
(원)	$\frac{\pi}{64}d^4$	$\frac{\pi}{32}d^3$	$\frac{\pi}{16}d^2$
(중공원)	$\frac{\pi}{64}(d_2^4 - d_1^4)$	$\frac{\pi}{32} \cdot \frac{d_2^4 - d_1^4}{d_2}$ $\approx 0.8 d_m^2 t$ $\left(\frac{t}{d_m}\text{가 작을 때}\right)$	$\frac{1}{16}(d_2^2 + d_1^2)$
(반원)	$\left(\frac{\pi}{8} - \frac{8}{9\pi}\right)r^4$ $= 0.1098 r^4$	$e_1 = 0.5756r$ $e_2 = 0.4244r$ $Z_1 = 0.1908 r^3$ $Z_2 = 0.2587 r^3$	$\frac{9\pi^2 - 64}{36\pi^2}r^2$ $= 0.0699 r^2$ $(k = 0.264r)$

198. 각종 설계 계산식

단면 2차 모멘트(I), 단면계수(Z), 단면 2차 반지름(k) (계속)

단면모양	I	Z	k^2
	$\dfrac{1}{12}(b_1 h_1^3 + b_2 h_2^3)$	$\dfrac{1}{6} \cdot \dfrac{b_1 h_1^3 + b_2 h_2^3}{h_2}$	$\dfrac{1}{12} \cdot \dfrac{b_1 h_1^3 + b_2 h_2^3}{b_1 h_1 + b_2 h_2}$
	$\dfrac{1}{3}(b_3 e_2^3 - b_1 h_3^3 + b_2 e_1^3)$	$e_2 = \dfrac{b_1 h_1^2 + b_2 h_2^2}{2(b_1 h_1 + b_2 h_2)}$ $e_1 = h_2 - e_2$	$\dfrac{1}{3} \cdot \dfrac{b_3 e_2^3 - b_1 h_3^3 + b_2 e_1^3}{b_1 h_1 + b_2 h_2}$

198. 각종 설계 계산식

용접 이음의 세기 계산식

(1) $\sigma = \dfrac{P}{hl}$

(2) $\sigma = \dfrac{P}{(h_1 + h_2)l}$

(3) $\sigma = \dfrac{P}{hl}$

(4) $\sigma = \dfrac{6PL}{lh^2}$, $\tau = \dfrac{P}{lh}$

(5) $\sigma = \dfrac{6M}{lh^2}$

(6) $\sigma = \dfrac{3tM}{lh(3t^2 - 6th + 4h^2)}$

(7) $\sigma = \dfrac{P}{(h_1 + h_2)l}$

(8) $\sigma = \dfrac{3tPl}{lh(3t^2 6th + 4h^2)}$, $\tau = \dfrac{P}{2lh}$

(9) $\sigma = \dfrac{0.707P}{hl}$

(10) $\sigma = -\dfrac{1.414P}{(h_1 + h_2)l}$

(11) $\tau = \dfrac{0.707P}{hl}$

(12) 겹치기 A $\sigma = \dfrac{1.414P}{(h_1 + h_2)l}$

겹치기 B $\sigma = \dfrac{1.414Ph_2}{h_3(h_1 + h_3)l}$

(13) $\tau = \dfrac{0.354P}{hl}$

(14) $\tau = \dfrac{1.414P}{h(l_1 + l_2)}$

$l_1 = \dfrac{1.414Pe_2}{\tau hb}$, $l_2 = \dfrac{1.414Pe_1}{\tau hb}$

(15) $\tau = \dfrac{2.83M}{hD^2\pi}$

(16) $\sigma = \dfrac{4.24M}{h[b^2 + 3l(b+h)]}$

(17) $\sigma = \dfrac{0.707P}{hl}$

(18) $\tau = \dfrac{0.707P}{hl}$,

$\sigma = \dfrac{P}{hl(b+h)} \times \sqrt{2L^2 + \dfrac{1}{2}(b+h)^2}$

(19) $\tau = \dfrac{0.707P}{hL}$,

$\sigma = \dfrac{4.24PL}{hl^2}$

(20) $\sigma = \dfrac{6PL}{hl^2}$, $\tau = \dfrac{P}{hl}$

(21) $\sigma = \dfrac{3PL}{hl^2}$, $\tau = \dfrac{P}{2hl}$

(22) $\tau = \dfrac{M(3l + 1.8h)}{h^2 l^2}$

(23) $\tau = \dfrac{M}{2(t-h)(l-h)h}$

(24) 안쪽용접

$\sigma = \dfrac{1.414P}{2h_1 l_1 + h_2 l_2}$

돌출부 용접

$\sigma = \dfrac{P}{2h_1 l_1 + h_2 l_2}$

σ : 수직응력(kgf/cm^2), τ : 전단응력(kgf/cm^2), M : 휨 모멘트(kgf·cm), P : 하중(kgf),
T : 비틀림 힘(kgf), L : 하중점까지 거리(cm), h : 용접부 치수(cm), l : 용접 길이(cm)

198. 각종 설계 계산식

스프링의 모양·응력·하중·휨·탄성에너지

스프링의 종류	스프링 모양	최대응력 σ, τ	휨 W	휨 δ	단위 부피에 해당하는 에너지 u
평판 스프링		$\sigma = \dfrac{6lW}{bh^2} = \dfrac{3hE\delta}{2l^2}$	$\dfrac{bh^3E}{4l^3}\delta = \dfrac{bh^2\sigma}{6l}$	$\dfrac{4l^3W}{bh^3E} = \dfrac{2l^2\sigma}{3hE}$	$\dfrac{1}{18} \cdot \dfrac{\sigma^2}{E}$
겹판 스프링		$\sigma = \dfrac{6lW}{nbh^2} = \dfrac{hE\delta}{l^2}$	$\dfrac{nbh^3E}{6l^3}\delta = \dfrac{nbh^2\sigma}{6l}$	$\dfrac{6l^3W}{nbh^3E} = \dfrac{l^2\sigma}{hE}$	$\dfrac{1}{6} \cdot \dfrac{\sigma^2}{E}$
원통형 코일 스프링		$\tau = \dfrac{8DW}{\pi d^3} = \dfrac{dG\delta}{\pi nD^2}$	$\dfrac{d^4G}{8nD^3}\delta = \dfrac{\pi d^3\tau}{8D}$	$\dfrac{8nD^3W}{d^4G} = \dfrac{\pi nD^2\tau}{dG}$	$\dfrac{1}{4} \cdot \dfrac{\tau^2}{G}$
		$\tau = \dfrac{DW}{0.4164a^3} = \dfrac{aG\delta}{0.74\pi nD^2}$	$\dfrac{a^4G}{5.575nD^3}\delta = \dfrac{0.4161a^3\tau}{D}$	$\dfrac{5.575\pi D^3W}{a^4G} = \dfrac{9.3\pi nD^2\tau}{aG}$	$0.154\dfrac{\tau^2}{G}$
		$\tau = \dfrac{DW}{2k_1ab^2} = \dfrac{2k_2bG\delta}{\pi k_1 nD^2}$	$\dfrac{4k_2ab^3G}{\pi nD^3}\delta = \dfrac{2k_1ab^2\tau}{D}$	$\dfrac{\pi nD^3W}{4k_2ab^3G} = \dfrac{\pi k_1 nD^2\tau}{2k_2bG}$	$k_3\dfrac{\tau^2}{G}$
원뿔형 코일 스프링		$\tau = \dfrac{8D_2W}{\pi D^3}$	$\dfrac{d^4G\delta}{2n \cdot (D_1+D_2)\cdot(D_1^2+D_2^2)} = \dfrac{\pi d^3\tau}{8D_2}$	$\dfrac{2n(D_1+D_2)\cdot(D_1^2+D_2^2)W}{d^4G} = \dfrac{\pi n(D_1^2+D_2^2)\tau}{2D_2 dG}$	$\dfrac{D_1^2+D_2^2}{8D_2^2} \cdot \dfrac{\tau^2}{G}$
		$= \dfrac{4D_2 dG\delta}{\pi n(D_1+D_2)\cdot(D_1^2+D_2^2)}$			
		$\tau = \dfrac{D_2W}{2k_1ab^2}$	$\dfrac{16k_2ab^3G\delta}{\pi n(D_1+D_2)\cdot(D_1^2+D_2^2)}$	$\dfrac{\pi k_1 n(D_1+D_2)\cdot(D_1^2+D_2^2)\tau}{8k_2bGD_2}$	$\dfrac{k_3(D_1^2+D_2^2)\cdot\tau^2}{4D_2^2G}$
소용돌이 스프링		$\sigma = \dfrac{3DW}{bh^2} = \dfrac{hE\delta}{lD}$	$\dfrac{bh^2\sigma}{3D}$	$\dfrac{3lD^2W}{bh^3E} = \dfrac{lD\sigma}{hE}$	$\dfrac{1}{6} \cdot \dfrac{\sigma^2}{E}$
비틀림 스프링		$\tau = \dfrac{16RW}{\pi d^3} = \dfrac{1}{2} \cdot \dfrac{dG\delta}{lR}$	$\dfrac{\pi d^3\tau}{16R}$	$\dfrac{32lR^2W}{\pi d^4G} = \dfrac{2lR\tau}{dG}$	$\dfrac{1}{4} \cdot \dfrac{\tau^2}{G}$
비틀림 코일 스프링		$\sigma = \dfrac{16DW}{\pi d^3} = \dfrac{dE\delta}{lD}$	$\dfrac{\pi d^3\sigma}{16D}$	$\dfrac{16lD^2W}{\pi d^4E} = \dfrac{lD\sigma}{dE}$	$\dfrac{1}{8} \cdot \dfrac{\sigma^2}{E}$

199. 주서 작성법

다음의 주서는 일반적으로 많이 기입하는 것을 나열한 것으로 부품의 재질 및 가공방법 등을 고려하여 선택적으로 기입하면 된다.

1. **일반공차**
    가) 가공부 : KS B ISO 2768-m
    나) 주강부 : KS B 0418-B급
    다) 주조부 : KS B 0250-CT11
    라) 프레스 가공부 : KS B 0413 보통급
    마) 전단 가공부 : KS B 0416 보통급
    바) 금속 소결부 : KS B 0417 보통급
    사) 중심거리 : KS B 0420 보통급
    아) 알루미늄 합금부 : KS B 0424 보통급
    자) 알루미늄 합금 다이캐스팅부 : KS B 0415 보통급
    차) 주조품 치수공차 및 절삭여유방식 : KS B 0415 보통급
    카) 단조부 : KS B 0426 보통급(해머, 프레스)
    타) 단조부 : KS B 0427 보통급(업셋팅)
    파) 가스 절단부 : KS B 0408 보통급
2. 도시되고 지시 없는 모떼기는 C1, 필렛 R3
3. 일반 모떼기는 C0.2~0.5
4. ∀부 외면 명회색 도장
5. 내면 광명단 도장
6. 기어 치부 열처리 HRC50±2
7. ___ 표면 열처리 HRC50±2
8. 전체 열처리 HRC50±2
9. 전체 열처리 HRC50±2(니들 롤러베어링, 재료 STB3)
10. 알루마이트 처리(알루미늄 재질 사용시)
11. 파커라이징 처리
12. 표면거칠기

$\forall$ = $\overset{50}{\forall}$, Ry200 , Rz200 , N12

$\overset{w}{\forall}$ = $\overset{12.5}{\forall}$, Ry50 , Rz50 , N10

$\overset{x}{\forall}$ = $\overset{3.2}{\forall}$, Ry12.5 , Rz12.5 , N8

$\overset{y}{\forall}$ = $\overset{0.8}{\forall}$, Ry3.2 , Rz3.2 , N6

$\overset{z}{\forall}$ = $\overset{0.2}{\forall}$, Ry0.8 , Rz0.8 , N4

KS B 0161 / KS B 0617 / KS A ISO 1302 : 2009

200. 표면거칠기 표기법 및 비교표준

1. 표면거칠기 표기법 및 가공법

명칭	다듬질기호 (종래의 심볼)	표면거칠기기호 (새로운 심볼)	가공방법 및 표시(표기)하는 부분
거친 가공부	～	∀	• 기계가공 및 제거가공을 하지 않은 부분으로서 특별히 규정하지 않는다. • 주조, 압연, 단조품의 표면
거친 가공부	▽	ʷ∀	• 밀링, 선반, 드릴 등 기타 여러 가지 기계가공으로 가공흔적이 뚜렷하게 남을 정도의 거친면 • 끼워맞춤이 없는 가공면에 표기한다. • 서로 끼워맞춤이 없는 기계가공부에 표기한다.
중다듬질	▽▽	ˣ∀	• 기계가공 후 그라인딩(연삭) 가공 등으로 가공흔적이 희미하게 남을 정도의 보통 가공면 • 단지 끼워맞춤만 있고 마찰운동은 하지 않는 가공면에 표기한다. • 커버와 몸체의 끼워맞춤부, 키홈, 기타 축과 회전체와의 끼워맞춤부 등
상다듬질	▽▽▽	ʸ∀	• 기계가공 후 그라인딩(연삭), 래핑 가공 등으로 가공흔적이 전혀 남아 있지 않은 극히 깨끗한 정밀 고급 가공면 • 베어링과 같은 정밀가공된 축계기계요소의 끼워맞춤부 • 기타 KS, ISO 정밀한 규격품의 끼워맞춤부 • 끼워맞춤 후 서로 마찰운동하는 부
정밀 다듬질	▽▽▽▽	ᶻ∀	• 기계가공 후 그라인딩(연삭), 래핑, 호닝, 버핑 등에 의한 가공으로 광택이 나며, 거울면처럼 극히 깨끗한 초정밀 고급 가공면 • 각종 게이지류 측정면 또는 유압실린더 안지름 면 • 내연기관의 피스톤, 실린더 접촉면 • 베어링 볼, 롤러 외면

2. 표면거칠기 기호 및 상용하는 거칠기 구분치

단위 : μm

다듬질기호 (종래의 심볼)	표면거칠기기호 (새로운 심볼)	산술(중심선) 평균거칠기 (Ra)값	최대높이 (Ry)값	10점 평균거칠기 (Rz)값	비교표준 게이지 번호
～	∀	특별히 규정하지 않는다.			
▽	ʷ∀	Ra25 Ra12.5	Ry100 Ry50	Rz100 Rz50	N11 N10
▽▽	ˣ∀	Ra6.3 Ra3.2	Ry25 Ry12.5	Rz25 Rz12.5	N9 N8
▽▽▽	ʸ∀	Ra1.6 Ra0.8	Ry6.3 Ry3.2	Rz6.3 Rz3.2	N7 N6
▽▽▽▽	ᶻ∀	Ra0.4 Ra0.2 Ra0.1 Ra0.05 Ra0.025	Ry1.6 Ry0.8 Ry0.4 Ry0.2 Ry0.1	Rz1.6 Rz0.8 Rz0.4 Rz0.2 Rz0.1	N5 N4 N3 N2 N1

201. 도면 검토 요령

1. 도면의 외관
① 외형선의 색상은 맞는가?(예 : 초록색)
② 숨은선의 색상은 맞는가?(예 : 노란색)
③ 각 중심선의 색상과 선 종류는 맞게 하였는가?(예 : 빨간색 또는 흰색)
④ 도면의 배치는 적절한가?

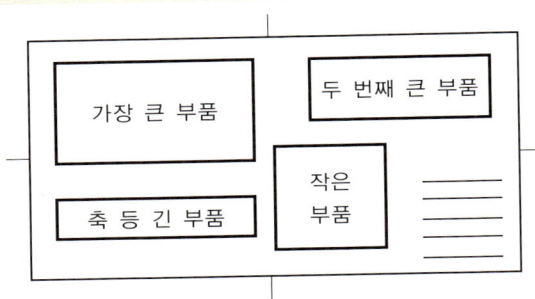

⑤ 테두리선은 도면 범위 안에 그려졌는가?

2. 일반 치수기입
① 부품 전체 높이 치수와 폭 치수는 기입하였는가?
② 조립되는 부분의 끼워맞춤은 적절한가?

종류 \ 구분	구멍(구멍 기준)	축
헐거운 끼워맞춤	H7	g6, h6
중간 끼워맞춤	H7	js6(j6) n6
억지 끼워맞춤	H7	p6

3. 키 홈부
① 키 홈 치수는 정확히 기입하였는가?
② 다듬질 기호는 적절한가?

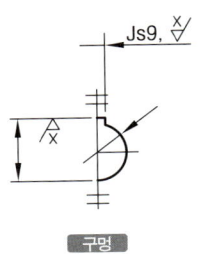

구멍

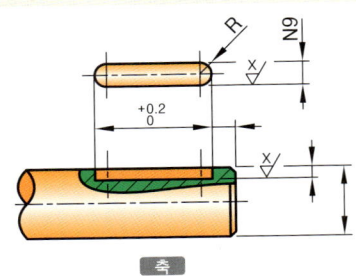

축

4. 베어링부

① 베어링 번호와 맞게 축지름과 하우징의 치수를 결정하고 공차를 기입하였는가?
　(일반적으로 하우징 : H8, 축 : k5)
② 베어링이 조립되는 곳(폭)에 공차는 기입하였는가?
③ 베어링이 조립되는 곳에 구석 R은 기입하였는가?

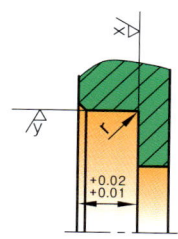

④ 전체 조립공차를 기입하였는가?
⑤ 베어링과 관계된 커버의 조립공차를 기입하였는가?

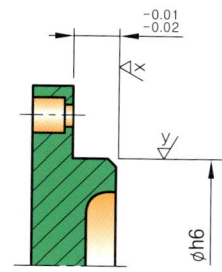

⑥ 같은 축선에 베어링이 2개 이상인 경우 동심도 기하공차를 기입하였는가?

5. 기어부

① 피치원 지름(PCD)을 기입하였는가?(P.C.D＝모듈×잇수)
② 바깥지름(D)을 기입하였는가?
③ 요목표는 작성하였는가?
④ 기어치부는 열처리하였는가?
⑤ 다듬질 기호, 기하공차는 적절한가?

6. 주서란

① 기계가공부 주철부 등의 일반공차 표시는 적절한가?
② 열처리 부위는 적절한가?
③ 표면처리 및 도장은 적절한가?
④ 다듬질 기호표는 기입했는가?

7. 표제란

① 요구사항에 맞게 부품을 기입하였는가?
② 각 부품의 명칭은 적절한가?
③ 각 부품별 재료는 적절한가?
④ 각 부품별 수량은 정확한가?
⑤ 각법 기입은 했는가?
⑥ 척도는 올바르게 기입하였는가?

8. 공차 및 다듬질 기호

① 조립부위 조립공차는 적절한가?
② 몸체의 바닥 또는 기하공차의 기준면 다듬질 기호 : $\overset{x}{\triangledown}$
③ 조립부위 다듬질 기호 : $\overset{x}{\triangledown}$
④ 조립하여 회전하는 부위 다듬질 기호 : $\overset{y}{\triangledown}$
⑤ 조립과 상관없는 기계가공부위 : $\overset{w}{\triangledown}$
⑥ 주물 또는 주조 전체 다듬질 기호 : $\overset{}{\triangledown}$

01. 여러 가지 기계요소들

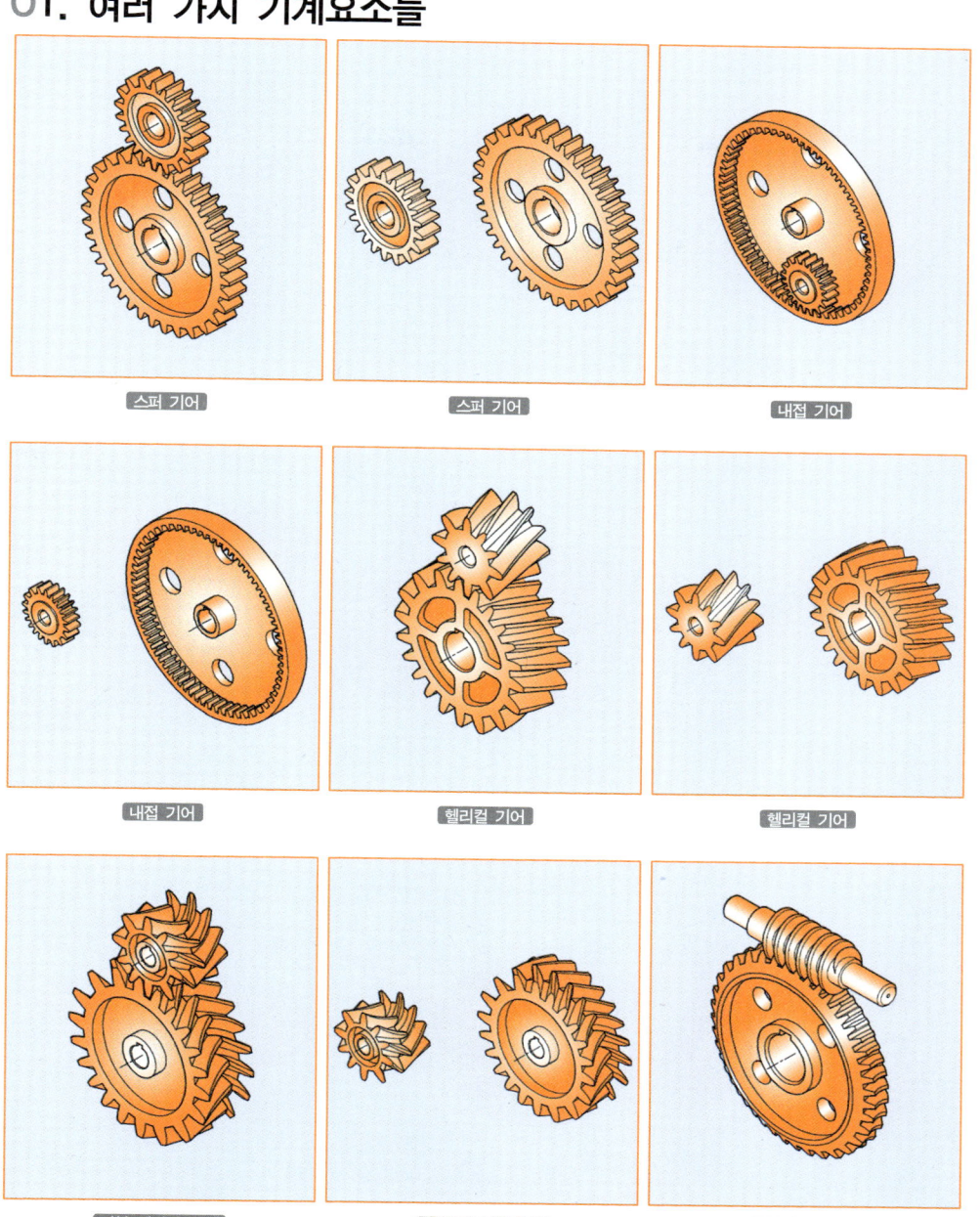

01. 여러 가지 기계요소들

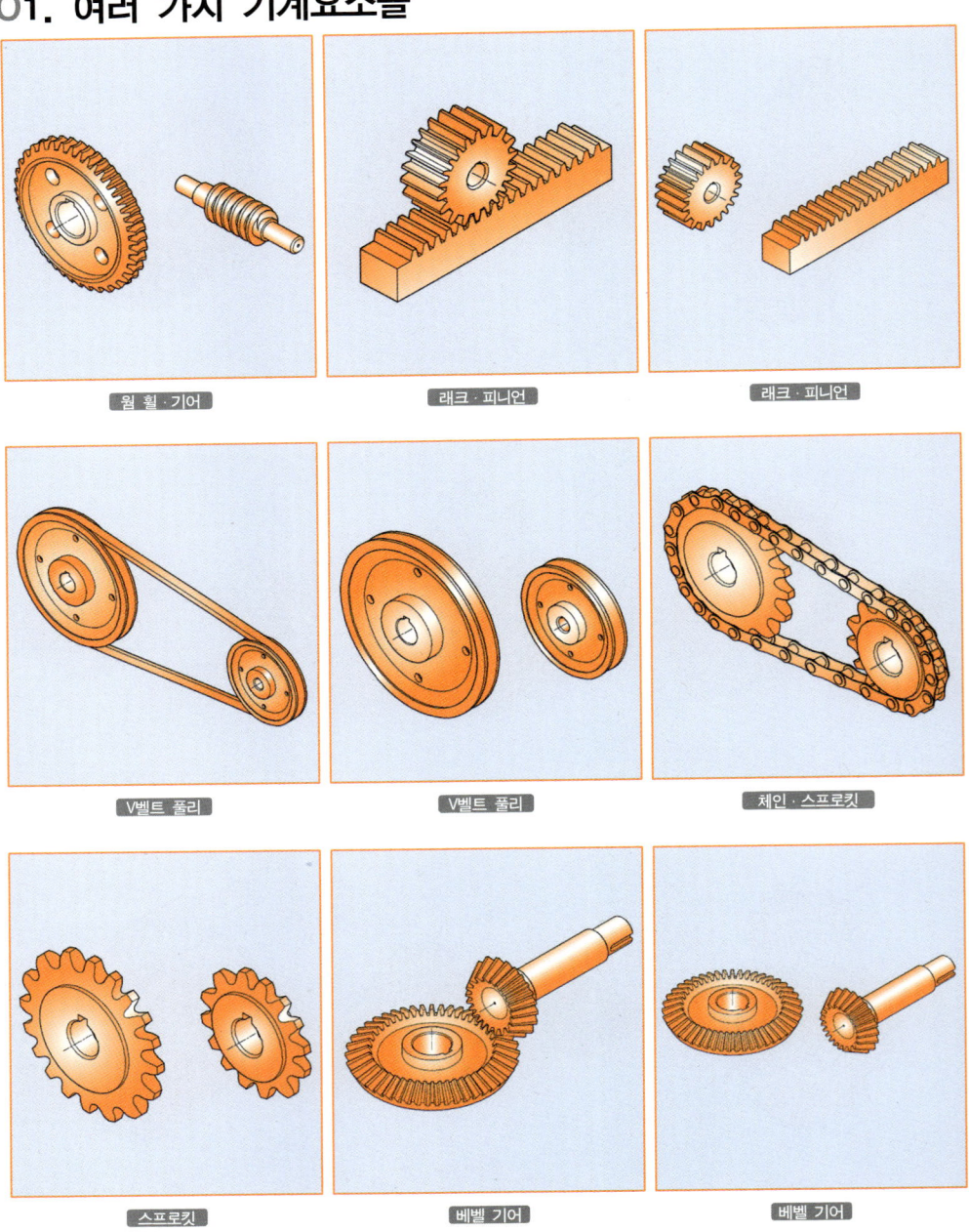

01. 여러 가지 기계요소들

홈붙이 납작머리 작은나사

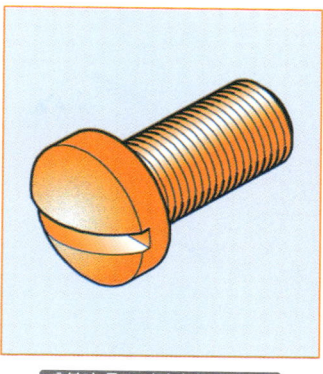
홈붙이 둥근 납작머리 작은나사

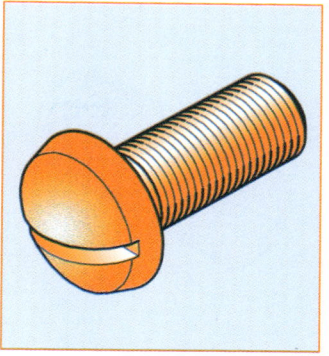
냄비머리 작은나사

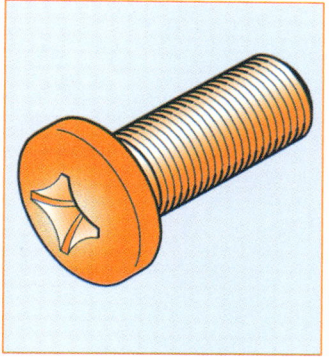
바인딩헤드 작은나사

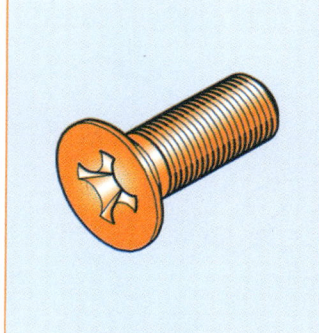
십자홈 접시머리 작은나사

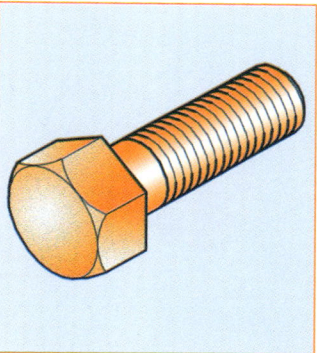
육각 볼트

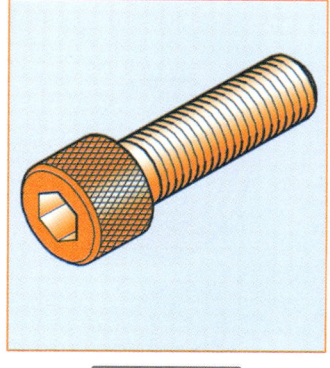
육각 홈붙이 볼트

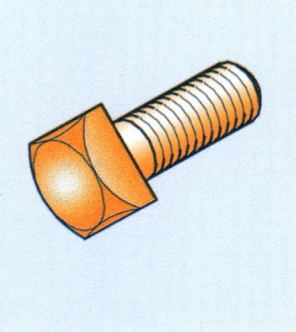
사각 볼트

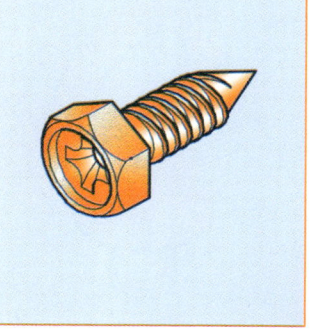
태핑 나사

01. 여러 가지 기계요소들

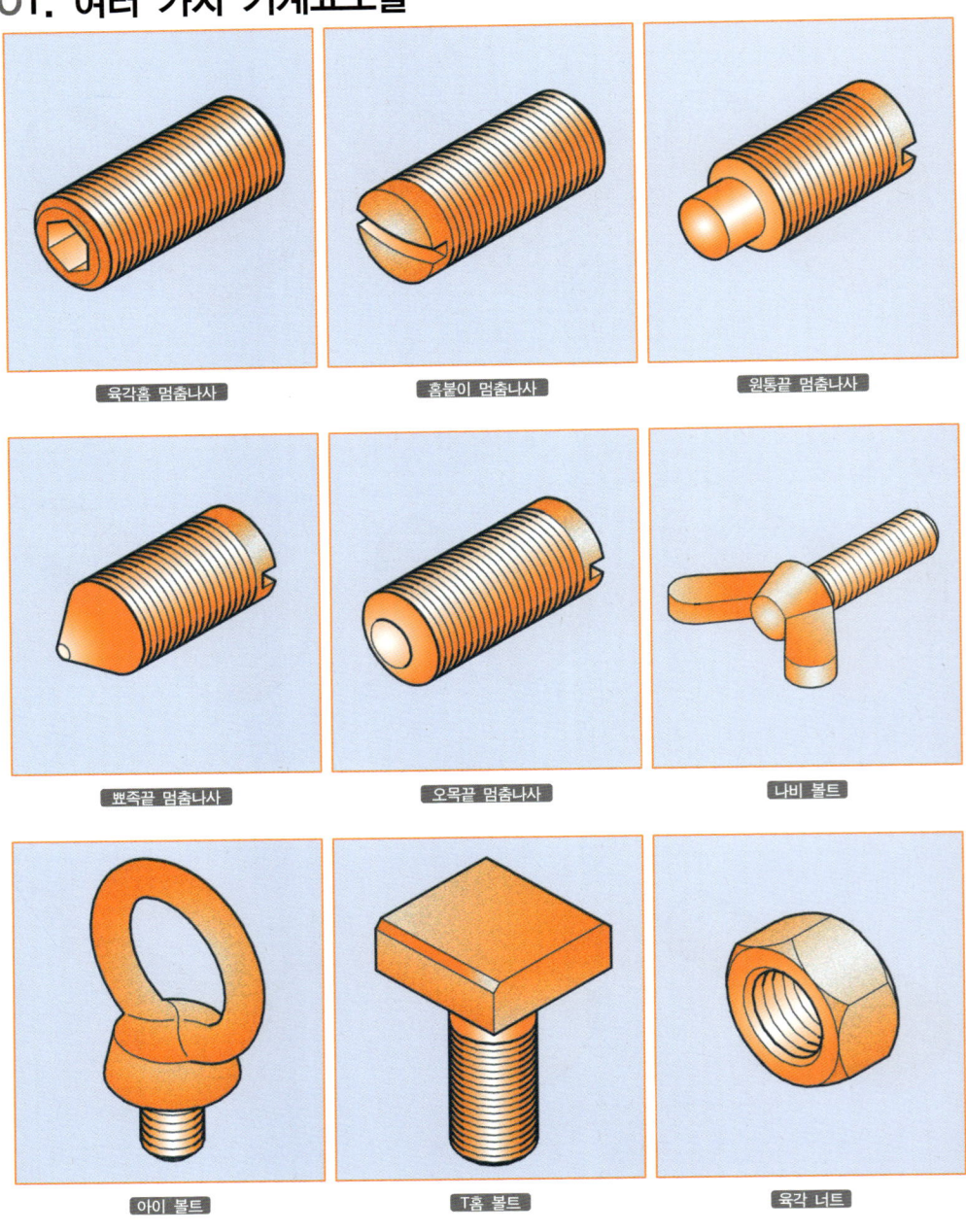

01. 여러 가지 기계요소들

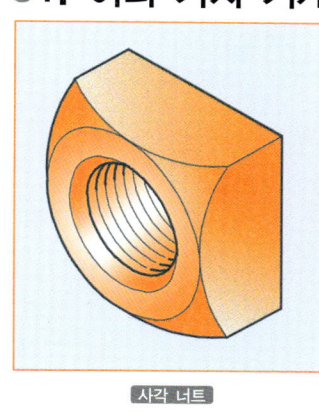
사각 너트

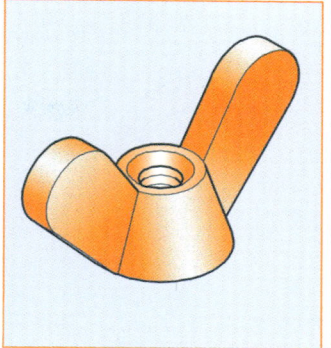
나비 너트

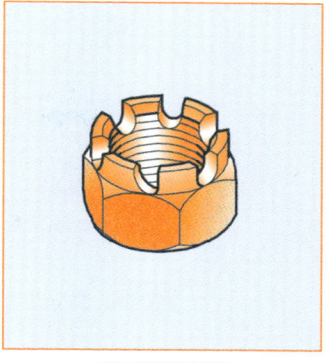
홈붙이 육각 너트

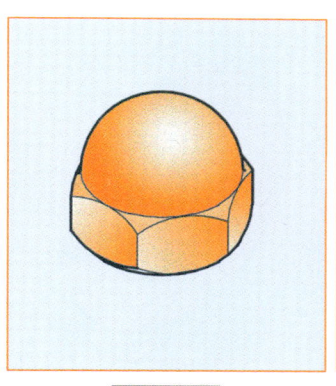
육각 캡 너트

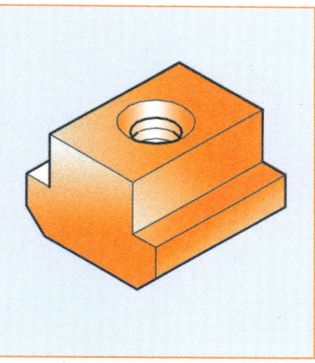
T홈 너트

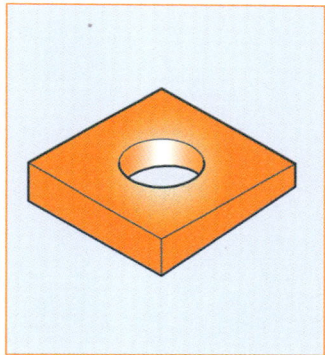
경사 너트

구멍붙이 너트

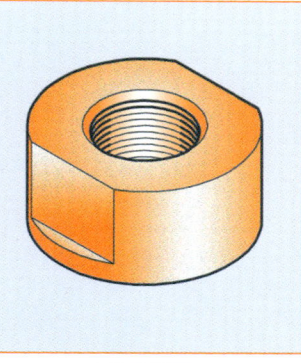
양면각 너트

구름 베어링용 너트

01. 여러 가지 기계요소들

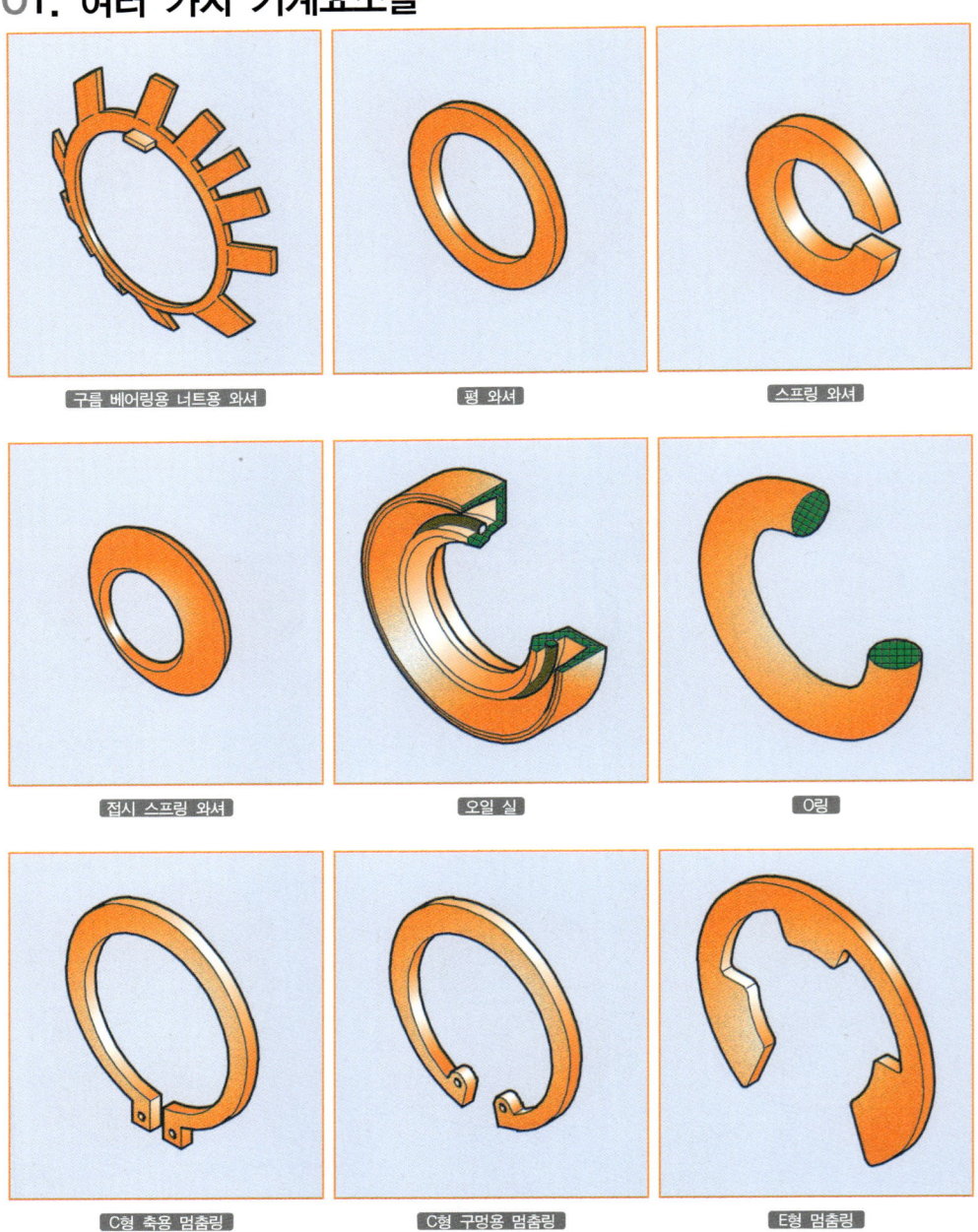

01. 여러 가지 기계요소들

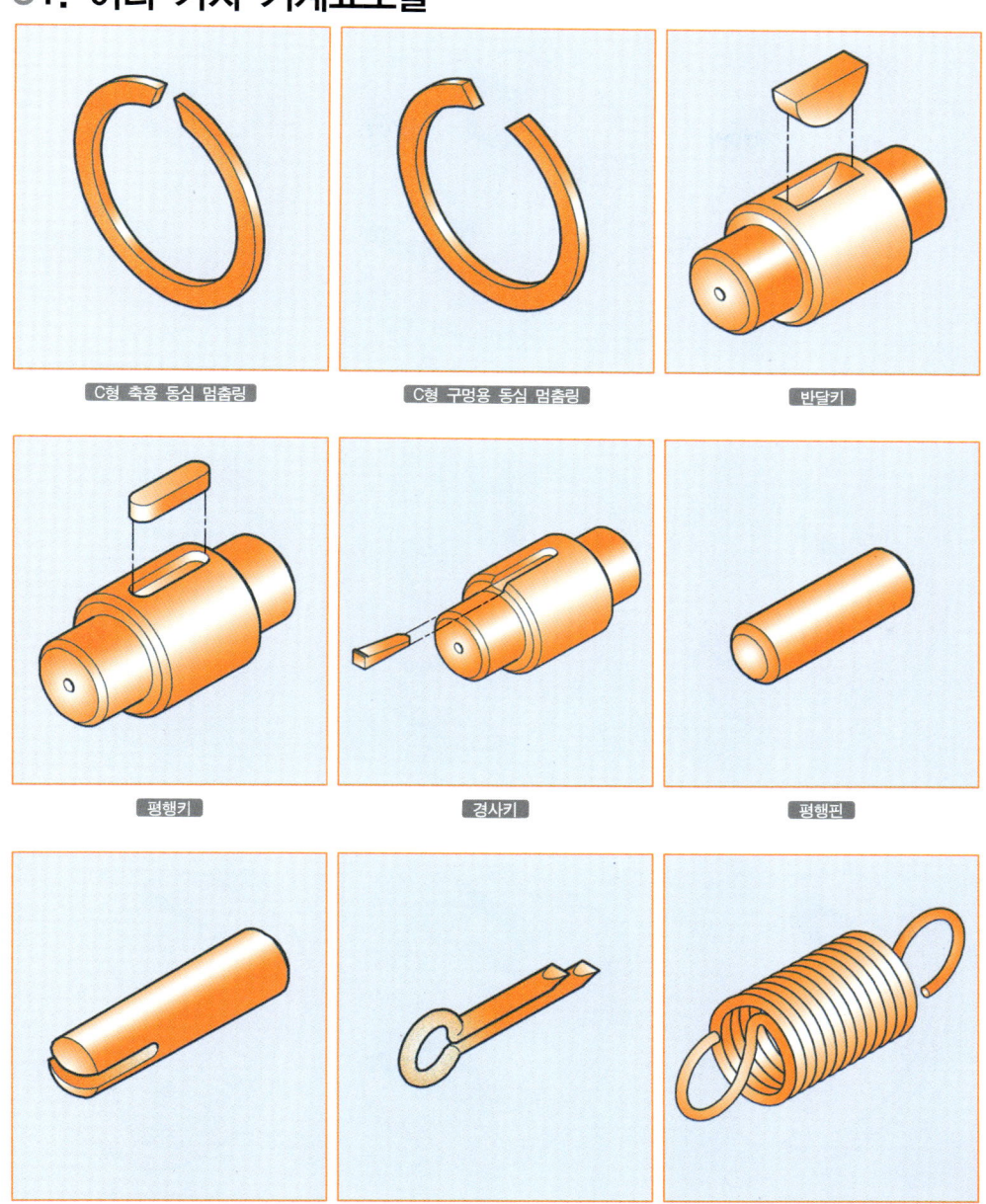

01. 여러 가지 기계요소들

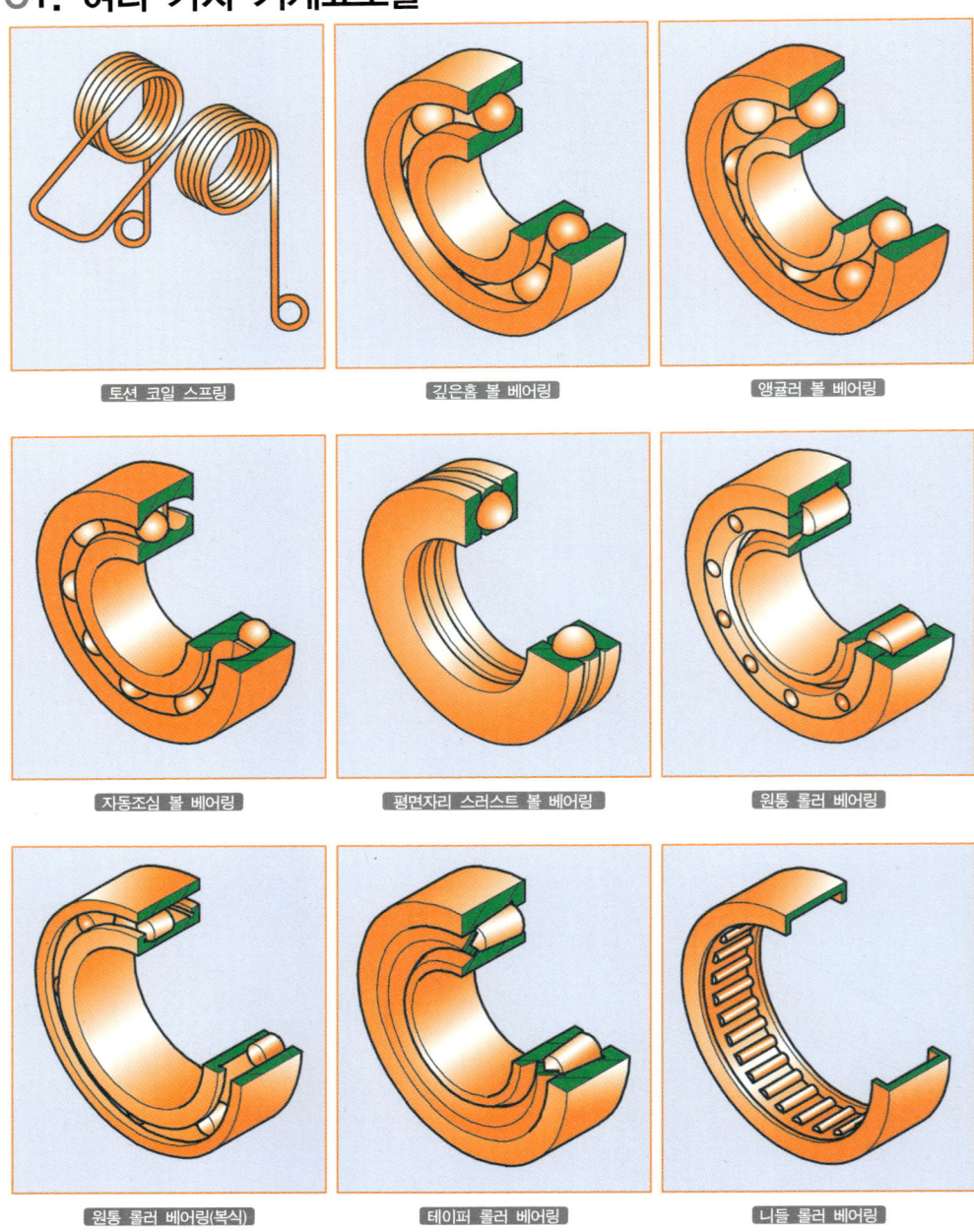

2. 폐지 및 변경된 KS규격

KS	명칭	상태	날짜	비고
B 0003	나사 제도	폐지	1999-12-29	
B 0003-1	제도 - 나사 및 나사부품 - 제1부 : 통칙	변경	2009-11-30	대체 : KS B ISO 6410-1
B 0003-2	제도 - 나사 및 나사부품 - 제2부 : 나사 인서트	변경	2009-11-30	대체 : KS B ISO 6410-2
B 0003-3	제도 - 나사 및 나사부품 - 제3부 : 간략 도시방법	변경	2009-11-30	대체 : KS B ISO 6410-3
B 0006-1	제도 - 배관의 간략도시방법 - 제1부 : 통칙 및 정 투영도	변경	2009-11-30	대체 : KS B ISO 6412-1
B 0006-2	제도 - 배관의 간략도시방법 - 제2부 : 등각 투영도	변경	2009-11-30	대체 : KS B ISO 6412-2
B 0007	제도 - 치수 및 공차의 표시방법 - 비강성 부품	변경	2009-11-20	대체 : KS B ISO 10579
B 0008-1	공차 치수차 및 끼워맞춤의 기초	변경	2009-11-30	대체 : KS B ISO 286-1
B 0008-2	구멍 및 축의 공차 등급 및 치수허용차의 표	변경	2009-12-30	대체 : KS B ISO 286-2
B 0008	스플라인 및 세레이션의 표시 방법	변경	2009-11-30	대체 : KS B ISO 6413
B 0411	주철품 보통 허용차	폐지	1996-12-31	대체 : KS B ISO 8062
B 0412	보통공차-지시없는 길이 치수 및 각도공차	폐지	2006-12-29	대체 : KS B ISO 2768-1
B 0414	단조 가공 치수차	폐지	1980-05-07	
B 0415	보통 치수 허용차(다이캐스팅)	폐지	1989-04-04	대체 : KS B 0250
B 0424	알루미늄 합금 주물 보통 허용차	폐지	1996-12-30	대체 : KS B 0250
B 0618	센터 구멍의 간략도시 방법	변경	2002-03-21	대체 : KS A ISO 6411-1
B 0902	T 홈	폐지	2004-04-16	
B 1003	6각 구멍붙이 볼트 구멍 치수(부속서)	미제정	2000-12-30	
B 1312	반달키	통합	2009-12-30	대체 : KS B 1311
B 1313	미끄럼키	통합	2009-12-30	대체 : KS B 1311(활동형)
B 1322	테이퍼 핀	폐지	2006-10-26	
B 1328	지그용 C형 와셔	폐지	1992-09-09	
B 1341	지그용 고리 모양 와셔	폐지	1996-11-26	
B 1420	일반용 이붙이 풀리(타이밍벨트)	폐지	2006-10-26	
B 2023	깊은 홈 볼 베어링	변경	2006 확인	호칭번호 삭제(ISO 15)
B 2027	테이퍼 롤러 베어링	변경	2005 확인	호칭번호 삭제(ISO 355)
B 2022	평면자리 스러스트 볼 베어링	변경	2005 확인	호칭번호 삭제(ISO 104)
B 2045	구름 베어링용 와셔 및 멈춤쇠	폐지	1997-12-31	
B 2052	구름 베어링용 플러머 블록	폐지	2009-10-22	대체 : KS B IS0 113

KS	명칭	기호	상태	날짜	비고
D 3537	수도용 아연도 강관	SPPW	폐지	2007-06-29	
D 3707	크롬 강재	SCr	폐지	2007-10-01	대체 : KS D 3867
D 3708	니켈크롬 강재	SNC	폐지	2007-10-01	대체 : KS D 3867
D 3711	크롬 몰리브덴 강재	SCM	폐지	2007-10-01	대체 : KS D 3867
D 4303	흑심 가단 주철품	BMC	폐지	2001-12-31	
D 4305	백심 가단 주철품	WMC	폐지	2001-12-31	
D 5501	이음매 없는 타프피치 동판	TCuP	폐지	1980-12-29	
D 5502	타프피치 등봉	TCuBE	폐지	1980-12-29	

02. 폐지 및 변경된 KS규격

KS	명칭	기호	상태	날짜	비고
D 5503	쾌삭 황동봉	MBsBE	폐지	1980-12-29	
D 5504	타프피치 동판	TuS	폐지	1981-03-30	
D 5505	황동판	BsS	폐지	1981-03-30	
D 5507	단조용 황동봉	FBsBE	폐지	1980-12-29	
D 5508	스프링용 인청동판 및 조	PBS,PBT	폐지	1981-03-30	
D 5516	인청동봉	PBR	폐지	1981-03-30	
D 5518	인청동선	PBW	폐지	1981-03-30	
D 5520	고강도 황동봉	HBsRE	폐지	1981-03-30	
D 5524	네이벌 황동봉	NBsBE	폐지	1981-03-30	
D 5527	이음매 없는 제 로울용 황동관	BsPp	폐지	1981-03-30	
D 5529	황동봉	BsBE	폐지	1981-03-30	
D 6001	황동주물	YBsC	폐지	2001-12-18	대체 : KS D 0624
D 6002	청동주물	BC	폐지	2001-12-18	대체 : KS D 0624
D 6004	베어링용 동·연 합금 주물	KM	폐지	1991-04-25	대체 : KS D 0624
D 6010	인 청동주물	PBC	폐지	2001-12-18	대체 : KS D 0624
D 6757	알루미늄 및 알루미늄 합금 리벳제	AIB	폐지	1990-11-26	

규격집
기계설계

재질적용 예

시험장에는 조립도와 분해도 그림을 절취한 후 입실하세요.
절취하지 않을 경우 부정행위로 강제 퇴실됩니다.

재질적용 예

03. 기어펌프

※ 시험장에는 조립도와 분해도 그림을 절취한 후 입실하세요.(절취하지 않을 경우 부정행위로 강제 퇴실됩니다.)

절취선

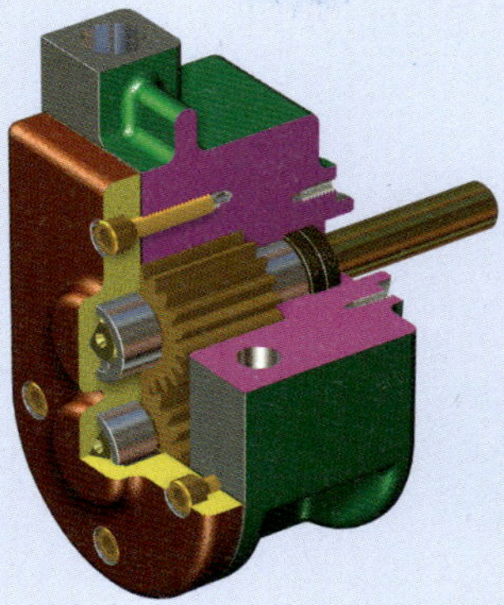

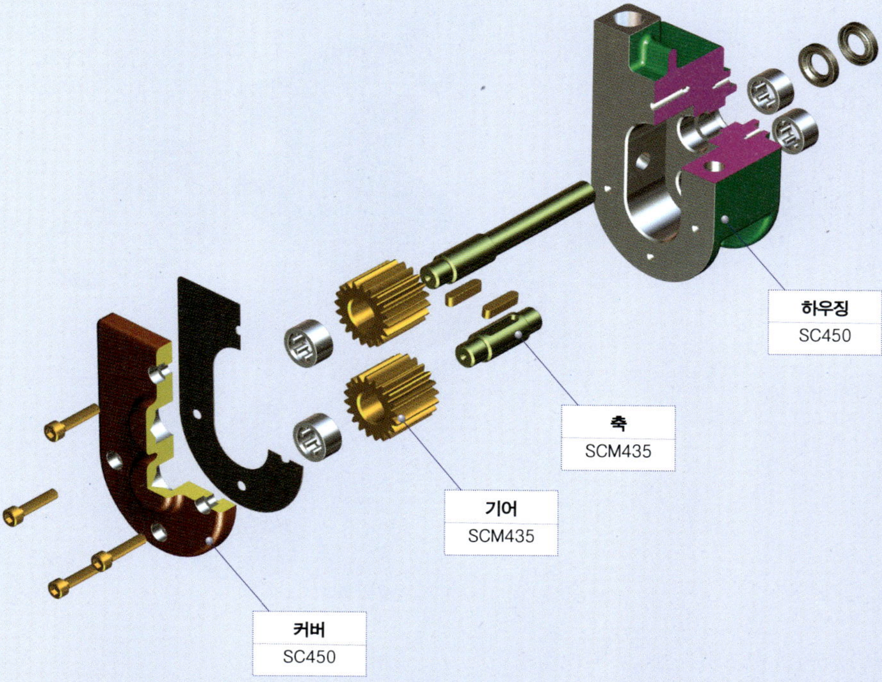

하우징
SC450

축
SCM435

기어
SCM435

커버
SC450

04. 동력전달장치

※ 시험장에는 조립도와 분해도 그림을 절취한 후 입실하세요.(절취하지 않을 경우 부정행위로 강제 퇴실됩니다.)

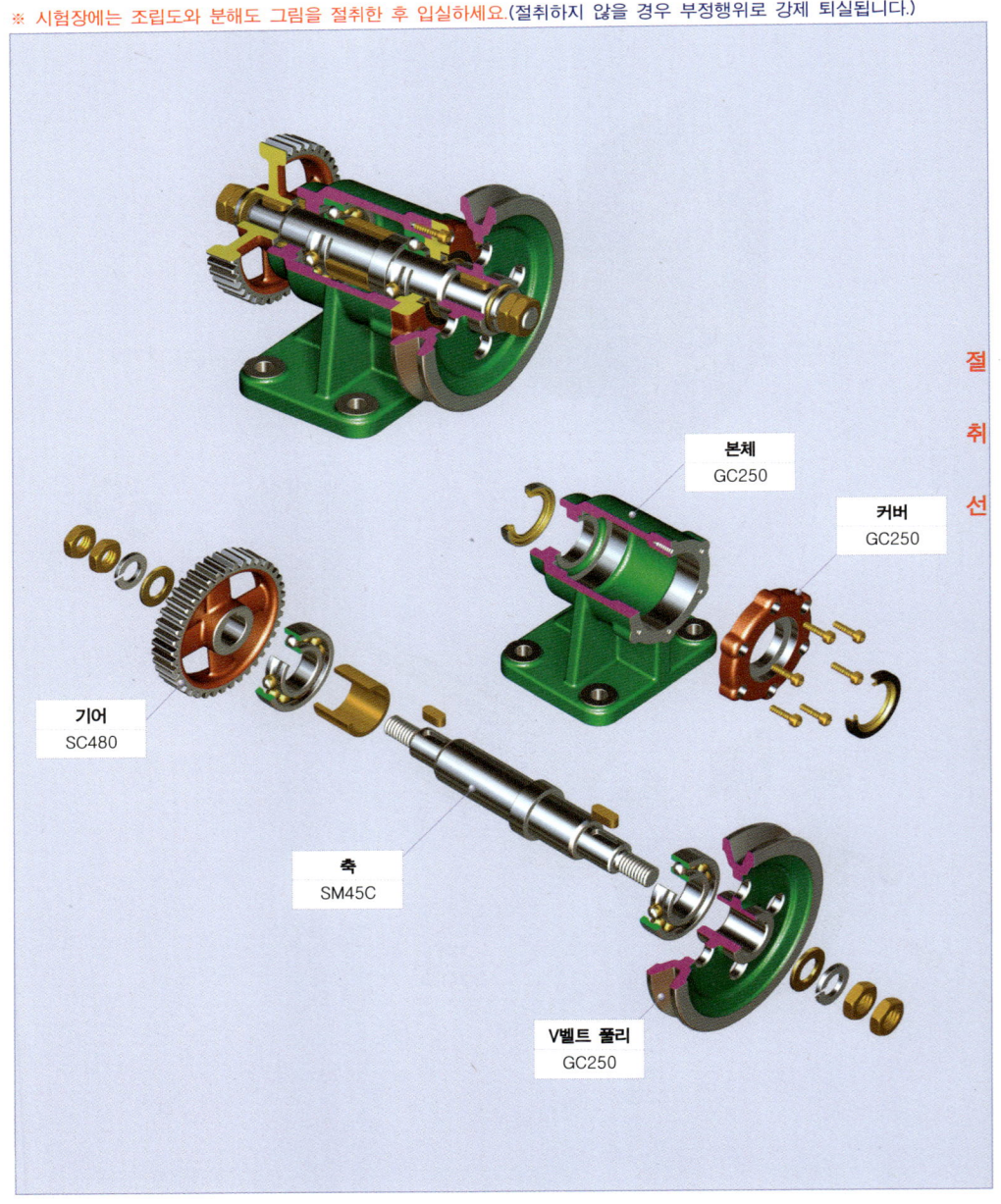

05. 편심구동장치

※ 시험장에는 조립도와 분해도 그림을 절취한 후 입실하세요.(절취하지 않을 경우 부정행위로 강제 퇴실됩니다.)

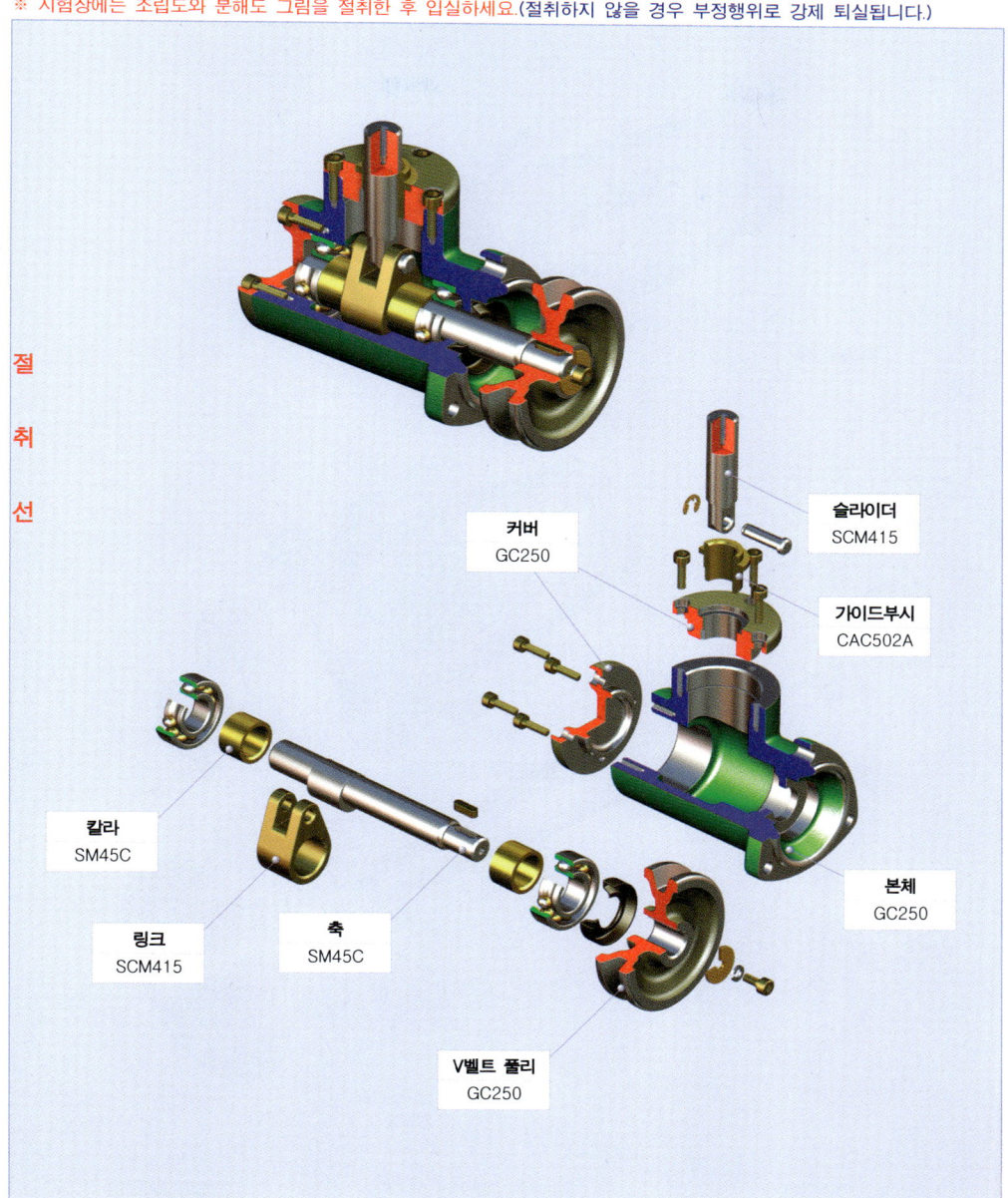

06. 피벗베어링하우징

※ 시험장에는 조립도와 분해도 그림을 절취한 후 입실하세요.(절취하지 않을 경우 부정행위로 강제 퇴실됩니다.)

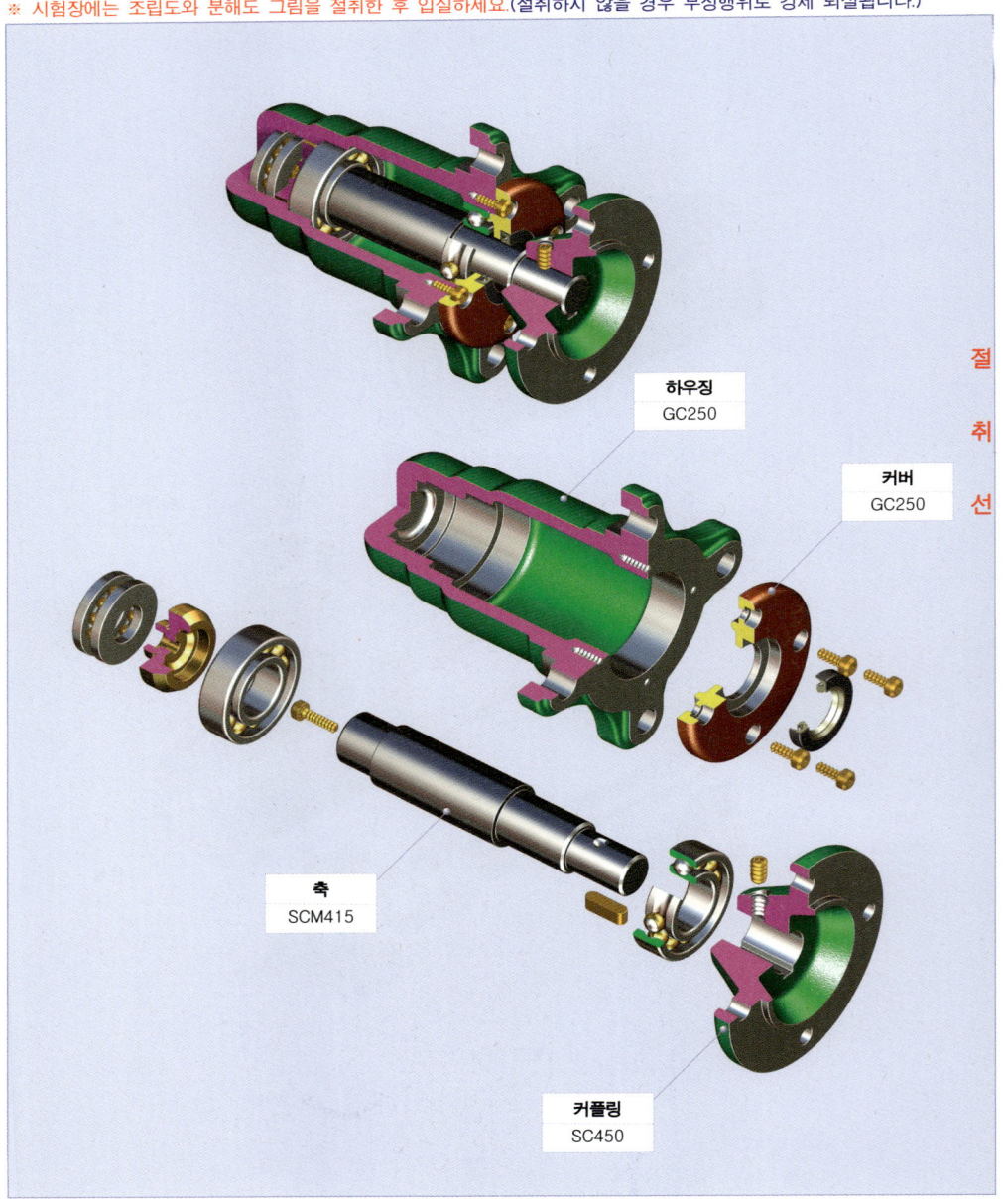

하우징
GC250

커버
GC250

축
SCM415

커플링
SC450

재질적용 예

07. 드릴지그

※ 시험장에는 조립도와 분해도 그림을 절취한 후 입실하세요.(절취하지 않을 경우 부정행위로 강제 퇴실됩니다.)

멈춤쇠
SCM435

삽입부시
STC105

플레이트
SM45C

고정라이너
SCM435

플레이트
SM45C

베이스
SM45C

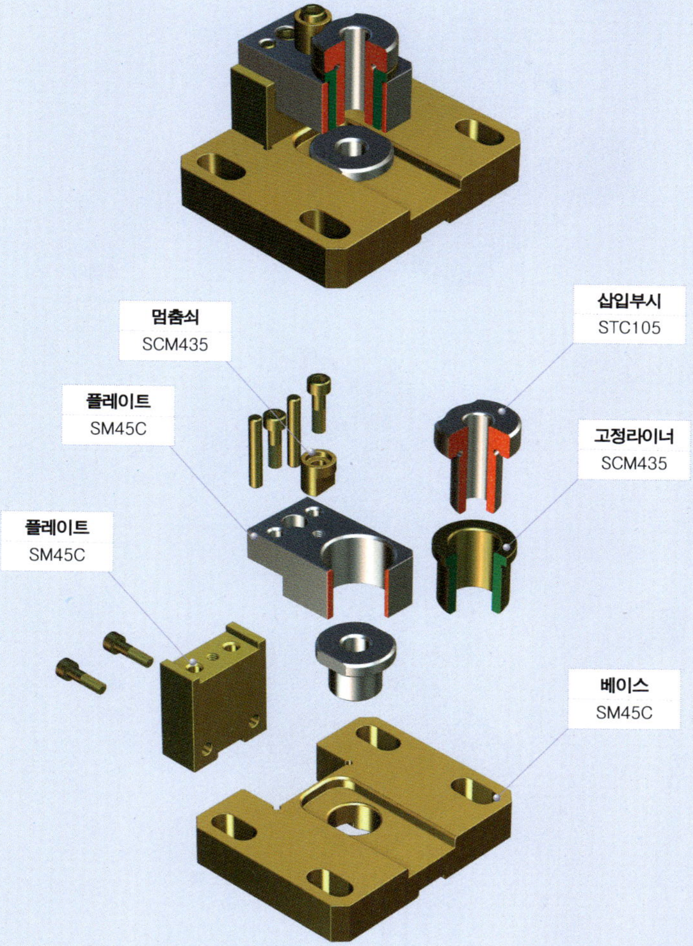

재질적용 예

08. 클램프

※ 시험장에는 조립도와 분해도 그림을 절취한 후 입실하세요.(절취하지 않을 경우 부정행위로 강제 퇴실됩니다.)

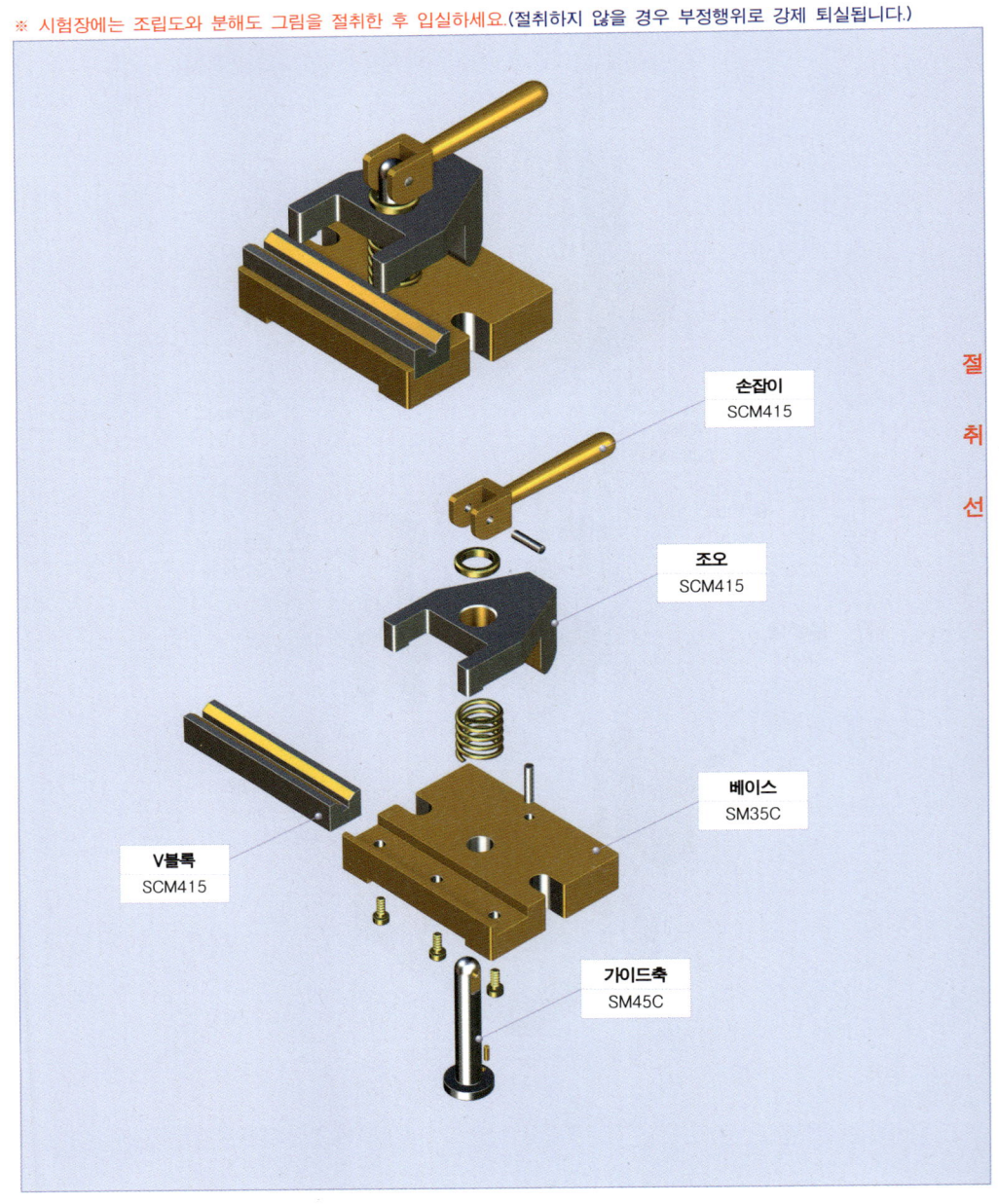

O9. 바이스

※ 시험장에는 조립도와 분해도 그림을 절취한 후 입실하세요.(절취하지 않을 경우 부정행위로 강제 퇴실됩니다.)

가이드 블록
SCM415

조오
SCM415

지지판
SCM415

나사축
SCM415

베이스
SM45C

손잡이
KS B 1334

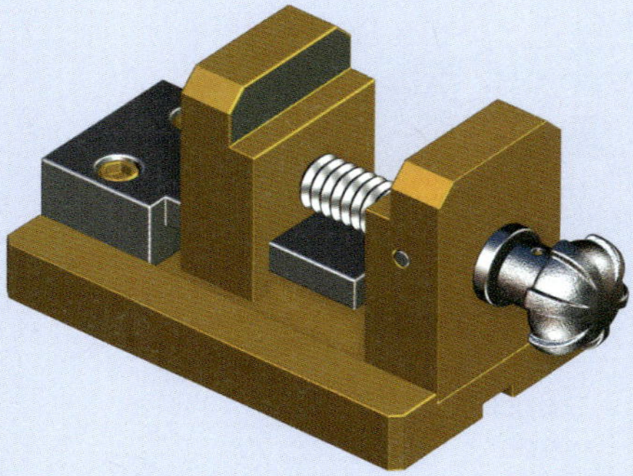

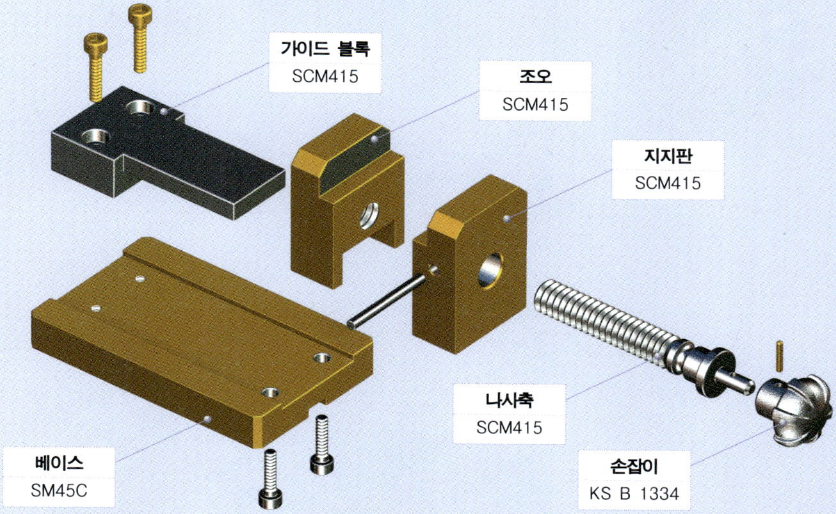

10. 에어척

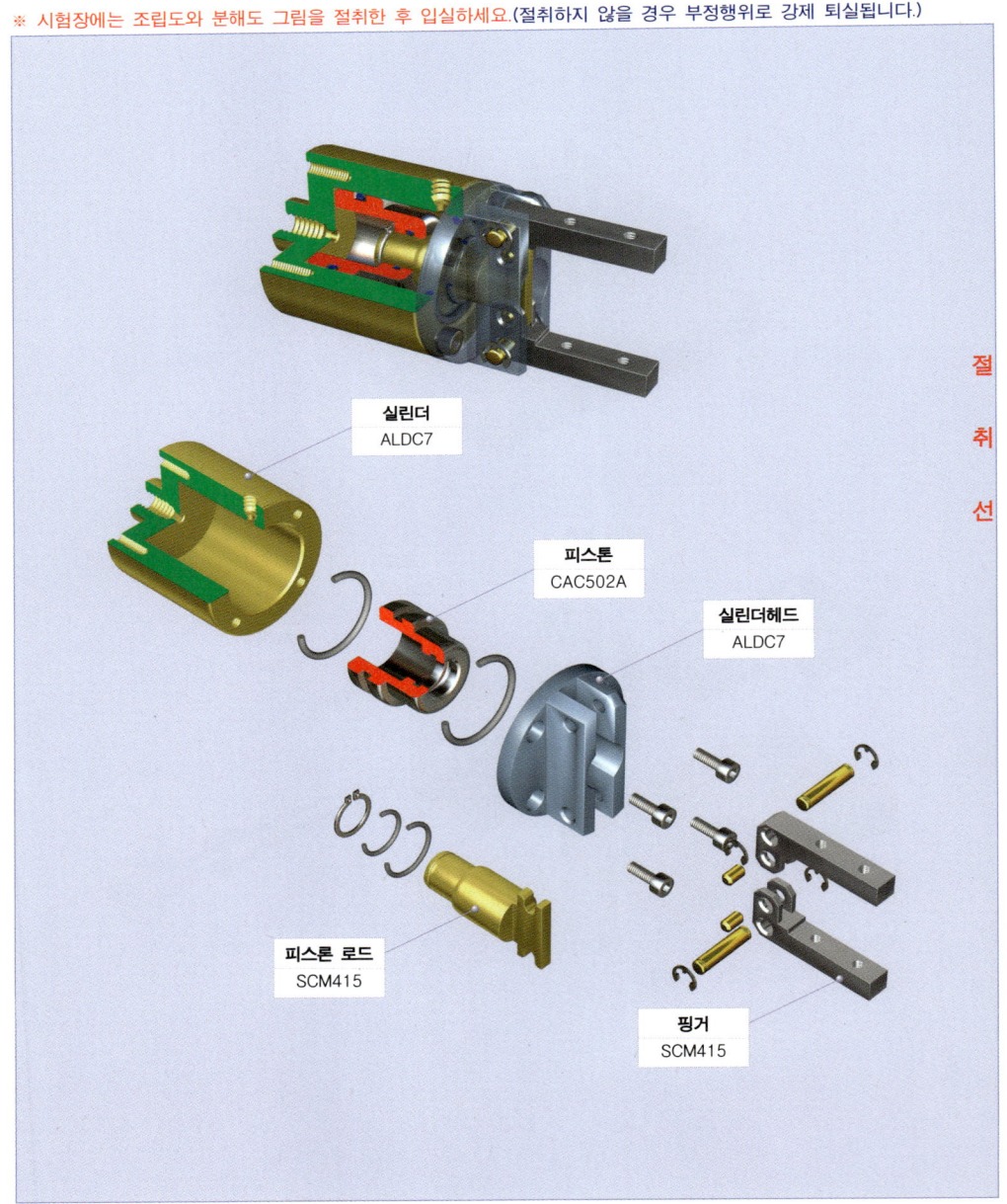

기계설계제도에 필요한 필수 **TEXT BOOK**

KS 규격집 기계설계

발행일 | 2011. 2. 25 초판발행
2011. 4. 20 개정 1판1쇄
2011. 9. 20 개정 2판1쇄
2012. 3. 10 개정 3판1쇄
2013. 2. 10 개정 4판1쇄
2014. 2. 20 개정 5판1쇄
2015. 2. 10 개정 6판1쇄
2016. 1. 10 개정 7판1쇄
2017. 2. 25 개정 8판1쇄
2019. 2. 25 개정 8판2쇄
2021. 6. 1 개정 9판1쇄
2023. 1. 10 개정 9판2쇄
2025. 4. 30 개정 10판1쇄

저 자 | 다솔유캠퍼스
발행인 | 정용수
발행처 |  예문사

주 소 | 경기도 파주시 직지길 460(출판도시) 도서출판 예문사
T E L | 031) 955 – 0550
F A X | 031) 955 – 0660
등록번호 | 11 – 76호

- 이 책의 어느 부분도 저작권자나 발행인의 승인 없이 무단 복제하여 이용할 수 없습니다.
- 파본 및 낙장은 구입하신 서점에서 교환하여 드립니다.
- 예문사 홈페이지 http : //www.yeamoonsa.com

정가 : 20,000원

ISBN 978–89–274–5815–9 13550